Lineare Algebra mit dem Computer

Von Eberhard Lehmann, Berlin

Mit 181 Aufgaben und 76 Figuren

B. G. Teubner Stuttgart 1983

CIP-Kurztitelaufnahme der Deutschen Bibliothek

Lehmann, Eberhard:
Lineare Algebra mit dem Computer / von
Eberhard Lehmann. – Stuttgart : Teubner, 1983
(MikroComputer-Praxis)
ISBN 978-3-519-02511-5 ISBN 978-3-663-01326-6 (eBook)
DOI 10.1007/978-3-663-01326-6

Gesamtherstellung: Beltz Offsetdruck, Hemsbach/Bergstraße
Umschlaggestaltung: W. Koch, Sindelfingen

VORWORT

Lineare Algebra gehört zu den Grundvorlesungen an Universitäten und Fachhochschulen und ist ein Standardkurs in der gymnasialen Oberstufe. Über die Kursinhalte herrscht zur Zeit weitgehende Unzufriedenheit. Diese gründet sich u.a. auf eine zu frühe und oft übertriebene Behandlung von Vektorräumen, sture Rechnerei (etwa bei der Lösung linearer Gleichungssysteme) und fehlenden Realitätsbezug. Angesichts dieser Situation wird mit diesem Buch der Versuch gemacht, neue Wege zu gehen:

(1) Die Lineare Algebra wird konsequent aus problemorientierten, realitätsnahen Ansätzen heraus entwickelt.

(2) Durchgehendes Hilfsmittel ist der Matrizenkalkül.

(3) Zu zahlreichen Algorithmen werden graphische Darstellungen (Struktogramme) und PASCAL-Programme angegeben, so daß ein gezielter Computereinsatz möglich wird.

(4) Dabei wird nicht nur gezeigt, wie der Computer als Rechenhilfsmittel eingesetzt werden kann. Seine Verwendung führt auch zu neuen methodischen Ansätzen und Fragestellungen abseits der bisherigen Routineaufgaben, indem z.B. mit unterschiedlichen Datensätzen experimentiert wird.

(5) Die frühzeitige Bereitstellung eines Pakets von Matrizenprozeduren mit Parameterübergaben ermöglicht auch einem im Programmieren ungeübten Leser einfache Problemlösungen am Rechner. Wieweit dabei die Prozeduren vom Leser (Schüler im Unterricht) selbst erarbeitet werden, bleibt ihm selbst überlassen. Sie können ebensogut auch als „black-box" benutzt werden.

(6) An den nach dem Konzept (1) abgefaßten Lehrgang schließen sich Fallstudien unterschiedlichen Schwierigkeitsgrads an, die an geeigneten Stellen des Lehrgangs nach Bedarf eingeschoben werden können.

(7) Die Darstellung der Eigenwerttheorie-Grundlagen und der Anwendungen von Eigenwerten in den Fallstudien ist so angelegt, daß eine Behandlung auch in der Schule möglich wird.

(8) Auch bei Vernachlässigung des Computereinsatzes findet der Leser einen in sich abgeschlossenen Lehrgang zur Linearen Algebra vor, der wegen (1),(2),(6),(7) neue Ansätze bietet.

Ohnehin kann z.B. im Unterricht nicht daran gedacht werden, alle angegebenen Programme einzusetzen. Vielmehr kann gezielt ausgewählt werden, wobei allerdings einige Standardalgorithmen (etwa Matrizenmultiplikation, Lösung linearer Gleichungssysteme, Matrizenpotenz) nicht fehlen sollten. Oft wird bereits der Taschenrechnereinsatz ausreichen.
Schließlich sei bemerkt, daß die im Buch vorgelegten Inhalte aus der praktischen Arbeit in der gymnasialen Oberstufe erwachsen und somit erprobt sind. Hiermit ist zugleich ein Hinweis an Lehrer verbunden, die das vorgelegte Konzept erproben wollen: Eine Erfüllung des Stoffplans ist oft auch durch Umstellung von Inhalten und geeignete Interpretation der Planvorgaben möglich!
Aus den Ausführungen geht der Adressatenkreis des Buches hervor:
1) Schüler und Lehrer der gymnasialen Oberstufe,
2) Studenten an Universitäten und Fachhochschulen, die den oft trockenen Lehrstoff in Anfängervorlesungen zur Linearen Algebra durch interessante, motivierende Anwendungen und Computereinsatz ergänzen und so zu einem vertieften Verständnis kommen wollen,
3) Dozenten und Fachdidaktiker.

Berlin, Dezember 1982 Eberhard Lehmann

....

INHALTSVERZEICHNIS

....
!!!
....

ÜBERSICHT ÜBER DIE VERWENDETEN ALGORITHMEN

....
!!!
....

ÜBERSICHT ÜBER DIE FALLSTUDIEN (KURZBESCHREIBUNG)

8. Populationsdynamik 1

8.1 Am Beispiel der Entwicklung einer Käferpopulation werden Grundbegriffe der Populationsdynamik entwickelt (Matrizenpotenzen, Verteilungen, ohne Eigenwerte).

8.2 Es wird ein Modell erarbeitet, das Zusammenhänge über Herdenstruktur, Herdengröße, Ertrag und Fortpflanzung einer Rinderherde vermittelt (Matrizenpotenzen, Summen, Verteilungen, Inverse).

9. Stücklisten

Interne und externe Nachfrage regeln den Einkauf. Durch Darstellung des Problems mit Hilfe einer technologischen Matrix gelingt die Berechnung des Produktionsvektors auf einfache Weise (Matrizenpotenzen, Summen, Inverse).

10. Abrechnungsmatrizen

10.1 Es wird ein einfaches Verfahren zur Abrechnung von Skatrunden dargestellt (Multiplikation von Matrizen).

10.2 Die in 10.1 verwendeten Abrechnungsmatrizen haben spezielle Eigenschaften (Vektorraum, Eigenwerte).

10.3 Die Skatspielabrechnung aus 10.1 wird geometrisch mit Hilfsmitteln der Analytischen Geometrie gedeutet (Geraden, Ebenen).

11. Iterative Lösung linearer Gleichungssysteme

Nach den in Kapitel 3 dargestellten exakten Verfahren wird nun mit dem Jakobi-Verfahren ein Näherungsverfahren zur Lösung von LGS vorgestellt (Matrizenmultiplikation, Summe, Inverse).

12. Einige Probleme bei der Lösung linearer Gleichungssysteme mit dem Computer

Die Lösung eines LGS kann durch ungünstige Pivotwahl und durch fast linear abhängige Spalten wesentlich beeinflußt werden!

13. Elementare Anwendungen der Eigenwerttheorie

13.1 Ergänzend zu Fallstudie 8.1 wird gezeigt, wie sich die Entwicklung einer Population m.H. von Eigenwerten erfassen läßt.

13.2 Die Eigenwerttheorie ermöglicht in vielen Fällen die Bestimmung einer Formel für die n-te Potenz einer Matrix.

13.3 Ein Quadrat wird mit einer stochastischen Matrix abgebildet und geht schließlich in eine Strecke über.

14. Markow-Ketten

Kaufverhalten, Bevölkerungsbewegungen, Warteschlangen, Irrfahrten und Glücksspiele sind einige Anwendungsbereiche von Markow-Ketten. In 14.1,14.2 wird mit Eigenwerten gearbeitet, jedoch kommt man auch ohne diese zu den wichtigsten Ergebnissen. In 14.3 werden absorbierende Ketten behandelt. 14.4 bringt übersichtliche Zusammenfassungen (Matrizenpotenzen, Verteilungsvektoren, Grenzwerte von Matrizenfolgen, LGS, Inverse). Die benötigten Voraussetzungen aus der Wahrscheinlichkeitsrechnung sind gering. Einige Grundbegriffe werden im Anhang zusammengestellt.

....

Hinweise auf weitere geeignete Fallstudien

- Anwendung von Matrizen bei der Beschreibung und Auswertung von Graphen ([2], [11], [14], [15])
- Lineare Optimierung ([9], [11], [19])
- Berechnung von Netzwerken ([7], [14], [21])
- Codierungsprobleme ([7], [14])
- Affine Abbildungen ([3])
- Strukturbetrachtungen an Matrizen ([3], [14])

....
!!!
....

EINIGE BEISPIELLEHRGÄNGE FÜR DIE GYMNASIALE OBERSTUFE

a) 1.1 - 1.2 - 1.3 - 3.1 - 3.3 - 2.1 - 4. - 5.,
erfüllt den Berliner Rahmenplan (Leistungskurs MA-3, Lineare Algebra und Analytische Geometrie),

b) 1.1 - 1.3 - 1.4 - 1.5 - 3.1 - 3.3 - 2.1 - 6.1 - 6.2 - 6.3 - 8.1 - 8.2 - 5.1 - 5.2 - 5.3,
Schwerpunkt Potenzen, Populationsdynamik, ohne Geometrie,

c) 3.1 - 3.3 - 4. - 1.1 - 1.2 - 10.1 - 5.1 - 5.2 - 5.3 - 10.2 - 10.3,
Schwerpunkt Geometrie,

d) 1.1 - 1.3 - 3.1 - 3.3 - 6.1 - 6.2 - 6.3 - 7.1 - 7.2 - 8.1 - 13.1 - 14.1 - 14.2,
Eigenwerte, Schwerpunkt Populationsdynamik, Markow-Ketten

e) 1. - 2. - 3. - 6. - 11. - 12.,
Schwerpunkte Matrizen, lineare Gleichungssysteme.

....

1 GRUNDLEGENDE MATRIZENVERKNÜPFUNGEN

1.1 MATERIALVERFLECHTUNG 1

In der Linearen Algebra spielen rechteckige bzw. quadratische Zahlenschemata eine besondere Rolle. Man nennt sie Matrizen. Wir werden so vorgehen, daß wir uns dieses wichtige Hilfsmittel mit den dazugehörigen Rechenoperationen an Hand von praxisbezogenen Problemen erarbeiten. Weitere Anwendungen zeigen uns danach die Breite der Einsatzmöglichkeiten von Matrizen.
Ein Modell aus der Stahlindustrie - Darstellung des Materialflusses in einem Walzwerk - führt uns in die Problematik der Materialverflechtung und der Planungsrechnung ein.

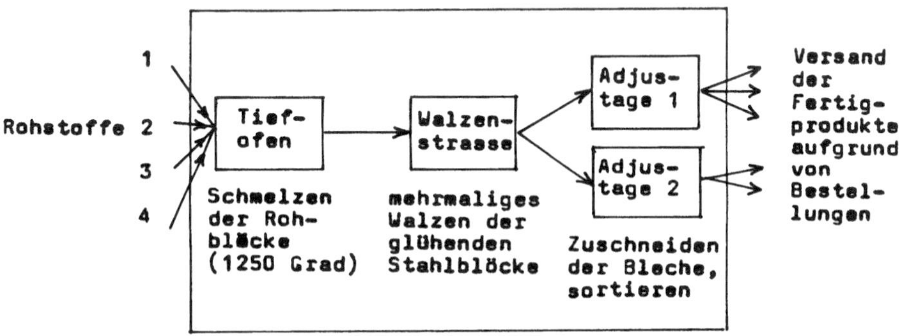

Fig.1.1: Stofffluß in einem Walzwerk, Modell

Entscheidend für uns ist:

Rohstoffe werden über Zwischenprodukte zu Endprodukten verarbeitet.

Zur Herausarbeitung der Struktur von Materialverflechtungsvorgängen betrachten wir ein einfaches Beispiel.

PROBLEMSTELLUNG 1.1: Ein Wirtschaftsunternehmen produziert aus Rohstoffen R zunächst Zwischenprodukte Z und dann Endprodukte E. Die jeweils benötigten Mengeneinheiten (ME) für die Herstellung eines neuen Produktes sind aus Figur 1.2 ersichtlich. So werden z.B. zur Herstellung von Zwischenprodukt Z1 14 ME von Rohstoff R1 und 4 ME von Rohstoff R2 benötigt.

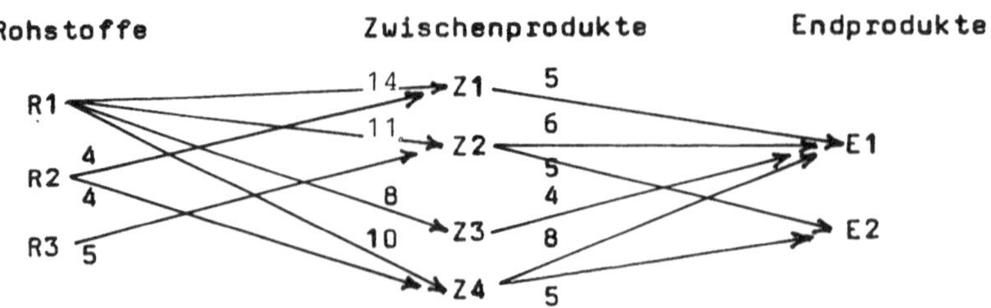

Figur 1.2: Materialfluß in einem Unternehmen Angaben in Mengeneinheiten (ME)

Für die Planung ist es wichtig zu wissen, wieviel Rohstoffe bei einem bestimmten Absatz (Bestellung) von Endprodukten oder Zwischenprodukten bereitgestellt werden müssen (Planungsrechnung).
Folgende Bestellung möge vorliegen:

Bestellung von Endprodukten	
E1	E2
100 ME	125 ME

PROBLEMLÖSUNG: Bei unserer Lösung werden wir bedenken, daß in der Realität noch weit umfangreichere Verflechtungen vorkommen!

> Es ist wünschenswert, die auftretenden Datenmengen einem Computer zur Verarbeitung zu übergeben.

Wir zergliedern unser Problem in einzelne Schritte:

1. Deutung von Figur 1.2, Datenspeicherung.
2. Wieviel Rohstoffe werden für je eine Mengeneinheit von E1 und E2 gebraucht?
3. Wieviel Rohstoffe werden für 100 ME von E1 und 125 ME von E2 benötigt?
4. Ausgabe der Ergebnisse.

Zu 1: Deutung von Figur 1.2: Wir lesen z.B. ab, daß zur Herstellung einer Mengeneinheit des Zwischenprodukts Z1 14 ME von Rohstoff R1 benötigt werden. Umfangreichere Materialflußbilder (man nennt ein derartiges Bild auch Gozintograph) werden offenbar schnell unübersichtlich. Wir speichern daher die Daten besser in einer Tabelle:

	Z1	Z2	Z3	Z4
R1	14	11	8	10
R2	4	0	0	4
R3	0	5	0	0

$= A_{(3,4)}$.

Die Tabelle (Matrix) wird mit $A_{(3,4)}$ abgekürzt. Die Matrix hat 3 Zeilen und 4 Spalten.
Entsprechend verfahren wir für die Verflechtung Zwischenprodukte/Endprodukte:

	E1	E2
Z1	5	0
Z2	6	5
Z3	4	0
Z4	8	5

$= B_{(4,2)}$. B ist eine (4,2)-Matrix.

Wir halten fest

DEFINITION 1.1: Unter einer Matrix versteht man ein rechteckiges Zahlenschema. Eine Matrix aus m Zeilen und n Spalten kann man so aufschreiben:

$$A_{(m,n)} = \begin{bmatrix} a_{11} & a_{12} & a_{13} & \cdots & a_{1n} \\ a_{21} & a_{22} & a_{23} & \cdots & a_{2n} \\ & & & & \\ a_{m1} & a_{m2} & a_{m3} & \cdots & a_{mn} \end{bmatrix}.$$

Zum Beispiel gibt der Doppelindex beim Element a_{23} an, daß dieses Element in der 2.Zeile (1.Index) und 3.Spalte (2.Index) steht. Man schreibt für obige Matrix auch kurz $(a_{ik})_{(m,n)}$. Die Elemente a_{ik} sind i.a. reelle Zahlen.

Wir benötigen nun ein (Unter-)-Programm, mit dem wir die Elemente von Matrizen in den Computer einlesen können. Dabei sollen verschiedene Eingabemöglichkeiten vorgesehen werden. Unsere Forderungen werden an Figur 1.3 deutlich.

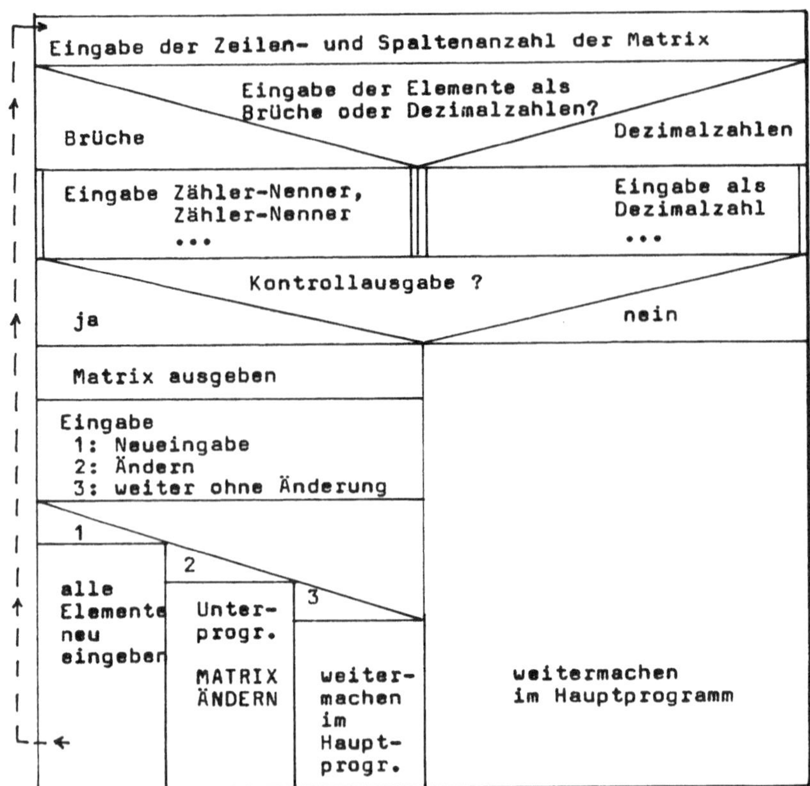

Figur 1.3: Algorithmus MATRIXEINGEBEN (Alg 1)

Für die Arbeit mit Matrizen wird ein spezieller Variablentyp definiert:
type matrix = array[1..maxgrad,1..maxgrad] of real

Dabei gibt maxgrad den maximal möglichen Grad der Matrix an. Wir werden z.B. maxgrad=10 wählen, d.h. wir können dann Matrizen mit maximal 10 Zeilen und 10 Spalten verarbeiten.
Das Einlesen der Matrixelemente wollen wir zeilenweise vornehmen. Dazu werden zwei Schleifen aufgebaut (s. Figur 1.4).

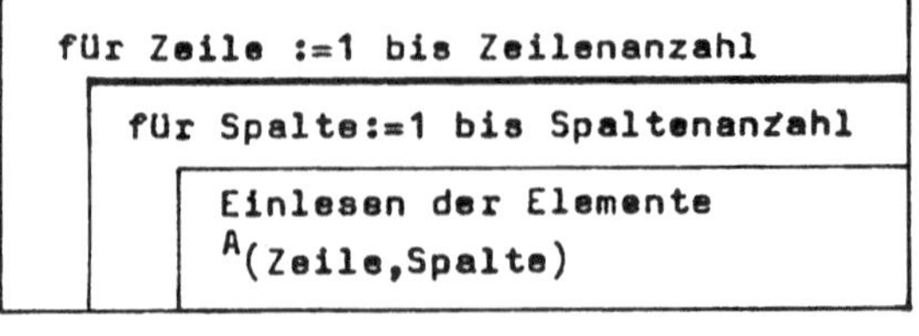

Figur 1.4: Zeilenweises Einlesen der Matrixelemente

Die folgende PASCAL-Prozedur MATRIXEINGEBEN ist nun leicht verständlich.

MATRIXEINGEBEN (Alg 1)

```
PROCEDURE MATRIXEINGEBEN(VAR MATEIN:MATRIX; VAR ZEILENANZAHL,
                              SPALTENANZAHL: INTEGER);
(* MINDEST,NACHK:INTEGER; GLOBAL DEFINIEREN !                   *)
  VAR
              ANTWORT,
BRUCHODERDEZIMALZAHL,
                 FALL,
          NEUEINGABE: CHAR;
                ZEILE,
               SPALTE: INTEGER;
              ZAEHLER,
               NENNER: REAL;

  BEGIN
    NEUEINGABE := 'J';
    WHILE NEUEINGABE = 'J'
    DO BEGIN
         WRITELN('----------------------------------------');
         WRITELN('              MATRIXEINGABE             ');
         WRITELN('----------------------------------------');
         MINDEST := 10;
         NACHK := 4;
         WRITELN('ZEILENANZAHL.....SPALTENANZAHL');
         READLN;
         READ(ZEILENANZAHL. SPALTENANZAHL);
         WRITELN('EINGABE DER MATRIXWERTE ALS BRUECHE ODER');
         WRITELN('ALS DEZIMALZAHLEN (B,D)?');
         READLN;
         READ(BRUCHODERDEZIMALZAHL);
         IF   BRUCHODERDEZIMALZAHL = 'B'
         THEN BEGIN
                WRITELN('GEBEN SIE DIE WERTE DER MATRIX ZEILENWEI
                SE');
                WRITELN('EIN: ZAEHLER-LEERSTELLE-NENNER USW. ')

              END
         ELSE BEGIN
                WRITELN('GEBEN SIE DIE WERTE DER MATRIX ALS DEZIM
                ALZAHLEN');
                WRITELN('ZEILENWEISE EIN!');
              END;
         READLN;
         FOR ZEILE  = 1 TO ZEILENANZAHL
         DO BEGIN
              FOR SPALTE := 1 TO SPALTENANZAHL
              DO BEGIN
                   IF   BRUCHODERDEZIMALZAHL = 'B'
                   THEN BEGIN
                          READ(ZAEHLER, NENNER);
                          MATEIN[ZEILE,SPALTE] =ZAEHLER/NENNER,
                        END
                   ELSE READ(MATEIN[ZEILE, SPALTE]);
                 END;
            END;
(*ENDE DER EINGABE*)
```

```
            WRITELN('KONTROLLAUSGABE DER MATRIX(J,N)?');
            READLN;
            READ(ANTWORT);
            IF   ANTWORT = 'J'
            THEN BEGIN
                   FOR ZEILE := 1 TO ZEILENANZAHL
                   DO BEGIN
                        WRITELN;
                        FOR SPALTE := 1 TO SPALTENANZAHL
                        DO WRITE(MATEIN[ZEILE,SPALTE]:MINDEST
                          :NACHK,'   ');
                      END;
                   WRITELN;
                 END
            ELSE NEUEINGABE := 'N';
            IF   ANTWORT = 'J'
            THEN BEGIN
                 WRITELN('NEUEINGABE                    EINGABE 1');
                 WRITELN('ELEMENTE AENDERN              EINGABE 2');
                 WRITELN('WEITER OHNE AENDERUNG         EINGABE 3');
                   READLN;
                   READ(FALL);
                   CASE FALL OF
                     '1': NEUEINGABE := 'J';
                     '2': BEGIN MATRIXAENDERN(MATEIN,ZEILENANZAHL,
                                                    SPALTENANZAHL);
                                NEUEINGABE:='N';
                          END;
                     '3': NEUEINGABE := 'N';
                   END (* MATRIXEINGEBEN *);
                 END;
         END;
.....................................................
 PROCEDURE MATRIXAENDERN(VAR MATNEW: MATRIX; ZEILEN, SPALTEN: INTE
    GER);

   VAR
                       A,
                       B: INTEGER;
                  NOCHEIN: CHAR;

   BEGIN
     NOCHEIN := 'J';
     WRITELN('AENDERN EINZELNER MATRIXELEMENTE:');
     WRITELN('EINGABE: ZEILENINDEX,SPALTENINDEX - ABSCHICKEN -');
     WRITELN('           NEUES ELEMENT (ALS DEZIMALZAHL)');
     WHILE NOCHEIN = 'J'
     DO BEGIN
          READLN;
          READ(A, B);
          IF   (A > ZEILEN) OR (B > SPALTEN)
          THEN WRITELN('ZU GROSSER INDEX !')
          ELSE BEGIN READLN; READ(MATNEW[A,B]); END;
          WRITELN('WEITER AENDERN ? (J,N)');
          READLN;
          READ(NOCHEIN);
        END;
   END (* MATRIXAENDERN *);
```

Das Ändern einzelner Elemente wird durch die Prozedur MATRIXAENDERN geleistet, die ohne nähere Erläuterung verständlich ist.

Bemerkungen:

a) Variable, die im Deklarationsteil der Prozeduren nicht vorkommen müssen im Hauptprogramm definiert werden. Es sind hier die Variablen   mindest,nachk : integer;

b) die Zeilen 131-139 sind die Grundlage für eine später folgende Prozedur, die Matrizen ausgibt.

....

Zu 2: Wieviel Rohstoffe für eine ME Endprodukte?

Nachdem die Daten der Verflechtung erfaßt sind, können wir in der Problemlösung voranschreiten. Die gewünschten Ergebnisse können wieder in eine Matrix geschrieben werden. Da sie die Zusammenhänge zwischen den Rohstoffen und den Endprodukten darstellen soll, muß sie folgendermaßen aufgebaut sein:

$$\begin{array}{c} \\ R1 \\ R2 \\ R3 \end{array} \begin{array}{c} \begin{array}{cc} E1 & E2 \end{array} \\ \begin{bmatrix} & \\ & \\ & \end{bmatrix} \end{array} = \begin{bmatrix} c_{11} & c_{12} \\ c_{21} & c_{22} \\ c_{31} & c_{32} \end{bmatrix} = C_{(3,2)}.$$

Offenbar muß sich eine Matrix aus 3 Zeilen und 2 Spalten ergeben. Die Matrix muß den Typ (3,2) haben. Wir nennen sie C.

Wie kann C ermittelt werden?

Die notwendigen Informationen stehen in den Matrizen $A_{(3,4)}$ und $B_{(4,2)}$. Auf diese Matrizen ist eine passende Rechnung anzusetzen, um $C_{(3,2)}$ zu bestimmen:

$$A_{(3,4)} \text{ verknüpft mit } B_{(4,2)} = C_{(3,2)}!$$

Berechnen wir zunächst eins der 6 gesuchten Elemente, etwa c_{11}! Wieviel Mengeneinheiten von R1 werden für eine Mengeneinheit E1 benötigt Wir benutzen Figur 1.5, in der die für c_{11} entscheidenden Wege aus Figur 1.2 übernommen sind.

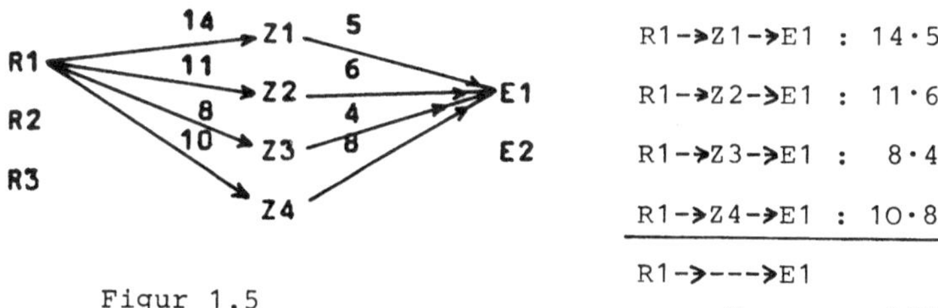

Figur 1.5

Wir müssen also folgendermaßen rechnen:

$c_{11} = 14 \cdot 5 + 11 \cdot 6 + 8 \cdot 4 + 10 \cdot 8 = 70 + 66 + 32 + 80 = 248.$

Man benötigt also 248 ME von Rohstoff R1, um 1 ME von Endprodukt E1 herzustellen.

<u>Wie entsteht nun dieses Ergebnis aus den Matrizen</u> $A_{(3,4)}$ und $B_{(4,2)}$?

$$\begin{array}{lllllll} c_{11} = & 14 \cdot 5 & + 11 \cdot 6 & + 8 \cdot 4 & + 10 \cdot 8 & \\ & a_{11} & + a_{12} & + a_{13} & + a_{14} & \text{1.Zeile von A} \\ & b_{11} & b_{21} & b_{31} & b_{41} & \text{1.Spalte von B} \end{array}$$

Wir haben also die erste Zeile von A mit der ersten Spalte von B verknüpft!

$c_{11} = a_{11}b_{11}+a_{12}b_{21}+a_{13}b_{31}+a_{14}b_{41} = \sum_{i=1}^{4} a_{1i}b_{i1}$. Indizes beachten!

Eine derartige Aufsummierung von Produkten nennt man <u>Skalarprodukt</u>. Entsprechend haben wir für die anderen Elemente von $C_{(3,2)}$ zu verfahren.

> Für die Berechnung von Skalarprodukten benutzt man oft das sogenannte <u>Falk-Schema</u>!

					E1	E2
				Z1	5	0
				Z2	6	5
				Z3	4	0
	Z1	Z2	Z3	Z4	8	5
R1	14	11	8	10	248	
R2	4	0	0	4		
R3	0	5	0	0		

hier entsteht $C_{(3,2)}$ durch <u>Matrizenmultiplikation:</u>

$A_{(3,4)}B_{(4,2)} = C_{(3,2)}$.

Insgesamt ergibt sich:

Matrizenprodukt $A_{(3,4)}B_{(4,2)}$				5	0
				6	5
				4	0
				8	5
14	11	8	10	248	105
4	0	0	4	52	20
0	5	0	0	30	25

$= C_{(3,2)}$.

Mit dem Falk-Schema konnten die einzelnen Skalarprodukte schnell gebildet werden. Beispielsweise ergab sich für c_{21}:

$c_{21} = 4\cdot5 + 0\cdot6 + 0\cdot4 + 4\cdot8 = 52$, 2.Zeile von A „mal" 1.Spalte von B.

Damit ist unser Teilproblem 2 gelöst. Wir kennen die Rohstoff-Mengeneinheiten, die für eine Mengeneinheit eines Endproduktes benötigt werden. Wir brauchen z.B. 105 ME R1, um 1 ME E2 herzustellen.

> Die oben eingeführte Matrizenmultiplikation ist die wohl wichtigste Verknüpfung von Matrizen. Sie tritt bei zahlreichen Anwendungsproblemen auf, so daß wir uns mit ihren Eigenschaften genau befassen müssen!

Zunächst jedoch wollen wir die Lösung von Problemstellung 1.1 beenden.

Zu 3.: Wieviel Rohstoffe werden für eine Bestellung von 100 ME E1 und 125 ME E2 gebraucht?

Mit der Matrizenmultiplikation ist die Aufgabe sofort gelöst!

		E1	100
	E1	E2	125
R1	248	105	248·100+105·125 = 37925
R2	52	20	52·100+ 20·125 = 7700
R3	30	25	30·100+ 25·125 = 6125.

Das Unternehmen muß zur Erledigung der Bestellung bereitstellen: 37925 ME von Rohstoff R1, 7700 ME von R2 und 6125 ME von R3.

Wir definieren nun das oben bereits benutzte Matrizenprodukt.

DEFINITION 1.2: Unter dem Produkt $A_{(m,n)}B_{(n,p)}$ zweier Matrizen A und B versteht man eine Matrix $C_{(m,p)}$ mit

$$\begin{bmatrix} \sum_{i=1}^{n} a_{1i}b_{i1} & \sum_{i=1}^{n} a_{1i}b_{i2} & \cdots & \sum_{i=1}^{n} a_{1i}b_{ip} \\ \sum_{i=1}^{n} a_{2i}b_{i1} & \sum_{i=1}^{n} a_{2i}b_{i2} & \cdots & \sum_{i=1}^{n} a_{2i}b_{ip} \\ \cdots & \cdots & & \cdots \\ \sum_{i=1}^{n} a_{mi}b_{i1} & \sum_{i=1}^{n} a_{mi}b_{i2} & \cdots & \sum_{i=1}^{n} a_{mi}b_{ip} \end{bmatrix} = C_{(m,p)}$$

A hat m Zeilen und n Spalten,
B hat n Zeilen und p Spalten, dann hat
C m Zeilen und p Spalten.

Man schreibt $A_{(m,n)}B_{(n,p)} = C_{(m,p)}$, kurz AB = C.

Diese Indizes müssen übereinstimmen, damit man AB bilden kann.

Jedes Element der Produktmatrix ergibt sich also als ein Skalarprodukt. Insgesamt sind m·p Skalarprodukte zu bilden. Die Definition soll noch einmal an zwei Matrizen A vom Typ (2,3) und B vom Typ (3,1) notiert werden:

			b_{11}
			b_{21}
			b_{31}
a_{11}	a_{12}	a_{13}	$c_{11} = a_{11}b_{11}+a_{12}b_{21}+a_{13}b_{31}$
a_{21}	a_{22}	a_{23}	$c_{21} = a_{21}b_{11}+a_{22}b_{21}+a_{23}b_{31}$.

Wie lauten c_{11} und c_{21} in Summenschreibweise? Warum ergibt sich eine (2,1)-Matrix?

Skalarprodukte werden später auch in Zusammenhang mit geometrischen Fragestellungen wichtig werden!

Wir halten fest:

DEFINITION 1.3: Eine Summe der Form

$c_1d_1+c_2d_2+ \dots +c_nd_n = \sum_{i=1}^{n} c_id_i$ mit $c_i, d_i \in \mathbb{R}$,

heißt Skalarprodukt.

Wegen der vielen Anwendungsbereiche von Matrizenmultiplikation und Skalarprodukt werden wir eine Funktion MATPROD anlegen. Das Skalarprodukt kann dabei als Sonderfall der Matrizenmultiplikation aufgefaßt werden, nämlich als Multiplikation einer einzeiligen mit einer einspaltigen Matrix:

$A_{(1,n)}B_{(n,1)} = C_{(1,1)}$ ergibt eine (1,1)-Matrix, deren Element ein Skalarprodukt ist.

Bei der Erstellung eines Algorithmus für das Matrizenprodukt AB müssen wir noch beachten, daß nicht alle Matrizen miteinander multipliziert werden können! Die Spaltenzahl der linken Matrix muß mit der Zeilenzahl der rechten Matrix übereinstimmen:

$A_{(3,4)}B_{(4,2)} = C_{(3,2)}$ ist definiert, $B_{(4,2)}A_{(3,4)}$ kann jedoch nicht gebildet werden! Selbst wenn man AB und BA bilden kann, gilt i.a. keine Kommutativität:

		1	2
		3	4
3	2	9	14
1	0	1	2

, dagegen

		3	2
		1	0
1	2	5	2
3	4	13	6

.

SATZ 1.1: Die Matrizenmultiplikation ist nicht kommutativ.

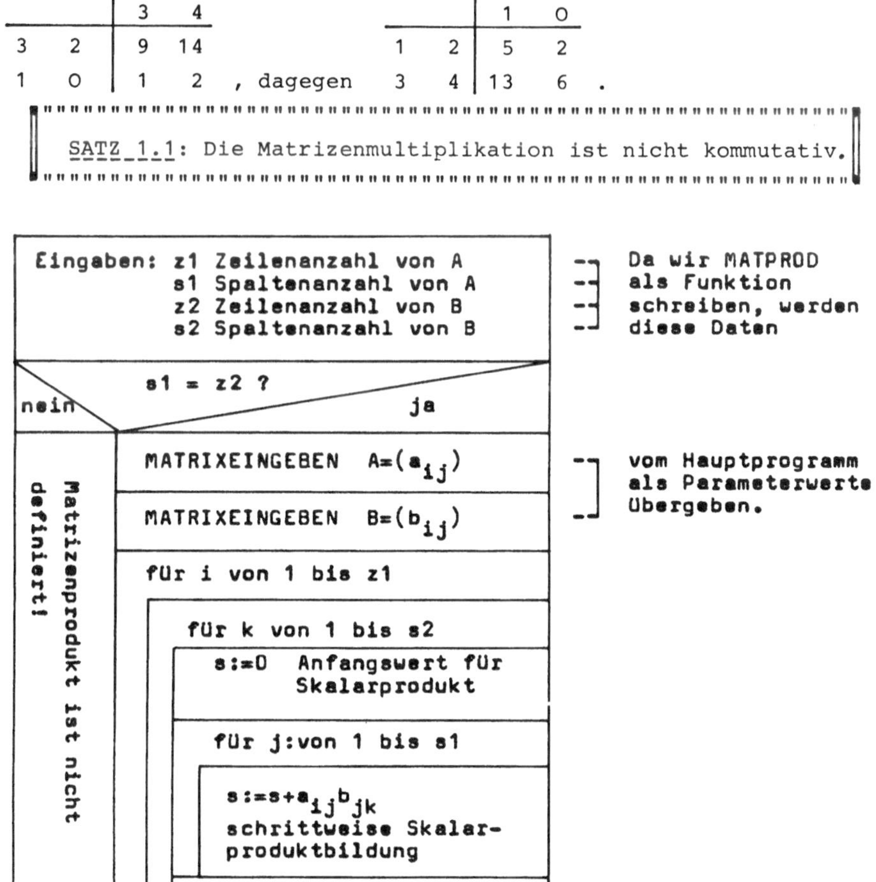

Figur 1.6: Algorithmus MATPROD (Alg 2) zur Multiplikation zweier Matrizen

Aus dem Struktogramm von Figur 1.6 ergibt sich die Funktion:

MATPROD (Alg 2)

```
FUNCTION MATPROD(MAT1,MAT2:MATRIX;Z1,S1,Z2,S2:INTEGER):MATRIX;
(* BERECHNET DAS PRODUKT ZWEIER MATRIZEN          *)
(* DIE ERGEBNISMATRIX HAT DEN TYP(Z1,S2)          *)
(* PRODUKT:BOOLEAN; GLOBAL DEFINIEREN!            *)
  VAR
                    I,
                    K,
                    J: INTEGER;
                    S: REAL;
                 MAT3: MATRIX;

  BEGIN

    IF   S1 <> Z2
    THEN BEGIN
           WRITELN('MATRIZENPRODUKT NICHT DEFINIERT!');
           PRODUKT := FALSE;
         END
    ELSE BEGIN
           PRODUKT := TRUE;
           FOR I := 1 TO Z1
           DO FOR K := 1 TO S2
              DO BEGIN
                   S := 0;
                   FOR J := 1 TO S1
                   DO S := S + MAT1[I, J] * MAT2[J, K];
                   MAT3[I, K] := S;
                 END;
           MATPROD := MAT3;
         END;
  END (* MATPROD *);
```

Die Prozedur MATRIXAUSGEBEN ist ohne nähere Erläuterung verständlich. Die Variablen'mindest' und 'nachk'können in der Prozedur AUSGABEFORMAT gewählt werden.

<u>Zu 4:</u>

Ausgeben von Matrizen (Alg 3)

```
PROCEDURE MATRIXAUSGEBEN(MATAUS: MATRIX; Z, S: INTEGER);
(* AUSGABE EINER MATRIX VOM TYP(Z,S)                          *)
(* MINDEST,NACHK:INTEGER; GLOBAL DEFINIEREN !                 *)
  VAR
                    I,
                    J: INTEGER;

  BEGIN
    STRICHREIHE(60);
    FOR I := 1 TO Z
    DO BEGIN
         WRITELN;
         FOR J := 1 TO S
         DO WRITE(MATAUS[I, J]: MINDEST: NACHK, '  ');
       END;
    WRITELN;
    STRICHREIHE(10);
    WRITE('(', Z: 2, ',', S: 2, ')-MATRIX');
    WRITELN;
    STRICHREIHE(60);
  END (* MATRIXAUSGEBEN *);
(*ENDE DER MATRIXAUSGABE*)
```

Die öfter verwendeten Prozeduren STRICHREIHE und AUSGABEFORMAT dienen zur Formatierung von Ausgaben(Alg 4).

```
PROCEDURE STRICHREIHE(STRICH: INTEGER);
(* ERZEUGT EINE STRICHREIHE VON DER LAENGE "STRICH"       *)
  VAR
                  A: INTEGER;

  BEGIN
    FOR A := 1 TO STRICH
    DO WRITE('-');
    WRITELN;
  END (* STRICHREIHE *);

PROCEDURE AUSGABEFORMAT;

  VAR
             ANTWORT: CHAR;

  BEGIN
    WRITELN('WOLLEN SIE ');
    WRITELN('DIE ANZAHL DER MINDESTENS ZU DRUCKENDEN ZIFFERN UND
    DIE');
    WRITELN('ANZAHL DER NACHKOMMASTELLEN FESTLEGEN? (J,N)');
    WRITELN('DIE VOREINSTELLUNG IST   10:4     ');
    READLN;
    READ(ANTWORT);
    IF   ANTWORT = 'J'
    THEN BEGIN
           WRITELN('MINDESTANZAHL...NACHKOMMASTELLEN :');
           READLN;
           READ(MINDEST, NACHK);
         END
    ELSE BEGIN
           MINDEST := 10;
           NACHK  := 4;
         END;
  END (* AUSGABEFORMAT *);
```

STRICHREIHE,
AUSGABEFORMAT (Alg 4)

....

Die oben besprochenen Algorithmen Alg 1 - Alg 4 sind Grundlage für zahlreiche später folgende Programme. Insbesondere läßt sich nun das Problem der Materialverflechtung leicht algorithmisieren:

```
PROGRAM MATERIALVERFLECHTUNG1(INPUT, OUTPUT);
CONST
          MAXGRAD = 10;
TYPE
          MATRIX = ARRAY [1 .. MAXGRAD, 1 .. MAXGRAD] OF REAL;
VAR
    MATRZ,MATZE,MATRE,MATB,MATERGEBNIS  : MATRIX;
    ZR,SR,ZZ,SZ,ZB,SB, MINDEST,NACHK    : INTEGER;
          PRODUKT: BOOLEAN;
          ZEICHEN: CHAR;
```

```
207 BEGIN
208 STRICHREIHE(60);
209 WRITELN('MATRIX ROHSTOFFE/ZWISCHENPRODUKTE :');
210 MATRIXEINGEBEN(MATRZ,ZR,SR);
211 STRICHREIHE(60);
212 WRITELN('MATRIX ZWISCHENPRODUKTE/ENDPRODUKTE :');

213 MATRIXEINGEBEN(MATZE,ZZ,SZ);
214 STRICHREIHE(60);
215 WRITELN('BESTELLUNG AN ENDPRODUKTEN :');
216 MATRIXEINGEBEN(MATB,ZB,SB);
217 AUSGABEFORMAT;
218 (*..................................................*)
219 MATRE:=MATPROD(MATRZ,MATZE,ZR,SR,ZZ,SZ);
220 STRICHREIHE(60);
221 WRITELN('MATRIX ROHSTOFFE/ENDPRODUKTE :');
222 MATRIXAUSGEBEN(MATRE,ZR,SZ);
223 STRICHREIHE(60);
224 MATERGEBNIS:=MATPROD(MATRE,MATB,ZR,SZ,ZB,SB);
225 WRITELN('ROHSTOFFEINKAUF : ');
226 MATRIXAUSGEBEN(MATERGEBNIS,ZR,SB);
227 END.
```

MATERIALVERFLECHTUNG1 (Alg 5)

Bemerkung: Hinter dem Deklarationsteil (Zeile 11) und vor dem Hauptprogramm (Zeile 207) sind die bekannten Prozeduren und Funktionen einzuschieben: STRICHREIHE, AUSGABEFORMAT, MATRIXAENDERN, MATRIXAUSGEBEN, MATPROD, MATRIXEINGEBEN.

Es folgt nun ein Testlauf, mit dem das Beispiel aus Problemstellung 1.1 bearbeitet wird.

```
(OUT)   MATRIX ROHSTOFFE/ZWISCHENPRODUKTE :
(OUT)   ------------------------------------------------
(OUT)               MATRIXEINGABE
(OUT)   ------------------------------------------------
(OUT)   ZEILENANZAHL.....SPALTENANZAHL
(IN)    3 4
(OUT)   EINGABE DER MATRIXWERTE ALS BRUECHE ODER
(OUT)   ALS DEZIMALZAHLEN (B,D)?
(IN)    D
(OUT)   GEBEN SIE DIE WERTE DER MATRIX ALS DEZIMALZAHLEN
(OUT)   ZEILENWEISE EIN!
(IN)    14 11 8 10  4 0 0 4  0 5 0 0
(OUT)   KONTROLLAUSGABE DER MATRIX(J,N)?
(IN)    J
(OUT)      14.0000     11.0000      8.0000     10.0000
(OUT)       4.0000      0.0000      0.0000      4.0000
(OUT)       0.0000      5.0000      0.0000      0.0000
(OUT)   NEUEINGABE                        1  EINGEBEN
(OUT)   AENDERN EINZELNER ELEMENTE        2  EINGEBEN
(OUT)   WEITER OHNE AENDERUNG             3  EINGEBEN
(IN)    3
```

```
(OUT)    ------------------------------------------------------------
(OUT)    MATRIX ZWISCHENPRODUKTE/ENDPRODUKTE :
(OUT)    ------------------------------------------------
(OUT)                   MATRIXEINGABE
(OUT)    ------------------------------------------------
(OUT)    ZEILENANZAHL.....SPALTENANZAHL
(IN)     4 2
(OUT)    EINGABE DER MATRIXWERTE ALS BRUECHE ODER
(OUT)    ALS DEZIMALZAHLEN (B,D)?
(IN)     D
(OUT)    GEBEN SIE DIE WERTE DER MATRIX ALS DEZIMALZAHLEN
(OUT)    ZEILENWEISE EIN!
(IN)     5 0  6 5  4 0  8 5
(OUT)    KONTROLLAUSGABE DER MATRIX(J,N)?
(IN)     N
(OUT)    ------------------------------------------------------------
(OUT)    BESTELLUNG AN ENDPRODUKTEN :
(OUT)    ------------------------------------------------
(OUT)                   MATRIXEINGABE
(OUT)    ------------------------------------------------
(OUT)    ZEILENANZAHL.....SPALTENANZAHL
(IN)     2 1
(OUT)    EINGABE DER MATRIXWERTE ALS BRUECHE ODER
(OUT)    ALS DEZIMALZAHLEN (B,D)?
(IN)     D
(OUT)    GEBEN SIE DIE WERTE DER MATRIX ALS DEZIMALZAHLEN
(OUT)    ZEILENWEISE EIN!
(IN)     100 125
(OUT)    KONTROLLAUSGABE DER MATRIX(J,N)?
(IN)     N
(OUT)    WOLLEN SIE
(OUT)    DIE ANZAHL DER MINDESTENS ZU DRUCKENDEN ZIFFERN UND DIE
(OUT)    ANZAHL DER DER NACHKOMMASTELLEN SELBST FESTLEGEN? (J,N)
(OUT)    DIE VOREINSTELLUNG IST   10:4   .
(IN)     J
(OUT)    MINDESTANZAHL...NACHKOMMASTELLEN :
(IN)     8 2
(OUT)    ------------------------------------------------------------
(OUT)    MATRIX ROHSTOFFE/ENDPRODUKTE :
(OUT)    ------------------------------------------------------------
(OUT)      248.00    105.00
(OUT)       52.00     20.00
(OUT)       30.00     25.00
(OUT)    ----------
(OUT)    ( 3, 2)-MATRIX
(OUT)    ------------------------------------------------------------
(OUT)    ------------------------------------------------------------
(OUT)    ROHSTOFFEINKAUF :
(OUT)    ------------------------------------------------------------
(OUT)    37925.00
(OUT)     7700.00
(OUT)     6125.00
(OUT)    ----------
(OUT)    ( 3, 1)-MATRIX
(OUT)    ------------------------------------------------------------
(OUT)    RUNTIME :      1 SECONDS +   768 MILLISEC
```

1.2 EXPERIMENTE MIT MATRIZENPRODUKTEN

Im folgenden sollen die Multiplikation von Matrizen durch einige Übungen gefestigt und Eigenschaften von Matrizenprodukten erforscht werden. Zur Kontrolle und zur Durchführung von Experimenten benutzen wir das Programm MULTEXPERIMENTE (Alg 6):

```
(*<><><><><><><><><><><><><><><><><><><><><><><><><><><><><>*)
PROGRAM MULTEXPERIMENTE(INPUT, OUTPUT);
LABEL 438;
CONST MAXGRAD = 10;
TYPE
       MATRIX = ARRAY [1 .. MAXGRAD, 1 .. MAXGRAD] OF REAL;
VAR
   MATA, MATB, MATP                          : MATRIX;
   ZA, SA, ZB, SB, BELEGT, MINDEST, NACHK    : INTEGER;
          ZEICHEN : CHAR;
           PRODUKT: BOOLEAN;
(*<><><><><><><><><><><><><><><><><><><><><><><><><><><><><>*)
```

Hier folgen die Prozeduren

STRICHREIHE, MATRIXAENDERN, MATRIXEINGEBEN, MATRIXAUSGEBEN, MATPROD!

```
BEGIN (* MATRIZENVERARBEITUNG *)
  WRITELN('::::::::::::::::::::::::::::::::::::::::::::::::');
  WRITELN('EXPERIMENTE MIT DEM PRODUKT ZWEIER MATRIZEN');
  WRITELN('::::::::::::::::::::::::::::::::::::::::::::::::');
  PRODUKT := TRUE;
  WHILE PRODUKT
  DO BEGIN
       WRITELN(' 1: BEIDE MATRIZEN NEU ?');
       WRITELN(' 2: LINKE MATRIX   NEU ?');
       WRITELN(' 3: RECHTE MATRIX  NEU ?');
       WRITELN(' 0: ENDE               ?');
       WRITELN('GEBEN SIE EINE DER ZIFFERN EIN !');
       READLN;
       READ(BELEGT);
       CASE BELEGT OF
         1: BEGIN
              MATRIXEINGEBEN(MATA, ZA, SA);
              MATRIXEINGEBEN(MATB, ZB, SB);
            END;
         2: BEGIN
              MATRIXEINGEBEN(MATA, ZA, SA);
            END;
         3: BEGIN
              MATRIXEINGEBEN(MATB, ZB, SB);
            END;
         0: GOTO 438
       END (* MATRIZENVERARBEITUNG *);
```

```
        MATP := MATPROD(MATA, MATB, ZA, SA, ZB, SB);
        IF   PRODUKT
        THEN BEGIN
                WRITELN('ALS PRODUKT ERGIBT SICH:');
                MATRIXAUSGEBEN(MATP, ZA, SB);
             END;
     PRODUKT:=TRUE;
     END;
438:
END.
```

Das Programm wird sich für viele Probleme als sehr nützlich erweisen. An zwei Beispielen soll gezeigt werden, wie man es zur Entdekkung von Zusammenhängen einsetzen kann.

PROBLEMSTELLUNG 1.2:

Gegeben sei die Matrix $A = \begin{bmatrix} 1 & 2 & 3 \\ 4 & 5 & 6 \\ 7 & 8 & 9 \end{bmatrix}$.

a) Multiplizieren Sie A von links mit (3,3)-Matrizen, die in jeder Zeile und Spalte genau eine 1, sonst jedoch nur Nullen enthalten (sogenannte Permutationsmatrizen).

b) Wie kann man den Vorgang rückgängig machen?

c) Untersuchen Sie den Sachverhalt für die Multiplikation von A mit einer Permutationsmatrix von rechts.

PROBLEMLÖSUNG: Wir bearbeiten die Probleme mit Hilfe des Programms MULTEXPERIMENTE. Als Permutationsmatrix kann beispielsweise

$P = \begin{bmatrix} 0 & 0 & 1 \\ 1 & 0 & 0 \\ 0 & 1 & 0 \end{bmatrix}$ gewählt werden. Wir erhalten $PA = \begin{bmatrix} 7 & 8 & 9 \\ 1 & 2 & 3 \\ 4 & 5 & 6 \end{bmatrix}$

und stellen folgende Wirkung von P fest:

p_{13}:3.Zeile von A wird zur ersten Zeile,

p_{21}:1.Zeile von A wird zur zweiten Zeile,

p_{32}:2.Zeile von A wird zur dritten Zeile.

Offenbar bewirkt P eine Vertauschung der Zeilen von A. Weitere Multiplikationen von links mit Permutationsmatrizen bestätigen das. Als besondere Permutationsmatrix erweist sich die Einheitsmatrix E.

$$\begin{bmatrix} 1 & 0 & 0 \\ 0 & 1 & 0 \\ 0 & 0 & 1 \end{bmatrix} \begin{bmatrix} 1 & 2 & 3 \\ 4 & 5 & 6 \\ 7 & 8 & 9 \end{bmatrix} = \begin{bmatrix} 1 & 2 & 3 \\ 4 & 5 & 6 \\ 7 & 8 & 9 \end{bmatrix}, \text{ d.h. } EA = A.$$

Nun kann b) bearbeitet werden. Die Suche nach einer Permutationsmatrix, die die Zeilenvertauschung rückgängig macht, wird durch unsere Ergebnisse aus a) erleichtert. Wenn p_{13} die 3.Zeile von A nach Zeile 1 bringt, so wird wohl p_{31} die erste Zeile einer Matrix nach

Zeile 3 bringen. Wir versuchen es also mit einer Permutationsmatrix P^T, die Einsen an den Stellen (3,1),(1,2),(2,3) hat. Der Programmlauf ergibt tatsächlich

$$\begin{bmatrix} 0 & 1 & 0 \\ 0 & 0 & 1 \\ 1 & 0 & 0 \end{bmatrix} \begin{bmatrix} 7 & 8 & 9 \\ 1 & 2 & 3 \\ 4 & 5 & 6 \end{bmatrix} = \begin{bmatrix} 1 & 2 & 3 \\ 4 & 5 & 6 \\ 7 & 8 & 9 \end{bmatrix}, \text{ also } P^T(PA) = A \text{ !}$$

Die Zeilenvertauschung ist rückgängig gemacht! Da sich oben EA=A ergab, vermuten wir für Permutationsmatrizen $P^TP=E$. Wir rechnen

$$\begin{bmatrix} 0 & 1 & 0 \\ 0 & 0 & 1 \\ 1 & 0 & 0 \end{bmatrix} \begin{bmatrix} 0 & 0 & 1 \\ 1 & 0 & 0 \\ 0 & 1 & 0 \end{bmatrix} = \begin{bmatrix} 1 & 0 & 0 \\ 0 & 1 & 0 \\ 0 & 0 & 1 \end{bmatrix} = E_{(3,3)}.$$

Die Matrix <u>P^T heißt transponierte Matrix von P</u>. Gegenüber P sind nämlich Zeilen und Spalten vertauscht.

<u>DEFINITION 1.4</u>: Es sei $A = (a_{ij})_{(m,n)}$. Dann heißt die Matrix $A^T = (a_{ji})_{(n,m)}$, die aus der Vertauschung der Zeilen und Spalten von A hervorgeht, <u>transponierte Matrix</u> von A.

<u>Bemerkung</u>: Es gilt nicht etwa stets $A^TA=E$, wie man aus den obigen Betrachtungen vermuten könnte!

c) kann nun auf entsprechende Weise wie a) und b) bearbeitet werden. Dabei ergibt sich eine Vertauschung der Spalten von A.

Diese Ergebnisse lassen sich leicht auf (n,n)-Matrizen übertragen!

<u>SATZ 1.2</u>: Multipliziert man eine quadratische Matrix A mit einer Permutationsmatrix von links (rechts), so werden die Zeilen (Spalten) von A vertauscht. Die Art der Vertauschung ist von der Stellung der 1-Elemente in der Permutationsmatrix abhängig:
$p_{ij}=1$ bringt Zeile (Spalte) j nach Zeile (Spalte) i.

Im Verlauf der Betrachtungen haben wir eine (3,3)-Einheitsmatrix kennengelernt. Wir definieren:

<u>DEFINITION 1.5</u>: Eine Matrix E mit EA = AE = E heißt <u>Einheitsmatrix</u>.

Einheitsmatrizen sind nur für quadratische Matrizen definiert. Die Einheitsmatrix vom Typ (n,n) ist offenbar

$$\begin{bmatrix} 1 & 0 & 0 & \dots & 0 \\ 0 & 1 & 0 & \dots & 0 \\ 0 & 0 & 1 & \dots & 0 \\ & & & & \\ 0 & 0 & 0 & \dots & 1 \end{bmatrix} = E_{(n,n)}.$$

Man erkennt leicht, daß <u>Einheitsmatrizen eindeutig bestimmt</u> sind, d.h. zu jedem Typ (n,n) gibt es genau eine Einheitsmatrix:

Seien etwa E_1 und E_2 zwei Einheitsmatrizen. Dann gilt
$E_1E_2 = E_1$, weil E_2 Einheitsmatrix und
$E_1E_2 = E_2$, weil E_1 Einheitsmatrix.
Wegen der Gleichheit der linken Seiten folgt sofort $E_1 = E_2$.

....

Wir bringen nun ein zweites Beispiel für die Anwendung des Programms MULTEXPERIMENTE.

PROBLEMSTELLUNG 1.3:
Multiplizieren Sie die Matrizen $A = \begin{bmatrix} 0.2 & 0.8 \\ 0.7 & 0.3 \end{bmatrix}$ und $B = \begin{bmatrix} 1 & 2 \\ 3 & 4 \end{bmatrix}$ mehrmals mit sich selbst! Auffälligkeiten?

PROBLEMLÖSUNG: Zuerst muß A zweimal eingegeben werden. Nach der Berechnung des Produkts AA werden die Elemente von AA als rechte (oder linke) Matrix eingegeben. Damit wird A(AA) gebildet. In dieser etwas umständlichen Art (später geht es schneller, siehe 6. Matrizenpotenzen) kann fortgefahren werden. Die Programmläufe mit A und B zeigen erhebliche Unterschiede. Einige Anfangsergebnisse sind in Falk-Schemata zusammengefaßt:

		0.2	0.8
		0.7	0.3
0.2	0.8	0.6	0.4
0.7	0.3	0.35	0.65
0.2	0.8		
0.7	0.3		
usw.			

		1	2
		3	4
1	2	7	10
3	4	15	22
1	2	37	54
3	4	81	118
usw.			

Der Leser werte die „Tendenz" selbst aus!

Produkte einer Matrix mit sich selbst führen auf den Begriff der <u>Matrizenpotenz</u>. Matrizenpotenzen spielen in Anwendungen eine bedeutende Rolle, so daß später ein besonderer Algorithmus POTENZEN erstellt wird. Weitere Anwendungen für das Programm MULTEXPERIMENTE finden sich in den folgenden Übungen.

ÜBUNGSAUFGABEN

Ü 1.1) Man untersuche die Wirkung der Matrix $\begin{bmatrix} 1 & 2 & 4 \\ 1 & 2 & 4 \\ 1 & 2 & 4 \end{bmatrix}$ bei Multiplikation von links mit verschiedenen (3,3)-Matrizen.

Ü 1.2) Zeigen Sie an Beispielen, daß i.a. $AA^T \neq E$. Gilt $AA^T = A^TA$?

Ü 1.3) Ändern Sie den Algorithmus MULTEXPERIMENTE so ab, daß man mit dem Produkt P=AB weiterarbeiten kann.

Ü 1.4) Benutzen Sie MULTEXPERIMENTE zur Bearbeitung des Materialverflechtungsproblems.

Ü 1.5) Wie wirkt die Matrix $K = \begin{bmatrix} 0 & 0 & a \\ 0 & b & 0 \\ c & 0 & 0 \end{bmatrix}$ bei Bildung von AK,KA und KK. Dabei sei A eine beliebige (3,3)-Matrix.

Ü 1.6) Zeigen Sie an Beispielen, daß das Kommutativgesetz für die Matrizenmultiplikation nicht gilt. Untersuchen Sie die Gültigkeit des Assoziativgesetzes.

Ü 1.7) Bei der Matrix B sind Zeilensummen und Spaltensummen gleich 1:

$$B = \begin{bmatrix} 3 & -1 & -1 & -1 \\ -1 & 3 & -1 & -1 \\ -1 & -1 & 3 & -1 \\ -1 & -1 & -1 & 3 \end{bmatrix}.$$ Wie ist es bei BB, BBB,B^4?

Ü 1.8) Gegeben ist die Matrix $A = \begin{bmatrix} -3 & -4 \\ 5 & 6 \end{bmatrix}$. Suchen Sie Matrizen X, in denen alle Elemente von Null verschieden sind und für die dennoch gilt AX=O. Dabei ist O eine (2,2)-Nullmatrix, deren Elemente definitionsgemäß alle gleich O sind.

Ü 1.9) Suchen Sie eine Matrix, die alle Elemente einer Zeile(Spalte) einer Matrix A addiert.

$$A = \begin{bmatrix} 1 & 2 & 3 & 4 \\ 5 & 6 & 7 & 8 \\ 9 & 10 & 11 & 12 \\ 13 & 14 & 15 & 16 \end{bmatrix}.$$

Ü 1.10) Multiplizieren Sie (3,3)-Permutationsmatrizen mehrmals mit sich selbst. Irgendwann müssen Sie auf die Einheitsmatrix kommen!

Ü 1.11) Geben Sie sich eine Matrix S vor, in der alle Elemente zwischen O und 1 liegen und in der alle Zeilensummen gleich 1 sind. Bilden Sie nun $S^2, S^3, \ldots$ Vergleichen Sie mit Problemstellung 1.3!

1.3 MATERIALVERFLECHTUNG 2

Wir bauen nun die Problemstellung 1.1 aus, indem wir
a) mehrere Bestellungen von Endprodukten und
b) die Bestellung von Zwischenprodukten zulassen.

Zu a): Mehrere Bestellungen

Es mögen nun Bestellungen von vier verschiedenen Verbrauchern vorliegen (in ME). Die einzelnen Bestellmatrizen werden mit V_1, V_2, V_3, V_4 bezeichnet.

Bestellung / Endprodukt	V_1	V_2	V_3	V_4
E1	100	50	40	60
E2	125	70	60	60

Offenbar gibt es zwei Möglichkeiten!

1.Weg: Wir fassen die Bestellungen zu einer Sammelbestellung zusammen. Das führt sofort auf die Matrizenaddition.

$$V_1+V_2+V_3+V_4 = \begin{bmatrix}100\\125\end{bmatrix} + \begin{bmatrix}50\\70\end{bmatrix} + \begin{bmatrix}40\\60\end{bmatrix} + \begin{bmatrix}60\\60\end{bmatrix} = \begin{bmatrix}100+50+40+60\\125+70+60+60\end{bmatrix} = \begin{bmatrix}250\\315\end{bmatrix} \begin{matrix}E1\\E2.\end{matrix}$$

Mit der in 1.1 errechneten Matrix C für die Verflechtung zwischen den Rohstoffen und Endprodukten ergibt sich dann

		250 315	
284	105	104075	R1
52	20	19300	R2
20	25	12875	R3

Diese Rohstoffmengen werden zur Erledigung aller Aufträge benötigt.

Wir haben gerechnet $C(V_1+V_2+V_3+V_4)$.

2.Weg: Die Bestellmatrix V wird in ihrer ursprünglichen Form belassen, CV gebildet und dann spaltenweise addiert:

		100 125	50 70	40 60	60 60
284	105	41525	21550	17660	23340
52	20	7700	4000	3280	4320
20	25	5125	1750	3300	2700

$$CV_1 + CV_2 + CV_3 + CV_4 = \begin{bmatrix}104075\\19300\\12875\end{bmatrix} \begin{matrix}R1\\R2\\R3\end{matrix}$$ wie oben.

Mit diesen Überlegungen haben wir zweierlei erreicht:

- Einführung der Matrizenaddition. Es ist sinnvoll, Elemente, die an der gleichen Stelle (von Matrizen gleichen Typs) stehen, zu addieren.
- Im Beispiel galt $C(V_1+V_2+V_3+V_4) = CV_1+CV_2+CV_3+CV_4$. Das läßt uns ein Distributivgesetz für Matrizen vermuten. Es gilt tatsächlich und wird später bewiesen, siehe 1.5.

Wir präzisieren:

DEFINITION 1.4: A und B seien zwei (m,n)-Matrizen. Dann ist die Summe A+B = C erklärt durch (Matrizenaddition)

$$(a_{ij})_{(m,n)} + (b_{ij})_{(m,n)} = (a_{ij}+b_{ij})_{(m,n)} = (c_{ij})_{(m,n)}.$$

Entsprechend wird für die Differenz A-B = C festgesetzt (Matrizensubtraktion)

$$(a_{ij})_{(m,n)} - (b_{ij})_{(m,n)} = (a_{ij}-b_{ij})_{(m,n)} = (d_{ij})_{(m,n)}.$$

Bemerkung: Man beachte - wie auch bei der Matrizenmultiplikation beim ·-Zeichen - die unterschiedliche Bedeutung des + bzw. - Zeichens:

$$(a_{ij})_{(m,n)} + (b_{ij})_{(m,n)} = (a_{ij}+b_{ij})_{(m,n)}$$

Addition zweier Matrizen (erstes +) — Addition zweier Zahlen (zweites +).

Die folgende Prozedur MATSUM zur Berechnung der Summe zweier Matrizen ist ohne Kommentar verständlich.

Alg 7: MATSUM

```
FUNCTION MATSUM(MAT1, MAT2: MATRIX; Z1, S1, Z2, S2: INTEGER): MATRIX;
(* BERECHNET DIE SUMME ZWEIER MATRIZEN VOM TYP(Z1,S1)          *)
(* SUMME:BOOLEAN, GLOBAL DEFINIEREN!                           *)
VAR
                    I,
                    J:INTEGER;
                 MAT3: MATRIX;

  BEGIN
    IF   (Z1 <> Z2) OR (S1 <> S2)
    THEN BEGIN
           WRITELN('MATRIZENSUMME NICHT DEFINIERT!');
           SUMME := FALSE;
         END
    ELSE BEGIN
           SUMME := TRUE;
           FOR I := 1 TO Z1
           DO FOR J := 1 TO S1
              DO MAT3[I, J] := MAT1[I, J] + MAT2[I, J];
         END;
    MATSUM := MAT3;
  END (* MATSUM *);
```

Zu b): Bestellung von Zwischenprodukten

Die Bestellung von Zwischenprodukten könnte beispielsweise zu Reparaturzwecken erfolgen.

	Bestellung
Z1	20
Z2	10
Z3	40
Z4	50

$= W_{(4,1)}$.

Mit der aus 1.1 bekannten Matrix A bilden wir $A_{(3,4)}W_{(4,1)}$:

				20
				10
				40
				50
14	11	8	10	1210
4	0	0	4	280
0	5	0	0	50

$= A_{(3,4)}W_{(4,1)}$.

Der Gesamtbedarf an Rohstoffen setzt sich aus den durch Zwischenprodukt- und Endproduktbestellung bedingten Rohstoffmengen zusammen. Figur 1.7 gibt die allgemeine Lösung des Problems an. Dabei wurden die bereits oben benutzten Abkürzungen für die einzelnen Matrizen verwendet. Das Programm MATERIALVERFLECHTUNG2 führt die in Figur 1.7 notierten Eingaben, Rechnungen und Ausgaben durch. Damit kann nun sofort auf Bestellungen durch passende Rohstoffeinkäufe reagiert werden. Außerdem können verschiedene Absatzstrategien erprobt werden. In Zusammenhang mit dem Stücklistenproblem (Fallstudie 9) werden Materialverflechtungen noch einmal aufgegriffen. Auch bei der Behandlung linearer Gleichungssysteme kommen wir auf Verflechtungen zurück.

```
PROGRAM MATERIALVERFLECHTUNG2 (INPUT, OUTPUT);
LABEL 9;
CONST MAXGRAD = 10;
TYPE MATRIX   = ARRAY[1..MAXGRAD, 1..MAXGRAD] OF REAL;
VAR MATA, MATB, MATV, MATW, MATR   : MATRIX;
    ZA, SA, ZB, SB, ZV, SV, ZW, SW : INTEGER;
    MINDEST, NACHK                 : INTEGER;
    SUMME, PRODUKT                 : BOOLEAN;
    NOCHEINEBESTELLUNG             : CHAR;
```

Hier folgen die bekannten Prozeduren und Funktionen MATRIXEINGEBEN STRICHREIHE, MATRIXAENDERN, MATRIXAUSGEBEN, MATSUM, MATPROD.

Das folgende Hauptprogramm schließt sich an:

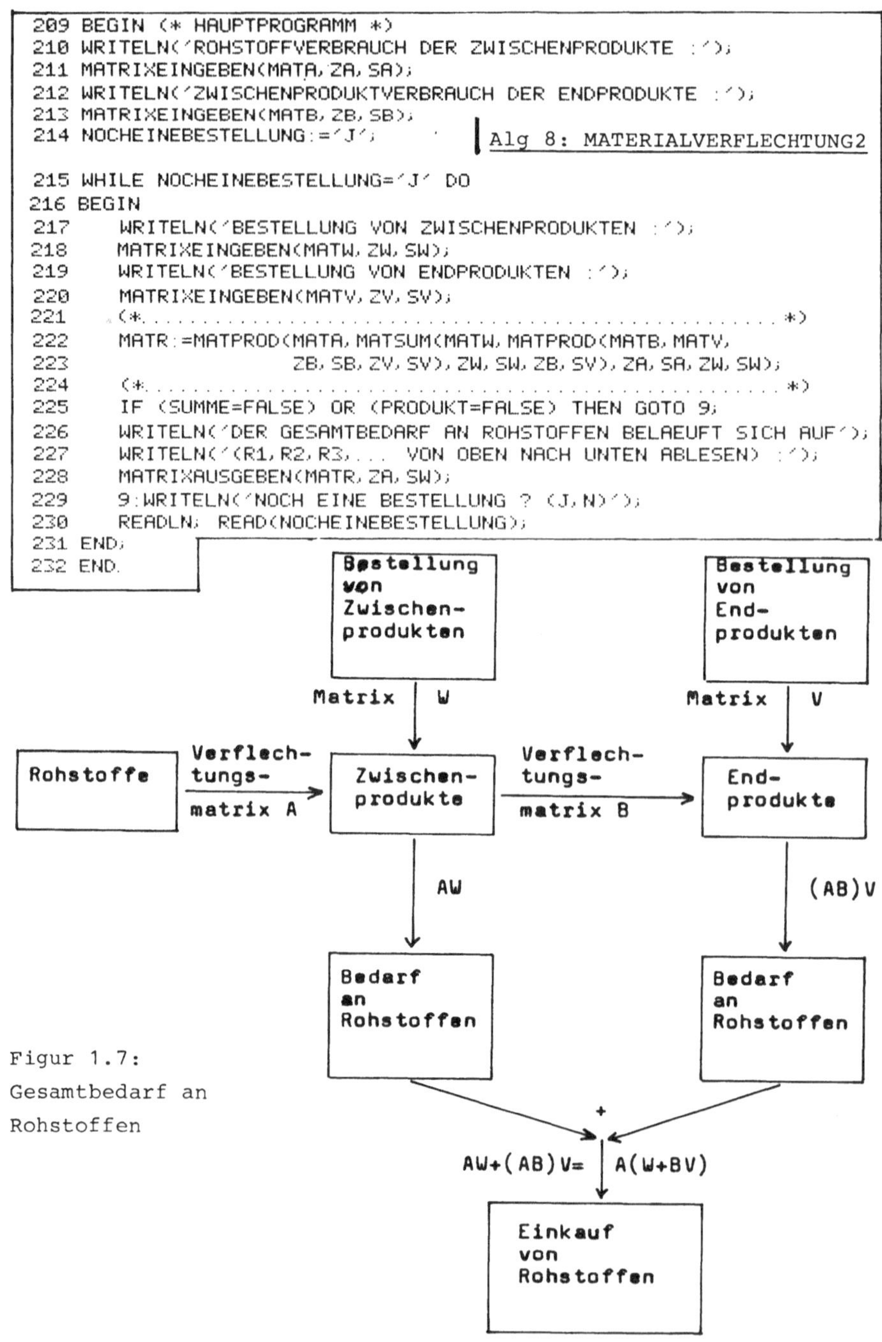

```
BEGIN (* HAUPTPROGRAMM *)
WRITELN('ROHSTOFFVERBRAUCH DER ZWISCHENPRODUKTE :');
MATRIXEINGEBEN(MATA,ZA,SA);
WRITELN('ZWISCHENPRODUKTVERBRAUCH DER ENDPRODUKTE :');
MATRIXEINGEBEN(MATB,ZB,SB);
NOCHEINEBESTELLUNG:='J';
WHILE NOCHEINEBESTELLUNG='J' DO
BEGIN
    WRITELN('BESTELLUNG VON ZWISCHENPRODUKTEN :');
    MATRIXEINGEBEN(MATW,ZW,SW);
    WRITELN('BESTELLUNG VON ENDPRODUKTEN :');
    MATRIXEINGEBEN(MATV,ZV,SV);
    (*.............................................*)
    MATR:=MATPROD(MATA,MATSUM(MATW,MATPROD(MATB,MATV,
                ZB,SB,ZV,SV),ZW,SW,ZB,SV),ZA,SA,ZW,SW);
    (*.............................................*)
    IF (SUMME=FALSE) OR (PRODUKT=FALSE) THEN GOTO 9;
    WRITELN('DER GESAMTBEDARF AN ROHSTOFFEN BELAEUFT SICH AUF');
    WRITELN('(R1,R2,R3,... VON OBEN NACH UNTEN ABLESEN) :');
    MATRIXAUSGEBEN(MATR,ZA,SW);
    9:WRITELN('NOCH EINE BESTELLUNG ? (J,N)');
    READLN; READ(NOCHEINEBESTELLUNG);
END;
END.
```

Alg 8: MATERIALVERFLECHTUNG2

Figur 1.7: Gesamtbedarf an Rohstoffen

Das oben betrachtete Materialverflechtungsproblem ist ein recht einfacher Fall einer Bedarfsermittlung. Man unterscheidet Brutto- und Nettobedarfsermittlung. Bei der Nettobedarfsermittlung werden vorhandene Lagermengen in die Rechnung einbezogen. Diese Lagerbestände können als negativer Bedarf notiert werden. Es kann dann sein, daß nach Erledigung einer Bestellung ein negativer Bedarf bestehen bleibt, wenn nämlich der ursprünglich vorhandene Lagerbestand größer als der Bedarf war. In diesem Fall braucht der entsprechende Rohstoff nicht eingekauft werden. Wir haben uns bei unseren Beispielen auch auf Produktionsabläufe beschränkt, bei denen keine Rückkopplungen auftraten (schleifenfreie Erzeugnisstrukturen).

Übungsaufgaben zur Materialverflechtung finden sich in Abschnitt 1.7.

1.4 WEITERE MATRIZENVERKNÜPFUNGEN, - PROZEDUREN UND - FUNKTIONEN

Durch die vorhergehenden Anwendungen sind wir erst mit wenigen Matrizenverknüpfungen vertraut geworden. Weitere, öfter benötigte Verknüpfungen werden in der folgenden Tabelle zusammengestellt. Die genannten Beispiele und die sich an die Tabelle anschließende Auflistung der Prozeduren und Funktionen (soweit noch nicht erfolgt) geben die nötigen Erläuterungen.

Definition	Beispiel	Prozedur
Gleichheit A=B, wenn $a_{ij}=b_{ij}$ für alle i,j	$\begin{bmatrix} 2 & 4 \\ 1 & 0 \end{bmatrix} = \begin{bmatrix} 2 & 4 \\ 1 & 0 \end{bmatrix}$	MATGLEICH
Multiplikation AB $AB=(a_{ij})_{(m,n)}(b_{jk})_{(n,p)}$ $:=(\sum_{j=1}^{n} a_{ij}b_{jk})_{(m,p)}$	$\begin{bmatrix} 2 & 3 & 4 \\ 1 & 0 & 2 \end{bmatrix} \begin{bmatrix} 3 \\ 1 \\ 4 \end{bmatrix} = \begin{bmatrix} 25 \\ 11 \end{bmatrix}$	MATPROD
Addition A+B $A+B=(a_{ij})_{(m,n)}+(b_{ij})_{(m,n)}$ $:=(a_{ij}+b_{ij})_{(m,n)}$	$\begin{bmatrix} 2 & -1 \\ 4 & 3 \\ 2 & 6 \end{bmatrix} + \begin{bmatrix} -1 & 6 \\ 0 & 1 \\ 2 & 3 \end{bmatrix} = \begin{bmatrix} 1 & 5 \\ 4 & 4 \\ 4 & 9 \end{bmatrix}$	MATSUM

Definition	Beispiel	Prozedur
Subtraktion A-B $A-B=(a_{ij})_{(m,n)}-(b_{ij})_{(m,n)}$ $:=(a_{ij}-b_{ij})_{(m,n)}$	$\begin{bmatrix} 2 & -1 \\ 4 & 3 \\ 2 & 6 \end{bmatrix} - \begin{bmatrix} -1 & 6 \\ 0 & 1 \\ 2 & 3 \end{bmatrix} = \begin{bmatrix} 3 & 5 \\ 4 & 2 \\ 0 & 3 \end{bmatrix}$	MATDIF
Skalarmultiplikation rA $rA=r(a_{ij})_{(m,n)}$ $r \in \mathbb{R}$ $:=(ra_{ij})_{(m,n)}$	$3 \begin{bmatrix} 1 & 2 \\ 4 & 0 \end{bmatrix} = \begin{bmatrix} 3 & 6 \\ 12 & 0 \end{bmatrix}$	RMALMAT
Transponieren A^T $A=(a_{ij})_{(m,n)}$, dann $A^T:=(a_{ji})_{(m,n)}$	$\begin{bmatrix} 2 & 3 \\ 3 & 4 \\ 5 & 6 \end{bmatrix}^T = \begin{bmatrix} 2 & 3 & 5 \\ 3 & 6 & 4 \end{bmatrix}$	MATTRANSP
Potenz von $A=(a_{ij})_{(n,n)}$ $A^n:=AA\cdot \ldots A$ n-mal	$\begin{bmatrix} 1 & 2 \\ 3 & 4 \end{bmatrix}^3 = \begin{bmatrix} 37 & 54 \\ 81 & 118 \end{bmatrix}$	MATPOT
Inverse von $A=(a_{ij})_{(n,n)}$ $A^{-1}=(c_{ij})_{(n,n)}$, so daß $A^{-1}A=AA^{-1}=E$ (Einheits-matrix)	$\begin{bmatrix} 1 & 2 \\ 3 & 4 \end{bmatrix}^{-1} = -0.5 \begin{bmatrix} 4 & -2 \\ -3 & 1 \end{bmatrix}$	MATINV Erläuterung folgt in Abschnitt 2.
Spur von $A=(a_{ij})_{(n,n)}$ $sp(A):=\sum_{i=1}^{n} a_{ii}$	$sp\left(\begin{bmatrix} 1 & 2 \\ 3 & 4 \end{bmatrix}\right) = 5$	MATSPUR

Tabelle 1.1: Übersicht Matrizenverknüpfungen

Auflistung von Matrizenprozeduren:

Die Prozeduren EINHEITSMATRIX und MATINITIAL wurden oben noch nicht erwähnt. EINHEITSMATRIX ermöglicht die Bereitstellung einer Einheitsmatrix von gewünschtem Typ (n,n).

MATINITIAL setzt alle Elemente einer Matrix auf einen gewünschten Wert. Die folgenden Algorithmen werden mit Alg 9 - Alg 15 bezeichnet.

Alg 12: MATDIF

```
FUNCTION MATDIF(MAT1, MAT2: MATRIX; Z1, S1, Z2, S2: INTEGER): MATRIX;
(* BERECHNET DIE DIFFERENZ ZWEIER MATRIZEN VOM TYP(Z1, S1) *)
(* DIFFERENZ: BOOLEAN; GLOBAL DEFINIEREN                    *)
  VAR
                    I,
                    J:  INTEGER;
                 MAT3:  MATRIX;

  BEGIN
    IF   (Z1 <> Z2) OR (S1 <> S2)
    THEN BEGIN
           WRITELN('MATRIZENDIFFERENZ NICHT DEFINIERT!');

           DIFFERENZ := FALSE;
         END
    ELSE BEGIN
           DIFFERENZ := TRUE;
           FOR I := 1 TO Z1
           DO FOR J := 1 TO S1
              DO MAT3[I, J] := MAT1[I, J] - MAT2[I, J];
         END;
    MATDIF := MAT3;
  END (* MATDIF *);
```

Alg 13: RMALMAT

```
FUNCTION RMALMAT(MAT1: MATRIX; Z1, S1: INTEGER; R: REAL): MATRIX;
(* MULTIPLIZIERT ALLE ELEMENTE EINER MATRIX MIT EINER *)
(* RATIONALEN ZAHL R                                  *)

  VAR
                    I,
                    J:  INTEGER;
                 MAT2:  MATRIX;

  BEGIN
    FOR I := 1 TO Z1
    DO FOR J := 1 TO S1
       DO MAT2[I, J] := R * MAT1[I, J];
    RMALMAT := MAT2;
  END (* RMALMAT *);
```

Alg 14: MATTRANSP

```
FUNCTION MATTRANSP(MAT1: MATRIX; Z1, S1: INTEGER): MATRIX;
(* TRANSPONIERT EINE MATRIX VOM TYP(Z1, S1)    *)

  VAR
                    I,
                    J:  INTEGER;
                 MAT2:  MATRIX;

  BEGIN
    MATINITIAL(MAT2, S1, Z1, 0);
    FOR I := 1 TO Z1
    DO FOR J := 1 TO S1
       DO MAT2[J, I] := MAT1[I, J];
    MATTRANSP := MAT2;
  END (* MATTRANSP *);
```

```
PROCEDURE MATGLEICH(MAT1,MAT2:MATRIX;Z1,S1,Z2,S2:INTEGER);
(* UNTERSUCHT OB ZWEI MATRIZEN GLEICH SIND              *)
LABEL 888;
VAR I,J:INTEGER;
BEGIN
IF(Z1<>Z2)OR(S1<>S2) THEN
WRITELN('TYP DER MATRIZEN STIMMT NICHT UEBEREIN!')
ELSE
BEGIN
FOR I:=1 TO Z1 DO
FOR J:=1 TO S1 DO
IF MAT1[I,J]<>MAT2[I,J] THEN
BEGIN
     WRITELN('MATRIZEN HABEN GLEICHEN TYP,');
     WRITELN('ABER NICHT ALLE ELEMENTE SIND GLEICH!');
     GOTO 888;
END;
END;
WRITELN('DIE MATRIZEN SIND GLEICH!');
888:END;
```

Alg 9: MATGLEICH

```
PROCEDURE EINHEITSMATRIX(VAR MATEINHEIT: MATRIX; GRAD: INTEGER);
(*STELLT EINE EINHEITSMATRIX VOM TYP (GRAD,GRAD) BEREIT*)

  VAR
                     A,
                     B: INTEGER;

  BEGIN
    FOR A := 1 TO GRAD
    DO FOR B := 1 TO GRAD
       DO IF   A = B
          THEN MATEINHEIT[A, B] := 1
          ELSE MATEINHEIT[A, B] := 0;

  END (* EINHEITSMATRIX *);
(*AUFRUF Z.B. EINHEITSMATRIX(MATE,7)*)
```

Alg 10: EINHEITSMATRIX

```
PROCEDURE MATINITIAL(VAR MAT1:MATRIX;Z1,S1:INTEGER;INI:REAL);
(* INITIIERT EINE MATRIX VOM TYP(Z1,S1) MIT LAUTER         *)
(* ELEMENTEN VOM WERT "INI"                                *)

  VAR
                     I,
                     J: INTEGER;

  BEGIN
    FOR I := 1 TO Z1
    DO FOR J := 1 TO S1
       DO MAT1[I, J] := INI;
  END (* MATINITIAL *);
(* AUFRUF Z.B. MATINITIAL(MATA,3,4,0) ERGIBT (3,4)-0-MATRIX *)
```

Alg 11: MATINITIAL

```
FUNCTION MATSPUR(SPURMAT: MATRIX; GRAD: INTEGER): REAL;
(* BERECHNET DIE SPUR EINER MATRIX VOM TYP(GRAD,GRAD) *)

  VAR
                     A: INTEGER;
                     B: REAL;

  BEGIN
    B := 0;
    FOR A := 1 TO GRAD
    DO B := SPURMAT[A, A] + B;
    MATSPUR := B;
  END (* MATSPUR *);
(* AUFRUF Z.B.  SPUR:=MATSPUR(MATA,ZEILENANZAHL)  *)
```

Alg 15: MATSPUR

Diese Prozeduren und Funktionen werden bei den später angesprochenen Problemen in vielfältiger Weise eingesetzt und erleichtern die Programmierung komplexer Probleme ungemein !

Erfahrungsgemäß können auch im Programmieren wenig geübte Leser mit Hilfe dieser Moduln Matrizenprobleme für die Datenverarbeitung aufbereiten. Ggf. können die Moduln als „black-box-Moduln" angesehen werden.

Betrachten wir etwa die

Aufgabe: Transponieren eines Matrizenprodukts.

Zu berechnen ist also $(AB)^T$. Die Anwendung obiger Moduln ist ohne besondere Erläuterung verständlich:

```
BEGIN MATRIXEINGEBEN(MATA,ZA,SA);
      MATRIXEINGEBEN(MATB,ZB,SB);
      MATC:=MATPROD(MATA,MATB,ZA,SA,ZB,SB);          ⧗
      MATD:=MATTRANSP(MATC,ZA,SB);                   ⧗
      MATRIXAUSGEBEN(MATD,ZA,SB);                    ⧗
END.
```

Dabei könnten die drei Zeilen ⧗ noch zusammengefaßt werden, was allerdings auf Kosten der Übersichtlichkeit geschieht:

```
MATRIXAUSGEBEN(MATTRANSP(MATPROD(MATA,MATB,ZA,SA,ZB,SB),
                    ZA,SB),ZA,SB);
```

Auch der Deklarationsteil ist leicht erstellt:

```
PROGRAM ABTRANSPONIEREN(INPUT,OUTPUT);
CONST MAXGRAD = 10;
TYPE  MATRIX  = ARRAY[1..MAXGRAD,1..MAXGRAD] OF REAL;
VAR MATA,MATB,MATC,MATD : MATRIX;
    ZA,SA,ZB,SB         : INTEGER;
    MINDEST,NACHK       : INTEGER;        ⊠
    PRODUKT             : BOOLEAN;        ⊠
```

In den Zeilen ⊠ stehen globale Variable aus FUNCTION MATPROD und PROCEDURE MATRIXEINGEBEN.

HINWEISE ZUR DURCHFÜHRUNG VON MATRIZENRECHNUNGEN AM COMPUTER

An dieser Stelle sind einige grundsätzliche Bemerkungen zur Programmierung von Matrizenverknüpfungen und zur Durchführung numerischer Matrizenrechnungen bei der Lösung von Problemen aus der Praxis nötig.

a) Die Dimension der Matrizen kann so groß sein, daß es Probleme bei der Speicherung der Matrizenelemente gibt. Der Leser, der vielfach nur Zugang zu Mikrocomputern haben wird, stößt unter Umständen schnell an die Grenzen der Speicherkapazität. Nun wird allerdings hier davon ausgegangen, daß es im wesentlichen um das Kennenlernen und Benutzen der wichtigsten Algorithmen zum Zwecke des Gewinnens von Erkenntnissen über Lineare Algebra geht. Das ist bereits bei Matrizen niedriger Dimension möglich. So wurde bei den hier vorgelegten Programmen als maximale Dimension 10x10 angegeben, eine Festlegung, die je nach Bedarf und unter Berücksichtigung der zur Verfügung stehenden Rechnerkonfiguration geändert werden kann. In der Praxis können z.B durchaus lineare Gleichungssysteme mit einigen tausend Gleichungen und Variablen auftreten! Weiterhin kann sich die Dimension von Matrizen während des Programmlaufs dynamisch ändern. Die Unabhängigkeit eines Programms von der Dimension wird hier durch Angabe einer maximal zulässigen Dimension ersetzt.

b) In der Praxis sind viele Matrizen nur dünn besetzt. Die meisten ihrer Elemente sind Null. Oft sind auch zahlreiche Elemente gleich. Bereits bei der Eingabe solcher Matrizen könnte Zeit gespart werden, indem die Matrix vorher z.B. mit Nullen initialisiert wird und dann nur noch einzelne Elemente durch Angabe ihrer Position (Doppelindex) eingelesen werden. Dabei bleibt die Möglichkeit der Verarbeitung mit den Standardmethoden erhalten, an Speicherplatz hätte man noch nichts gespart. Die Idee liegt nahe, für dünnbesetzte Matrizen nur noch Doppelindex und Wert eines Elements zu speichern, etwa (2,3) 5; (5,8) 3 usw.. In diesem Fall müßten für die Matrizen besondere Algorithmen konstruiert werden, die in der Organisation schwieriger wären. Für die mit diesem Buch verfolgten Ziele war ein derartiges Vorgehen nicht nötig. Grundlage für jede andersartige Matrizenprogrammierung bleiben die hier vermittelten Algorithmen. Ein Programmsystem MATSYS (Matrix System), das unter Berücksichtigung vieler praktischer Bedürfnisse erstellt wurde, findet der Leser in: IBM Nachrichten, Nr.223, Dezember 1974 (Buck, Meier: MATSYS-eine Matrizensprache für die IBM Systeme /360 und /370).

ÜBUNGSAUFGABEN

Ü 1.12) Schreiben Sie eine Prozedur für die Eingabe einer dünnbesetzten (m,n)-Matrix (Eingabe Doppelindex, Wert des Elements).

Ü 1.13) Schreiben Sie eine Prozedur für die Eingabe einer (m,n)-Matrix, bei der einige Elemente sehr häufig auftreten (Wiederholungsfaktor).

Ü 1.14)

DEFINITION 1.6: Eine Matrix $A_{(m,n)}$ heißt kleiner als eine Matrix $B_{(m,n)}$ - in Zeichen $A < B$ -, wenn für alle i=1,...m und für alle j=1,...n gilt: $a_{ij} < b_{ij}$.

Erstellen Sie eine Prozedur, die zwei Matrizen miteinander vergleicht!

Ü 1.15) Schreiben Sie Prozeduren zur Überprüfung, ob

a) alle Elemente einer Matrix größer als Null sind,

b) eine Matrix boolesch ist (nur Nullen oder Einsen enthält),

c) alle Elemente ganzzahlig sind,

d) eine Matrix symmetrisch ist (das ist der Fall, wenn $a_{ij} = a_{ji}$ für alle i,j).

Ü 1.16) Gegeben seien zwei dünnbesetzte Matrizen C und D, die gemäß Übung Ü 1.12 eingegeben wurden. Erstellen Sie Algorithmen für C+D und CD!

Ü 1.17) Entwerfen Sie Prozeduren:

a) $A_{(m,n)} \otimes B_{(m,n)} := (a_{ij} b_{ij})_{(m,n)}$, elementeweise Multiplikation,

b) $\sqrt{A} := (\sqrt{a_{ij}})_{(m,n)}$, $a_{ij} \geq 0$, elementeweises Wurzelziehen.

1.5 GESETZE FÜR DAS RECHNEN MIT MATRIZEN

In einer Tabelle werden nun die wichtigsten Gesetze für das Rechnen mit Matrizen zusammengestellt. Einige davon wurden bereits erwähnt, andere werden hier im Vorgriff genannt. Ausgewählte Gesetze werden im Anschluß bewiesen.

<table>
<tr><th>Addition, Subtraktion</th><th colspan="2">Multiplikation, Inverse</th></tr>
<tr><td>Definition:
$(a_{ij})_{(m,n)} + (b_{ij})_{(m,n)} :=$
$(a_{ij}+b_{ij})_{(m,n)}$
$-(b_{ij})_{(m,n)} := (-b_{ij})_{(m,n)}$</td><td colspan="2">Definition:
$(a_{ij})_{(m,n)} (b_{jk})_{(n,p)} :=$
$(\sum_{j=1}^{n} a_{ij}b_{jk})_{(m,p)}$</td></tr>
<tr><td>Assoziativgesetz
$A+(B+C) = (A+B)+C = A+B+C$</td><td colspan="2">Assoziativgesetz
$A(BC) = (AB)C = ABC$</td></tr>
<tr><td>Neutrales Element, Nullmatrix
$A+O = A$</td><td colspan="2">Neutrales Element, Einheitsmatrix
$AE = EA = A$</td></tr>
<tr><td>Additives inverses Element
$A+(-A) = O$</td><td>Multiplikatives Inverses
$AA^{-1}=A^{-1}A=E$</td><td>$(AB)^{-1}=B^{-1}A^{-1}$</td></tr>
<tr><td>Kommutativgesetz
$A+B = B+A$</td><td colspan="2">Kommutativgesetz
gilt nicht !</td></tr>
<tr><td colspan="3">Distributivgesetze
$A(B+C) = AB+AC$ $(A+B)C = AC+BC$</td></tr>
</table>

<table>
<tr><th>Zahl aus $\mathbb{R}$, Matrix</th><th colspan="2">Transponieren</th></tr>
<tr><td>Definition:
$r(a_{ij})_{(m,n)} := (ra_{ij})_{(m,n)}$</td><td colspan="2">Definition:
$(a_{ij})^T_{(m,n)} := (a_{ji})_{(n,m)}$</td></tr>
<tr><td>Distributivgesetze
$r(A+B) = rA+rB$
$(r+s)A = rA+sA$</td><td>$(AB)^T = B^TA^T$</td><td>$(A^{-1})^T = (A^T)^{-1}$</td></tr>
<tr><td>Assoziativgesetze
$r(sA) = (rs)A$
$r(AB) = (rA)B$</td><td colspan="2">nur für quadratische Matrizen</td></tr>
</table>

Tabelle 1.2: Gesetze für das Rechnen mit Matrizen

In den meisten Fällen folgen die Gesetze durch einfaches Ausrechnen der linken und rechten Seite und Vergleich derselben. Überlegungen, die man für Matrizen niedrigen Typs anstellt, gelten i.a. entsprechend für Matrizen höheren Typs. Im folgenden werden beispielhaft drei Gesetze mit verschiedenen Methoden bewiesen.

Behauptung: Für Matrizen gilt das Distributivgesetz

$$A(B+C) = AB + AC.$$

Beweis: Wir gehen von der linken Seite aus und formen so um, daß sich schließlich die rechte Seite ergibt!

$$\begin{aligned}
A(B+C) &= (a_{ij})_{(m,n)}\left[(b_{jk})_{(n,p)} + (c_{jk})_{(n,p)}\right] \\
&= (a_{ij})_{(m,n)}(b_{jk}+c_{jk})_{(n,p)} && \text{Def. der Addition} \\
&= \Big(\sum_{j=1}^{n} a_{ij}(b_{jk}+c_{jk})\Big)_{(m,p)} && \text{Def. der Multipl.} \\
&= \Big(\sum_{j=1}^{n} a_{ij}b_{jk} + \sum_{j=1}^{n} a_{ij}c_{jk}\Big)_{(m,p)} && \text{Distr.Gesetz in } \mathbb{R} \\
&= \Big(\sum_{j=1}^{n} a_{ij}b_{jk}\Big)_{(m,p)} + \Big(\sum_{j=1}^{n} a_{ij}c_{jk}\Big)_{(m,p)} && \text{Def. der Addition} \\
&= (a_{ij})_{(m,n)}(b_{jk})_{(n,p)} + (a_{ij})_{(m,n)}(c_{jk})_{(n,p)}
\end{aligned}$$

nach Definition der Multiplikation

$A(B+C) = AB + AC$,wie oben behauptet.

Behauptung: Für die Verknüpfung zwischen Zahlen und Matrizen gilt das Distributivgesetz $r(A+B) = rA + rB$.

Beweis:

$$\begin{aligned}
r(A+B) &= r\left[(a_{ij})_{(m,n)} + (b_{ij})_{(m,n)}\right] \\
&= r(a_{ij}+b_{ij})_{(m,n)} && \text{Def. der Addition} \\
&= (r(a_{ij}+b_{ij}))_{(m,n)} && \text{Def. Zahl x Matrix} \\
&= (ra_{ij}+rb_{ij})_{(m,n)} && \text{Distr.Gesetz in R} \\
&= (ra_{ij})_{(m,n)} + (rb_{ij})_{(m,n)} && \text{Def. der Addition} \\
&= r(a_{ij})_{(m,n)} + r(b_{ij})_{(m,n)} && \text{Def. Zahl x Matrix}
\end{aligned}$$

$r(A+B) = rA + rB$,wie oben behauptet.

Behauptung: $(AB)^T = B^TA^T$, Transponieren eines Matrizenprodukts

Beweis: Diesmal werden linke und rechte Seite getrennt ausgerechnet und verglichen.

	b_{11} b_{21} ... b_{1p} b_{21} ... ... b_{n1} ... b_{np}	
a_{11} a_{12} ... a_{1n}	$\Sigma a_{1j}b_{j1}$ $\Sigma a_{1j}b_{j2}$ ... $\Sigma a_{1j}b_{jp}$	$\Sigma a_{1j}b_{j1}$ ... $\Sigma a_{mj}b_{j1}$
a_{21} ...	$\Sigma a_{2j}b_{j1}$ ...	$\Sigma a_{1j}b_{j2}$ ...
... ...		
a_{m1} ... a_{mn}	$\Sigma a_{mj}b_{j1}$ ... $\Sigma a_{mj}b_{jp}$	$\Sigma a_{1j}b_{jp}$ ... $\Sigma a_{mj}b_{jp}$
	$= AB$	$= (AB)^T$

B^TA^T	a_{11} a_{21} ... a_{m1} a_{12} ... ... a_{1n} ... a_{mn}	
b_{11} b_{21} ... b_{n1}	$\Sigma b_{j1}a_{1j}$ $\Sigma b_{j1}a_{2j}$ ... $\Sigma b_{j1}a_{mj}$	Die Summierung läuft in allen Fällen von j=1 bis n.
b_{12} ...	$\Sigma b_{j2}a_{1j}$	
... ...		
b_{1p} ... b_{np}	$\Sigma b_{jp}a_{1j}$ $\Sigma b_{jp}a_{mj}$	

$= B^TA^T.$

Damit ist die Behauptung bewiesen.
In ähnlicher Weise können weitere Aussagen als richtig gezeigt werden; s.Übungsaufgaben.

ÜBUNGSAUFGABEN

Ü 1.18) Unter der Spur einer Matrix versteht man die Summe ihrer Elemente in der Hauptdiagonalen (vergl.Tabelle 1.1).
Zeigen Sie sp(AB) = sp(BA).
Hinweis: Summenzeichen benutzen! Ggf. erst für n=2 rechnen!

Ü 1.19) A und B seien quadratische Matrizen. Untersuchen Sie, ob
a) $(A+B)^2 = A^2+2AB+B^2$; b) $A^2B^2 = (BA)^2$; c) $AA^T = A^TA$.

Ü 1.20) Zeigen Sie weitere Gesetze aus Tabelle 1.2.

1.6 VEKTOREN ALS SPEZIELLE MATRIZEN

Bei den Materialverflechtungsproblemen und an anderer Stelle haben wir verschiedentlich Matrizen mit nur einer Zeile oder Spalte betrachtet. So kann beispielsweise

$\begin{bmatrix} 10 \\ 20 \\ 90 \end{bmatrix} = V_{(3,1)}$ eine Bestellung von Endprodukten bedeuten. Die einzeilige Matrix $\begin{bmatrix} 2 & 5 & 7 & 8 & 3 & 1 \\ 1 & 2 & 3 & 4 & 5 & 6 \end{bmatrix} = M_{(1,6)}$ stellt den Zensurenspiegel einer Klassenarbeit dar; $P = \begin{bmatrix} p_1 & p_2 & p_3 & \cdots p_{10} \end{bmatrix}$ gibt die Preise von zehn Lebensmitteln an.

Dabei sind die Informationen offenbar nicht an die Schreibweise von V,M oder P als Spalte oder Zeile gebunden. Die Schreibweise wird erst dann von Bedeutung, wenn V,M oder P mit einer anderen Matrix verknüpft werden müssen. So wäre z.B. das Produkt

$\begin{bmatrix} 2 & 1 & 4 \\ 1 & 2 & 5 \end{bmatrix} \begin{bmatrix} 10 \\ 20 \\ 90 \end{bmatrix}$ möglich, das Produkt $\begin{bmatrix} 2 & 1 & 4 \\ 1 & 2 & 5 \end{bmatrix} \begin{bmatrix} 10 & 20 & 90 \end{bmatrix}$ ist jedoch nicht definiert.

DEFINITION 1.7: Einzeilige und einspaltige Matrizen werden als Vektoren bezeichnet (Zeilenvektoren, Spaltenvektoren).

Vektoren finden in Mathematik, Physik, Technik und in vielen anderen Bereichen häufige Verwendung. Geometrisch kann ein Vektor mit 2 oder 3 Elementen als eine gerichtete Strecke aufgefaßt werden, s. Figur 1.8. Man schreibt z.B.

$\overrightarrow{OP}_1 = \vec{r}_1 = \begin{bmatrix} 4 \\ 2 \end{bmatrix}$. Mehr darüber findet sich in Kapitel 4, Analytische Geometrie.

Wegen der großen Bedeutung von Vektoren müssen einige grundlegende Bemerkungen gemacht und insbesondere Zusammenhänge mit Matrizen erläutert werden.

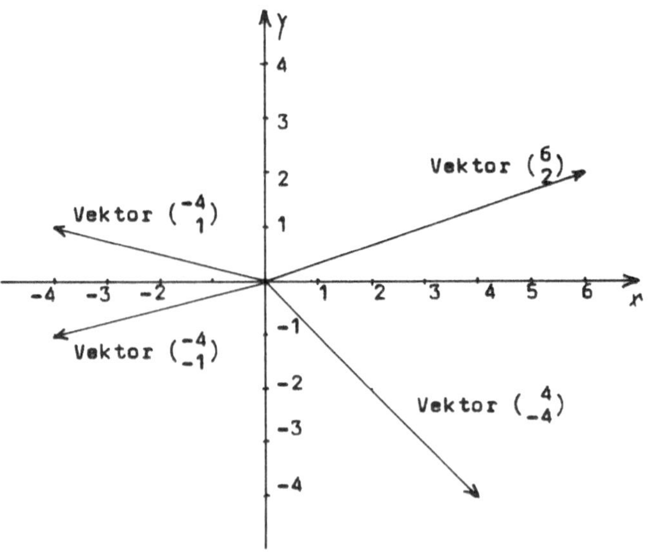

Figur 1.8: Vektoren im Koordinatensystem

Vektoren werden wie in Figur 1.8 häufig in runden Klammern geschrieben. Wir bleiben i.a. bei der Schreibweise und übernehmen damit die hier benutzte Matrizenschreibweise auch für Vektoren.

DEFINITION 1.7´: Eine Matrix der Form

$$A_{(m,1)} = \begin{bmatrix} a_{11} \\ a_{21} \\ \vdots \\ a_{m1} \end{bmatrix}$$

heißt Spaltenvektor. Wir schreiben dafür kurz $\vec{a}$. Eine Matrix der Form $B_{(1,n)} = \begin{bmatrix} b_{11} & b_{12} & \dots b_{1n} \end{bmatrix}$ heißt Zeilenvektor, kurz $\vec{b}^T$.

Betrachten wir nun die Matrix $A^T_{(1,m)} = \vec{a}^T = \begin{bmatrix} a_{11} & a_{21} & \dots a_{m1} \end{bmatrix}$, so liegt ein Zeilenvektor vor, der durch Transponieren der Spaltenvektors $\vec{a}$ entstanden ist.

Mit Hilfe von Zeilen- und Spaltenvektoren lassen sich Matrizen auch kürzer schreiben. Diese Schreibweise wird besonders in Kapitel 5 (Vektorräume) bei der Untersuchung der linearen Abhängigkeit von Vektoren benutzt.

$$C = \begin{bmatrix} c_{11} & c_{12} & \cdots & c_{1n} \\ c_{21} & c_{22} & \cdots & c_{2n} \\ \cdots & & \cdots & \\ c_{m1} & c_{m2} & \cdots & c_{mn} \end{bmatrix} = \underbrace{\begin{bmatrix} \vec{c}_1 & \vec{c}_2 & \cdots & \vec{c}_n \end{bmatrix}}_{\text{Spalten-vektoren}} = \underbrace{\begin{bmatrix} \vec{d}_1^T \\ \vec{d}_2^T \\ \vdots \\ \vec{d}_m^T \end{bmatrix}}_{\text{Zeilen-vektoren}} .$$

Für das Produkt zweier Matrizen, z.B. $A_{(2,4)}B_{(4,2)}$ kann man nun auch kürzer schreiben:

	b_{11} b_{21} b_{31} b_{41}	b_{12} b_{22} b_{32} b_{42}		$\vec{b}_1$	$\vec{b}_2$
a_{11} a_{12} a_{13} a_{14}	$\sum_{i=1}^{4} a_{1i}b_{i1}$	$\sum_{i=1}^{4} a_{1i}b_{i2}$	$\vec{a}_1^T$	$\vec{a}_1^T\vec{b}_1$	$\vec{a}_1^T\vec{b}_2$
a_{21} a_{22} a_{23} a_{24}	$\sum_{i=1}^{4} a_{2i}b_{i1}$	$\sum_{i=1}^{4} a_{2i}b_{i2}$	$\vec{a}_2^T$	$\vec{a}_2^T\vec{b}_1$	$\vec{a}_2^T\vec{b}_2$.
	ausführlich			kurz	

$\vec{a}_1^T\vec{b}_1$, $\vec{a}_1^T\vec{b}_2$ usw. sind also die bekannten Skalarprodukte. Dieser Sachverhalt wird in der Analytischen Geometrie, in der Skalarprodukte zweier Vektoren wichtige Ergebnisse liefern, von Bedeutung. Für das Rechnen mit Vektoren gilt

> Da Vektoren spezielle Matrizen sind, gelten für sie alle entsprechenden Matrizengesetze!

Bemerkung: Die Schreibweisen $\vec{a},\vec{b},\ldots$ für Spaltenvektoren und $\vec{a}^T,\vec{b}^T$ ... für Zeilenvektoren werden im Buch nur dann unterschieden, wenn andernfalls Probleme bei der Deutung auftreten können. Das wird i. a. nicht der Fall sein, so daß die Schreibweise $\vec{a},\vec{b},\ldots$ bevorzugt verwendet wird. So wird z.B. später aus dem vorliegenden Sachverhalt klar, daß in $\vec{w}P$ $\vec{w}$ ein Zeilenvektor, in $P\vec{v}$ $\vec{v}$ ein Spaltenvektor sein muß. Gegebenfalls werden auch Indizierungen verwendet, wie z.B. $\vec{w}_{(1,n)}P_{(n,n)}$ oder $P_{(n,n)}\vec{v}_{(n,1)}$. In der Analytischen Geometrie werden wir Vektoren grundsätzlich als Spalten schreiben,die Koordinaten von Punkten dagegen als Zeilen.

ÜBUNGSAUFGABEN

Ü 1.21) Gegeben sei die „Pascal-Matrix"

$$\begin{bmatrix} 1 & 0 & 0 & 0 & 0 & 0 & 0 & 0 & 0 & 0 \\ 1 & 1 & 0 & 0 & & & & & & 0 \\ 1 & 2 & 1 & 0 & & & & & & 0 \\ 1 & 3 & 3 & 1 & 0 & & & & & 0 \\ \cdots & & & & & & & & & \\ & & & & & & & & & \\ 1 & 9 & & & & & & & & 0 \end{bmatrix} = P_{(10,10)} .$$

Bestimmen Sie die Elemente $p_{53}; p_{17}; p_{10,2}; p_{64}; p_{71}$ bis $p_{7,10}$.

Ü 1.22) Berechnen Sie AB und BA mit Hilfe des Falk-Schemas:

$$A = \begin{bmatrix} 1 & 2 & 3 \\ 4 & 5 & 6 \\ 7 & 8 & 9 \end{bmatrix}, \quad B = \begin{bmatrix} 1 & 4 & 7 \\ 2 & 5 & 8 \\ 3 & 6 & 9 \end{bmatrix}.$$

Ü 1.23) Es sollen möglichst viele der angegebenen Matrizen miteinander multipliziert werden!

$A_{(4,5)}$, $B_{(4,2)}$, $C_{(5,3)}$, $D_{(1,4)}$, $E_{(3,3)}$, $F_{(3,3)}$, $G_{(2,1)}$.

Wieviel Matrizenprodukte sind insgesamt möglich?

Ü 1.24) Schreiben Sie die linke Seite ausführlich.Es entsteht ein lineares Gleichungssystem!

$$\begin{bmatrix} 7 & 3 & 1 \\ 1 & 2 & 1 \\ 4 & 4 & 1 \end{bmatrix} \begin{bmatrix} x \\ y \\ z \end{bmatrix} = \begin{bmatrix} 2 \\ 5 \\ 3 \end{bmatrix}.$$

Ü 1.25) Schreiben Sie das lineare Gleichungssystem in Matrizenform.

$$6x-2y+4z = 12$$
$$2x+ y-5z = 10 .$$

Ü 1.25) Was leistet das folgende Programm?

```
BEGIN
MATRIXEINGEBEN(MATA,ZA,SA); MATRIXEINGEBEN(MATB,ZB,SB);
MATRIXEINGEBEN(MATC,ZC,SC);
MATD:=MATPROD(MATA,MATSUM(MATB,MATC,ZB,SB,ZC,SC),ZA,SA,
                                                ZB,SB);
MATE:=MATSUM(MATPROD(MATA,MATB,ZA,SA,ZB,SB),
               MATPROD(MATA,MATC,ZA,SA,ZC,SC),ZA,SB,ZA,SC),
MATRIXAUSGEBEN(MATD,ZA,SB); MATRIXAUSGEBEN(MATE,ZA,SC);
WRITELN('VERGLEICHE DIE ERGEBNISSE FUER MATD UND MATE!');
END.
```

Wie muß der Deklarationsteil aussehen?

Ü 1.26) Schreiben Sie ein Programm zur Überprüfung der Assoziativgesetze für die Matrizenaddition und Matrizenmultiplikation an einigen Beispielen.

Ü 1.27) Zeigen Sie (A+B)(C+D) = AC+AD+BC+BD.

Ü 1.28) Wieviel Rohstoffe werden für je eine Mengeneinheit Endprodukte benötigt?

a)

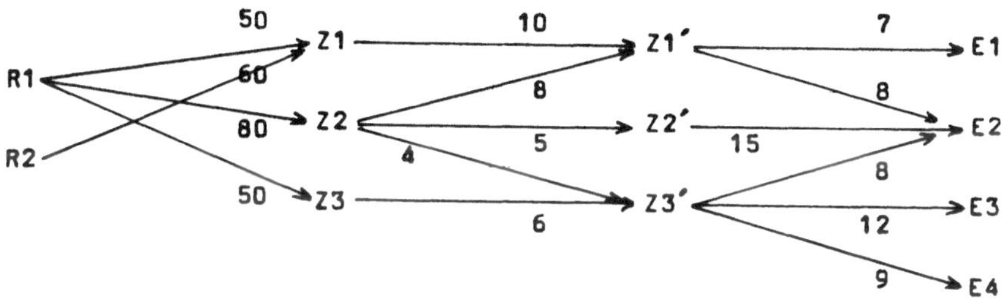

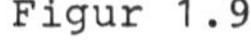
Figur 1.9

b)

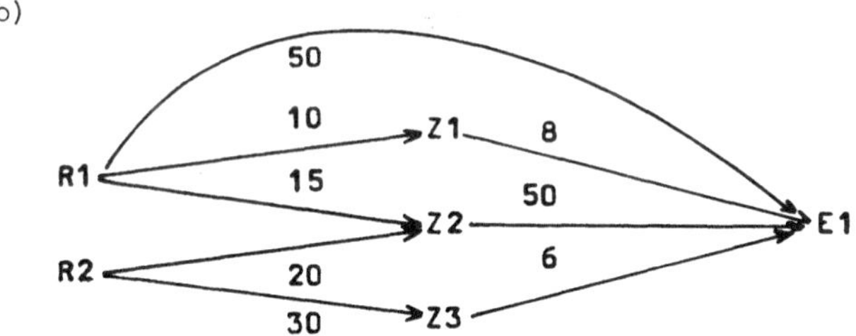

Figur 1.10

Ü 1.29) Man löse die folgenden Matrizengleichungen unter Benutzung der in Tabelle 1.2 notierten Gesetze.

a) $A+2X = B+A$; b) $X-B+C = 2B+3A-2X+C$; c) $(AB)^T+X = 2(AB)+BA$.

Ü 1.30) In einer Schulklasse ergab sich folgender Wechsel von Mathematiknoten:

	nach Klasse 8	1	2	3	4	5	6
von Klasse 7	1	1	2	1	0	0	0
	2	1	5	3	1	0	0
	3	0	1	9	4	0	0
	4	0	1	3	8	2	0
	5	0	0	0	2	4	1
	6	0	0	0	0	1	1

Eine Matrix, die den Wechsel von einem Zustand in einen anderen Zustand beschreibt, heißt Übergangsmatrix.

a) Wieviel Schüler hatten in Klasse 7 eine „3", wieviel in Klasse8?

b) War der Durchschnitt in Klasse 7 oder in Klasse 8 besser? Entwickeln Sie ein Verfahren, mit dem der Durchschnitt allein mit Hilfe von Matrizenoperationen ermittelt wird.

c) Warum häufen sich die Noten um die Hauptdiagonale der Matrix?

2. MATRIZENINVERSION

2.1 INPUT-OUTPUT-ANALYSE

Die Input-Output-Analyse ist eine von W.Leontief, einem amerikanischen Wirtschaftswissenschaftler, entwickelte Theorie der Verflechtung zwischen Wirtschaftssektoren einer Volkswirtschaft oder von Sektoren innerhalb eines Betriebes.

Input : Einsatz von Leistungen,

Output : Produktionsergebnis.

Durch eine Analyse der Beziehungen zwischen Input und Output gelangt man zu Aussagen, wie sich Änderungen in der Endnachfrage (Markt) auf die Produktion einzelner Wirtschaftszweige und andere volkswirtschaftliche Größen auswirken.

Grundlage für die Analyse ist die Input-Output-Tabelle.

	abnehmende Sektoren j 1 2 n	Markt y_i	Gesamtoutput x_i
liefernde Sektoren i 1	x_{11} x_{12} x_{1n}	y_1	x_1
2	x_{21} x_{22} x_{2n}	y_2	x_2
n	x_{n1} x_{n2} x_{nn}	y_n	x_n
Zahlen z.B. in Mengeneinheiten ME oder Geldeinheiten GE	x_{ij} bedeutet die Lieferung des Sektors i an den Sektor j. x_{ii} ist der Eigenverbrauch des Sektors i	y_i ist die Abgabe des Sektors i für den Markt	x_i ist die gesamte Produktion von Sektor i

Tabelle 2.1: Input-Output-Tabelle

Es gilt also für den Sektor 1: $x_1 = x_{11}+x_{12}+\ldots+x_{1n}+y_1$, allgemein:

$$(2.1) \qquad x_i = y_i + \sum_{j=1}^{n} x_{ij} \qquad \text{für } i=1,2,\ldots n.$$

Zum Beispiel produziert Sektor 1 x_1 Einheiten, davon verbraucht er x_{11} Einheiten selbst, x_{12} Einheiten gehen an Sektor 2, x_{13} Einheiten an Sektor 3 usw.. Für den Markt stehen außerdem y_1 Einheiten zur Verfügung. In Matrizenschreibweise bedeutet (2.1):

$$(2.2) \qquad \begin{bmatrix} x_1 \\ x_2 \\ \vdots \\ x_n \end{bmatrix} = \begin{bmatrix} y_1 \\ y_2 \\ \vdots \\ y_n \end{bmatrix} + \begin{bmatrix} x_{11} & x_{12} & \cdots & x_{1n} \\ x_{21} & x_{22} & \cdots & x_{2n} \\ \vdots & & & \vdots \\ x_{n1} & x_{n2} & \cdots & x_{nn} \end{bmatrix} \begin{bmatrix} 1 \\ 1 \\ \vdots \\ 1 \end{bmatrix}, \text{ kurz } \vec{x} = \vec{y} + X\cdot\vec{1}.$$

Wir gehen nun zunächst zu einem Beispiel über und formulieren

PROBLEMSTELLUNG 2.1:

Man betrachte eine sehr einfache Volkswirtschaft, in der es nur zwei Wirtschaftssektoren gibt. Verflechtung, Nachfrage und Gesamtoutput sind gegeben durch die Tabelle 2.2.

Sektoren	Sektoren 1	2	Nachfrage $\vec{y}$	Gesamtoutput $\vec{x}$
1	3	5	10	18
2	2	4	16	22

Tabelle 2.2

Wie wirkt sich eine Änderung des Nachfragevektors auf die Produktion der einzelnen Wirtschaftszweige aus? Man wähle als neuen Nachfragevektor z.B. $\begin{bmatrix} 20 \\ 24 \end{bmatrix}$.

LÖSUNGSÜBERLEGUNGEN:

1) Eine Änderung der Nachfrage, z.B. bei Sektor 1 von 10 auf 20 führt zu einer Änderung der Zulieferung von Sektor 2 an Sektor 1 und der gesamten Verflechtungsmatrix. Natürlich ergibt sich damit auch ein anderer Gesamtoutput. Wir könnten also ansetzen:

Sektoren	Sektoren 1	2	Nachfrage $\vec{y}$	Gesamtoutput $\vec{x}$
1	x_{11}	x_{12}	20	x_1
2	x_{21}	x_{22}	24	x_2

Tabelle 2.3

und somit $\quad x_1 = x_{11}+x_{12}+20$

$x_2 = x_{21}+x_{22}+24$; 2 Gleichungen mit 6 Variablen!

Jede dieser Gleichungen hat unendlich viele Lösungen, z.B.

	Sektoren		Nachfrage	Gesamtoutput
Sektoren	1	2	$\vec{y}$	$\vec{x}$
1	1	1	20	22
2	2	1	24	27

,

eine wenig sinnvolle Lösung, da sie die vorher bestehenden Verflechtungen in keiner Weise beachtet. Die neue Verflechtung würde eine völlige Umstellung der Produktionsbedingungen bedeuten! Man kann jedoch davon ausgehen, daß gerade diese Produktionsbedingungen über einen längeren Zeitraum -zumindest in etwa- konstant bleiben!

2) Interpretieren wir also die Verflechtungsmatrix $\begin{bmatrix} 3 & 5 \\ 2 & 4 \end{bmatrix}$ bezüglich des Gesamtoutputs!

Die Matrix selbst kann nicht konstant bleiben, wohl aber die Anteile am Gesamtoutput!

Eine Produktion von 18 Einheiten durch Sektor 1 erfordert den Input von 3 Einheiten aus Sektor 1 und 2 Einheiten aus Sektor 2. Eine Produktion von 22 Einheiten durch Sektor 2 erfordert den Input von 5 Einheiten aus Sektor 1 und 4 Einheiten aus Sektor 2.

Die Inputkoeffizienten sind also

	Sektoren	
Sektoren	1	2
1	3/18	5/22
2	2/18	4/22

= Inputmatrix A.

Mit Hilfe der Inputmatrix läßt sich die Situation von Tabelle 2.2 nun so beschreiben:

$$\begin{bmatrix} 3/18 & 5/22 \\ 2/18 & 4/22 \end{bmatrix} \begin{bmatrix} 18 \\ 22 \end{bmatrix} + \begin{bmatrix} 10 \\ 16 \end{bmatrix} = \begin{bmatrix} 18 \\ 22 \end{bmatrix}.$$

Für den neuen Nachfragevektor ergibt das unter der Voraussetzung, daß die Inputmatrix konstant bleibt (siehe oben) die Gleichung

$$(2.3) \qquad \begin{bmatrix} 3/18 & 5/22 \\ 2/18 & 4/22 \end{bmatrix} \begin{bmatrix} x_1 \\ x_2 \end{bmatrix} + \begin{bmatrix} 20 \\ 24 \end{bmatrix} = \begin{bmatrix} x_1 \\ x_2 \end{bmatrix}, \qquad \text{allgemein}$$

$$(2.4) \qquad A\vec{x} + \vec{y} = \vec{x} \quad .$$

Die Matrizengleichung (2.3) ist gleichbedeutend mit einem linearen Gleichungssystem mit 2 Variablen (siehe Übungsaufgaben Ü 1.24/25):

$$\frac{3}{18}x_1 + \frac{5}{22}x_2 + 20 = x_1$$

$$\frac{2}{18}x_1 + \frac{4}{22}x_2 + 24 = x_2 \ .$$

3) Berechnung von x_1 und x_2:

$$-\frac{15}{18}x_1 + \frac{5}{22}x_2 = -20 \quad /\cdot 2 \qquad \Longrightarrow \qquad -\frac{30}{18}x_1 + \frac{10}{22}x_2 = -40$$

$$\frac{2}{18}x_1 - \frac{18}{22}x_2 = -24 \quad /\cdot 15 \qquad\qquad \frac{30}{18}x_1 - \frac{270}{22}x_2 = -360 \quad .$$

Addition der beiden Gleichungen ergibt

$-\frac{260}{22}x_2 = -400 \Longrightarrow x_2 = \frac{440}{13} \approx 33.85$. Eingesetzt in eine der Gleichungen: $x_1 = \frac{432}{13} \approx 33.23$.

Der Gesamtoutput beträgt also bei der Nachfrage $\vec{y} = \begin{bmatrix} 20 \\ 24 \end{bmatrix}$ $\vec{x} = \begin{bmatrix} 33.23 \\ 33.85 \end{bmatrix}$.

Nun können auch die x_{ij} berechnet werden!

$$\frac{x_{11}}{33.23} = \frac{3}{18} \Longrightarrow x_{11} = 5.54 \quad ; \qquad \frac{x_{21}}{33.23} = \frac{2}{18} \Longrightarrow x_{21} = 3.69 \quad ;$$

$$\frac{x_{12}}{33.85} = \frac{5}{22} \Longrightarrow x_{12} = 7.69 \quad ; \qquad \frac{x_{22}}{33.85} = \frac{4}{22} \Longrightarrow x_{22} = 6.15 \quad .$$

Die Verflechtungsmatrix ist also

$\begin{bmatrix} 5.54 & 7.69 \\ 3.69 & 6.15 \end{bmatrix}$. Insgesamt ergibt sich die Tabelle

Sektoren	Sektoren 1	Sektoren 2	Nachfrage $\vec{y}$	Gesamtoutput $\vec{x}$
1	5.54	7.69	20	33.23
2	3.69	6.15	24	33.85

.

Bemerkung: Gelegentlich wird auch mit Outputkoeffizienten gearbeitet! 5/18 des Outputs von Sektor 1 wird an Sektor 2 geliefert,

3/18 des Outputs von Sektor 1 sind Eigenverbrauch;

2/22 des Outputs von Sektor 2 wird an Sektor 1 geliefert,

4/22 des Outputs von Sektor 2 sind Eigenverbrauch.

Die Outputmatrix ist also

$$B = \begin{bmatrix} 3/18 & 5/18 \\ 2/22 & 4/22 \end{bmatrix}.$$

Wir wollen nun die Betrachtungen verallgemeinern!

DEFINITION 2.1: x_{ij} bezeichne die Lieferung des Sektors i an den Sektor j und x_i den Gesamtoutput des Sektors i. Dann heißen die Quotienten $a_{ij} = x_{ij}/x_j$ Inputkoeffizienten, i,j=1,2...n. Die Matrix

$$A = \begin{bmatrix} x_{11}/x_1 & x_{12}/x_2 & \dots & x_{1n}/x_n \\ \dots & & \dots & \\ x_{n1}/x_1 & & \dots & x_{nn}/x_n \end{bmatrix} = (x_{ij}/x_j)_{(n,n)}$$

heißt Inputmatrix.

Als entscheidend für die Lösung von Problemstellung 2.1 erwies sich die Vorstellung, daß die Inputmatrix über einen längeren Zeitraum unverändert bleibt. Bei dem oben betrachteten <u>Leontief-Modell</u> werden folgende vereinfachende Annahmen gemacht:

a) Die technologischen Bedingungen der Produktion sollen in dem betrachteten Zeitraum konstant bleiben,
b) eine Änderung des Einsatzes (etwa um das k-fache) bewirkt eine entsprechende Änderung der Produktion (ebenfalls um das k-fache),
c) die produzierte Menge kann nicht mit zwei verschiedenen Produktionsfaktorkombinationen hergestellt werden.

<u>Wir berechnen nun den Gesamtoutput bei gegebener Inputmatrix und gegebener Nachfrage allgemein!</u>

In (2.4) sind wir bereits auf die wichtige Beziehung $A\vec{x} + \vec{y} = \vec{x}$ gestoßen. Diese Matrizengleichung muß nun allgemein nach $\vec{x}$ aufgelöst werden. Damit die jeweilige Verknüpfbarkeit der Matrizen erkennbar ist, notieren wir in den folgenden Umformungen jeweils den Typ der einzelnen Matrizen:

$$\vec{x}_{(n,1)} = A_{(n,n)}\vec{x}_{(n,1)} + \vec{y}_{(n,1)} \qquad /-A_{(n,n)}\vec{x}_{(n,1)}$$

$$\vec{x}_{(n,1)} - A_{(n,n)}\vec{x}_{(n,1)} = \vec{y}_{(n,1)} \qquad ;\ \vec{x}_{(n,1)} \text{ ausklammern}$$

$$(E_{(n,n)} - A_{(n,n)})\vec{x}_{(n,1)} = \vec{y}_{(n,1)} \qquad ;\ E_{(n,n)} \text{ ist dabei Einheitsmatrix.}$$

(2.5) $(E-A)\vec{x} = \vec{y}$ oder mit $E-A=C$: $C\vec{x} = \vec{y}$.

Wir sind nun an einer wichtigen Stelle angelangt, an der die <u>Einführung der inversen Matrix</u> nötig wird.

Wie würden wir bei einer analogen Gleichung für reelle Zahlen vorgehen, um x zu berechnen?

$$cx = y \quad /\cdot\frac{1}{c} \quad (\text{falls } c\neq 0) \qquad \frac{1}{c}cx = \frac{y}{c} \qquad 1x = \frac{y}{c} \qquad x = \frac{y}{c}\,.$$

Zur Auflösung nach x wird das inverse Element $\frac{1}{c}$ zu c (bezüglich der Multiplikation in $\mathbb{R}$) benutzt. Dann ergibt sich $\frac{1}{c}c = 1$, also das neutrale Element der Multiplikation in $\mathbb{R}$.

Wir suchen also eine Matrix (wir nennen sie C^{-1}), so daß $C^{-1}C=E$!

$$C_{(n,n)}\vec{x}_{(n,1)} = \vec{y}_{(n,1)} \qquad /\cdot C^{-1} \text{ von links}$$

$$C^{-1}_{(n,n)}C_{(n,n)}\vec{x}_{(n,1)} = C^{-1}_{(n,n)}\vec{y}_{(n,1)}$$

$$E_{(n,n)}\vec{x}_{(n,1)} = C^{-1}_{(n,n)}\vec{y}_{(n,1)}\text{ , also } \vec{x}_{(n,1)} = C^{-1}_{(n,n)}\vec{y}_{(n,1)} .$$

Wegen C=E-A folgt daraus die Beziehung zur Berechnung des Gesamtoutputs:

(2.6) $\boxed{\vec{x} = (E-A)^{-1}\vec{y}}$. $(E-A)^{-1}$ ist die inverse Matrix zu E-A.

DEFINITION 2.2: Eine Matrix $A^{-1}_{(n,n)}$ heißt inverse Matrix zu $A_{(n,n)}$, wenn $A^{-1}_{(n,n)}A_{(n,n)} = E_{(n,n)}$, kurz $A^{-1}A = E$.

Bemerkung: Es gilt $A^{-1}A = AA^{-1}$, wie unten gezeigt wird. Die gegebene Matrix A muß immer quadratisch sein!

Wie kann die Inverse zu einer quadratischen Matrix bestimmt werden? Existiert eine derartige Matrix überhaupt immer? Gibt es vielleicht sogar mehrere Inverse?
Wir erinnern uns an die Lösung von Problemstellung 2.1, bei der man ja $\vec{x}$ berechnen konnte. Hier galt (2.3)

$$\begin{bmatrix} 3/18 & 5/22 \\ 2/18 & 4/22 \end{bmatrix}\begin{bmatrix} x_1 \\ x_2 \end{bmatrix} + \begin{bmatrix} 20 \\ 24 \end{bmatrix} = \begin{bmatrix} x_1 \\ x_2 \end{bmatrix} \text{ bzw. nach (2.5)}$$

$$\left(\begin{bmatrix} 1 & 0 \\ 0 & 1 \end{bmatrix} - \begin{bmatrix} 3/18 & 5/22 \\ 2/18 & 4/22 \end{bmatrix}\right)\vec{x} = \begin{bmatrix} 20 \\ 24 \end{bmatrix} , \begin{bmatrix} 5/6 & -5/22 \\ -1/9 & 9/11 \end{bmatrix}\vec{x} = \begin{bmatrix} 20 \\ 24 \end{bmatrix}.$$

Laut Definition der Inversen müssen wir nun fordern

		5/6	-5/22
		-1/9	9/11
a	b	1	0
c	d	0	1

, also 1) $\frac{5}{6}a - \frac{1}{9}b = 1$ und 3) $\frac{5}{6}c - \frac{1}{9}d = 0$.
2) $\frac{-5}{22}a + \frac{9}{11}b = 0$ 4) $\frac{-5}{22}c + \frac{9}{11}d = 1$

Wir lösen das Gleichungssystem 1),2):

2) $\frac{9}{11}b = \frac{5}{22}a$, d.h. $b = \frac{5}{18}a$,eingesetzt in 1): $a = \frac{81}{65}$,$b = \frac{9}{26}$.
Entsprechend ergibt sich $c = \frac{11}{65}$,$d = \frac{33}{26}$.

$\begin{bmatrix} 81/65 & 9/26 \\ 11/65 & 33/26 \end{bmatrix}$ ist die Inverse zu $\begin{bmatrix} 5/6 & -5/22 \\ -1/9 & 9/11 \end{bmatrix}$. Es ergibt sich genau eine Inverse. Wie man mit dem Falk-Schema leicht überprüft ist das Produkt dieser beiden Matrizen tatsächlich gleich der Einheitsmatrix $E_{(2,2)}$.

Mit dem Ansatz $\begin{bmatrix} a & b \\ c & d \end{bmatrix}\begin{bmatrix} x & y \\ z & w \end{bmatrix}=\begin{bmatrix} 1 & 0 \\ 0 & 1 \end{bmatrix}$ kann man nachrechnen, daß gilt:

SATZ 2.1: Für die Inverse einer (2,2)-Matrix $\begin{bmatrix} a & b \\ c & d \end{bmatrix}$ gilt

$$\begin{bmatrix} a & b \\ c & d \end{bmatrix}^{-1} = \frac{1}{ad-bc}\begin{bmatrix} d & -b \\ -c & a \end{bmatrix}.$$

Die Bestimmung inverser Matrizen gehört zu den Standardaufgaben der Linearen Algebra! Später werden weitere Probleme vorgestellt, die auf inverse Matrizen führen. An dieser Stelle soll nur noch auf ein Problem aus der Abbildungsgeometrie eingegangen werden.

PROBLEMSTELLUNG 2.2:

Gegeben sind die Endpunkte einer Strecke im dreidimensionalen Raum, $P_1(2,1,-3)$ und $P_2(2,1,0)$ und eine Matrix

$A=\begin{bmatrix} 1 & 2 & 4 \\ 2 & 1 & 4 \\ 4 & 2 & 1 \end{bmatrix}$. Die Punkte sollen mit Hilfe dieser Matrix abgebildet werden, d.h. es sollen die Bildpunkte von P_1 und P_2 ermittelt werden. Außerdem ist eine Matrix anzugeben, die zu einem vorgegebenen Bildpunkt den Originalpunkt ermittelt.

PROBLEMLÖSUNG: Wir schreiben die Koordinaten der Punkte in zwei Spalten und bilden

			2	2
			1	1
			-3	0
1	2	4	-8	4
2	1	4	-7	5
4	2	1	7	10

Die Ergebnisse können als Bildpunkte von P_1 und P_2 gedeutet werden.

Wir erhalten $P_1'(-8,-7-7)$ und $P_2'(4,5,10)$.
Für einen beliebigen Punkt $P(x_1,x_2,x_3)$ hätte man $A\vec{x} = \vec{y}$ zu bilden, ausführlich

$$\begin{aligned} x_1+2x_2+4x_3 &= y_1 \\ 2x_1+x_2+4x_3 &= y_2 \\ 4x_1+2x_2+x_3 &= y_3 . \end{aligned}$$

Die Fragestellung kann nun umgekehrt werden! Man bestimme den Ausgangspunkt (x_1,x_2,x_3) zu vorgegebenem Bildpunkt (y_1,y_2,y_3).
Dieses Problem führt auf die Auflösung von $A\vec{x} = \vec{y}$ nach $\vec{x}$ und damit auf die Bestimmung der Inversen von A:

$$A\vec{x} = \vec{y} \quad /\cdot A^{-1} \text{ von links, falls } A^{-1} \text{ existiert,}$$
$$A^{-1}A\vec{x} = A^{-1}\vec{y}, \text{ also } \vec{x} = A^{-1}\vec{y} .$$

2.2 BERECHNUNG DER INVERSEN MIT DEM VERFAHREN VON FADDEJEV

Um möglichst schnell Anwendungsaufgaben für inverse Matrizen bearbeiten zu können, wird hier ein besonders einfach durchzuführender Algorithmus zur Matrizeninversion angegeben. Seine Begründung dagegen ist schwierig und hier nicht möglich, da Kenntnisse aus der Eigenwerttheorie benötigt werden, die in diesem Buch nur ansatzweise (Kapitel 7) vermittelt werden.

Eingaben: m, Grad der zu invertierenden Matrix A_1 Elemente von A_1	
$i:=1$ Zählwerk	
$c_i := spur(A_i)/i$	
$H_i := A_i - c_i E$ Hilfsmatrizen	
$i=(m-1)$?	
ja	nein
$H:=H_i$	---
$A_{i+1} := A_1 H_i$	
$i:=i+1$	
Wiederhole bis $i=(m+1)$	
$i:=i-1$ (oder $i:=m$) $A_1^{-1} := (1/c_i)H$ Berechnung der Inversen aus den Zwischenergebnissen	
Ausgabe der Inversen A_1^{-1}	

Alg 16: Matrizeninversion nach Faddejev (Figur 2.1)

Für die Abbildungsmatrix von Problemstellung 2.2 ergibt sich:

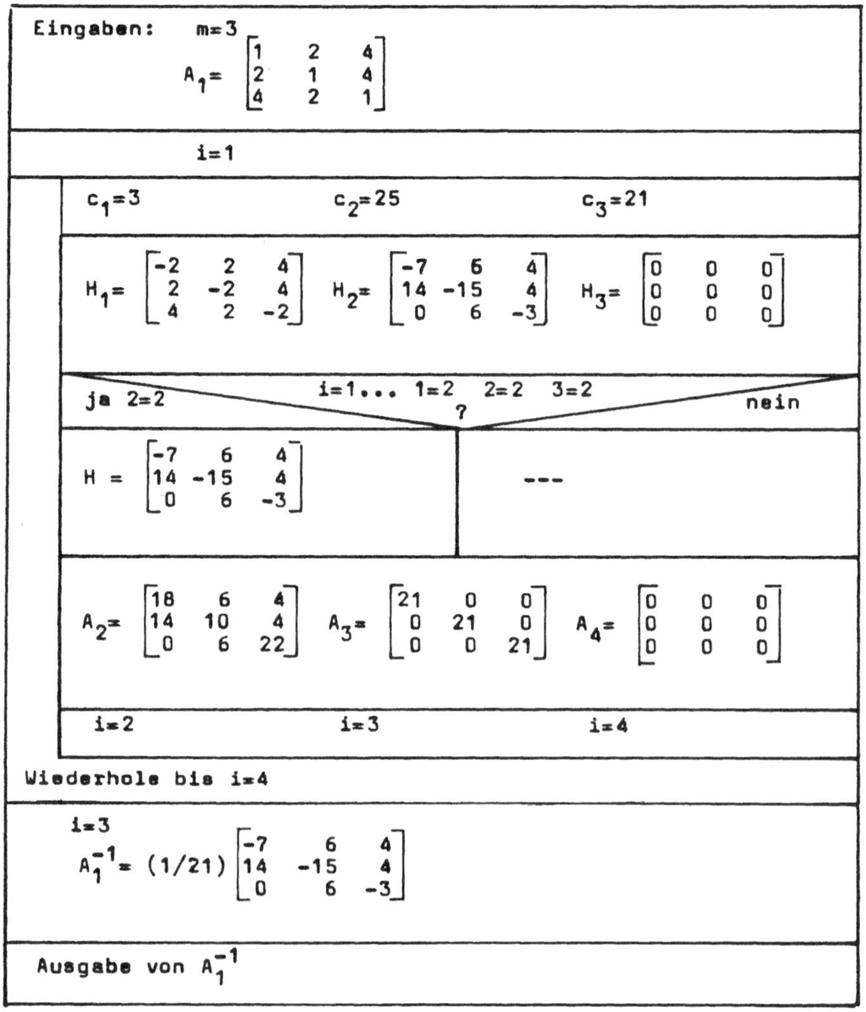

Eingaben: m=3 $A_1= \begin{bmatrix} 1 & 2 & 4 \\ 2 & 1 & 4 \\ 4 & 2 & 1 \end{bmatrix}$

i=1

$c_1=3$ $c_2=25$ $c_3=21$

$H_1= \begin{bmatrix} -2 & 2 & 4 \\ 2 & -2 & 4 \\ 4 & 2 & -2 \end{bmatrix}$ $H_2= \begin{bmatrix} -7 & 6 & 4 \\ 14 & -15 & 4 \\ 0 & 6 & -3 \end{bmatrix}$ $H_3= \begin{bmatrix} 0 & 0 & 0 \\ 0 & 0 & 0 \\ 0 & 0 & 0 \end{bmatrix}$

i=1... 1=2 2=2 3=2 ?

ja 2=2: $H = \begin{bmatrix} -7 & 6 & 4 \\ 14 & -15 & 4 \\ 0 & 6 & -3 \end{bmatrix}$

nein: ---

$A_2= \begin{bmatrix} 18 & 6 & 4 \\ 14 & 10 & 4 \\ 0 & 6 & 22 \end{bmatrix}$ $A_3= \begin{bmatrix} 21 & 0 & 0 \\ 0 & 21 & 0 \\ 0 & 0 & 21 \end{bmatrix}$ $A_4= \begin{bmatrix} 0 & 0 & 0 \\ 0 & 0 & 0 \\ 0 & 0 & 0 \end{bmatrix}$

i=2 i=3 i=4

Wiederhole bis i=4

i=3

$A_1^{-1}= (1/21) \begin{bmatrix} -7 & 6 & 4 \\ 14 & -15 & 4 \\ 0 & 6 & -3 \end{bmatrix}$

Ausgabe von A_1^{-1}

Figur 2.2: Beispiel für die Berechnung einer inversen Matrix

Für die Rechnung von Hand ist die Anlage eines Schemas günstig:

	$A_1-c_1E=H_1$	$A_2-c_2E=H_2$	$A_3-c_3E=H_3$	usw. bis $H_i=0$.
A_1	$A_1H_1 \quad =A_2$	$A_1H_2 \quad =A_3$	$A_1H_3 \quad =A_4$	
$c_1=\text{spur}(A_1)$	$c_2=sp(A_2)/2$	$c_3=sp(A_3)/3$	$c_4=sp(A_4)/4$	

<u>Beispiel</u>:

	-2 3 -2 2 4 -8 3 10 -8	45 -5 -10 -14 1 4 - 1 -1 1	0 0 0 0 0 0 0 0 0
1 3 -2 2 7 -8 3 10 -5	-2 -5 -2 -14 -46 -8 -1 -1 -5	5 0 0 0 5 0 0 0 5	
$c_1=3$	$c_2=-47$	$c_3=5$	

, also $A_1^{-1}=0.2\begin{bmatrix} 45 & -5 & -10 \\ -14 & 1 & 4 \\ -1 & -1 & 1 \end{bmatrix}$

Zur Kontrolle bilde man $A_1A_1^{-1}$ und $A_1^{-1}A_1$!

Das PASCAL-Unterprogramm zu Alg 16 lautet so:

MATINV (Alg 16)

```
FUNCTION MATINV(INVMAT: MATRIX; G: INTEGER): MATRIX;
(*   BESTIMMT DIE INVERSE EINER MATRIX MIT DEM    *)
(*   VERFAHREN NACH FADDEJEV                      *)
(* INVERSE:BOOLEAN; GLOBAL DEFINIEREN!            *)
  VAR
                      A1,
                      AE,
                 AEPLUS1,
                       H,
                      HE,
                    INV: MATRIX;
                      C: ARRAY [1 .. MAXGRAD] OF REAL;
                      E,
                      F: INTEGER;
                      D: REAL;

  BEGIN
    INVERSE := TRUE;
    E := 1;
    A1 := INVMAT;
    AE := A1;
    REPEAT
      C[E] := MATSPUR(AE, G) / E;
      HE := AE;
      FOR F := 1 TO G
      DO HE[F, F] := HE[F, F] - C[E];
      IF   E = G - 1
      THEN H := HE;
      AEPLUS1 := MATPROD(A1, HE, G, G, G, G);
      E := E + 1;
      AE := AEPLUS1;
    UNTIL E = G + 1;
```

```
    IF   ABS(C[E - 1]) < (1E-10)
    THEN BEGIN
              INVERSE := FALSE;
              WRITELN('KEINE INVERSE ERRECHENBAR!');
            END
    ELSE BEGIN

              FOR E := 1 TO G
              DO FOR F := 1 TO G
                 DO INV[E, F] := H[E, F] / C[G];
              MATINV := INV;
            END;
  END (* MATINV *);
```

Mit Hilfe der Funktion MATINV läßt sich nun leicht ein Programm INPUTOUTPUTANALYSE erstellen.

```
  1 PROGRAM INPUTOUTPUTANALYSE(INPUT, OUTPUT);
  2 CONST
  3            MAXGRAD = 10;
  4
  5 TYPE
  6             MATRIX = ARRAY [1 .. MAXGRAD, 1 .. MAXGRAD] OF REAL;
  7
  8 VAR
  9                MATA,
 10                MATB,
 11                MATC,
 12                MATD:MATRIX;
 13                  ZA,
 14                  SA,
 15                  ZC,
 16                  SC,
 17             MINDEST,
 18               NACHK:INTEGER;
 19           DIFFERENZ,
 20             PRODUKT,
 21             INVERSE: BOOLEAN;
326
327 BEGIN (*HAUPTPROGRAMM*)
328 WRITELN('INPUTMATRIX :');
329 MATRIXEINGEBEN(MATA, ZA, SA);
330 WRITELN('NACHFRAGEVEKTOR :');
331 MATRIXEINGEBEN(MATC, ZC, SC);
332 EINHEITSMATRIX(MATD, ZA);
333 MATB:=MATDIF(MATD, MATA, ZA, SA, ZA, SA);
334 WRITELN('MATRIX E-A:');
335 MATRIXAUSGEBEN(MATB, ZA, SA);
336 MATD:=MATINV(MATB, ZA);
337 WRITELN('INVERSE MATRIX ZU E-A:');
338 MATRIXAUSGEBEN(MATD, ZA, ZA);
339 MATB:=MATPROD(MATD, MATC, ZA, SA, ZC, SC);
340 WRITELN('GESAMTWIRTSCHAFTLICHER PRODUKTIONSVEKTOR:');
341 MATRIXAUSGEBEN(MATB, ZA, SC);
342 END.
```

In den Zeilen 22-325 stehen die folgenden Prozeduren und Funktionen:

23 STRICHREIHE
35 EINHEITSMATRIX
72 AUSGABEFORMAT
76 MATRIXAENDERN
101 MATRIXEINGEBEN
136 MATRIXAUSGEBEN
210 MATDIF
234 MATPROD
264 MATSPUR
280 MATINV

Alg 17: INPUTOUTPUTANALYSE

Das Programm INPUTOUTPUTANALYSE ermöglicht eine schnelle Berechnung des Gesamtoutputs bei verschiedenen Nachfragevektoren und trägt so zu einer angemessenen Planung eines Betriebes bei. Bevor Übungsaufgaben zur Input-Output-Analyse vorgelegt werden, sollen noch einige Bemerkungen zur Anwendung des Verfahrens gemacht werden.

Wie oben bereits bemerkt, können Input-Output-Analysen sowohl in gesamtwirtschaftlichem Zusammenhang als auch innerhalb eines Betriebes angewandt werden. Erfolgreiche Input-Output-Rechnungen sind aber nur unter gewissen Voraussetzungen möglich. Innerhalb eines Unternehmens sind Input-Output-Analysen dann interessant, wenn das Unternehmen einen großen internen Wert- bzw. Warenfluß hat. Er muß allerdings horizontal und vertikal tief gegliedert sein, so daß Vorerzeugnisse aus einzelnen Bereichen des Unternehmens in anderen Bereichen weiterverarbeitet werden. Sinnvoll gegliederte, jährlich erstellte Input-Output-Tabellen können dann eine wesentliche Planungshilfe sein. Input-Output-Tabellen für die Volkswirtschaft werden seit 1970 jährlich vom Bundeswirtschaftsministerium veröffentlicht. Sie können im Statistischen Jahrbuch der Bundesrepublik Deutschland nachgelesen werden.

Zu dem oben vorgestellten Leontief-Modell sind einige kritische Anmerkungen nötig (Modellkritik):

a) Die Annahme der Proportionalität zwischen Input und Output ist eine starke Vereinfachung.
b) Das Zeitmoment bleibt unberücksichtigt. Zwischen Input, Produktion und Output gibt es in Wirklichkeit bestimmte Zeitunterschiede.
c) Die Inputkoeffizienten ändern sich im Zeitablauf, denn der technische Fortschritt oder die Umwelt bewirken andere Produktionsverfahren oder die Produktion anderer Waren.
d) Die aus erhebungstechnischen Gründen notwendige sachliche und räumliche Zusammenfassung mehrerer Sektoren beeinflußt das Modell.

Zur Berechnung inverser Matrizen wurde oben das Verfahren von Faddejev als „black-box" benutzt. Im folgenden Abschnitt 2.2 wird das sogenannte Austauschverfahren (in 2.3 das Gauß-Verfahren), das ebenfalls zur Bestimmung inverser Matrizen dient und darüber hinaus für die Lösung linearer Gleichungssysteme von zentraler Bedeutung ist, entwickelt.

ÜBUNGSAUFGABEN

Ü 2.1) Ein Unternehmer der Grundstoffindustrie produziert im Werk 1 Kohle, im Werk 2 Stahl und im Werk 3 Elektrizität. Jedes Werk benötigt für seine Produktion sowohl sein eigenes Erzeugnis als auch die der beiden anderen Werke. - Um Kohle im Werte von 1 DM zu erzeugen, benötigt das Werk 1 für Kohle 0.02 DM, für Stahl 0.01 DM für Elektrizität 0.04 DM. Werk 2 benötigt für die Produktion von Stahl im Wert von 1 DM 0.20 DM für Kohle, 0.02 DM für Stahl und 0.20 DM für Elektritzität. Werk 3 braucht 0.40 DM, 0.01 DM, 0.01 DM für Kohle, Stahl und Elektrizität, um Elektrizität im Wert von 1 DM herzustellen. - Die wöchentliche Gesamtproduktion beläuft sich auf 100000 DM für Kohle, 150000 DM für Stahl und 200000 DM für Elektrizität.

Berechnen Sie die Werte der Überschüsse, die das Unternehmen an den Markt abgibt.

Lösung: $\vec{y}^T = \begin{bmatrix} -12000 & 147000 & 164000 \end{bmatrix}$. Da die Sektoren vom Sektor 1 mehr benötigen als dieser produziert, wäre es sinnvoll, die Produktion des Sektors 1 zu erweitern, um zusätzliche Einkäufe zu sparen!

Ü 2.2) Ein Unternehmen, das in zwei Betrieben die Erzeugnisse I und II herstellt, plant für die kommende Wirtschaftsperiode das Absatzprogramm $\begin{bmatrix} 1000 & 2000 \end{bmatrix}$. Jeder Betrieb produziert nur ein Erzeugnis, benötigt dazu aber beide Erzeugnisse.

a) Wie groß muß die Gesamtproduktion der einzelnen Betriebe sein, damit das Absatzprogramm durchgeführt werden kann? Die Matrix der technischen Koeffizienten (Inputmatrix) lautet

$$A = \begin{bmatrix} 0.5 & 0.1 \\ 0.2 & 0.4 \end{bmatrix}.$$

b) Wie groß sind die Lieferungen innerhalb des Unternehmens?

Ü 2.3) Wir betrachten drei Sektoren einer Volkswirtschaft. Jeder Sektor produziert ein bestimmtes Gut. Zwischen den Sektoren bestehen folgende Austauschbeziehungen:

	Sektor 1	Sektor 2	Sektor 3	Endabgabe	Gesamtprod.
Sektor 1	35	10	50	y_1	100
Sektor 2	20	40	45	y_2	120
Sektor 3	15	30	15	y_3	150 .

a) Berechnen Sie die Inputkoeffizienten.

b) Berechnen Sie den Vektor der Endabgabe (Lösung: $\begin{bmatrix} 5 & 15 & 90 \end{bmatrix}$).

Ü 2.4) Die Verflechtung dreier Industriezweige ist durch die Inputmatrix A gegeben:

$$A = \begin{bmatrix} 0.4 & 0.1 & 0.4 \\ 0.2 & 0.2 & 0.2 \\ 0.1 & 0.3 & 0.2 \end{bmatrix}.$$

Berechnen Sie den benötigten Gesamtoutput für verschiedene Nachfragevektoren. Bestätigen Sie die Ergebnisse des Programmlaufs von INPUTOUTPUTANALYSE! Die Nachfragevektoren sind

$$\begin{matrix} \vec{y}_1 & \vec{y}_2 & \vec{y}_3 & \vec{y}_4 \end{matrix}$$
$$\begin{bmatrix} 400 & 100 & 300 & 500 \\ 600 & 245 & 234 & 100 \\ 500 & 345 & 455 & 100 \end{bmatrix}.$$

Ergebnisse:

```
MATRIX E-A:
------------------------------------------------------------

     0.6000     - 0.1000     - 0.4000
   - 0.2000       0.8000     - 0.2000
   - 0.1000     - 0.3000       0.8000
----------
( 3, 3)-MATRIX
------------------------------------------------------------
INVERSE MATRIX ZU E-A:
------------------------------------------------------------

     2.1168       0.7299       1.2409
     0.6569       1.6058       0.7299
     0.5109       0.6934       1.6788
----------
( 3, 3)-MATRIX
------------------------------------------------------------
GESAMTWIRTSCHAFTLICHER PRODUKTIONSVEKTOR:
------------------------------------------------------------

  1905.1095    818.6131   1370.4380   1255.4745
  1591.2409    710.9489    904.9635    562.0438
  1459.8540    800.1825   1079.4161    492.7007
----------
( 3, 4)-MATRIX
------------------------------------------------------------
```

Ü 2.5) Bestimmen Sie die Inversen zu

$$A = \begin{bmatrix} 1 & 4 & 5 & 8 \\ 0 & 4 & 0 & 2 \\ 0 & 2 & 2 & 1 \\ 1 & 3 & 2 & 4 \end{bmatrix}, \quad B = \begin{bmatrix} 15 & 26 \\ 10 & 0 \end{bmatrix}, \quad C = \begin{bmatrix} 1 & 2 & 3 \\ 10 & 20 & 30 \\ 1 & 1 & 1 \end{bmatrix} \text{ (Achtung!)}.$$

Ü 2.6) Zeigen Sie an einem Beispiel $(A^{-1})^{-1}=A$. Allgemeiner Beweis?

Ü 2.7) Schreiben Sie ein Programm für $(AB)^{-1}= B^{-1}A^{-1}$.

2.3 HERLEITUNG DES AUSTAUSCHVERFAHRENS, MATRIZENINVERSION

Bei der Auflösung einer Gleichung der Form $\vec{y} = A\vec{x}$ nach $\vec{x}$ sind wir auf den Begriff der Inversen A^{-1} zu einer Matrix A gestoßen. Dabei war A eine quadratische Matrix. Nur zu einer quadratischen Matrix kann eine Inverse existieren! Zur Vereinfachung der Schreibarbeit betrachten wir im folgenden eine (3,3)-Matrix, allgemein und an einem Zahlenbeispiel.

PROBLEMSTELLUNG 2.3:

Gegeben ist die Gleichung $\vec{y}_{(3,1)}=A_{(3,3)}\vec{x}_{(3,1)}$, ausführlich

(1) $y_1 = a_{11}x_1+a_{12}x_2+a_{13}x_3$

(2) $y_2 = a_{21}x_1+a_{22}x_2+a_{23}x_3$

(3) $y_3 = a_{31}x_1+a_{32}x_2+a_{33}x_3$

als Tabelle

	x_1	x_2	x_3
y_1	a_{11}	a_{12}	a_{13}
y_2	a_{21}	a_{22}	a_{23}
y_3	a_{31}	a_{32}	a_{33}

.

Gesucht ist eine Matrix $A^{-1}=B$ mit $\vec{x}_{(3,1)}=B_{(3,3)}\vec{y}_{(3,1)}$:

(1´) $x_1 = b_{11}y_1+b_{12}y_2+b_{13}y_3$

(2´) $x_2 = b_{21}y_1+b_{22}y_2+b_{23}y_3$

(3´) $x_3 = b_{31}y_1+b_{32}y_2+b_{33}y_3$

als Tabelle

	y_1	y_2	y_3
x_1	b_{11}	b_{12}	b_{13}
x_2	b_{21}	b_{22}	b_{23}
x_3	b_{31}	b_{32}	b_{33}

.

PROBLEMLÖSUNG: Offenbar kommt es darauf an, die x_i gegen die y_i auszutauschen!

Wir rechnen zunächst ein Zahlenbeispiel:

(1) $y_1 = x_1+ 3x_2-2x_3$

(2) $y_2 = 2x_1+ 7x_2-8x_3$

(3) $y_3 = 3x_1+10x_2-5x_3$

T0	x_1	x_2	x_3
y_1	1	3	-2
y_2	2	7	-8
y_3	3	10	-5

Die Auflösung von (1) nach x_1 ergibt

(1a) $x_1 = y_1-3x_2+2x_3$. x_1 wird in (2) und (3) eingesetzt:

(2a) $y_2 = 2(y_1-3x_2+2x_3)+7x_2-8x_3$

$y_2 = 2y_1+x_2-4x_3$

(3a) $y_3 = 3y_1+x_2+x_3$.

T1	y_1	x_2	x_3
x_1	1	-3	2
y_2	2	1	-4
y_3	3	1	1

x_1 gegen y_1 getauscht !

Die Auflösung von (2a) nach x_2 ergibt

(2b) $x_2 = -2y_1+y_2+4x_3$. x_2 wird in (1a) und (3a) eingesetzt:

(1b) $x_1 = y_1-3(-2y_1+y_2+4x_3)+2x_3$

$x_1 = 7y_1-3y_2-10x_3$

(3b) $y_3 = y_1 + y_2 + 5x_3$.

T2	y_1	y_2	x_3
x_1	7	-3	-10
x_2	-2	1	4
y_3	1	1	5

x_2 gegen y_2 getauscht !

Die Auflösung von (3b) nach x_3 ergibt

(3c) $x_3 = -0.2y_1-0.2y_2+0.2y_3$.

x_3 wird in (1b) und (2b) eingesetzt und jeweils zusammengefaßt:

(1c) $x_1 = 9y_1- y_2- y_3$

(2c) $x_2 = -2.8y_1+0.2y_2+0.8y_3$.

T3	y_1	y_2	y_3
x_1	9	-1	-2
x_2	-2.8	0.2	0.8
x_3	-0.2	-0.2	0.2

x_3 gegen y_3 getauscht !

Die Gleichungen (1c),(2c),(3c) sind die gesuchten Auflösungen nach x_1,x_2,x_3. Damit haben wir unser Ziel nach 3 Austauschschritten erreicht. Die gesuchte Matrix $B=A^{-1}$ ist leicht aus Schema T3 ablesbar.

$$\vec{x} = \begin{bmatrix} 9 & -1 & -2 \\ -2.8 & 0.2 & 0.8 \\ -0.2 & -0.2 & 0.2 \end{bmatrix} \vec{y} \quad , \quad \vec{x} = A^{-1}\vec{y} \ .$$

Mit Hilfe des Falk-Schemas läßt sich leicht bestätigen, daß die angegebene Inverse tatsächlich richtig ist ($AA^{-1}=E$ bilden).

Die Rechnung lief grob strukturiert so ab:

Matrix $A_{(3,3)}$ eingeben,
Auflösung von (1) nach x_1, x_1 in (2) und (3) einsetzen,
Auflösung von (2a) nach x_2, x_2 in (1a) und (3a) einsetzen,
Auflösung von (3b) nach x_3, x_3 in (1b) und (2b) einsetzen,
Inverse $A^{-1}_{(3,3)}$ ausgeben.

Stets sind formal gleiche Rechenschritte durchzuführen! Wir brauchen nur einmal einen passenden Algorithmus herzuleiten!
Dazu führen wir nun den ersten Rechenschritt (von Tabelle T0 nach Tabelle T1) allgemein für eine (3,3)-Matrix durch.

(1) $y_1 = a_{11}x_1 + a_{12}x_2 + a_{13}x_3$

(2) $y_2 = a_{21}x_1 + a_{22}x_2 + a_{23}x_3$

(3) $y_3 = a_{31}x_1 + a_{32}x_2 + a_{33}x_3$

T0	x_1	x_2	x_3
y_1	a_{11}	a_{12}	a_{13}
y_2	a_{21}	a_{22}	a_{23}
y_3	a_{31}	a_{32}	a_{33}

Tabelle 2.4/0

(1a) $x_1 = \frac{1}{a_{11}}y_1 - \frac{a_{12}}{a_{11}}x_2 - \frac{a_{13}}{a_{11}}x_3$ mit $a_{11} \neq 0$.

x_1 wird in (2) und (3) eingesetzt und zusammengefaßt:

(1b) $y_2 = \frac{a_{21}}{a_{11}}y_1 + (a_{22} - \frac{a_{12}}{a_{11}}a_{21})x_2 + (a_{23} - \frac{a_{13}}{a_{11}}a_{21})x_3$

(1c) $y_3 = \frac{a_{31}}{a_{11}}y_1 + (a_{32} - \frac{a_{12}}{a_{11}}a_{31})x_2 + (a_{33} - \frac{a_{13}}{a_{11}}a_{31})x_3$.

Das Element a_{11}, durch das verschiedentlich zu dividieren ist, heißt Pivotelement (Hauptelement). In der Tabelle T1 stellen sich die errechneten Darstellung für x_1, y_2, y_3 in Abhängigkeit von y_1, x_2 und x_3 so dar:

T1	y_1	x_2	x_3
x_1	$\frac{1}{a_{11}}$	$-\frac{a_{12}}{a_{11}}$	$-\frac{a_{13}}{a_{11}}$
y_2	$\frac{a_{21}}{a_{11}}$	$a_{22} - \frac{a_{12}}{a_{11}}a_{21}$	$a_{23} - \frac{a_{13}}{a_{11}}a_{21}$
y_3	$\frac{a_{31}}{a_{11}}$	$a_{32} - \frac{a_{12}}{a_{11}}a_{31}$	$a_{33} - \frac{a_{13}}{a_{11}}a_{31}$

Tabelle 2.4/1

Betrachten wir Tabelle T1 in Zusammenhang mit Tabelle T0 genauer!
Die Elemente von T1 lassen sich offenbar recht schematisch errechnen!

1.Spalte (Pivotspalte)

Stelle (1,1): $\frac{1}{\text{Pivot}}$

(2,1): $\frac{a_{21}}{\text{Pivot}}$

(3,1): $\frac{a_{31}}{\text{Pivot}}$

Doppelindizes beachten!

1.Zeile (<u>Pivotzeile</u>): Stelle (1,1): $\frac{1}{\text{Pivot}}$

Stelle (1,2): $\frac{-a_{12}}{\text{Pivot}}$ Doppelindizes beachten!

Stelle (1,3): $\frac{-a_{13}}{\text{Pivot}}$

2.Spalte: Stelle (1,2): $\frac{-a_{12}}{\text{Pivot}}$, Element aus der Pivotzeile

Stelle (2,2): $a_{22}-\frac{a_{12}}{\text{Pivot}}a_{21}$

Stelle (2,3): $a_{23}-\frac{a_{12}}{\text{Pivot}}a_{31}$

3.Spalte: Stelle (1,3): $\frac{-a_{13}}{\text{Pivot}}$, Element aus der Pivotzeile

Stelle (2,3): $a_{23}-\frac{a_{13}}{\text{Pivot}}a_{21}$

Stelle (3,3): $a_{33}-\frac{a_{13}}{\text{Pivot}}a_{31}$

Alle Umformungen sind entscheidend abhängig vom Pivotelement $a_{11} \neq 0$. Man beachte, welche Elemente von T0 an welcher Stelle in die Rechnung eingehen!
Entsprechend ist nun beim nächsten Tausch (x_2 gegen y_2, Pivotelement an der Stelle (2,2)) zu verfahren. Danach ist x_3 gegen y_3 zu tauschen (Pivotelement an der Stelle (3,3)). Ist z.B. das als Pivotelement vorgesehene Element an der Stelle (2,2) gleich Null, so muß man sich ein anderes Pivotelement $\neq 0$ suchen und tauscht dann auch anders. Nimmt man etwa das Element an der Stelle (2,3) als Pivot, so tauscht man y_2 gegen x_3, was sich am Rand der Tabelle dokumentiert.
Wir entwickeln nun einen Algorithmus für die Durchführung eines beliebigen Austauschschrittes und erstellen ein PASCAL-Programm.
Es werde x_k gegen y_i getauscht.

T0	x_1 ... x_{k-1}	x_k	x_{k+1} ... x_n
y_1	a_{11}	a_{1k}	a_{1n}
:			
y_i	a_{i1}	a_{ik} (Pivot)	a_{in}
:			
y_n	a_{n1}	a_{nk}	a_{nn}

<u>Ausgangsschema</u>

Tabelle 2.5/0

◡: Pivotelement

Nach entsprechenden Umformungen wie im Fall der (3,3)-Matrix ergibt sich das Schema T1.

T1	x_1 ...	x_{k-1}	y_i	x_{k+1} ...	x_n
y_1	$a_{11}-\frac{a_{i1}}{a_{ik}}a_{1k}$		$\frac{a_{1k}}{a_{ik}}$		$a_{1n}-\frac{a_{in}}{a_{ik}}a_{1k}$
$\vdots$					
y_{i-1}					
x_k	$-\frac{a_{i1}}{a_{ik}}$		$\frac{1}{a_{ik}}$		$-\frac{a_{in}}{a_{ik}}$
y_{i+1}					
$\vdots$					
y_n	$a_{n1}-\frac{a_{i1}}{a_{ik}}a_{nk}$		$\frac{a_{nk}}{a_{ik}}$		$a_{nn}-\frac{a_{in}}{a_{ik}}a_{nk}$

Tabelle 2.5/1

Einige der angegebenen Werte sollen nachgewiesen werden. Wir betrachten im Ausgangsschema Zeile i:

$y_i = \sum_{j=1}^{n} a_{ij}x_j$. Die Auflösung nach x_k ergibt

$x_k = -\sum_{j=1}^{k-1} \frac{a_{ij}}{a_{ik}}x_j + \frac{1}{a_{ik}}y_i - \sum_{j=k+1}^{n} \frac{a_{ij}}{a_{ik}}x_j$. Dieser Wert wird beispielsweise in Zeile 1 eingesetzt:

$y_1 = \sum_{j=1}^{n} a_{1j}x_j = \sum_{j=1}^{k-1} a_{1j}x_j + a_{1k}x_k + \sum_{j=k+1}^{n} a_{1j}x_j$, für x_k einsetzen:

$$y_1 = \sum_{j=1}^{k-1} a_{1j}x_j + a_{1k}\left(-\sum_{j=1}^{k-1} \frac{a_{ij}}{a_{ik}}x_j + \frac{1}{a_{ik}}y_i - \sum_{j=k+1}^{n} \frac{a_{ij}}{a_{ik}}x_j\right) + \sum_{j=k+1}^{n} a_{1j}x_j$$

$$y_1 = \sum_{j=1}^{k-1} \left(a_{1j} - \frac{a_{ij}}{a_{ik}}a_{1k}\right)x_j + \frac{a_{1k}}{a_{ik}}y_i + \sum_{j=k+1}^{n} \left(a_{1j} - \frac{a_{ij}}{a_{ik}}a_{1k}\right)x_j .$$

Aus dieser Darstellung von y_1 läßt sich die erste Zeile der Tabelle T1 leicht ablesen:

T1	x_1	x_2	...	y_i	...	x_n
y_1	$a_{11}-\frac{a_{i1}}{a_{ik}}a_{1k}$	$a_{12}-\frac{a_{i2}}{a_{ik}}a_{1k}$	...	$\frac{a_{1k}}{a_{ik}}$	...	$a_{1n}-\frac{a_{in}}{a_{ik}}a_{1k}$
	für j=1	für j=2		für j=k		für j=n .

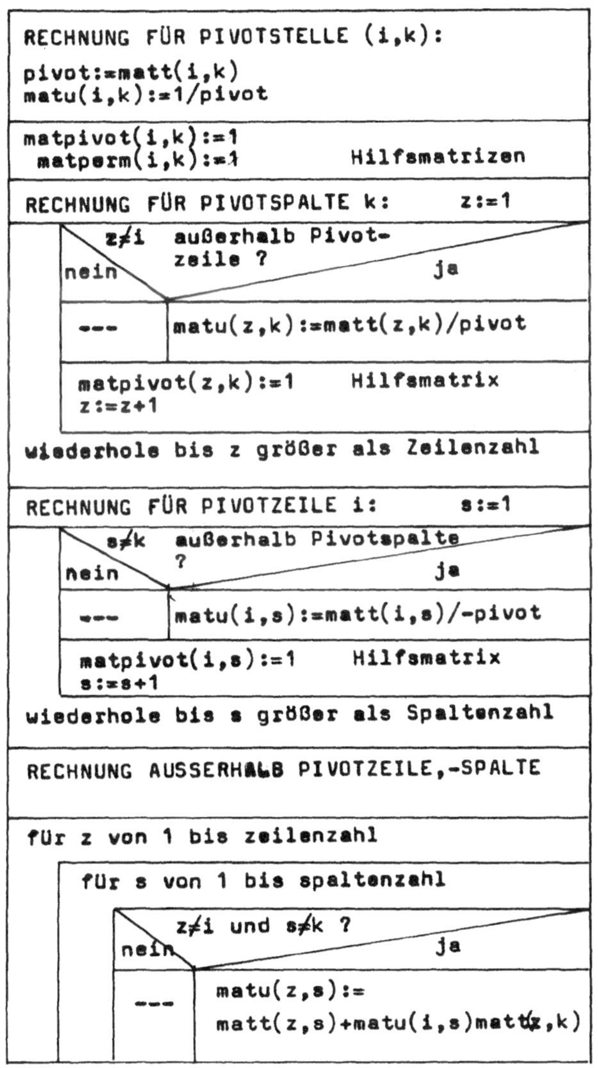

Die Matrix matt enthält die Tabelle To. Die Matrix matu nimmt die neue Tabelle T1 auf.

matperm ist anfangs Nullmatrix und merkt sich die Pivotstellen.
Die Matrix matpivot ist anfangs Nullmatrix und merkt sich die Pivotzeilen und -spalten, damit aus diesen Zeilen und Spalten nicht noch ein Pivot genommen wird.

Figur 2.3: Algorithmus zum Austauschverfahren (Alg 17)

Der oben entwickelte Algorithmus zum Austauschverfahren wird sich als außerordentlich nützlich erweisen. Wir werden bald sehen, wie sich damit jedes beliebige lineare Gleichungssystem lösen läßt.Der Algorithmus bildet die Grundlage zum Simplexverfahren, mit dem Probleme aus der linearen Optimierung bearbeitet werden. Weiterhin

lassen sich mit ihm Basiswechsel in Vektorräumen durchführen, eine Anwendung, auf die wir später zurückkommen.
Das folgende Programm realisiert den Algorithmus in der Sprache PASCAL.

EINAUSTAUSCH (Alg 18)

```
(*<><><><><><><><><><><><><><><><><><><><><><><><><><><><><><><><><><><>*)
PROGRAM EINAUSTAUSCH(INPUT, OUTPUT);
CONST
            MAXGRAD = 10;
TYPE
             MATRIX = ARRAY [1 .. MAXGRAD, 1 .. MAXGRAD] OF REAL;
             VEKTOR = ARRAY [1 .. MAXGRAD] OF INTEGER;
VAR
              MATA: MATRIX;
              ZA,SA,MINDEST,NACHK,N:INTEGER;
              ZEICHEN,NOCHEINE,WEITER,LGS:CHAR;
               LINKS,
                OBEN: VEKTOR;
(*<><><><><><><><><><><><><><><><><><><><><><><><><><><><><><><><><><><>*)


BEGIN (*HAUPTPROGRAMM*)
  NOCHEINE := 'J';
  WHILE NOCHEINE = 'J'
  DO BEGIN
        WEITER:='J';
        MATRIXEINGEBEN(MATA,ZA,SA);
        AUSGABEFORMAT;
        WHILE WEITER = 'J'
        DO BEGIN
              STRICHREIHE(60);
              WRITELN('AUSGANGSSCHEMA:');
              FOR N := 1 TO SA
              DO OBEN[N] := 100 + N;
              FOR N := 1 TO ZA
              DO LINKS[N] := 200 + N;
              OBXODERY(OBEN, SA, 0);
              OBXODERY(LINKS, ZA, 1);
              STRICHREIHE(70);
              AUSTAUSCHVERFAHREN(MATA, ZA, SA);
              STRICHREIHE(70);
(*.....................................................................*)
              WRITELN('WEITER MIT DER GLEICHEN MATRIX? (J,N)');
              READLN;
              READ(WEITER);
           END;
        WRITELN('NOCH EINE ANDERE MATRIX VERARBEITEN? (J,N)');
        READLN;
        READ(NOCHEINE);
     END;
END.
```

Es folgen die Prozeduren OBXODERY und AUSTAUSCHVERFAHREN (diese Prozedur übersetzt den Algorithmus von Figur 2.3.

Unterprogramm zum Drucken des Tabellenrandes

```
PROCEDURE OBXODERY(XY: VEKTOR; LAENGE, FALL: INTEGER);

  VAR
                  L: INTEGER;

  BEGIN
    IF   FALL <> 1 (*WENN OBERE UMRANDUNG*)
    THEN WRITE('......');
    FOR L := 1 TO LAENGE
    DO BEGIN
         IF   FALL = 1 (*WENN LINKE UMRANDUNG*)
         THEN WRITELN;
         IF   (XY[L] DIV 100) = 1
         THEN WRITE('X', XY[L] MOD 100: 1)
         ELSE WRITE('Y', XY[L] MOD 100: 1);
         WRITE('      ');
       END;
    WRITELN;
  END (* OBXODERY *);
(*<><><><><><><><><><><><><><><><><><><><><><><><><><><><><><><><>*)

PROCEDURE AUSTAUSCHVERFAHREN(MATT: MATRIX; ZEILENZAHL,
SPALTENZAHL: INTEGER);
(*TRANSFORMIERT EINE MATRIX ZUR LOESUNG VON        *)
(*LINEAREN GLEICHUNGSSYSTEMEN ODER ZUR             *)
(*DURCHFUEHRUNG VON BASISTRANSFORMATIONEN          *)

  LABEL
    100;

  VAR
      I, K, S, Z, TRAFOANZAHL, PZ, PS, HILF: INTEGER;
                 PIVOT: REAL;

             BESTIMMEN,
    NOCHEINAUSTAUSCH: CHAR;
                  MATU,
               MATTNEU: MATRIX;
(*..............................................................*)
  BEGIN
    TRAFOANZAHL := 0;
    REPEAT
      WRITELN('PIVOTELEMENT? ZEILENNUMMER ... SPALTENNUMMER EING
      EBEN!');
      READLN;
      READ(PZ, PS);
      I := PZ;
      K := PS;
      HILF := OBEN[K];
      OBEN[K] := LINKS[I];
      LINKS[I] := HILF;
      PIVOT := MATT[I, K];
      IF   PIVOT = 0
      THEN BEGIN
             WRITELN('AUSGEWAEHLTES ELEMENT IST 0,');
             WRITELN('GEHT NICHT ALS PIVOT!');
             GOTO 100;
           END;
```

```
(*NUN RECHNUNG FUER DIE PIVOTSPALTE K*)
      Z := 1;
      REPEAT
        IF   Z <> I (*NICHT IN PIVOTZEILE*)
        THEN MATU[Z, K] := + MATT[Z, K] / PIVOT;
        Z := Z + 1;
      UNTIL Z > ZEILENZAHL;
(*.........................................................*)
(*NUN RECHNUNG FUER DIE PIVOTZEILE I*)
      S := 1;
      REPEAT
        IF   S <> K (*NICHT IN PIVOTSPALTE*)
        THEN MATU[I, S] := - MATT[I, S] / PIVOT;
        S := S + 1;
      UNTIL S > SPALTENZAHL;
(*.........................................................*)
(*RECHNUNG AUSSERHALB DER PIVOTZEILE I UND DER PIVOTSPALTE K:*)
(*ZEILENWEISE BERECHNUNG*)
      FOR Z := 1 TO ZEILENZAHL
      DO FOR S := 1 TO SPALTENZAHL
         DO IF   (Z <> I) AND (S <> K)
            THEN MATU[Z, S] := MATT[Z, S] + MATU[I, S] * MATT[Z,
            K];
      TRAFOANZAHL := TRAFOANZAHL + 1;
      MATT := MATU;
      WRITELN('AUSTAUSCH ', TRAFOANZAHL: 1);
      OBXODERY(OBEN, SPALTENZAHL, 0);
      OBXODERY(LINKS, ZEILENZAHL, 1);

      MATRIXAUSGEBEN(MATT, ZEILENZAHL, SPALTENZAHL);
 100: WRITELN('NOCH EIN AUSTAUSCH? (J,N)');
      READLN;
      READ(NOCHEINAUSTAUSCH);
    UNTIL NOCHEINAUSTAUSCH = 'N';
  END (* AUSTAUSCHVERFAHREN *);
(*<><><><><><><><><><><><><><><><><><><><><><><><><><><><><>*)
```

Hier wird die Umrandung der Tabellen gedruckt.

Die zwischendurch aufgerufenen Prozeduren STRICHREIHE, AUSGABEFORMAT, MATRIXAENDERN, MATRIXEINGEBEN und MATRIXAUSGEBEN sind von oben bekannt.

Beispiele zur Anwendung des Programms EINAUSTAUSCH (Alg 18):

Beispiel 1: Oben wurde die Inverse einer Matrix $A_{(3,3)}$ bestimmt. Dabei stand A in dem Ausgangsschema

T0	x_1	x_2	x_3
y_1	1	3	-2
y_2	2	7	-8
y_3	3	10	-5

. Wir werden EINAUSTAUSCH nun so anwenden, daß wir aus jeder Spalte das absolut größte Element als Pivotelement wählen!

Die freie Wählbarkeit des Pivotelements gehört zu den Eigenschaften des Programms, die verschiedenartige Experimente ermöglichen.

```
KONTROLLAUSGABE DER MATRIX(J,N)?
*J

     1.0000       3.0000     - 2.0000
     2.0000       7.0000     - 8.0000
     3.0000      10.0000     - 5.0000
------------------------------------------------------------
AUSGANGSSCHEMA:
......X1      X2      X3

Y1
Y2
Y3
------------------------------------------------------------
PIVOTELEMENT? ZEILENNUMMER ... SPALTENNUMMER EINGEBEN!
*3 2

----------
PIVOTELEMENT : (3,2) AUSTAUSCH 1
......X1      Y3      X3

Y1
Y2
X2
------------------------------------------------------------

     0.1000       0.3000     - 0.5000
   - 0.1000       0.7000     - 4.5000
   - 0.3000       0.1000       0.5000
----------
( 3, 3)-MATRIX
------------------------------------------------------------
NOCH EIN AUSTAUSCH? (J,N)
*J
PIVOTELEMENT? ZEILENNUMMER ... SPALTENNUMMER EINGEBEN!
*1 1

----------
PIVOTELEMENT : (1,1) AUSTAUSCH 2
......Y1      Y3      X3

X1
Y2
X2
------------------------------------------------------------

    10.0000     - 3.0000       5.0000
   - 1.0000       1.0000     - 5.0000
   - 3.0000       1.0000     - 1.0000
----------
( 3, 3)-MATRIX
------------------------------------------------------------
NOCH EIN AUSTAUSCH? (J,N)
*J
PIVOTELEMENT? ZEILENNUMMER ... SPALTENNUMMER EINGEBEN!
*2 3

----------
```

```
PIVOTELEMENT : (2,3) AUSTAUSCH 3
......Y1      Y3      Y2

X1
X3
X2
------------------------------------------------------------

   9.0000    - 2.0000    - 1.0000
 - 0.2000      0.2000    - 0.2000
 - 2.8000      0.8000      0.2000
----------
( 3, 3)-MATRIX
------------------------------------------------------------
NOCH EIN AUSTAUSCH? (J,N)
*N
------------------------------------------------------------
WEITER MIT DER GLEICHEN MATRIX? (J,N)
*N
NOCH EINE ANDERE MATRIX VERARBEITEN? (J,N)
*N
RUNTIME :      0 SECONDS +  557 MILLISEC
```

Man erkennt, daß sich die gleichen Elemente wie in der oben durchgeführten Rechnung ergeben, allerdings stehen sie aufgrund der von uns gewählten Austauschreihenfolge anders, so daß eine Umordnung erfolgen muß. Unter Berücksichtigung des Tabellenrandes nach Austausch 3 ist die richtige Reihenfolge durch geeignetes Vertauschen (Zeile 3 mit Zeile 2, Spalte 2 mit Spalte 3) leicht herstellbar. Im später folgenden Programm LGSKURZ wird dieser Tausch automatisch durchgeführt.

Beispiel 2: In Übung 2.6 wurde gezeigt, daß $(A^{-1})^{-1}=A$. Diese Beziehung läßt die Vermutung aufkommen, daß man Austauschschritte wieder rückgängig machen kann! Zeigen Sie das an der Ergebnismatrix aus Beispiel 1.

> SATZ 2.2: Der Austauschprozeß ist umkehrbar.

Beweis: Um Schreibarbeit zu sparen, beschränken wir uns auf Austauschschritte für (2,2)-Matrizen. Für (n,n)-Matrizen läßt sich entsprechend rechnen.

T0	x_1	x_2
y_1	a_{11}	a_{12}
y_2	a_{21}	a_{22}

Pivot a_{11}

$\Longrightarrow$

T1	y_1	x_2
x_1	$\frac{1}{a_{11}}$	$\frac{-a_{12}}{a_{11}}$
y_2	$\frac{a_{21}}{a_{11}}$	$a_{22}-\frac{a_{12}}{a_{11}}a_{21}$

Pivot $\frac{1}{a_{11}}$

$\Longrightarrow$

T2	x_1	x_2
y_1	b_{11}	b_{12}
y_2	b_{21}	b_{22}

mit $b_{11} = 1:(\frac{1}{a_{11}}) = a_{11}$; $b_{12} = -(-\frac{a_{12}}{a_{11}}):\frac{1}{a_{11}} = a_{12}$;

$b_{21} = \frac{a_{21}}{a_{11}}:\frac{1}{a_{11}} = a_{21}$; $b_{22} = a_{22} - a_{21}\frac{a_{12}}{a_{11}} + \frac{a_{21}}{a_{11}}a_{12}$.

$= a_{22}$.

Also ist T2 gleich T0.

....

Das Programm EINAUSTAUSCH ist gut geeignet, um numerische Probleme über Matrizeninversion, lineare Gleichungssysteme, Basistransformationen, lineare Abhängigkeit usw. zu studieren. Diese Vielseitigkeit wird erreicht durch

- beliebige Pivotwahl,
- Möglichkeit des Zurücktauschens,
- Buchführung über die Austauschschritte,
- schnelle Wiederholbarkeit.

So kann z.B. der Vergleich von Ergebnissen bei unterschiedlicher Pivotwahl (maximale Pivots, minimale Pivots, mehrere Pivots aus einer Spalte) interessante Ergebnisse liefern. Damit erweist sich das Programm als methodisches Hilfsmittel für den Lehrenden oder für den Lernenden als Mittel zur Erzielung vertieften Verständnisses über die algorithmischen Vorgänge.

....

Bemerkungen zur Durchführung von Austauschschritten:

1) Wenn man Austauschschritte von Hand durchführt, sollte man die Rechnungen in einer bestimmten Reihenfolge durchführen. Für eine (3,3)-Matrix mit dem Pivotelement a_{11} könnte das so geschehen:

T1	y_1	x_2	x_3
x_1	(1.)	3. →	→
y_2	↓ 2.	↓ 4.	↓ 5.
y_3	↓	↓	↓

Also:

1. Rechnung für Pivotstelle,
2. restliche Elemente der Pivotspalte,
3. restliche Elemente der Pivotzeile,
4. nächste Spalte vervollständigen,
5. nächste Spalte vervollständigen.

2) Ein kleines „Formelblatt" wird sich als nützlich erweisen, z.B. die Tabellen 2.4/0 und 2.4/1 oder 2.5/0 und 2.5/1.

3) Die Pivotelemente müssen von Null verschieden sein. Ist ein als Pivot vorgesehenes Element 0, so suche man in der gleichen Spalte nach einem Element ungleich 0 und tausche dann (also nicht mehr in der natürlichen Reihenfolge der Indizes). Sind in dieser Spalte al-

le noch in Frage kommenden Elemente Null, so gehe man zur nächsten Spalte über. Dabei ist zu beachten, daß aus jeder Zeile bzw. Spalte nur einmal ein Pivotelement genommen werden darf, andernfalls würde man ja zurücktauschen.

4) Es ist zweckmäßig solche Elemente als Pivot zu nehmen, mit denen man einfach rechnen kann, besonders geeignet sind Einsen!

5) Ein Austauschschritt kann ungenau werden, wenn der Betrag des Pivotelements nah bei Null liegt. Diese Situation läßt sich eventuell vermeiden, indem man unter allen als Pivot in Frage kommenden Elementen das absolut größte auswählt! Sollten alle noch möglichen Pivotelemente gegenüber anderen Elementen sehr klein sein, so kann die weitere Rechnung unsicher werden. Man befindet sich in der Nähe eines Ausnahmefalls.

6) Die Güte der Lösung wird von der Rechengenauigkeit der verwendeten Anlage entscheidend beeinflußt. Oft empfehlen sich Kontrollrechnungen, z.B. Bildung von AA^{-1}.

....

ÜBUNGSAUFGABEN

Ü 2.8) Experimentieren Sie mit EINAUSTAUSCH:
Rücktausch, Tausch mit einem Pivotelement nahe bei 0, zwei gleiche Zeilen in der gegebenen Matrix, viele Nullen in der Matrix, Pivot klein - andere Elemente groß, andere Tauschreihenfolgen bis hin zur Inversenberechnung.

Ü 2.9) Bestimmen Sie die Inverse zu $B = \begin{bmatrix} 3 & 1 & 2 & 1 \\ 4 & 1 & 1 & 5 \\ 1 & 2 & 0 & 6 \\ 6 & 4 & 3 & 7 \end{bmatrix}$ mit dem Verfahren von Faddejev und mit dem Austauschverfahren. Vergleichen Sie die Verfahren (Rechenaufwand, Vorkenntnisse).

Ü 2.10) Bestimmen Sie die Inverse zu $A = \begin{bmatrix} 0 & 4 & 9 & 1 \\ 1 & 5 & 0 & 1 \\ 2 & 6 & 0 & 1 \\ 3 & 7 & 0 & 0 \end{bmatrix}$. Beachten Sie die Stellung der x_i und y_j.

Ü 2.11) Analysieren Sie die Prozedur OBXODERY.

Ü 2.12) Wie kann man x_1, x_2, x_3 aus der Gleichung

$$\begin{bmatrix} 1 & 1 & 3 \\ 2 & 0 & 10 \\ 4 & 1 & 6 \end{bmatrix} \begin{bmatrix} x_1 \\ x_2 \\ x_3 \end{bmatrix} = \begin{bmatrix} 9 \\ 16 \\ 9 \end{bmatrix}$$

mit Hilfe einer inversen Matrix errechnen?

Ü 2.13) Bestimmen Sie $(AB)^{-1}$ und $(BA)^{-1}$ für $A = \begin{bmatrix} 2 & 3 \\ 1 & 0 \\ 4 & 1 \end{bmatrix}$ und $B = \begin{bmatrix} 3 & 4 & 1 \\ 0 & 2 & 6 \end{bmatrix}$.

Ü 2.14) Schreiben Sie eine Prozedur, die Spalten einer Matrix vertauscht.

3. LINEARE GLEICHUNGSSYSTEME (LGS)

3.1 ANWENDUNGSBEISPIELE FÜR LGS

Lineare Gleichungssysteme werden in Anwendungen außerordentlich oft benötigt. Aus diesem und innermathematischen Gründen stehen sie daher im Mittelpunkt jedes Lineare Algebra-Kurses.
Wir erinnern uns z.B. an die Input-Output-Analyse. Hier war ein Vektor $\vec{x}$ zu berechnen und es galt $\vec{x} = A\vec{x}+\vec{y}$ (siehe (2.4)). Ausführlich geschrieben handelt es sich um ein LGS mit 2 Gleichungen und 2 Variablen. Bei der Bestimmung inverser Matrizen sind wir also bereits mit linearen Gleichungssystemen konfrontiert worden.

Beispiel 1: Produktionsplan

Vier Abteilungen eines Betriebes verarbeiten für die Herstellung je eines Produktes jeweils die gleichen vier Rohstoffe, benötigen dazu jedoch andere Mengen (Tabelle 3.1). - Untersuchen Sie, ob es einen Produktionsplan gibt, bei dem die Abteilungen den auf Lager befindlichen Vorrat restlos aufbrauchen können.

	Abteilung 1	2	3	4	vorhandener Vorrat
Rohstoff 1	3	2	5	10	550
Rohstoff 2	3	4	1	6	488
Rohstoff 3	2	2	2	8	432
Rohstoff 4	1	5	5	0	500

Angaben in Mengeneinheiten Tabelle 3.1

Ansatz: Die von den einzelnen Abteilungen zu produzierenden Stückzahlen werden mit x_1, x_2, x_3, x_4 (ME) bezeichnet. Dann ergibt sich das LGS in Matrizenschreibweise

(1) $3x_1+2x_2+5x_3+10x_4 = 550$
(2) $3x_1+4x_2+ x_3+ 6x_4 = 488$
(3) $2x_1+2x_2+2x_3+ 8x_4 = 432$
(4) $x_1+5x_2+5x_3+ 0x_4 = 500$,

$$\begin{bmatrix} 3 & 2 & 5 & 10 \\ 3 & 4 & 1 & 6 \\ 2 & 2 & 2 & 8 \\ 1 & 5 & 5 & 0 \end{bmatrix} \begin{bmatrix} x_1 \\ x_2 \\ x_3 \\ x_4 \end{bmatrix} = \begin{bmatrix} 550 \\ 488 \\ 432 \\ 500 \end{bmatrix} .$$

Dabei erwartet man für die Lösungen Elemente aus der Grundmenge $\mathbb{N}_o^4$. Später wird sich zeigen, daß sich der Produktionsplan x_1=40 ME, x_2=50 ME, x_3=42 ME, x_4=21 ME ergibt.

Beispiel 2: Ganzrationale Funktionen durch gegebene Punkte

Man bestimme ganzrationale Funktionen vierten Grades deren Graphen durch die Punkte $P_1=(-1,4)$, $P_2=(-6,3)$, $P_3=(10,20)$, $P_4=(12,15)$ gehen.

Ansatz: Die gesuchten Funktionen haben die Form
$f(x) = c_4x^4+c_3x^3+c_2x^2+c_1x+c_o$, $c_i, x \in \mathbb{R}$. Da die Punkte auf dem Graphen von f liegen sollen, erfüllen ihre Koordinaten die Gleichung:

$$\begin{array}{llr} f(-1) = 4 & c_4- \quad c_3+ \quad c_2- \quad c_1+c_o & = 4 \\ f(-6) = 3 & 1296c_4- 216c_3+ 36c_2- 6c_1+c_o & = 3 \\ f(10) = 20 & 10000c_4+1000c_3+100c_2+10c_1+c_o & = 20 \\ f(12) = 15 & 20736c_4+1728c_3+144c_2+12c_1+c_o & = 15 . \end{array}$$

Wir erhalten also ein LGS mit m=4 Gleichungen und n=5 Variablen, die Grundmenge ist $\mathbb{R}^5$. Später wird sich zeigen, daß das LGS unendlich viele Lösungen hat.

Beispiel 3: Mischungsproblem

Aus 3 Kaffeesorten zu kg-Preisen von 24.50 DM, 20 DM und 28 DM soll eine Mischung zum kg-Preis von 25.70 DM hergestellt werden. Wie ist das Mischungsverhältnis zu wählen?

Ansatz: Die Mengen der 3 Kaffeesorten die zu einem Kilogramm der neuen Sorte zu mischen sind, werden mit x_1, x_2, x_3 (kg) bezeichnet. Es ist klar, daß alle x_i zwischen 0 und 1 liegen müssen:
$0 \leq x_i \leq 1$, $x \in \mathbb{Q}$. Wir erhalten das LGS

$$\begin{array}{llll} (1) & 24.5x_1+20x_2+28x_3 & = 25.70 & \text{DM/kg} \\ (2) & x_1+ \quad x_2+ \quad x_3 & = 1 & \text{kg.} \end{array}$$

Es gibt mehrere Mischungsmöglichkeiten. Eine davon ist
$x_1:x_2:x_3 = 1:1:3$, d.h. z.B. $x_1=0.2$ kg, $x_2=0.2$kg, $x_3=0.6$ kg.

Beispiel 4: Mengenbilanz

Wir betrachten noch einmal das Anfangsproblem zur Materialverflechtung (Problemstellung 1.1). Aus Figur 1.2 läßt sich für jedes Produkt eine Mengenbilanz aufstellen, die die direkte Verwendung des Produkts zeigt. Wir führen dazu Variable $r_1, r_2, r_3, z_1, z_2, z_3, z_4, e_1, e_2$ ein, die die benötigten Mengen der Produkte R1, R2, ... E1, E2 angeben. Dann gilt z.B. $e_1=100$ (soviel wurde bestellt) und $z_1-5e_1=0$, denn für die Herstellung einer Mengeneinheit E1 werden laut Figur 1.2 5 ME von Z1 benötigt, so daß $z_1=5e_1=500$ ME von Produkt Z1 gebraucht werden. Die Auswertung von Figur 1.2 ergibt dann insgesamt das Gleichungssystem

$$\begin{array}{lllll} (1) & r_1 & -14z_1-11z_2-8z_3-10z_4 & & = 0 \\ (2) & r_2 & -4z_1 \qquad\qquad -4z_4 & & = 0 \\ (3) & r_3 & -5z_2 & & = 0 \\ (4) & z_1 & & -5e_1 & = 0 \\ (5) & z_2 & & -6e_1-5e_2 & = 0 \end{array}$$

(6)	z_3	$-4e_1$	$= 0$
(7)	z_4	$-8e_1-5e_2$	$= 0$
(8)		e_1	$= 100$
(9)		e_2	$= 125$.

Diesmal haben wir ein LGS mit m=9 Gleichungen und n=9 Variablen vor uns. Die besondere (Dreiecks-) Form des LGS erleichtert die Lösung. Die Ergebnisse werden ausgehend von Gleichung (9) von unten nach oben bestimmt:

(9) $e_2 = 125$ (8) $e_1 = 100$ (7) $z_4 = 800+625 = 1425$ (6) $z_3 = 400$
(5) $z_2 = 1225$ (4) $z_1 = 500$ (3) $r_3 = 6125$ (2) $r_2 = 7700$
(1) $r_1 = 37925$.

Die Ergebnisse stimmen mit den früher über Matrizenmultiplikation gewonnenen überein. Gleichzeitig zeigt sich die Eleganz der Matrizenmethode. Wir hatten zu rechnen

				5	0		
				6	5		
				4	0	100	
				8	5	125	
14	11	8	10	248	105	37925	$= r_1$
4	0	0	4	52	20	7700	$= r_2$
0	5	0	0	30	25	6125	$= r_3$

.

Die Matrizenmethode ist allerdings in der eben angegebenen Form nur anwendbar, wenn kein direkter Bedarf der Endprodukte an Rohstoffen vorliegt. In diesem Fall müßte für die Rechnung mit Matrizen neu überlegt werden, während der Ansatz über ein LGS entsprechend durchführbar ist.

....

DEFINITION 3.1: Gegeben seien die Konstanten $a_{ij} \in \mathbb{R}$ und $b_i \in \mathbb{R}$ und die Variablen $x_j \in \mathbb{R}$ mit $i=1,\dots m$; $j=1,\dots n$.
Dann heißt

$$\begin{aligned} a_{11}x_1+a_{12}x_2+ \dots +a_{1n}x_n &= b_1 \\ a_{21}x_1+a_{22}x_2+ \quad +a_{2n}x_n &= b_2 \\ \dots \\ a_{m1}x_1+a_{m2}x_2+ \quad +a_{mn}x_n &= b_m \end{aligned}$$

lineares Gleichungssystem (LGS) mit m Gleichungen und n Variablen. Mit Matrizen kann man schreiben

(3.1) $A_{(m,n)}\vec{x}_{(n,1)} = \vec{b}_{(m,1)}$, kurz $A\vec{x} = \vec{b}$.

A heißt Koeffizientenmatrix,
$A,\vec{b}$ die um $\vec{b}$ erweiterte Koeffizientenmatrix.

Mit Hilfe von Spaltenvektoren $\vec{a}_j$ schreibt sich (3.1) so:

(3.2) $\vec{a}_1x_1+\vec{a}_2x_2+\ldots+\vec{a}_nx_n = \vec{b}$.

Diese Schreibweise wird später gelegentlich benutzt.
Gesucht wird nach den Lösungen des LGS:

DEFINITION 3.2: Ein Vektor $\vec{x}_o$ heißt Lösung des LGS, wenn er (3.1) erfüllt, d.h. wenn tatsächlich gilt $A\vec{x}_o = \vec{b}$.

3.2 LÖSUNG VON LGS MIT DEM AUSTAUSCHVERFAHREN (ATV)

Vom Schulunterricht in der Sekundarstufe 1 sind möglicherweise mehrere Verfahren zur Lösung von LGS bekannt:

a) Einsetzverfahren, b) Gleichsetzverfahren,
c) Additionsverfahren, d) Determinanten-Verfahren.

Diese in der Schule für LGS mit 2 oder 3 Variablen üblichen Lösungsverfahren müssen nun so erweitert werden, daß im Prinzip jedes LGS lösbar ist. Dabei sind insbesondere die Verfahren c) und a) interessant. Sie führen zum Gaußschen Eliminationsverfahren und zum Austauschverfahren nach Gauß-Jordan.
Bei der Matrizeninversion wurde das Austauschverfahren bereits eingeführt. Einige einfache Überlegungen führen nun auf die Lösung von LGS mit Hilfe dieses Verfahrens. Es wird später häufig verwendet und wird daher zuerst abgehandelt. Jedoch wird später auch das Gaußsche Eliminationsverfahren erklärt und programmiert.
Bei der Bestimmung der Inversen einer Matrix A sind wir von der Beziehung $\vec{y} = A\vec{x}$ ausgegangen. Ziel war die Berechnung von $\vec{x} = A^{-1}\vec{y}$, also der Austausch der x_i gegen die y_j.
Bei der Lösung von LGS gehen wir nun so vor:

Beispiel 1: (1) $6x_1+10x_2-15x_3 = 73$
(2) $9x_1-15x_2+20x_3 = 32$
(3) $8x_1+25x_2-35x_3 =129$.

Um Anschluß an die Methode des Austauschverfahrens zu finden, führen wir die Variablen y_1,y_2,y_3 ein, indem wir das obige LGS umschreiben: (1) $y_1 = 6x_1+10x_2-15x_3-73 = 0$
(2) $y_2 = 9x_1-15x_2+20x_3-32 = 0$
(3) $y_3 = 8x_1+25x_2-35x_3-129= 0$.

Die für die formale Darstellung der Austauschschritte notwendigen y_j sind also alle gleich Null.

Ziel ist nun die Auflösung der Gleichungen nach den x_i, also der Austausch der x_i gegen die y_j.

Dazu wird das Austauschverfahren, wie in 2.3 erläutert, angesetzt.

T0	x_1	x_2	x_3	$x_4=1$
$y_1=0$	6	10	-15	-73
$y_2=0$	9	-15	20	-32
$y_3=0$	8	25	-35	-129

Dabei wird $x_4=x_{max}=1$ als eine Art Pseudovariable eingeführt (aus späteren programmiertechnischen Gründen).

Aus Zeile 1 läßt sich z.B. wieder ablesen:

$y_1=0 = 6x_1+10x_2-15x_3-73\cdot 1$ (Gleichung (1)).

Wir wenden nun das Programm EINAUSTAUSCH an und erhalten

T3	$y_1=0$	$y_2=0$	$y_3=0$	$x_4=1$
x_1	-0.0909	0.0909	0.0909	8.0000
x_2	-1.7273	0.3273	0.9273	4.0000
x_3	-1.2545	0.2545	0.6545	1.0000

Als Pivotelemente wurden benutzt:
In T0 Stelle (1,1),
in T1 Stelle (2,2),
in T2 Stelle (3,3).

Aus T3 kann die Lösungsmenge abgelesen werden:

$$x_1 = -0.0909y_1+0.0909y_2+0.0909y_3+8x_4 = 8$$
$$x_2 = -1.7273y_1+0.3273y_2+0.9273y_3+4x_4 = 4$$
$$x_3 = -1.2545y_1+0.2545y_2+0.6545y_3+1x_4 = 1,$$

weil $y_1=y_2=y_3=0$ und $x_4=1$.

Die Spalten in T3 unter den y_j sind für das Ablesen der Lösungsmenge ohne Bedeutung, sie könnten schon bei der Rechnung „getilgt" werden. Die Spalten geben die Inverse der Koeffizientenmatrix an (vergl. 2.3)!

Die Lösungsmenge des LGS ist also $L=\{[8 \quad 4 \quad 1]\}$. Das LGS ist eindeutig lösbar.

Das Programm EINAUSTAUSCH kann in der oben beschriebenen Art auf jedes LGS angewendet werden. Es kommt dann nur noch auf das Ablesen der Lösungsmenge an. In dem Endschema können verschiedene Fälle auftreten, die unten diskutiert werden.

Lösung eines LGS mit dem Austauschverfahren:

Erweiterte Koeffizientenmatrix $A,-\vec{b}$ eingeben, diese bildet das Ausgangsschema T0,
möglichst viele x_i gegen y_k tauschen, danach ergibt sich das Endschema,
aus dem Endschema in geeigneter Weise in den x_i-Zeilen die Lösungen ablesen.

Wir wollen das Ablesen der Lösungsmenge aus dem Endschema an einigen Beispielen studieren. Dazu wird ein Programm verwendet, das die Austauschschritte automatisch durchführt und sofort das Endschema ausgibt (Programm LGSKURZ, Alg 19). Die Grobstruktur des Programms, das eine Erweiterung des Programms EINAUSTAUSCH darstellt, ist aus Figur 3.1 ersichtlich.

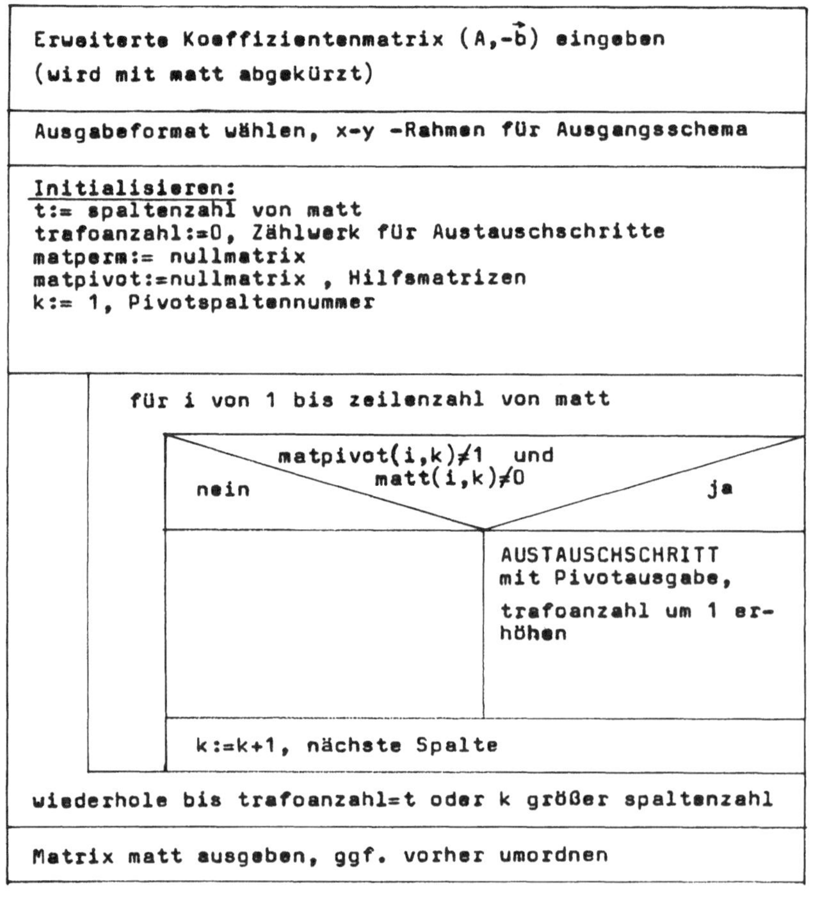

Figur 3.1: Lösung eines LGS mit dem Austauschverfahren

Das zugehörige Programm wird im folgenden abgedruckt. Es verwendet die bekannten Prozeduren STRICHREIHE, MATRIXAENDERN, MATRIXEINGEBEN, AUSGABEFORMAT, MATRIXAUSGEBEN und die Funktion MATPROD. Die Prozedur AUSTAUSCHVERFAHREN (Alg 17) wird in etwas abgewandelter

Form benutzt.

Alg 19 LGSKURZ

```
PROGRAM MATLGSKURZ(INPUT,OUTPUT);
LABEL 999;
CONST
          MAXGRAD = 10;

TYPE
           MATRIX = ARRAY [1 .. MAXGRAD, 1 .. MAXGRAD] OF REAL;
          BEREICH = 0 .. MAXGRAD;
        LISTENTYP = ARRAY [1 .. MAXGRAD] OF BEREICH;
VAR
     MATA,MATB,MATX              : MATRIX;
     X,ZA,SA,BELEGT,M,N,P,
     MINDEST,NACHK               : INTEGER;
     PRODUKT                     : BOOLEAN;
     ZEICHEN,NOCHEINE,LGS,
     WEITER                      : CHAR;
(*<><><><><><><><><><><><><><><><><><><><><><><><><><><><><><><><>*)

PROCEDURE ANFUEGEN(VAR LISTE: LISTENTYP; L: INTEGER);
(*FUEGT WEITERE NATUERLICHE ZAHLEN AN EINE LISTE AN *)

  VAR
                    I: INTEGER;
                MENGE: SET OF BEREICH;

  BEGIN
    MENGE := [];
    FOR I := 1 TO L
    DO IF   NOT (LISTE[I] IN MENGE)
       THEN MENGE := MENGE + [LISTE[I]];
    FOR I := 1 TO L
    DO IF   NOT (I IN MENGE)
       THEN BEGIN
              LISTE[BELEGT] := I;
              BELEGT := BELEGT + 1;
            END;
  END (* ANFUEGEN *);
(*<><><><><><><><><><><><><><><><><><><><><><><><><><><><><><><><>*)

PROCEDURE AUSTAUSCHSCHRITT(MATT: MATRIX; ZEILENZAHL, SPALTENZAHL
  : INTEGER);
(*TRANSFORMIERT EINE MATRIX ZUR LOESUNG VON      *)
(*LINEAREN GLEICHUNGSSYSTEMEN ODER ZUR           *)
(*DURCHFUEHRUNG VON BASISTRANSFORMATIONEN        *)

  VAR
     I,J,G,H,K,S,Z,T,TRAFOANZAHL        : INTEGER;
     MINPIVOT,PIVOT                     : REAL;
     MATU,MATPIVOT,MATTNEU,MATPERM,
     MATLINKS,MATRECHTS                 : MATRIX;
     XLISTE,YLISTE                      : LISTENTYP;
(*.............................................*)
```

```
 BEGIN
  MINPIVOT:=0.00000001;
   T := SPALTENZAHL;
   TRAFOANZAHL := 0;
   MATINITIAL(MATPIVOT, ZEILENZAHL, SPALTENZAHL, 0);
   MATPERM := MATPIVOT;
   K := 1;
(*.........................................*)
   REPEAT (* EINE SPALTE VOLLSTAENDIG NACH PIVOT UNTERSUCHEN *)
     FOR I := 1 TO ZEILENZAHL
     DO IF ((MATPIVOT[I,K]<>1) AND (ABS(MATT[I,K])>MINPIVOT))
        THEN BEGIN (* RECHNUNG FUER DIE PIVOTSTELLE *)
               MATPIVOT[I, K] := 1;
               MATPERM[I, K] := 1;
               PIVOT := MATT[I, K];
               WRITELN;
               STRICHREIHE(10);
               WRITE('PIVOTELEMENT: (', I: 1, ',', K: 1, ') ');
               MATU[I, K] := 1 / PIVOT;
(*.........................................*)
(*NUN RECHNUNG FUER DIE PIVOTSPALTE K*)
               Z := 1;
               REPEAT
                 IF   Z <> I (*NICHT IN PIVOTZEILE*)
                 THEN MATU[Z, K] := + MATT[Z, K] / PIVOT;
                 MATPIVOT[Z, K] := 1;
                 Z := Z + 1;
               UNTIL Z > ZEILENZAHL;
(*.........................................*)
(*NUN RECHNUNG FUER DIE PIVOTZEILE I*)
               S := 1;
               REPEAT
                 IF   S <> K (*NICHT IN PIVOTSPALTE*)
                 THEN MATU[I, S] := - MATT[I, S] / PIVOT;
                 MATPIVOT[I, S] := 1;
                 S := S + 1;
               UNTIL S > SPALTENZAHL;
(*.........................................*)
(* RECHNUNG AUSSERHALB DER PIVOTZEILE I UND DER PIVOTSPALTE K*)
(*ZEILENWEISE BERECHNUNG*)
               FOR Z := 1 TO ZEILENZAHL
               DO FOR S := 1 TO SPALTENZAHL
                  DO IF   (Z <> I) AND (S <> K)

                     THEN MATU[Z,S]:=MATT[Z,S]+MATU[I,S]*
                                     MATT[Z,K];
               TRAFOANZAHL := TRAFOANZAHL + 1;
               MATT := MATU;
             END;
(*ANDERNFALLS IST ABS(MATT[I,K]) GLEICH 0,UND ES WIRD MIT DEM *)
(*ELEMENT IN DER NAECHSTEN ZEILE/GLEICHEN SPALTE VERSUCHT  *)
     K := K + 1;
   UNTIL (TRAFOANZAHL = T) OR (K > SA);
   WRITELN;
   WRITELN('ANZAHL DER AUSTAUSCHSCHRITTE: ',TRAFOANZAHL:1);
   STRICHREIHE(10);
(*.........................................*)
```

```
(* DIE STELLUNG DER PIVOTELEMENTE WURDE IN DER PERMUTATIONS- *)
(* MATRIXS GESPEICHERT. SIE DIENT IM FOLGENDEN DAZU,GGF. DIE *)
(* ORDNUNG VON ZEILEN UND SPALTEN IN DER ERGEBNISMATRIX      *)
(* HERZUSTELLEN                                               *)
(* MAX(ZEILENZAHL,SPALTENZAHL) UND MIN(ZEILENZAHL,SPALTENZAHL)*)
(* ERMITTELN :                                                *)
    IF   ZEILENZAHL > SPALTENZAHL
    THEN BEGIN
             G := ZEILENZAHL;
             H := SPALTENZAHL;
           END
    ELSE BEGIN
             G := SPALTENZAHL;
             H := ZEILENZAHL;
           END;
(* G=MAX, H=MIN VON (ZEILENZAHL,SPALTENZAHL) *)
(*........................................*)
    FOR J := 1 TO G
    DO BEGIN
         YLISTE[J] := 0;
         XLISTE[J] := 0;
       END;
    J := 1;
    FOR K := 1 TO SPALTENZAHL
    DO FOR I := 1 TO ZEILENZAHL
       DO IF   MATPERM[I, K] = 1
          THEN BEGIN
                 XLISTE[J] := K;
                 YLISTE[J] := I;
                 J := J + 1;
               END;
    BELEGT := J;
    ANFUEGEN(YLISTE, G);
    BELEGT := J;
    ANFUEGEN(XLISTE, G);
(*........................................*)
(* NUN GEEIGNETE  1-0- MATRIZEN ERZEUGEN *)
    MATINITIAL(MATLINKS, G, G, 0);
    MATINITIAL(MATRECHTS, G, G, 0);
    FOR I := 1 TO ZEILENZAHL
    DO MATLINKS[I, YLISTE[I]] := 1;
    FOR I := 1 TO G
    DO MATRECHTS[XLISTE[I], YLISTE[I]] := 1;
    STRICHREIHE(60);

(*DAMIT SIND DIE BEIDEN MATRIZEN ZUR MULTIPLIKATION VON LINKS *)
(*UND VON RECHTS ERZEUGT                                      *)
(*ES FOLGT DIE AUSFUEHRUNG DER MULTIPLIKATIONEN               *)
    MATX:=MATPROD(MATLINKS,MATT,ZEILENZAHL,ZEILENZAHL,
                             ZEILENZAHL,SPALTENZAHL);
    MATTNEU:=MATPROD(MATX,MATRECHTS,ZEILENZAHL,SPALTENZAHL,
                                SPALTENZAHL,SPALTENZAHL);
(*........................................*)
    WRITELN('NACH DER UMORDNUNG ERGIBT SICH DIE FOLGENDE');
    WRITELN('ERGEBNISMATRIX :');
```

```
            FOR I := 1 TO TRAFOANZAHL
            DO WRITE('  Y', YLISTE[I]: 1);
            FOR I := TRAFOANZAHL + 1 TO SPALTENZAHL
            DO WRITE('  X', XLISTE[I]: 1);
            WRITELN;
            FOR I := 1 TO TRAFOANZAHL
            DO WRITELN('X', XLISTE[I]: 1, '  ......');
            FOR I := TRAFOANZAHL + 1 TO ZEILENZAHL
            DO WRITELN('Y', YLISTE[I]: 1, '  ......');
     MATRIXAUSGEBEN(MATTNEU, ZEILENZAHL, SPALTENZAHL);
     STRICHREIHE(60);
     G:=0;
     FOR I:=1 TO ZEILENZAHL DO
     IF MATPERM[I,SPALTENZAHL]=1 THEN G:=1;
     IF G=1
     THEN WRITELN('DAS LGS HAT KEINE LOESUNG !')
     ELSE
       IF (TRAFOANZAHL=SPALTENZAHL-1)
       THEN BEGIN
            WRITELN('DAS LGS HAT GENAU EINE LOESUNG,');
            WRITELN('SIE STEHT IN DER LETZTEN SPALTE !');
            END
       ELSE WRITELN('DAS LGS HAT UNENDLICH VIELE LOESUNGEN !');
   END (* AUSTAUSCHSCHRITT *);
(*<><><><><><><><><><><><><><><><><><><><><><><><><><><><>*)

BEGIN (*HAUPTPROGRAMM*)
STRICHREIHE(60);
999: MATRIXEINGEBEN(MATA,ZA,SA);
      AUSGABEFORMAT;
(*.........................................*)
          WRITELN('AUSGANGSSCHEMA:');
          FOR BELEGT := 1 TO SA
          DO WRITE('  X', BELEGT: 1);
          WRITELN;
          FOR BELEGT := 1 TO ZA
          DO WRITELN('Y', BELEGT: 1, '...');
          STRICHREIHE(60);
          AUSTAUSCHSCHRITT(MATA, ZA, SA);
(*.........................................*)
  WRITELN('NOCH EINE ANDERE MATRIX VERARBEITEN (J,N)?');
  READLN;
  READ(NOCHEINE);
  IF  NOCHEINE = 'J'
  THEN GOTO 999;
  END.
```

Für eine gezielte Auswertung der folgenden Beispiele ist die Einführung des Rangbegriffs sinnvoll.

DEFINITION 3.3: Unter dem Rang einer Matrix A (in Zeichen r(A)) versteht man die Anzahl der möglichen auf A anwendbaren Austauschschritte.

Für das LGS $A\vec{x} = \vec{b}$ ist

$r(A)$ der Rang der Koeffizientenmatrix,

$r(A,\vec{b})$ der Rang der erweiterten Koeffizientenmatrix.

Hat die Matrix A den Typ (m,n) so kann der Rang von A höchstens gleich der kleineren der beiden Zahlen m und n sein! Mehr Austauschschritte sind ja nicht möglich.

Wir kommen zum Ablesen der Lösungsmenge aus dem Endschema:

Beispiel 2: Gegeben ist das LGS (1) $3x_1+4x_2+5x_3-3 = 0$ Grundmenge $G=\mathbb{R}^3$.
(2) $-2x_1+4x_2-7x_3-13 = 0$,

T0	x_1	x_2	x_3	$x_4=1$
y_1	3	4	5	-3
y_2	-2	4	-7	-13

Pivots (1,1) (2,2) $\Longrightarrow$

T2	y_1	y_2	x_3	x_4
x_1	0.2	-0.20	-2.40	-2.00
x_2	0.1	0.15	0.55	2.25

Der Rechner gibt aus: Das LGS hat unendlich viele Lösungen!

Warum? a) Das LGS hat m=2 Gleichungen und n=3 Variable,

b) es konnten nur 2 Austauschschritte durchgeführt werden, d.h. Rang $r(A_{(2,3)})=2$. x_3 konnte nicht getauscht werden.

c) Wir lesen aus T2 ab (beachten Sie $y_1=y_2=0$, $x_4=1$):

$x_1 = -2.40x_3-2$

$x_2 = 0.55x_3+2.55$, d.h. x_1 und x_2 sind abhängig von der freien Variablen $x_3 \in \mathbb{R}$. Also kann für x_3 jede beliebige reelle Zahl eingesetzt werden, so daß sich für x_1 und x_2 unendlich viele Werte ergeben.

Die Lösungsmenge ist $L = \{ [-2.40x_3-2 \quad 0.55x_3+2.55 \quad x_3] \}$ mit $x_3 \in \mathbb{R}$.

Beispiel 3: Gegeben ist das LGS (1) $2x_1+3x_2 = 4$
(2) $4x_1+ x_2 = 6$
(3) $x_1-2x_2 = 9$, $G = \mathbb{R}^2$.

T0	x_1	x_2	$x_3=1$
y_1	2	3	-4
y_2	4	1	-6
y_3	1	-2	-9

Pivots (1,1) (2,2) (3,3) $\Longrightarrow$

T3	y_1	y_2	y_3
x_1	-0.2500	0.4167	-0.1667
x_2	0.3571	-0.1667	-0.0476
x_3	-0.1071	0.0833	-0.1190

Der Rechner gibt aus: Das LGS hat keine Lösung!

a) Das LGS hat m=3 Gleichung und n=2 Variable,

b) $r(A_{(3,2)}) = 3$, sogar die Hilfsvariable $x_3=1$ wurde getauscht!

c) Wir lesen aus T3 ab: $x_1=0$, $x_2=0$, $x_3=0$. $x_3=0$ ist jedoch ein Widerspruch zu $x_3=1$. Das LGS hat also keine Lösung, weil auch noch x_3 getauscht werden konnte! $L=\emptyset$.

Beispiel 4: Gegeben ist das LGS (1) $6x_1+4x_2 = 10$
(2) $12x_1+8x_2 = 15$, $G=R^2$.

Nach 2 Austauschschritten mit den Pivotelementen (1,1) beim ersten Tausch und (2,3) beim zweiten Tausch ergibt sich das Endschema

T2	y_1	y_2	x_2
x_1	-0.5000	0.3333	-0.6667
x_3	-0.4000	0.2000	0.0000

Lösungsmenge $L=\emptyset$!

Auch hier wurde die Hilfsvariable x_3 getauscht, man liest ab $x_3=-0.4000y_1+0.2000y_2+0.0000x_2 = 0+0+0 = 0$ im Widerspruch zu $x_3=1$.

Wir fassen die Ergebnisse aus den vier Beispielen zusammen:

Beispiel	Anzahl der Gleich. m	Anzahl der Variabl. n	Rang der Matrix A	Rang der Matrix A, $\vec{b}$	Lösungsmenge L
1	3	3	3	3	eindeutig
2	2	3	2	2	unendlich
3	3	2	2	3	leer
4	2	2	1	2	leer

Diese Beispiele bestätigen die folgenden Überlegungen für ein LGS $A_{(m,n)}\vec{x}_{(n,1)} = \vec{b}_{(m,1)}$:

a) Ist der Rang $r(A)=r(A,\vec{b})$, dann lassen sich $r(A)=r$ der Variablen x_i gegen y_k tauschen, $x_{n+1}=1$ jedoch nicht mehr. Für die getauschten Variablen x_i kann dann mindestens eine Lösung abgelesen werden.

> Das LGS $A\vec{x}=\vec{b}$ hat mindestens eine Lösung, sofern $r(A) = r(A,\vec{b})$.

a1) Ist nun noch $r(A)=r(A,\vec{b})=n$, so sind alle Variablen x_i ,$i=1,..n$ getauscht worden.

> Das LGS $A\vec{x}=\vec{b}$ hat genau eine Lösung, sofern $r(A) = r(A,\vec{b}) = n$.

a2) Ist dagegen $r(A)=r(A,b)<n$, so sind nicht alle x getauscht worden, (n-r) bleiben übrig. Es gibt (n-r) freie Variable.

> Das LGS $A\vec{x}=\vec{b}$ hat unendlich viele Lösungen, sofern $r(A) = r(A,\vec{b}) < n$.

b) Ist nun bei a1) oder a2) noch $n<m$, so sind (m-n) Gleichungen überflüssig.

Das Ablesen der Lösungsmenge:

Gegeben ist das LGS $A_{(m,n)}\vec{x}_{(n,1)}=\vec{b}_{(m,1)}$. Dann ist das Ausgangsschema:

Ausgangsschema

T0	x_1 ... x_r	x_{r+1} ... x_n	$x_{n+1}=1$
$y_1=0$	a_{11} a_{1r}	$a_{1,r+1}$ a_{1n}	$-b_1$
⋮			
$y_r=0$	a_{r1} a_{rr}	$a_{r,r+1}$ a_{rn}	$-b_r$
$y_{r+1}=0$			$-b_{r+1}$
⋮			
$y_m=0$	a_{m1} a_{mr}	$a_{m,r+1}$ a_{mn}	$-b_m$

Es seien r Austauschschritte möglich. Mit eventueller Umnumerierung der x_i ergibt sich dann das Endschema

Endschema

Tr	y_1 ... y_r	x_{r+1} ... x_n	$x_{n+1}=1$
x_1 ⋮ x_r	Inverse von $A_{(r,r)}$	c_{11} ... $c_{1,n-r}$ ⋮ ⋮ c_{r1} ... $c_{r,n-r}$	c_1 ⋮ c_r
y_{r+1} ⋮ y_m	wird zum Aufschreiben von L nicht benötigt	Nullmatrix $O_{(m-r,n-r)}$	0 ⋮ 0

Aus dem Endschema liest man die Lösungsmenge ab:

SATZ 3.1: Die Lösungsmenge L des LGS $A_{(m,n)}\vec{x}_{(n,1)}=\vec{b}_{(m,1)}$ ist für $r(A)=r(A,\vec{b})=r$ bestimmt durch

$$\begin{bmatrix} x_1 \\ \vdots \\ x_r \end{bmatrix} = \begin{bmatrix} c_{11} & \cdots & c_{1,n-r} \\ \vdots & & \vdots \\ c_{r1} & \cdots & c_{r,n-r} \end{bmatrix} \begin{bmatrix} x_{r+1} \\ \vdots \\ x_n \end{bmatrix} + \begin{bmatrix} c_1 \\ \vdots \\ c_r \end{bmatrix} .$$

Die Zulässigkeit der einzelnen Austauschschritte bei der Lösung eines LGS ergibt sich aus der Äquivalenz der entstehenden Gleichungen, d.h. die Lösungsmenge ändert sich bei den Rechnungen nicht.

a) Bei der Auflösung von Gleichungen nach einer Variablen handelt es sich um Äquivalenzumformungen (Addieren, Subtrahieren, Multiplizieren, Dividieren $\neq 0$ auf beiden Seiten der Gleichung).

$$\begin{array}{ll} (1)\; a_{11}x_1+a_{12}x_2 = b_1 & (1')\; x_1 = \frac{b_1}{a_{11}} - \frac{a_{12}}{a_{11}}x_2 \quad , a_{11}\neq 0 \\ (2)\; a_{21}x_1+a_{22}x_2 = b_2 \quad \Longleftrightarrow & (2)\; a_{21}x_1+a_{22}x_2 = b_2 \\ \text{LGS1} & \text{LGS2} \end{array}$$

b) Nach der Substitution erhält man das LGS

$$(1')\; x_1 = \frac{b_1}{a_{11}} - \frac{a_{12}}{a_{11}}x_2 \qquad \text{LGS3}$$

$$(2')\; a_{21}\left(\frac{b_1}{a_{11}} - \frac{a_{12}}{a_{11}}x_2 \right)+a_{22}x_2 = b_2$$

Wir betrachten die drei Gleichungssysteme
LGS1 (Gleichungen (1),(2)), LGS2 (Gleichungen (1'),(2)) und LGS3 (Gleichungen (1'),(2')).
Die Substitutionsgleichung (1') gehört zu LGS2 und LGS3. Daher können den Lösungsmengen beider Systeme nur solche Zahlenpaare (x_{L1}, x_{L2}) angehören, die Gleichung (1') erfüllen. Durch Substitution bei (2') wird an diesen Paaren nichts geändert, d.h. die Lösungsmengen von LGS2 und LGS3 stimmen überein. Die Äquivalenz von LGS1 und LGS2 war bereits bei a) begründet.
Die beispielhaft an einem (2,2)-LGS durchgeführten Überlegungen lassen sich entsprechend auf beliebige LGS übertragen.

....

ÜBUNGSAUFGABEN

Ü 3.1) Ausgehend von der bekannten Ausgangstabelle für die LGS $A\vec{x} = \vec{b}$ wurden die folgenden Endtabellen ermittelt.- Wie heißen die Lösungsmengen? Welche Elemente wurden als Pivotelemente benutzt (Stellen angeben)?

a)

	y_2	y_4	y_3	y_1	$x_5=1$
x_4	d_{11}	d_{12}	d_{13}	d_{14}	d_{15}
x_1	d_{21}	d_{22}	d_{23}	d_{24}	d_{25}
x_3	d_{31}	d_{32}	d_{33}	d_{34}	d_{35}
x_2	d_{41}	d_{42}	d_{43}	d_{44}	d_{45}

b)

	y_3	y_2	y_1	x_4	$x_5=1$
x_3	e_{11}	e_{12}	e_{13}	e_{14}	e_{15}
x_2	e_{21}	e_{22}	e_{23}	e_{24}	e_{25}
x_1	e_{31}	e_{32}	e_{33}	e_{34}	e_{35}

c)

	y_1	x_2	y_2
x_1	f_{11}	f_{12}	f_{13}
x_3	f_{21}	f_{22}	f_{23}

d)

	y_1	x_2	y_2	$x_4=1$
x_1	g_{11}	g_{12}	g_{13}	g_{14}
x_3	g_{21}	g_{22}	g_{23}	g_{24}

Ü 3.2) Lösen Sie die Einführungsbeispiele aus 3.1 (Produktionsplan, ganzrationale Funktionen durch gegebene Punkte, Mischungsproblem, Mengenbilanz).

Ü 3.3) Man löse das LGS

$$\begin{aligned} x_1+3x_2+4x_3+2x_4 &= 2 \\ 2x_2+3x_3+\ x_4 &= 2 \\ 2x_1 \qquad\qquad +\ x_4 &= 2 \\ 4x_1+6x_2+5x_3+\ x_4 &= 2 \\ 3x_1+4x_2+\ x_3 \qquad &= 2\ . \end{aligned}$$

Ü 3.4) Die Lösungsmenge linearer Gleichungssysteme ist abhängig von der Beschaffenheit der Spaltenvektoren und Zeilenvektoren der Koeffizientenmatrix. Gleiche Spalten, Vielfache einer Spalte! Untersuchen Sie diesen Zusammenhang für die folgenden LGS und weitere von Ihnen selbst formulierte LGS. Benutzen Sie das Programm LGSKURZ.

a) $\begin{bmatrix} 3 & 6 & 1 \\ 1 & 2 & 2 \\ 4 & 8 & 5 \end{bmatrix} \begin{bmatrix} x_1 \\ x_2 \\ x_3 \end{bmatrix} = \begin{bmatrix} 7 \\ -6 \\ -9 \end{bmatrix}$ b) $\begin{bmatrix} 1 & 4 & 1 & 2 \\ 1 & 5 & 1 & 2 \\ 1 & 6 & 1 & 2 \end{bmatrix} \begin{bmatrix} x_1 \\ x_2 \\ x_3 \\ x_4 \end{bmatrix} = \begin{bmatrix} 18 \\ 18 \\ 18 \end{bmatrix}$

c) $\begin{bmatrix} 3 & 12 & 6 \\ 1 & 4 & 2 \\ 4 & 0 & 1 \end{bmatrix} \begin{bmatrix} x_1 \\ x_2 \\ x_3 \end{bmatrix} = \begin{bmatrix} 69 \\ 23 \\ 16 \end{bmatrix}$.

Ü 3.5) Welchen Rang besitzen die Matrizen

$$A = \begin{bmatrix} 1 & 2 & -2 & 1 \\ -2 & 1 & 3 & 4 \\ 1 & 7 & -3 & 7 \end{bmatrix} \qquad B = \begin{bmatrix} 3 & -1 & -1 & -1 \\ -1 & 3 & -1 & -1 \\ -1 & -1 & 3 & -1 \\ -1 & -1 & -1 & 3 \end{bmatrix} ?$$

Ü 3.6) Eine Firma untersucht das Verhalten der Herstellungskosten eines Produkts in Abhängigkeit von den produzierten Mengeneinheiten. Die Kostenanalyse ergibt

x (ME)	2	3	4	5	6	7	8
K (GE/ME)	2.8	1.8	1.2	1	1.2	1.8	2.8 .

Zeigen Sie, daß sich die Kostenzunahme durch eine ganzrationale Funktion 2.Grades beschreiben läßt.

Ü 3.7) Die folgende Aufgabe ist [10,S.103f.] entnommen. Gegeben ist die Erzeugnisstruktur einer mechanischen Teilefertigung (Figur 3.2). Endprodukte J,K werden durch die Montage von Einzelteilen A,B und Baugruppen C,D,...I gefertigt. Es sollen 300 Einheiten des Endprodukts J und 100 Einheiten des Endprodukts K hergestellt werden.- Welche Mengen an Einzelteilen und Baugruppen müssen für die Montage bereitgestellt werden? (Lösung vergl.3.1,Beispiel 4).

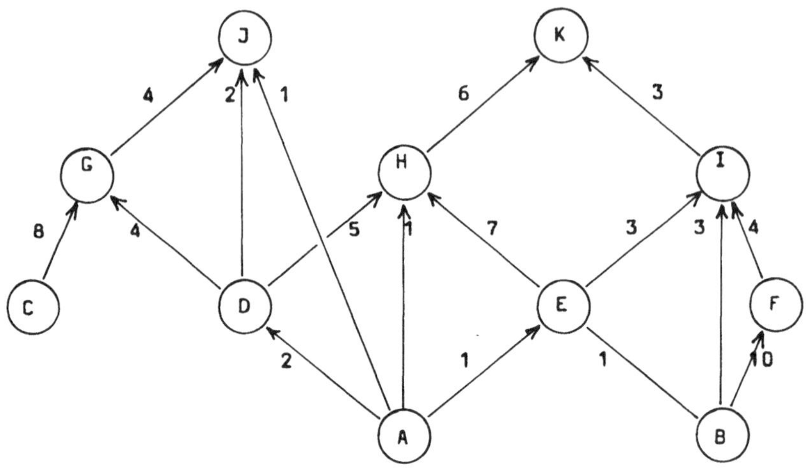

Figur 3.2: Gozintograph einer Teilefertigung

Bemerkung: Am Umfang der Erzeugnisstruktur und des zugehörigen LGS wird die Notwendigkeit des EDV-Einsatzes deutlich!

Ü 3.8) In der chemischen Industrie kommen häufig Produktionsabläufe vor, bei denen ein Produkt indirekt zu seiner eigenen Herstellung gebraucht wird. Der zugehörige Gozintograph hat dann auch Kreise. die Verflechtungsstruktur ist also nicht mehr linear.

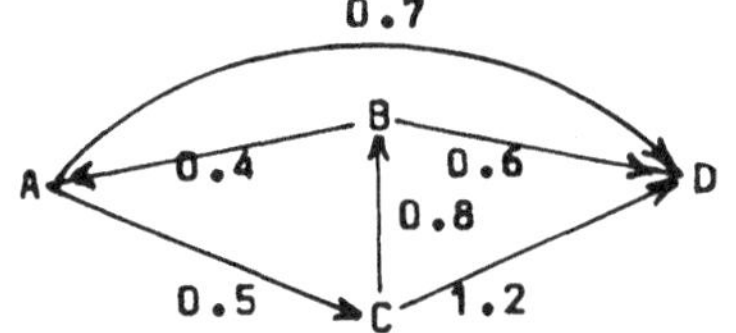

Zum Beispiel werden zur Herstellung einer Mengeneinheit von Stoff B 0.8 ME von Stoff C benötigt.

Figur 3.3: Gozintograph eines chemischen Prozesses

Die benötigten Mengen der einzelnen Produkte werden mit x_A, x_B, x_C und x_D bezeichnet. Vom Endprodukt werden 500 ME benötigt.- Stellen Sie den Bedarf an den Stoffen A,B,C fest! Benutzen Sie das LGS

$$\begin{array}{rrrrl} x_A & & -0.5x_C & & = 0 \\ -0.4x_A + & x_B & & -0.6x_D & = 0 \\ & -0.8x_B + & x_C & -1.2x_D & = 0 \\ & & & x_D & = 500 \; . \end{array} \qquad \text{(Mengenbilanz)}$$

Ü 3.9) Durch den Kauf von 3 Lebensmitteln soll der Bedarf an den Vitaminen A,B,C gedeckt werden. Die Tabelle zeigt die Zusammenhänge.

Welche Lebensmittelmengen decken den Bedarf?

	L1	L2	L3	Bedarf
A	1	2	3	11
B	3	3	0	9
C	4	5	3	20

3.3 LÖSUNG VON LGS MIT DEM ELIMINATIONSVERFAHREN VON GAUSS

Das Gaußsche Eliminationsverfahren ist das am häufigsten verwendete Verfahren zur Lösung linearer Gleichungssysteme.
Durch spezielle Umformungen gelingt es, lineare Gleichungssysteme in eine Form überzuführen, aus der sich die Lösungsmenge leicht ablesen läßt. Grundlage ist das von früher sicher bekannte Additionsverfahren. So ist das LGS

(a) $7x_1+3x_2-4x_3 = 1$

(b) $0x_1+3x_2-12x_3=-30$

(c) $0x_1+0x_2+2x_3 = 6$ leicht lösbar, indem zunächst x_3 aus Gleichung (c) bestimmt wird. Der gefundene Wert wird in (b) eingesetzt und x_2 bestimmt. Aus (a) kann dann x_1 berechnet werden (Lösungsmenge ist hier $L=\{[1\ 2\ 3]\}$).

Noch einfacher ist die Lösung, wenn das LGS die Form

$1x_1+0x_2+0x_3 = 4$

$0x_1+1x_2+0x_3 = 2$

$0x_1+0x_2+1x_3 = 5$ hat, wenn also die Koeffizienten der x_i in der Hauptdiagonalen den Wert 1 haben, die anderen Koeffizienten dagegen gleich Null sind.

Tatsächlich gelingt es LGS, deren Koeffizientenmatrix A regulär ist (d.h. wenn A^{-1} existiert), in diese günstige Form überzuführen. Das Gaußsche Eliminationsverfahren leistet die Umformung. Die Grundgedanken des Verfahrens werden an dem folgenden Beispiel deutlich.

Beispiel 1: Man löse das LGS (Grundmenge $G=\mathbb{R}^3$)

(a) $x_1+ 2x_2+7x_3 = -13$

(b) $2x_1+10x_2-3x_3 = 8$

(c) $6x_1- x_2+5x_3 = -4$.

Bei den Umformungen sind nur die Koeffizienten der x_i von Interesse, so daß wir schematisch vorgehen können.

$$\begin{array}{c} (a) \\ (b) \\ (c) \end{array} \left[\begin{array}{ccc|c} 1 & 2 & 7 & -13 \\ 2 & 10 & -3 & 8 \\ 6 & -1 & 5 & -4 \end{array}\right] \begin{array}{ll} (a):1 & \\ (b)-2(a) & \text{Gleichung (b) minus 2-faches} \\ (c)-6(a) & \text{von Gleichung (a).} \end{array}$$

Die neu entstehenden Gleichungen bezeichnen wir mit (a1),(b1) und (c1). Wir erhalten

$$\begin{array}{l} (a1) \\ (b1) \\ (c1) \end{array} \left[\begin{array}{ccc|c} 1 & 2 & 7 & -13 \\ 0 & 6 & -17 & 34 \\ 0 & -13 & -37 & 74 \end{array}\right] \quad \begin{array}{l} (a1)-\frac{2}{6}(b1) \\ (b1):6 \\ (c1)-(\frac{-13}{6})(b1) \end{array}$$

$$\begin{array}{l} (a2) \\ (b2) \\ (c2) \end{array} \left[\begin{array}{ccc|c} 1 & 0 & \frac{38}{3} & \frac{-73}{3} \\ 0 & 1 & \frac{-17}{6} & \frac{34}{6} \\ 0 & 0 & \frac{-443}{6} & \frac{886}{6} \end{array}\right] \quad \begin{array}{l} (a2)-(\frac{-6}{443})\frac{38}{3}(c2) \\ (b2)-(\frac{-6}{443})(\frac{-17}{6})(c2) \\ (c2):(\frac{-443}{6}) \end{array}$$

$$\begin{array}{l} (a3) \\ (b3) \\ (c3) \end{array} \left[\begin{array}{ccc|c} 1 & 0 & 0 & 1 \\ 0 & 1 & 0 & 0 \\ 0 & 0 & 1 & -2 \end{array}\right], \text{ also } L = \left\{\begin{bmatrix} 1 & 0 & -2 \end{bmatrix}\right\}.$$

Ähnlich wie beim Austauschverfahren ist die Existenz geeigneter Pivotelemente entscheidend für die Umformungen. Als Koeffizientenmatrix des LGS (a3),(b3),(c3) entstand die Einheitsmatrix. Man kann ablesen $x_1=1$, $x_2=0$, $x_3=-2$.

Das allgemeine Vorgehen zeigen wir an einer (3,3)-Matrix, gehen also vom LGS $A_{(3,3)}\vec{x}_{(3,1)} = \vec{b}_{(3,1)}$ aus.

$$\begin{array}{l} (a0) \\ (b0) \\ (c0) \end{array} \left[\begin{array}{ccc|c} a_{11} & a_{12} & a_{13} & b_1 \\ a_{21} & a_{22} & a_{23} & b_2 \\ a_{31} & a_{32} & a_{33} & b_3 \end{array}\right] \quad \begin{array}{l} (a0):a_{11} \\ (b0)-(a_{21}:a_{11})(a0) \\ (c0)-(a_{31}:a_{11})(a0) \end{array}$$

$$\begin{array}{l} (a1) \\ (b1) \\ (c1) \end{array} \left[\begin{array}{ccc|c} \frac{a_{11}}{a_{11}} & \frac{a_{12}}{a_{11}} & \frac{a_{13}}{a_{11}} & \frac{b_1}{a_{11}} \\ a_{21}-\frac{a_{21}}{a_{11}}a_{11} & a_{22}-\frac{a_{21}}{a_{11}}a_{12} & a_{23}-\frac{a_{21}}{a_{11}}a_{13} & b_2-\frac{a_{21}}{a_{11}}b_1 \\ a_{31}-\frac{a_{31}}{a_{11}}a_{11} & a_{32}-\frac{a_{31}}{a_{11}}a_{12} & a_{33}-\frac{a_{31}}{a_{11}}a_{13} & b_3-\frac{a_{31}}{a_{11}}b_1 \end{array}\right]$$

Man beachte die Systematik! Doppelindizes!

Nachdem erkannt ist, wie sich die neuen Elemente systematisch aus denen des vorhergehenden Schemas ergeben, kann der zugehörige Algorithmus für ein beliebiges LGS angegeben werden.

Die Zulässigkeit der Umformungen (Äquivalenz der entstehenden LGS mit dem ursprünglichen LGS, gleiche Lösungsmengen) ist durch die folgenden Überlegungen gewährleistet. Sie beziehen sich auf die sogenannten Elementarumformungen eines LGS.

DEFINITION 3.4: Elementarumformungen eines LGS

(1) Multiplikation von Gleichungen des LGS mit einer reellen Zahl $\neq 0$.

(2) Ersetzen einer Gleichung des LGS durch die Summe (Differenz) dieser Gleichung und einer anderen Gleichung des LGS.

(3) Vertauschen von Gleichungen des LGS.

SATZ 3.2: Elementarumformungen eines LGS sind Äquivalenzumformungen, d.h. sie ändern nicht die Lösungsmenge des LGS!

Beweis: Wir betrachten ein LGS $A_{(m,n)}\vec{x}_{(n,1)} = \vec{b}_{(m,1)}$, das wir mit LGSalt abkürzen. $\vec{v}$ sei ein beliebiger Lösungsvektor von LGSalt,d. h. $\vec{v} \in L$. $\vec{v} = \begin{bmatrix} v_1 & v_2 & \ldots v_n \end{bmatrix}$ erfüllt also alle m Gleichungen des LGSalt.

a) Daß sich die Lösungsmenge bei Vertauschung von Zeilen nicht änder ist trivial.

b) Die Elementarumformungen (1) und (2) werden gleich gemeinsam betrachtet. Wir addieren beispielsweise zu Gleichung

(g1) $\sum_{j=1}^{n} a_{1j}x_j = b_1$ das r-fache von Gleichung (g2) $\sum_{j=1}^{n} a_{2j}x_j = b_2$

und erhalten Gleichung (g1´) $\sum_{j=1}^{n} a_{1j}x_j + r\sum_{j=1}^{n} a_{2j}x_j = b_1 + rb_2$.

Erfüllt $\vec{v}$ auch (g1´) und damit das neue System **LGSneu**?

Wegen $\sum_{j=1}^{n} a_{1j}v_j = b_1$ und $r\sum_{j=1}^{n} a_{2j}v_j = rb_2$ ist das tatsächlich der Fall.

Alle anderen Gleichungen von LGSneu stimmen mit denen des LGSalt überein und werden somit nach Voraussetzung ebenfalls von $\vec{v}$ erfüllt.

c) Es können aber durch (g1´) auch nicht neue Lösungen von LGSneu entstanden sein! Sei nämlich z.B. $\vec{w}$ ein Vektor, der das LGSneu erfüllt. Wir bilden nun (g1´´), indem wir das (-r)-fache von (g2) zu (g1´) addieren. Dabei ändert sich die Lösungsmenge nach b) nicht. Man erkennt aber sofort, daß (g1´´)=(g1). Damit erfüllt $\vec{w}$ das Ausgangssystem LGSalt, gehörte also ohnehin zur Lösungsmenge L.-Entsprechende Überlegungen gelten für alle Gleichungen des LGSalt.

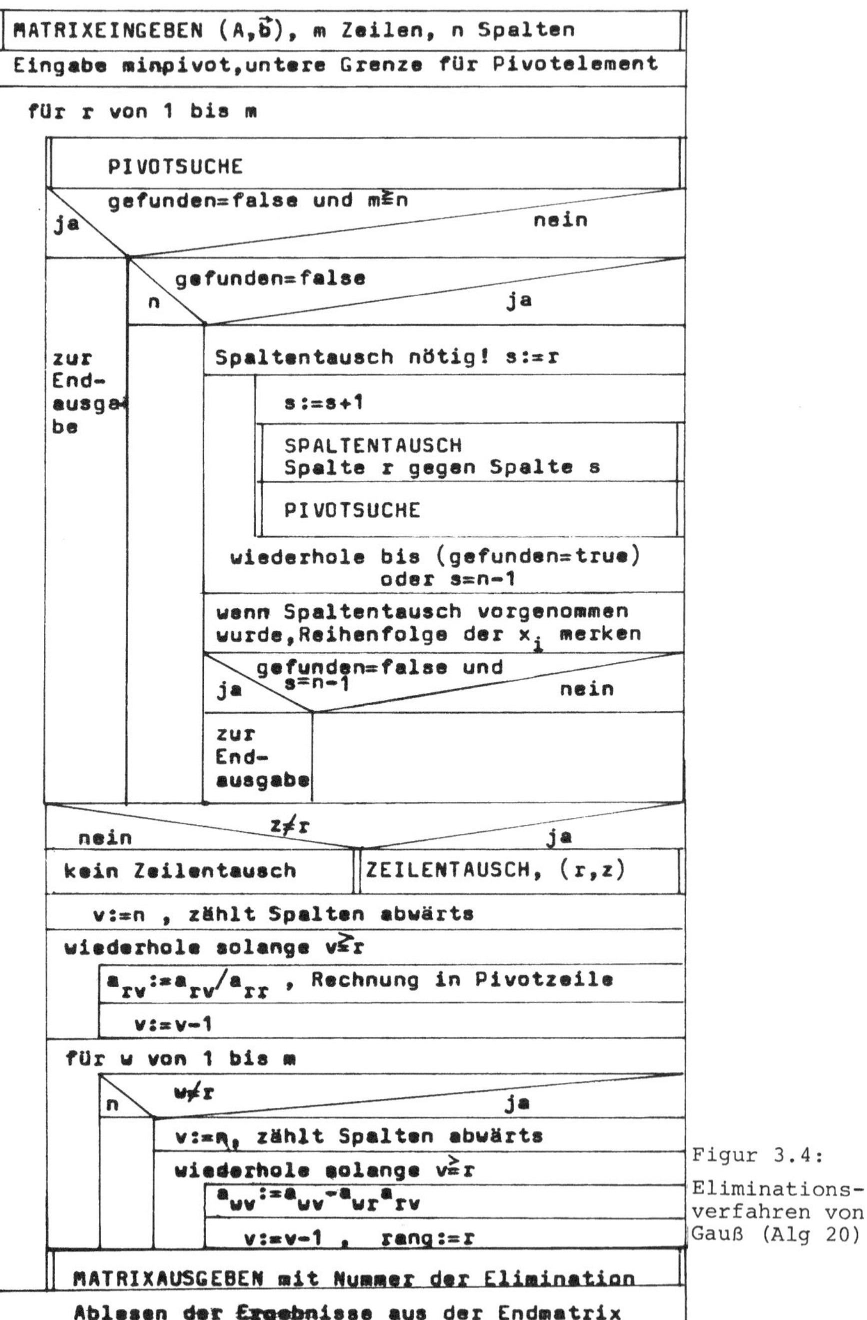

Figur 3.4: Eliminationsverfahren von Gauß (Alg 20)

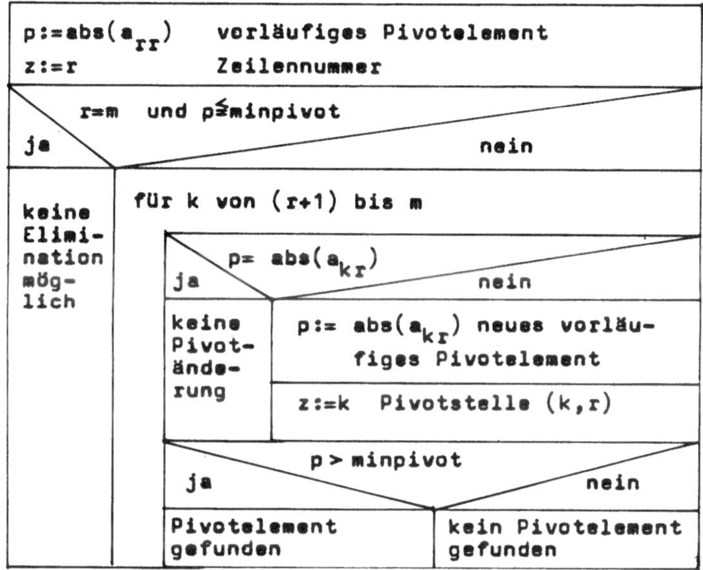

Figur 3.5: Prozedur PIVOTSUCHE

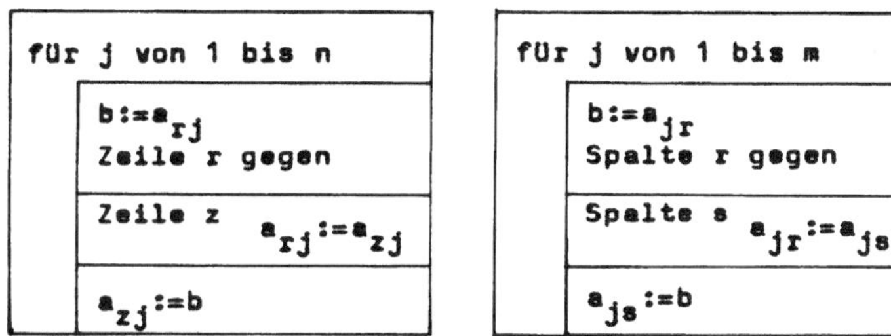

Figur 3.6: Prozeduren SPALTENTAUSCH (rechts) und ZEILENTAUSCH (links)

Bemerkung: Im Gegensatz zur Beispiellösung wird aus einer Spalte jeweils das maximal mögliche Pivotelement (absolut) genommen. Dieses Vorgehen verringert die Wahrscheinlichkeit des Auftretens von Rundungsfehlern beim Rechnen mit dem Computer.

In dem folgenden Programm werden wieder bereits bekannte Algorithmen verwendet:

10 f. PROCEDURE STRICHREIHE, 22 f. PROCEDURE AUSGABEFORMAT
46 f. PROCEDURE MATRIXAENDERN, 71 f. PROCEDURE MATRIXEINGEBEN
157 f. PROCEDURE MATRIXAUSGEBEN.

Alg 20

Eliminationsverfahren von Gauß

GAUSSELIMINATION

```
PROGRAM MATGAUSSELIMINATION (INPUT,OUTPUT);
LABEL 999;
CONST MAXGRAD=10;
TYPE MATRIX  =ARRAY[1..MAXGRAD,1..MAXGRAD] OF REAL;
VAR MATA : MATRIX;
     XLISTE:ARRAY[1..MAXGRAD] OF INTEGER;
     M,N,NACHK,MINDEST,R,RANG,S,Z,V,W:INTEGER;
PROCEDURE SPALTENTAUSCH(VAR MAT1:MATRIX; S1,S2:INTEGER);
VAR J:INTEGER;
    B:REAL;
BEGIN
FOR J:=1 TO M DO
BEGIN
      B:=MAT1[J,S1];
      MAT1[J,S1]:=MAT1[J,S2];
      MAT1[J,S2]:=B;
END;
END;
PROCEDURE ZEILENTAUSCH(VAR MAT1:MATRIX; Z1,Z2:INTEGER);
VAR J:INTEGER;
    B:REAL;
BEGIN
FOR J:=1 TO N DO
BEGIN B:=MAT1[Z1,J];
      MAT1[Z1,J]:=MAT1[Z2,J];
      MAT1[Z2,J]:=B;
END;
END;
PROCEDURE PIVOTSUCHE;
VAR P:REAL;
    K:INTEGER;
BEGIN
P:=ABS(MATA[R,R]); Z:=R;
IF (R=M) AND (P<=MINPIVOT) THEN
BEGIN WRITELN('KEINE WEITERE ELIMINATION MOEGLICH!'); GOTO 999;
END
ELSE
FOR K:=(R+1) TO M DO
BEGIN
     IF P>=ABS(MATA[K,R]) THEN (* KEINE PIVOTAENDERUNG *)
     ELSE

     BEGIN P:=ABS(MATA[K,R])   (* NEUES PIVOTELEMENT   *);
           Z:=K;
     END;
     IF P>MINPIVOT (*PIVOTKONTROLLE *)
     THEN GEFUNDEN:=TRUE
     ELSE GEFUNDEN:=FALSE;
END;
END;
(* <><><><><><><><><><><><><><><><><><><><><><><><><><><><><><>*)
BEGIN
WRITELN('ERWEITERTE KOEFFIZIENTENMATRIX:');
MATRIXEINGEBEN(MATA,M,N);
WRITELN('GROESSTES NICHT MEHR ZULAESSIGES PIVOTELEMENT:');
READLN; READ(MINPIVOT);
AUSGABEFORMAT;
FOR V:=1 TO N-1 DO XLISTE[V]:=V;
```

```
FOR R:=1 TO M DO
BEGIN PIVOTSUCHE;
        IF (GEFUNDEN=FALSE) AND (M>=N) THEN GOTO 999;
        IF (GEFUNDEN=FALSE) THEN
             BEGIN S:=R;
                  REPEAT S:=S+1;
                           SPALTENTAUSCH(MATA,R,S);
                           PIVOTSUCHE;
                  UNTIL (GEFUNDEN=TRUE) OR (S=N-1);
                  IF GEFUNDEN THEN
                  BEGIN
                  WRITELN('X',R:2,'-SPALTE GEGEN X',S:2,'-SPALTE');
                  WRITELN('GETAUSCHT !');
                  V:=XLISTE[R];
                  XLISTE[R]:=XLISTE[S];
                  XLISTE[S]:=V;
                  END;
                  IF (GEFUNDEN=FALSE) AND (S=N-1) THEN
                  BEGIN
                    WRITELN('KEINE WEITERE ELIMINATION MOEGLICH!');
                    GOTO 999;
                  END;
             END;
             IF Z<>R THEN ZEILENTAUSCH(MATA,R,Z);
             (* SONST KEIN ZEILENTAUSCH NOETIG *)
             V:=N (* ZAEHLT SPALTEN ABWAERTS *);
             WHILE V>=R DO
             BEGIN
                 MATA[R,V]:=MATA[R,V]/MATA[R,R];
                 (* RECHNUNG IN DER PIVOTZEILE *)
                 V:=V-1;
             END;
             FOR W:=1 TO M DO
             IF W<>R THEN
             BEGIN
                  V:=N (* ZAEHLT SPALTEN ABWAERTS *);
                  WHILE V>=R DO
                  BEGIN
                       MATA[W,V]:=MATA[W,V]-MATA[W,R]*MATA[R,V];
                       (* RECHNUNG IN DEN NICHT-PIVOTZEILEN *)
                       V:=V-1;
                  END;
                  RANG:=R;
             END;
             WRITELN('ELIMINATION: ',RANG:2);
             MATRIXAUSGEBEN(MATA,M,N);
             END;
 999:WRITELN('AUS DER LETZTEN MATRIX LOESUNGSMENGE ABLESEN!');
             IF (M=N-1) AND (M=RANG) THEN
             BEGIN WRITELN('EINDEUTIGE LOESUNG');
                     FOR R:=1 TO N-1 DO
                     WRITELN('X',XLISTE[R]:1,'=',MATA[R,N]:MINDEST:NA
                     CHK);
             END
             ELSE
             BEGIN WRITELN('REIHENFOLGE DER VARIABLEN:');
                     FOR R:=1 TO N-1 DO WRITE('X',XLISTE[R]:1,'  ');
                     WRITELN;
             END;
END.
```

Wir bearbeiten noch einmal Beispiel 1 aus 3.2, das dort mit dem Austauschverfahren behandelt wurde.

Der Programmlauf ergibt hier (man vergleiche die Ergebnisse mit denen aus 3.2 !):

```
(OUT)   PASCAL PROGRAM MATGAUSS STARTED
(OUT)   ERWEITERTE KOEFFIZIENTENMATRIX:
(OUT)   ------------------------------------------------
(OUT)               MATRIXEINGABE
(OUT)   ------------------------------------------------
(OUT)   ZEILENANZAHL.....SPALTENANZAHL
(IN)    3 4
(OUT)   EINGABE DER MATRIXWERTE ALS BRUECHE ODER
(OUT)   ALS DEZIMALZAHLEN (B,D)?
(IN)    D
(OUT)   GEBEN SIE DIE WERTE DER MATRIX ALS DEZIMALZAHLEN
(OUT)   ZEILENWEISE EIN!
(IN)    6 10 -15 73   9 -15 20 32   8 25 -35 129
(OUT)   KONTROLLAUSGABE DER MATRIX(J,N)?
(IN)    N
(OUT)   GROESSTES NICHT MEHR ZULAESSIGES PIVOTELEMENT:
(IN)    1E-6
(OUT)   WOLLEN SIE
(OUT)   DIE ANZAHL DER MINDESTENS ZU DRUCKENDEN ZIFFERN UND DIE
(OUT)   ANZAHL DER DER NACHKOMMASTELLEN SELBST FESTLEGEN? (J,N)
(OUT)   DIE VOREINSTELLUNG IST   10:4
(IN)    N
(OUT)   ELIMINATION:  1
(OUT)   ------------------------------------------------------------
(OUT)       1.0000    - 1.6667      2.2222      3.5556
(OUT)       0.0000     20.0000    -28.3333     51.6667
(OUT)       0.0000     38.3333    -52.7778    100.5556
(OUT)   ----------
(OUT)   ( 3, 4)-MATRIX
(OUT)   ------------------------------------------------------------
(OUT)   ELIMINATION:  2
(OUT)   ------------------------------------------------------------
(OUT)       1.0000      0.0000    - 0.0725      7.9275
(OUT)       0.0000      1.0000    - 1.3768      2.6232
(OUT)       0.0000      0.0000    - 0.7971    - 0.7971
(OUT)   ----------
(OUT)   ( 3, 4)-MATRIX
(OUT)   ------------------------------------------------------------
(OUT)   ELIMINATION:  3
(OUT)   ------------------------------------------------------------
(OUT)       1.0000      0.0000      0.0000      8.0000
(OUT)       0.0000      1.0000      0.0000      4.0000
(OUT)       0.0000      0.0000      1.0000      1.0000
(OUT)   ----------
(OUT)   ( 3, 4)-MATRIX
(OUT)   ------------------------------------------------------------
(OUT)   AUS DER LETZTEN MATRIX LOESUNGSMENGE ABLESEN!
(OUT)   EINDEUTIGE LOESUNG
(OUT)   X1=     8.0000
(OUT)   X2=     4.0000
(OUT)   X3=     1.0000
(OUT)   RUNTIME :      0 SECONDS +  330 MILLISEC
```

DIE BERECHNUNG INVERSER MATRIZEN MIT DEM GAUSS-VERFAHREN

Ein LGS der Form $A_{(n,n)}\vec{x}_{(n,1)} = \vec{b}_{(n,1)}$ läßt sich bei Existen der Inversen von A bekanntlich so lösen: $A\vec{x} = \vec{b}$ $/\cdot A^{-1}$ von links,

$E\vec{x} = A^{-1}\vec{b}$.

Wendet man das Gaußsche Eliminationsverfahren an, so entsteht bei eindeutiger Lösung auf der linken Seite gerade $E\vec{x}$ und rechts der Vektor $A^{-1}\vec{b}$ (vergl. letzten Programmlauf). Wollen wir also A^{-1} ablesen, brauchen wir nur die Matrizengleichung

$$AX = E \quad /\cdot A^{-1} \text{ von links,}$$
$$X = A^{-1}.$$

Die Matrizengleichung AX=E ist gleichbedeutend mit 3 linearen Gleichungssystemen (falls A etwa eine (3,3)-Matrix), deren Koeffizientenmatrix A stets die gleiche ist und deren rechte Seiten lauten

$\begin{bmatrix}1\\0\\0\end{bmatrix}, \begin{bmatrix}0\\1\\0\end{bmatrix}, \begin{bmatrix}0\\0\\1\end{bmatrix}$. Mit unserem Programm MATGAUSSELIMINATION können wir diese 3 Systeme mit einer einzigen Eingabematrix lösen.

Beispiel: Die Inverse von

$$A = \begin{bmatrix}1 & 2 & 3\\0 & 6 & 4\\5 & 3 & 5\end{bmatrix} \text{ ergibt sich durch Eingabe von } \begin{bmatrix}1 & 2 & 3 & 1 & 0 & 0\\0 & 6 & 4 & 0 & 1 & 0\\5 & 3 & 5 & 0 & 0 & 1\end{bmatrix}.$$

Bei Existenz der Inversen ergibt die dritte der ausgegebenen (3,6)-Matrizen in den letzten drei Spalten die Inverse zu A.

```
-----------------------------------------------------------------
ELIMINATION:  3
-----------------------------------------------------------------

    1.0000      0.0000      0.0000    - 0.5625      0.0312      0.3125
    0.0000      1.0000      0.0000    - 0.6250      0.3125      0.1250
    0.0000      0.0000      1.0000      0.9375    - 0.2187    - 0.1875
-----------
( 3, 6)-MATRIX                      I n v e r s e   v o n   A
-----------------------------------------------------------------
```

Gleichzeitig zeigt das Beispiel, wie man mit dem Programm (und auch von Hand) mehrere Gleichungssysteme, die sich nur in den rechten Seiten unterscheiden,gleichzeitig bearbeiten kann.

Es folgen nun einige Hinweise zum Ablesen der Lösungsmenge eines LGS aus der zuletzt ausgegebenen Matrix. Wie erkennt man, ob das LGS genau eine, unendlich viele oder keine Lösung hat?

ABLESEN DER LÖSUNGSMENGE BEI ANWENDUNG DES GAUSS-VERFAHRENS

Wir betrachten das LGS $A_{(m,n)}\vec{x}_{(n,1)} = \vec{b}_{(m,1)}$.

Die Elemente der Ergebnismatrizen nach 1,2,3...k Umformungsschritten bezeichnen wir mit

$a_{ij}^{(1)}, a_{ij}^{(2)}, a_{ij}^{(3)}, \ldots a_{ij}^{(k)}, \quad b_i^{(1)}, b_i^{(2)}, b_i^{(3)}, \ldots b_i^{(k)}$

$i=1, \ldots m, \quad j=1,\ldots n.$

Die Elemente der Ausgangsmatrix heißen $a_{ij}^{(0)}=a_{ij}$ und $b_i^{(0)}=b_i$.

Nach k Durchgängen entsteht ein LGS der Form

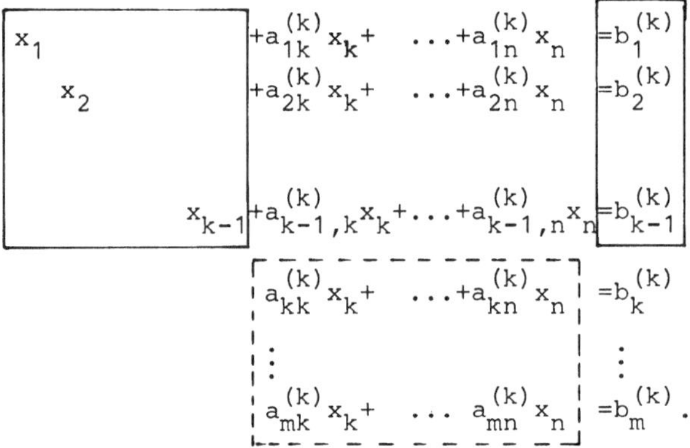

Fallunterscheidung:

a) Ist k-1=m=n, so existiert nur der Ausschnitt □ = ▯ und die eindeutige Lösung kann sofort abgelesen werden.

b) Mindestens ein $a_{ij}^{(k)}$ aus dem Ausschnitt ⬚ ist ungleich 0. Dann kann weiter gerechnet werden: (k+1)-ter Schritt. Falls

$i \neq k$, Vertauschung von Zeile i mit Zeile k, falls

$j \neq k$, Vertauschung von Spalte j mit Spalte k.

c) Es gilt $a_{ij}^{(k)}=0$ für alle $a_{ij}^{(k)}$ aus dem Ausschnitt ⬚. Weitere Eliminationsschritte sind nicht möglich. Die Art der Lösungsmenge ist nun abhängig von $b_k^{(k)}, b_{k+1}^{(k)}, \ldots b_m^{(k)}$!

c1) $b_k^{(k)}=b_{k+1}^{(k)}= \ldots = b_m^{(k)}=0$. Dann ist Rang $r(A)=r(A,\vec{b})=k-1$.

$x_k, x_{k+1}, \ldots x_n$ sind frei wählbar und $x_1, x_2, \ldots x_{k-1}$ bestimmen sich in Abhängigkeit von diesen Parametern.

Es gibt unendlich viele Lösungen!

c2) Mindestens eins der Elemente $b_k^{(k)}, b_{k+1}^{(k)}, \ldots b_m^{(k)}$ ist $\neq 0$, z.B. $b_s^{(k)}$. Dann heißt die entsprechende Zeile

$0x_k + 0x_{k+1} + \ldots + 0x_n = b_s^{(k)} \neq 0$. Diese Gleichung ist widersprüchlich

Das LGS hat keine Lösung! $r(A) \neq r(A,\vec{b})$!

....

Bemerkung: Bei der Lösung eines LGS mit Hilfe eines Computers tritt die Frage auf, wie weit man auf die Richtigkeit eines errechneten Ergebnisses vertrauen kann. Durch das Rechnen mit endlicher Stellenanzahl können Rundungsfehler auftreten. Das wird umso mehr der Fall sein, wie der verwendete Rechner mit seiner Stellenzahl und damit der Rechengenauigkeit begrenzt ist. Probleme treten besonders dann auf, wenn sehr kleine Elemente als Pivotelemente benutzt werden. Eine Analyse auf mögliche Fehler ist insbesondere bei sehr umfangreichen LGS unerläßlich. Die dazu nötigen Abschätzungen erfordern einen erheblichen mathematischen Aufwand mit Methoden, die uns hier nicht zur Verfügung stehen. Es muß auf die Fachliteratur zur numerischen Mathematik verwiesen werden, z.B. auf Gastinel[8]. Nützlich ist oft eine Kontrollrechnung durch Einsetzen gefundener Lösungen in das Ausgangssystem. Im übrigen wird auf die später folgende Fallstudie „Einige Probleme bei der Lösung linearer Gleichungssysteme mit dem Computer" (Fallstudie 12) verwiesen.

> Zur Theorie der linearen Gleichungssysteme findet der Leser weitere Ausführungen in dem Kapitel über Vektorräume.

ÜBUNGSAUFGABEN

Ü 3.10) Man bearbeite die Übungsaufgaben Ü3.1- Ü3.9 mit Hilfe des Gaußschen Eliminationsverfahrens.

Ü 3.11) Man vergleiche das Gaußsche Eliminationsverfahren mit dem Austauschverfahren! Praktikabilität bei Programmierung und Rechnung von Hand, Anzahl der Rechenoperationen (z.B.Zählwerke in LGSKURZ und GAUSSELIMINATION einfügen, allgemein überlegen- Hilfen bieten Bücher zur numerischen Mathematik), rechnen Sie nebeneinander ein LGS mit beiden Verfahren durch!

Ü 3.12) Untersuchen Sie, ob die Matrizen regulär (Inverse existiert) oder singulär (Inverse existiert nicht) sind: $A=\begin{bmatrix} 2 & 5 \\ 3 & 6 \end{bmatrix}$, $B=\begin{bmatrix} 4 & -9 \\ 2 & 4.5 \end{bmatrix}$.

4. ANALYTISCHE GEOMETRIE

4.1 GRUNDLEGENDE BEMERKUNGEN

Methoden der Linearen Algebra finden auch Anwendung in der Geometrie. Probleme der Analytischen Geometrie können mit speziellen Skalarprodukten und linearen Gleichungssystemen bearbeitet werden. In der Abbildungsgeometrie charakterisieren bestimmte Matrizen spezielle Klassen von Abbildungen. Für Umkehrabbildungen werden inverse Matrizen, für Hintereinanderausführung von Abbildungen Matrizenprodukte benötigt.

Im folgenden werden einige Grundprobleme der Analytischen Geometrie bearbeitet. Die geometrische Deutung von Inhalten der Linearen Algebra kann zu einem besseren Verständnis derselben führen. Aufgabe der Analytischen Geometrie ist die rechnerische Beschreibung von geometrischen Fragestellungen. Das geschieht über die Einführung geeigneter Koordinatensysteme. Heute werden meistens die Hilfsmittel der Vektorrechnung benutzt, deren Vorteile besonders bei Problemen im dreidimensionalen Raum $\mathbb{R}^3$ deutlich werden.

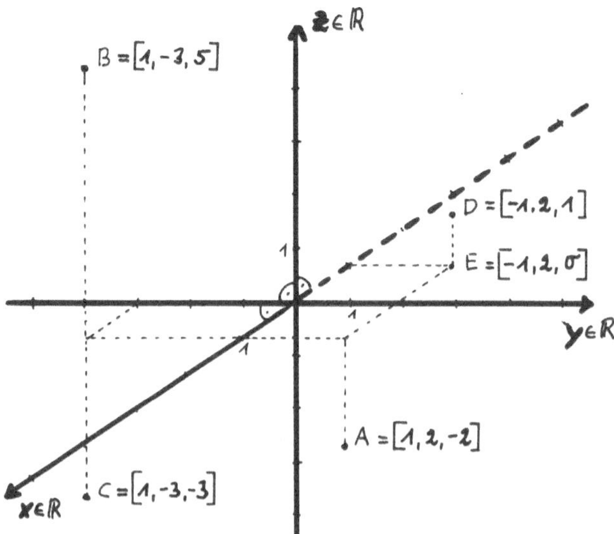

Figur 4.1: Punkte im $\mathbb{R}\times\mathbb{R}\times\mathbb{R}=\mathbb{R}^3$, bezogen auf ein rechtwinkliges Koordinatensystem

Als grundlegende Punktmengen betrachten wir hier Geraden, Ebenen, Kreise und Kugeln. Zu diesen Punktmengen lassen sich einige Grundaufgaben der Analytischen Geometrie formulieren:

- Gehört ein Punkt zu einer vorgegebenen Punktmenge?
- Bestimme die Schnittmenge zweier Punktmengen!
- Durchführung von Abstandsberechnungen zwischen Punktmengen und Winkelberechnungen.

Bei den ersten beiden Aufgaben wird nach der Inzidenz (gegenseitigen Lage) von Punktmengen gefragt, bei der dritten geht es um metrische Beziehungen.

Kombinationen dieser und anderer Probleme ergeben dann die meisten der zu den Lernzielen vieler Kurse zur Analytischen Geometrie gehörenden Aufgaben. Bindeglieder zwischen Linearer Algebra und Analytischer Geometrie sind Skalarprodukte und lineare Gleichungssysteme, die metrische Probleme und Inzidenzprobleme lösen helfen. Es wird sich zeigen, daß die Lösungswege bei Aufgabenstellungen über verschiedene Punktmengen (Gerade/Ebene, Kreis/Kugel) oft recht ähnlich sind. Für einige wichtige, immer wiederkehrende Teilaufgaben werden Prozeduren und Funktionen angegeben, so daß sich der Anwender ein Programmsystem zur Analytischen Geometrie nach seinen Wünschen aufbauen kann. Ein Algorithmus für ein Näherungsverfahren zur Abstandsberechnung Punkt-Gerade weist neben anderen Ansätzen Wege zu abwechslungsreichen Aufgabenstellungen.

Bemerkung zur Schreibweise: Wir werden auch in diesem Kapitel für Punkte (Zeilenvektoren) und Spaltenvektoren eckige Klammern verwenden. Üblich sind in der Analytischen Geometrie meistens runde Klammern. Eckige Klammern werden hier insbesondere aus schreibtechnischen Gründen bevorzugt.

4.2 PAARWEISER ABSTAND VON N PUNKTEN IM $\mathbb{R}^2$ UND IM $\mathbb{R}^3$

PROBLEMSTELLUNG 4.1: Im zweidimensionalen Raum $\mathbb{R}^2$ ($x \in \mathbb{R}$ und $y \in \mathbb{R}$) seien n Punkte $P_1, P_2, \ldots P_n$ gegeben. Man berechne die kürzeste Entfernung (Abstand) zwischen je zwei Punkten, siehe Figur 4.2!

PROBLEMLÖSUNG: Offenbar zerfällt das Problem in zwei Teile!

a) Bestimmung des Abstands zwischen zwei Punkten, d.h. zum Beispiel Bestimmung der Länge der Strecke $\overline{P_1P_2}$,

b) Bestimmung aller Abstände (eine kombinatorische Aufgabe).

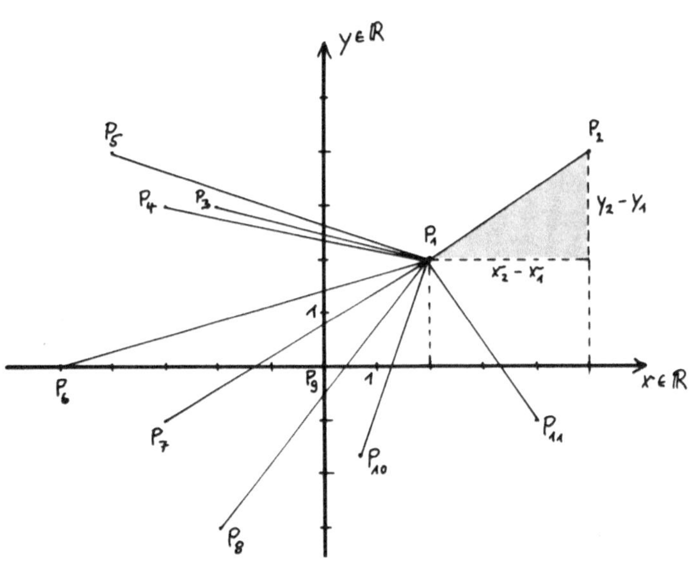

Figur 4.2: Abstand von Punkten im $\mathbb{R}^2$

Für $|\overline{P_1P_2}|$ ergibt sich aus Figur 4.2 mit Hilfe des Pythagoras

$|\overline{P_1P_2}|^2 = (x_2-x_1)^2+(y_2-y_1)^2 \qquad |\overline{P_1P_2}| = +\sqrt{(x_2-x_1)^2+(y_2-y_1)^2}$.

Entsprechend gilt

(4.1) Abstand der Punkte P_i und P_k voneinander:

$$|\overline{P_iP_k}| = \sqrt{(x_k-x_i)^2+(y_k-y_i)^2}.$$

Bemerkung: Die Reihenfolge der Koordinaten in den Klammern ist wegen der Quadrierung gleichgültig. Für $P_i=P_k$ ergibt sich $|\overline{P_iP_i}|=0$. Damit ist a) gelöst. Bei b) (Bestimmung aller Abstände) gehen wir so vor:

Bestimmung aller Abstände, an denen P_1 beteiligt ist, also $|\overline{P_1P_2}|$, $|\overline{P_1P_3}|$, ... $|\overline{P_1P_n}|$,

Bestimmung aller Abstände, an denen P_2 beteiligt ist, also $|\overline{P_2P_3}|$, $|\overline{P_2P_4}|$, ... $|\overline{P_2P_n}|$ ohne $|\overline{P_2P_1}|$, denn dieser Abstand wurde schon berechnet.

Zweiter Index ist immer größer als der erste Index!

In dieser Weise fahren wir fort, bis $|\overline{P_{n-1}P_n}|$ berechnet ist.

Insgesamt sind also (n-1)+(n-2)+...+3+2+1 = 0.5(n-1)n Abstände zu berechnen. Der oben skizzierte Algorithmus ist in Figur 4.3 präzisiert.

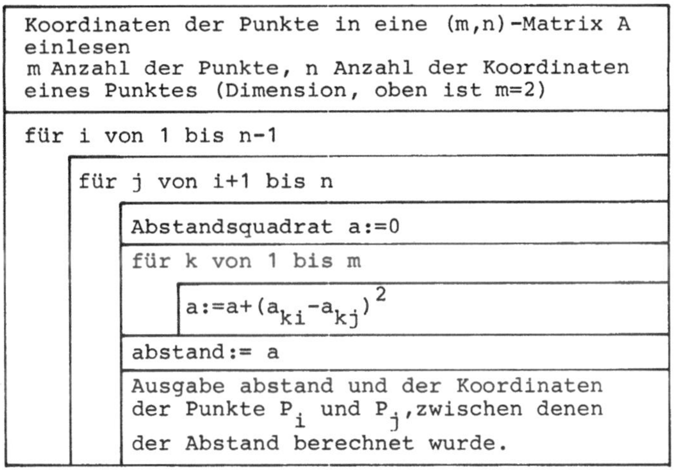

Koordinaten der Punkte in eine (m,n)-Matrix A einlesen
m Anzahl der Punkte, n Anzahl der Koordinaten eines Punktes (Dimension, oben ist m=2)

für i von 1 bis n-1

  für j von i+1 bis n

    Abstandsquadrat a:=0

    für k von 1 bis m

      $a:=a+(a_{ki}-a_{kj})^2$

    abstand:= a

    Ausgabe abstand und der Koordinaten der Punkte P_i und P_j, zwischen denen der Abstand berechnet wurde.

Figur 4.3 Abstand von n Punkten im R^m (Alg 21)

Ein PASCAL-Programm könnte so aussehen: PUNKTABSTAENDE (Alg 21)

```
  1 PROGRAM PUNKTABSTAENDE (INPUT,OUTPUT);
  2 CONST
  3           MAXGRAD = 10;
  4       TYPE MATRIX = ARRAY [1 .. MAXGRAD, 1 .. MAXGRAD] OF REAL;
  5 VAR MATA:MATRIX;
  6     I,J,K,ZA,SA,MINDEST,NACHK : INTEGER;
  7     ABST                      : REAL;
118 BEGIN (* HAUPTPROGRAMM *)
119 WRITELN('PUNKTE EINGEBEN, ERST ALLE ERSTEN KOORDINATEN,');
120 WRITELN('DANN ALLE ZWEITEN.');
121 WRITELN('GRAD DER MATRIX: (2,ANZAHL DER PUNKTE)');
122 MATRIXEINGEBEN(MATA,ZA,SA);
123 FOR I:=1 TO (SA-1) DO
124 FOR J:=(I+1) TO SA DO
125 BEGIN ABST:=0;
126       FOR K:=1 TO ZA DO
127       ABST:=ABST+SQR(MATA[K,I]-MATA[K,J]);
128       WRITELN('VON PUNKT ',I:4,' ZU PUNKT ',J:4,' : ',
129                SQRT(ABST):10:4);
130 END;
131 END.
```

8 f. PROCEDURE MATRIXAENDERN
33 f. PROCEDURE MATRIXEINGEBEN

Ein Testlauf:

```
PASCAL PROGRAM PUNKTABS STARTED
PUNKTE EINGEBEN, ERST ALLE ERSTEN KOORDINATEN,
DANN ALLE ZWEITEN.
GRAD DER MATRIX: (2,ANZAHL DER PUNKTE)
-----------------------------------------------------
                 MATRIXEINGABE
-----------------------------------------------------
```

```
ZEILENANZAHL.....SPALTENANZAHL
*2 4
EINGABE DER MATRIXWERTE ALS BRUECHE ODER
ALS DEZIMALZAHLEN (B,D)?
*D
GEBEN SIE DIE WERTE DER MATRIX ALS DEZIMALZAHLEN
ZEILENWEISE EIN!
*0 1 2 3
*0 1 4 10
KONTROLLAUSGABE DER MATRIX(J,N)?
*N
VON PUNKT    1 ZU PUNKT    2 :     1.4142
VON PUNKT    1 ZU PUNKT    3 :     4.4721
VON PUNKT    1 ZU PUNKT    4 :    10.4403
VON PUNKT    2 ZU PUNKT    3 :     3.1623
VON PUNKT    2 ZU PUNKT    4 :     9.2195
VON PUNKT    3 ZU PUNKT    4 :     6.0828
RUNTIME :     0 SECONDS +  129 MILLISEC
```

Was leistet das Programm PUNKTABSTAENDE für m=1?

Für m=3 erhält man die Abstände von Punkten im Raum!

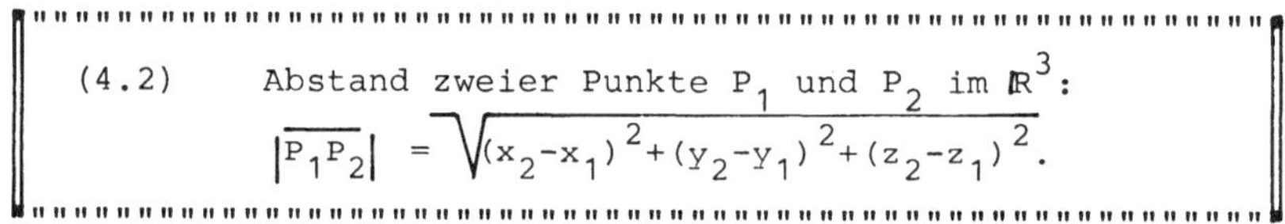

(4.2) Abstand zweier Punkte P_1 und P_2 im $\mathbb{R}^3$:

$$|\overline{P_1P_2}| = \sqrt{(x_2-x_1)^2+(y_2-y_1)^2+(z_2-z_1)^2}.$$

Figur 4.4 erläutert die Zusammenhänge:

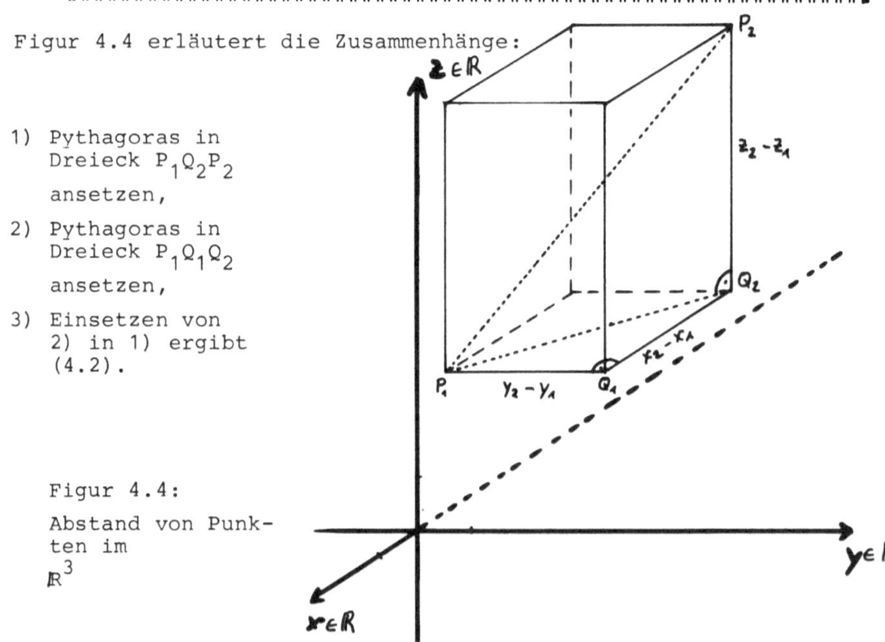

1) Pythagoras in Dreieck $P_1Q_2P_2$ ansetzen,
2) Pythagoras in Dreieck $P_1Q_1Q_2$ ansetzen,
3) Einsetzen von 2) in 1) ergibt (4.2).

Figur 4.4: Abstand von Punkten im $\mathbb{R}^3$

ÜBUNGSAUFGABEN

Ü 4.1) Besonders einfach werden Abstandsberechnungen vom Nullpunkt aus! Leiten Sie eine Formel her!

Ü 4.2) Gegeben ist das Dreieck ABC mit A=[4,5,1] , B=[0,2,-4] und C=[6,2,-5] . Man berechne die Länge der Dreiecksseiten.

Ü 4.3) Nennen Sie 6 Punkte, die vom Punkt O=[0,0,0] den gleichen Abstand haben.

Ü 4.4) Für m>3 liefert das Programm PUNKTABSTAENDE „Abstände" von „Punkten" in höherdimensionalen Räumen. Dabei geht natürlich die Anschauung verloren. Ermitteln Sie den „Abstand" zwischen R=[1,2,-4,3,0,7] und Q=[2,-1,0,3,6,8].

Ü 4.5) Man untersuche, ob einige der angegebenen Punkte auf einem Kreis um einen der angegebenen Punkte liegen.

i	1	2	3	4	5	6	7	8	9	10	11	12	13	14
x_i	-2	3	1	0	2	3	4	-1	2	0	3	1	0	10
y_i	0	5	1	-2	-2	1	2	-1	4	4	3	50	5	5

....

4.3 VEKTOREN IM $\mathbb{R}^2$ UND $\mathbb{R}^3$

Der Begriff des Vektors wurde von uns bereits häufig in nicht-geometrischen Zusammenhängen benutzt. Unter einem Vektor verstanden wir eine besondere Matrix (einzeilig oder einspaltig), also im allgemeinen Fall ein n-Tupel reeller Zahlen.

> Das Rechnen mit n-Tupeln (Vektoren) ist ein Rechnen mit besonderen Matrizen!

Dieser Sachverhalt wird uns das Verständnis der Rechengesetze der vektoriellen Analytischen Geometrie sehr erleichtern!
n-Tupel finden für die Fälle n=2 und n=3 einfache geometrische Deutungen.
Bemerkung: Wir betrachten im folgenden stets Koordinatensysteme, deren Achsen rechte Winkel miteinander bilden.
a) Die Deutung von 2- und 3-Tupeln als Koordinaten von Punkten im $\mathbb{R}^2$ bzw. $\mathbb{R}^3$ wurde im letzten Abschnitt noch einmal deutlich und wird dem Leser bereits bekannt sein.
b) Jedem Punkt $P_1=[x_1,y_1,z_1]$ kann ein im Koordinatenursprung begin-

nender Vektor $\overrightarrow{OP_1}$ zugeordnet werden, s.Figur 4.5. $\overrightarrow{OP_1}$ kann ebenfalls durch x_1, y_1, z_1 dargestellt werden. Wir schreiben zur Unterscheidung vom Punkt P_1:

$$\overrightarrow{OP_1} = \vec{r}_1 = \begin{bmatrix} x_1 \\ y_1 \\ z_1 \end{bmatrix}$$

und sprechen vom Ortsvektor zum Punkt P_1. Diese Darstellung ist eindeutig, d.h. zu jedem Punkt gehört genau ein Ortsvektor und zu jedem Ortsvektor genau ein Punkt. Der Vektor $\overrightarrow{OP_1}$ unterscheidet sich von der Strecke $\overline{OP_1}$ dadurch, daß mit O ein Anfangspunkt und mit P_1 ein Endpunkt, also eine Richtung festgelegt ist. Einige spezielle Ortsvektoren sind in Figur 4.6 dargestellt. Die Vektoren

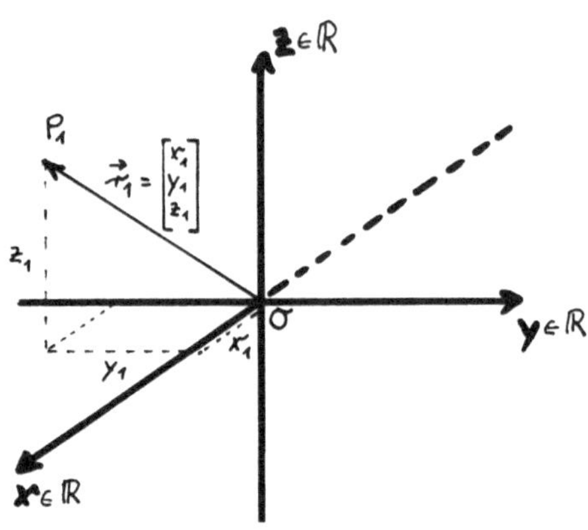

Figur 4.5: Ortsvektor

$\vec{e}_1 = \begin{bmatrix} 1 \\ 0 \\ 0 \end{bmatrix}$, $\vec{e}_2 = \begin{bmatrix} 0 \\ 1 \\ 0 \end{bmatrix}$, $\vec{e}_3 = \begin{bmatrix} 0 \\ 0 \\ 1 \end{bmatrix}$ auf den drei Koordinatenachsen heißen auch Einheitsvektoren, da sie offensichtlich die Länge 1 haben. Alle weiteren Ortsvektoren auf den Achsen lassen sich durch den Einheitsvektor auf der jeweiligen Achse darstellen, z.B. gilt

$\begin{bmatrix} 0 \\ 7 \\ 0 \end{bmatrix} = 7 \begin{bmatrix} 0 \\ 1 \\ 0 \end{bmatrix}$. Hierbei wird ein Vektor mit einer Zahl multipliziert, eine Rechenoperation, wie wir sie aus der Deutung von Vektoren als spezielle Matrizen bereits kennen.

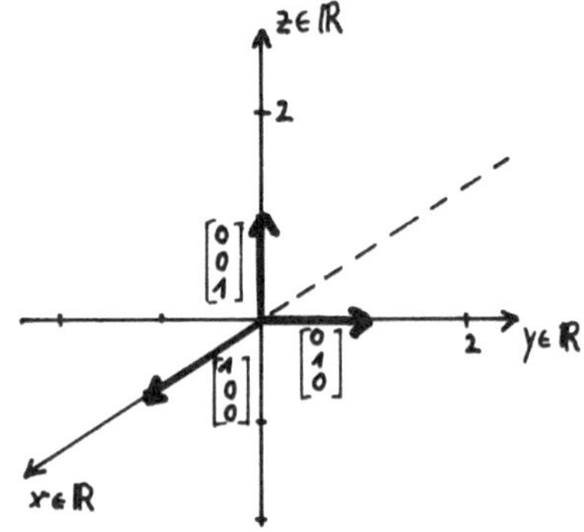

Figur 4.6: Einheitsvektoren

Jeder Ortsvektor $\begin{bmatrix} x_1 \\ y_1 \\ z_1 \end{bmatrix}$ läßt sich als Summe aus Vielfachen von Einheitsvektoren schreiben: $\begin{bmatrix} x_1 \\ y_1 \\ z_1 \end{bmatrix} = x_1 \begin{bmatrix} 1 \\ 0 \\ 0 \end{bmatrix} + y_1 \begin{bmatrix} 0 \\ 1 \\ 0 \end{bmatrix} + z_1 \begin{bmatrix} 0 \\ 0 \\ 1 \end{bmatrix}$.

Die dabei vorgenommene Vektoraddition entspricht der bekannten Matrizenaddition. Geometrisch erzeugen wir den Vektor $\vec{r}_1$, indem wir, ausgehend vom Koordinatenursprung, x_1 Einheiten auf der x-Achse, dann y_1 Einheiten parallel zur y-Achse, dann z_1 Einheiten parallel zur z-Achse laufen. Damit werden P_1 und der Vektor $\overrightarrow{OP_1}$ festgelegt.
Nach Definition der Matrizenaddition gilt
$\begin{bmatrix} x_1 \\ y_1 \end{bmatrix} + \begin{bmatrix} x_2 \\ y_2 \end{bmatrix} = \begin{bmatrix} x_1+x_2 \\ y_1+y_2 \end{bmatrix}$. Die geometrische Deutung dieser Vektorsumme zeigt Figur 4.7.
Wir starten in O und gelangen mit dem Vektor $\begin{bmatrix} x_1 \\ y_1 \end{bmatrix}$ nach P_1. x_2 Einheiten in Richtung der x-Achse und y_2 Einheiten in Richtung der y-Achse führen uns gerade zu P_3, so daß insgesamt $\overrightarrow{OP_3} = \begin{bmatrix} x_1+x_2 \\ y_1+y_2 \end{bmatrix}$ entsteht.

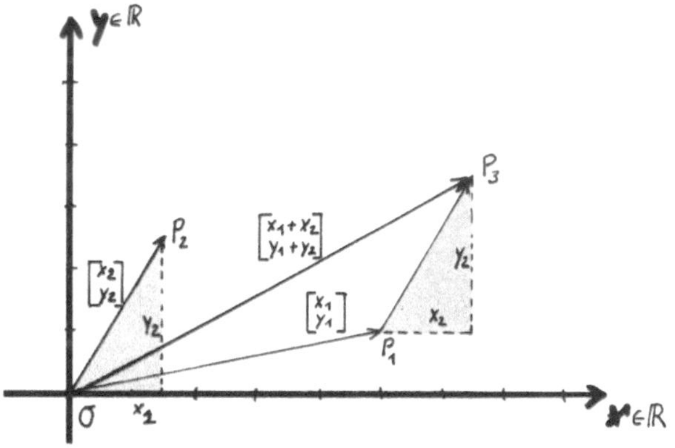

Figur 4.7: Vektorsumme

Der Vorgang läßt sich als Parallelverschiebung von $\overrightarrow{OP_2}$ auf $\overline{P_1P_3}$ deuten. Mit Einführung des Vektors $\overrightarrow{P_1P_3} = \begin{bmatrix} x_2 \\ y_2 \end{bmatrix}$ (der kein Ortsvektor ist!) können wir schreiben

(4.3) $\overrightarrow{OP_3} = \overrightarrow{OP_1} + \overrightarrow{P_1P_3}$.

Der Vektor $\overrightarrow{OP_3}$ liegt auf der Diagonalen des Parallelogramms $OP_1P_3P_2$.

Bemerkung: Alle Überlegungen gelten für den $\mathbb{R}^3$ entsprechend.
Wir stoßen damit auf Vektoren, die keine Ortsvektoren sind und sich dennoch durch Zahlentupel beschreiben lassen, Figur 4.8.
Zur Übung beschreibe man die in Figur 4.8 dargestellten Vektoren durch geeignete 2-Tupel. Wir stellen fest, daß zu verschiedenen Anfangs- und Endpunkten gleiche Zahlentupel gehören können. Die zugehörigen Vektoren haben dann die gleiche Länge und Richtung. Man nennt sie auch Richtungsvektoren. Ein Richtungsvektor ist z.B. geeignet, um die Richtung paralleler Geraden anzugeben.
Aus $\overrightarrow{P_1P_2} = \overrightarrow{P_3P_4}$ folgt im allgemeinen nicht $P_1=P_3$ und $P_2=P_4$. Eindeutigkeit der Lage ist nur dann gegeben, wenn ein Vektor als Ortsvek-

tor gedeutet wird.
Es ist oft nötig, den Vektor zwischen zwei Punkten m.H. der bekannten Ortsvektoren auszurechnen. Ist z.B. die Richtung einer Geraden g gesucht, so ergibt sie sich durch Angabe des Vektors zwischen zwei Punkten der Geraden, Figur 4.9.

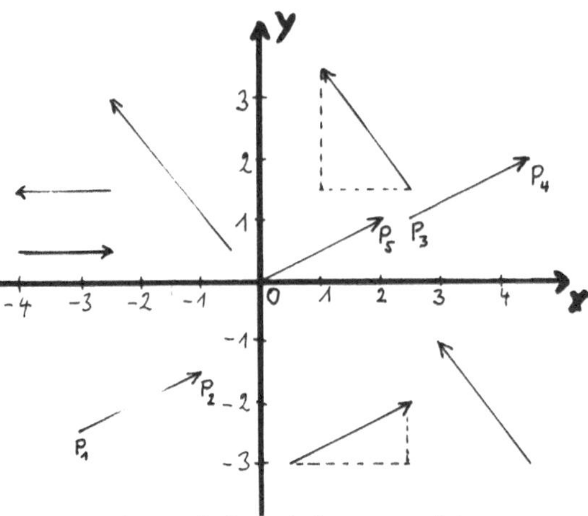

Figur 4.8: Richtungsvektoren

Für den Vektor $\overrightarrow{P_1P_2}$ zwischen zwei Punkten P_1 und P_2 mit den Ortsvektoren $\vec{r}_1$ und $\vec{r}_2$ gilt

$$\overrightarrow{P_1P_2} = \begin{bmatrix} x_2-x_1 \\ y_2-y_1 \\ z_2-z_1 \end{bmatrix} = \begin{bmatrix} x_2 \\ y_2 \\ z_2 \end{bmatrix} - \begin{bmatrix} x_1 \\ y_1 \\ z_1 \end{bmatrix} = \vec{r}_2-\vec{r}_1 .$$

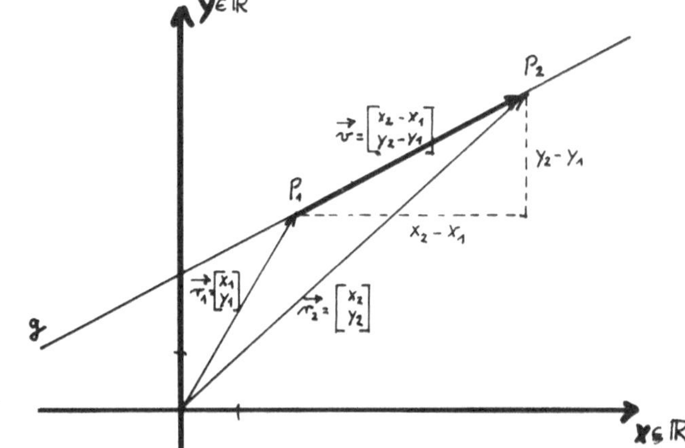

Figur 4.9: Richtung einer Geraden g, <u>Differenz zweier Vektoren</u>

Bei spezieller Wahl der Punkte treten Besonderheiten auf:

$\overrightarrow{P_1P_1} = \vec{o}$ (<u>Nullvektor</u>), $\overrightarrow{P_1P_2} = \vec{r}_2-\vec{r}_1 \Longrightarrow \overrightarrow{P_2P_1} = \vec{r}_1-\vec{r}_2=-(\vec{r}_2-\vec{r}_1)$

$\overrightarrow{P_2P_1}$ ist <u>Gegenvektor</u> von $\overrightarrow{P_1P_2}$!

Gelegentlich benötigt man sogenannte <u>Vektorzüge</u>, um z.B. einen Vek-

tor durch andere auszudrücken. So gilt z.B. nach Figur 4.10:
$\vec{v} = \begin{bmatrix}3\\2\end{bmatrix} + \begin{bmatrix}-1\\3\end{bmatrix} + \begin{bmatrix}-4\\-2\end{bmatrix} + \begin{bmatrix}3\\0\end{bmatrix} = \begin{bmatrix}1\\3\end{bmatrix}$, Start am Anfangspunkt von $\vec{v}$, Stop am Endpunkt von $\vec{v}$, Richtung der Vektoren beachten!

Aufgabe: Man gebe Vektorzüge an für $\overrightarrow{BE}$, $\overrightarrow{BD}$ und $\overrightarrow{CA}$.

Beendet man einen Vektorzug dort, wo man ihn begonnen hat, so ergibt sich der Nullvektor $\vec{o}$. So gilt z.B. für Dreieck ABC in Figur 4.10: $\overrightarrow{AB}+\overrightarrow{BC}+\overrightarrow{CA} = \vec{o}$, wie man auch leicht nachrechnet.

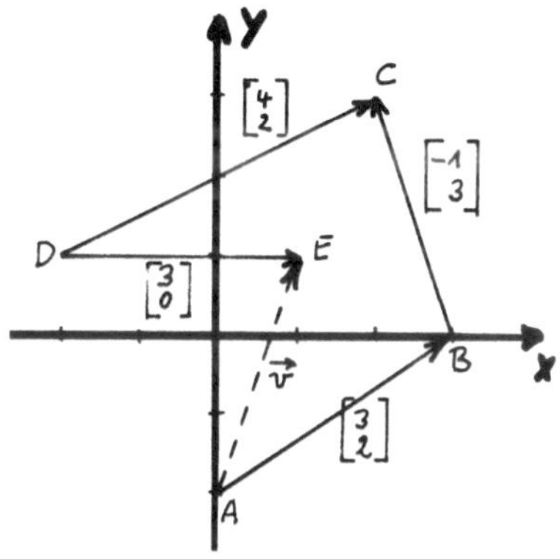

Figur 4.10: Vektorzug

Wie berechnet man die Länge eines Vektors?

Dieses Problem ist mit (4.2) im Prinzip bereits gelöst, denn es gilt $|\overline{P_1P_2}| = |\overrightarrow{P_1P_2}|$ und die Streckenlänge wurde bereits in (4.2) bestimmt.

(4.4) Mit $\overrightarrow{P_1P_2} = \vec{r}_2 - \vec{r}_1 = \vec{v}$ ergibt sich für die Länge eines Vektors $|\vec{r}_2 - \vec{r}_1| = |\vec{v}| = \sqrt{v_x^2 + v_y^2 + v_z^2}$.

Beispiel: Die Länge des Vektors $\vec{a} = \begin{bmatrix}3\\7\\9\end{bmatrix}$ ist $|\vec{a}| = \sqrt{3^2+7^2+9^2} = \sqrt{139}$ LE.

....

ÜBUNGSAUFGABEN

Ü 4.6) Man schreibe ein Programm zur Berechnung aller Vektoren zwischen n gegebenen Punkten.

Ü 4.7) Erstellen Sie einen Algorithmus, mit dem ein gegebener Vektor in eine Summe aus Vielfachen aus Einheitsvektoren zerlegt wird. Darstellung eines Vektors mit Hilfe von Einheitsvektoren.

Ü 4.8) Entwerfen Sie Prozeduren für die Eingabe eines Vektors und die Ausgabe eines Vektors.

4.4 DAS SKALARPRODUKT ZWEIER VEKTOREN, WINKELBERECHNUNG

Bereits bei der Einführung der Matrizenmultiplikation hat das Skalarprodukt eine wesentliche Rolle gespielt. Nun wird sich zeigen, daß es auch zur Lösung geometrischer Probleme wichtig ist.
Bekanntlich gilt für die Länge eines Vektors (siehe (4.4)):
$|\vec{v}|^2 = v_x^2+v_y^2+v_z^2 = v_xv_x+v_yv_y+v_zv_z$. Dieser Term hat die Form eines Skalarprodukts! In der Schreibweise der Matrizenrechnung gilt

$$v_xv_x+v_yv_y+v_zv_z = \begin{bmatrix} v_x & v_y & v_z \end{bmatrix} \begin{bmatrix} v_x \\ v_y \\ v_z \end{bmatrix} .$$

Nun ist es in der Vektorrechnung üblich, Vektoren als Spalten zu schreiben. <u>Für die Vektorrechnung</u> wollen wir daher <u>Spalte x Spalte als Schreibweise für Skalarprodukte</u> (abweichend von der Verknüpfbarkeit in der Matrizenrechnung) einführen.

<u>DEFINITION 4.1</u>: <u>Skalarprodukt zweier Vektoren $\vec{a}$ und $\vec{b}$</u> :

$$\vec{a}\vec{b} = \begin{bmatrix} a_1 \\ a_2 \\ a_3 \end{bmatrix} \begin{bmatrix} b_1 \\ b_2 \\ b_3 \end{bmatrix} = a_1b_1+a_2b_2+a_3b_3 = \sum_{i=1}^{3} a_ib_i .$$

Aus dieser Festlegung folgt sofort

(4.5) $\vec{a}\vec{b} = \vec{b}\vec{a}$ <u>Kommutativgesetz</u>

(4.6) $\vec{a}(\vec{b}+\vec{c})=\vec{a}\vec{b}+\vec{a}\vec{c}$
$(\vec{b}+\vec{c})\vec{a}=\vec{b}\vec{a}+\vec{c}\vec{a}$ <u>Distributivgesetze</u>

Dagegen gilt nicht $(\vec{a}\vec{b})\vec{c}=\vec{a}(\vec{b}\vec{c})$, <u>kein Assoziativgesetz</u>!
Diese Aussagen lassen sich leicht mit Hilfe der Spaltenschreibweise zeigen.-Bei der Berechnung der Länge eines Vektors war das Skalarprodukt eines Vektors mit sich selbst zu bilden. Später wird sich zeigen, daß auch das Skalarprodukt zweier Vektoren ein geometrisches Problem löst, nämlich die Berechnung des Winkels zwischen diesen beiden Vektoren. Damit gewinnt die Einführung des Skalarprodukts bei der Matrizenmultiplikation nachträglich auch noch eine geometrische Rechtfertigung!
Eine oft benötigte Eigenschaft von Vektoren oder Geraden ist die des Senkrechtsstehens (<u>orthogonal</u> sein).Beispielsweise wird diese Eigenschaft entscheidend für die Anwendung des Pythagoras.

Wann sind zwei Vektoren orthogonal zueinander ($\vec{r}_2 \perp \vec{r}_1$)?

Nach (4.4) gilt

$$|\vec{r}_2-\vec{r}_1|^2 = (x_2-x_1)^2+(y_2-y_1)^2+(z_2-z_1)^2 \quad \text{Umformung der rechten Seite:}$$
$$= (x_1^2+y_1^2+z_1^2)+(x_2^2+y_2^2+z_2^2)-2(x_1x_2+y_1y_2+z_1z_2), \text{ also}$$

$$(4.7) \qquad |\vec{r}_2-\vec{r}_1|^2 = |\vec{r}_1|^2 + |\vec{r}_2|^2 - 2\vec{r}_1\vec{r}_2 .$$

Diese Beziehung erinnert an den Cosinussatz der Trigonometrie, siehe die Figuren 4.11a und 4.11b. Mit den Bezeichnungen von Figur 4.11b gilt bekanntlich $a^2 = b^2+c^2-2bc(\cos\alpha)$.

Aus (4.7) kann nun zweierlei abgelesen werden:

1) Wenn $\vec{r}_1 \perp \vec{r}_2$, dann liegt in Figur 4.11a ein rechtwinkliges Dreieck vor und es gilt nach Pythagoras $|\vec{r}_2-\vec{r}_1|^2 = |\vec{r}_1|^2+|\vec{r}_2|^2$. Dann muß in (4.7) $-2\vec{r}_1\vec{r}_2=0$ gelten! In diesem Fall ist also $\vec{r}_1\vec{r}_2=0$!

Damit haben wir eine Beziehung für die Orthogonalität zweier Vektoren gefunden.

SATZ 4.1: $\vec{r}_1 \perp \vec{r}_2 \iff \vec{r}_1\vec{r}_2=0 \quad (\vec{r}_1,\vec{r}_2 \neq \vec{o}\ !)$.

Orthogonalitätsbedingung

Bemerkung: Die Umkehrung ($\Leftarrow$) gilt, sofern $\vec{r}_1,\vec{r}_2 \neq \vec{o}$.

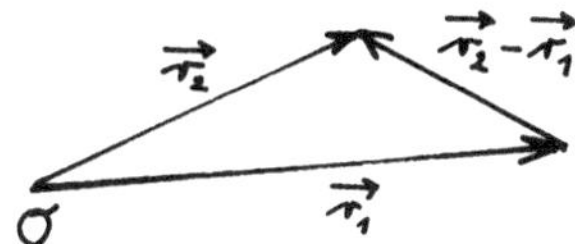

Figur 4.11a

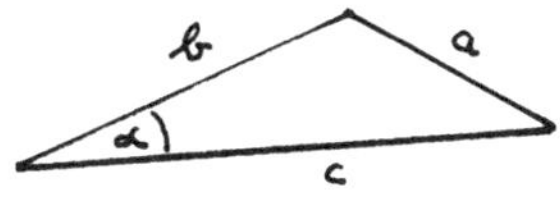

Figur 4.11b

2) Wir vergleichen $|\vec{r}_2-\vec{r}_1|^2 = |\vec{r}_1|^2+|\vec{r}_2|^2-2\vec{r}_1\vec{r}_2$ mit

$$a^2 = b^2 + c^2 - 2bc(\cos\alpha).$$

Nach den Figuren 4.11a und 4.11b muß gelten

$b=|\vec{r}_2|$, $c=|\vec{r}_1|$, $\cos\alpha = \cos(\sphericalangle(\vec{r}_1,\vec{r}_2))$, d.h.

(4.8) $\vec{r}_1\vec{r}_2 = |\vec{r}_1|\,|\vec{r}_2|\cos(\sphericalangle(\vec{r}_1,\vec{r}_2))$.

Damit kann der Winkel zwischen zwei Vektoren berechnet werden!

> SATZ 4.2: Berechnung des Winkels zwischen zwei Vektoren:
> $$\cos(\sphericalangle(\vec{r}_1,\vec{r}_2)) = \frac{\vec{r}_1\vec{r}_2}{|\vec{r}_1||\vec{r}_2|}.$$

Beispiel: Man berechne den Winkel zwischen den Vektoren $\vec{a}$ und $\vec{b}$,

$\vec{a} = \begin{bmatrix}1\\2\\3\end{bmatrix}, \vec{b} = \begin{bmatrix}4\\1\\2\end{bmatrix}$. - Nach Anwendung der Formel erhalten wir

$$\cos\alpha = \frac{\begin{bmatrix}1\\2\\3\end{bmatrix}\begin{bmatrix}4\\1\\2\end{bmatrix}}{\left\|\begin{bmatrix}1\\2\\3\end{bmatrix}\right\|\left\|\begin{bmatrix}2\\1\\2\end{bmatrix}\right\|} = \frac{12}{\sqrt{14}\sqrt{21}} = 0.6999\text{ , also }\alpha = 45.6^{\circ}.$$

PROBLEMSTELLUNG 4.2: Man bestimme die Menge aller Vektoren, die orthogonal zum Vektor $\vec{n} = \begin{bmatrix}2\\1\\4\end{bmatrix}$ sind!

PROBLEMLÖSUNG: Die gesuchten Vektoren werden mit dem Ansatz

$\begin{bmatrix}2\\1\\4\end{bmatrix}\begin{bmatrix}x\\y\\z\end{bmatrix} = 0$ bestimmt. Ausrechnung der linken Seite ergibt

$2x+y+4z=0$, das ist eine lineare Gleichung mit drei Variablen. x,y, z brauchen nur so gewählt werden, daß diese Bedingung erfüllt ist. Dafür gibt es unendlich viele Möglichkeiten. Wir schreiben einige auf:

	$\vec{a}_1$	$\vec{a}_2$	$\vec{a}_3$	$\vec{a}_4$	$\vec{a}_5$	$\vec{a}_0$
x	3	-1	5	1	0	0
y	14	2	10	2	4	0
z	-5	0	-5	-1	-1	0

usw.

Figur 4.12 macht deutlich, daß man sich alle $\vec{a}_i$ in einer Ebene liegend vorstellen kann, die senkrecht zu $\vec{n}$ ist und den Punkt $O=[0,0,0]$ enthält!

> (4.9) $\vec{n}\vec{r} = n_1x+n_2y+n_3z = 0$ stellt die Gleichung einer Ebene dar, die durch den Koordinatenursprung geht und orthogonal zu $\vec{n}$ ist.

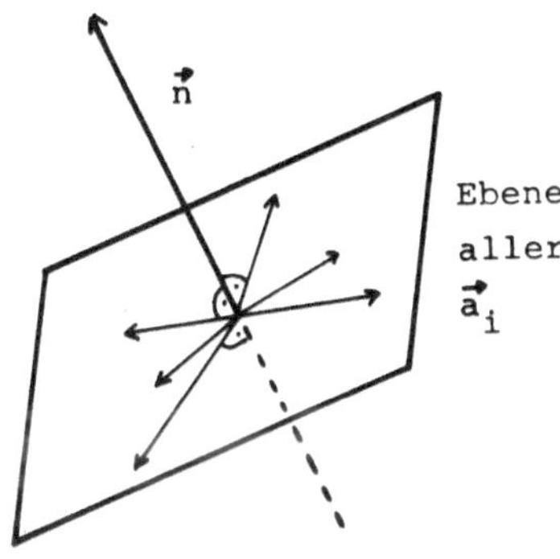

Figur 4.12: Ebene

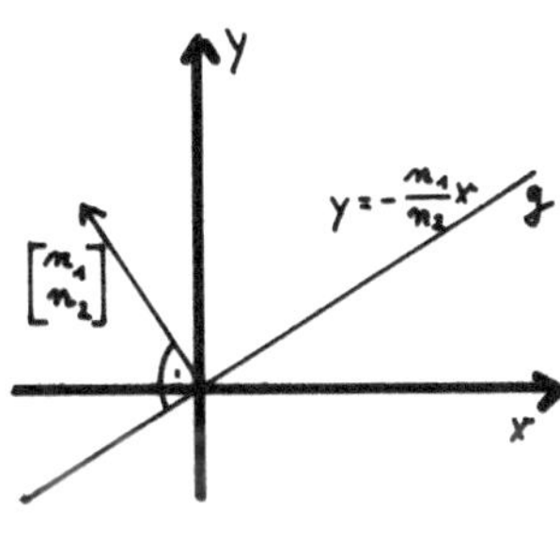

Figur 4.13: Gerade

Aufgabe: Führen Sie die obigen Betrachtungen für die (x,y)-Ebene durch!

$\vec{n}\vec{r} = n_1x+n_2y = 0$ stellt die Gleichung einer Geraden durch den Koordinatenursprung dar, die senkrecht auf $\vec{n}$ ist, vergl. Figur 4.13. Sie hat die Steigung $-n_1/n_2$.

....

4.5 PROZEDUREN ZUR VEKTORRECHNUNG (TEIL 1)

Da Vektoren spezielle Matrizen sind, könnte auf die Prozeduren zur Matrizenrechnung zurückgegriffen werden. Diese sind jedoch für Vektoren gelegentlich unhandlich, so daß sich der Entwurf eigener Prozeduren für die besonderen Erfordernisse der vektoriellen analytischen Geometrie empfiehlt. Einige Prozeduren werden im folgenden abgedruckt (Alg 22, VPROZ).

```
PROCEDURE VEKTOREINLESEN(VAR VKT:VEKTOR);
VAR I:INTEGER;
BEGIN WRITELN('KOORDINATEN DES VEKTORS:');
      READLN;
      FOR I:=1 TO DIM DO READ(VKT[I]);
END;
(* <><><><><><><><><><><><><><><><><><><><><><><><><><><><><> *)
PROCEDURE VEKTORAUSGEBEN(VKT:VEKTOR; ALSSPALTE:BOOLEAN);
VAR I:INTEGER;
BEGIN FOR I:=1 TO DIM DO
          IF ALSSPALTE THEN WRITELN(VKT[I]:10:4)
          ELSE WRITE(VKT[I]:10:4);
      WRITELN;
END;
(* <><><><><><><><><><><><><><><><><><><><><><><><><><><><><> *)
```

VPROZ (Alg 22)

```
FUNCTION VSUM(VKT1,VKT2:VEKTOR):VEKTOR;
VAR I:INTEGER;
    VKT3:VEKTOR;
BEGIN FOR I:=1 TO DIM
       DO VKT3[I]:=VKT1[I]+VKT2[I];
      VSUM:=VKT3;
END;
(* ◇◇◇◇◇◇◇◇◇◇◇◇◇◇◇◇◇◇◇◇◇◇◇◇◇◇◇◇◇ *)
FUNCTION VDIF(VKT1,VKT2:VEKTOR):VEKTOR;
VAR I:INTEGER;
    VKT3:VEKTOR;
BEGIN FOR I:=1 TO DIM
       DO VKT3[I]:=VKT1[I]-VKT2[I];
      VDIF:=VKT3;
END;
(* ◇◇◇◇◇◇◇◇◇◇◇◇◇◇◇◇◇◇◇◇◇◇◇◇◇◇◇◇◇ *)
FUNCTION SKP(VKT1,VKT2:VEKTOR):REAL;
VAR I:INTEGER;
    SKALARPRODUKT:REAL;
BEGIN SKALARPRODUKT:=0;
      FOR I:=1 TO DIM DO
           SKALARPRODUKT:=SKALARPRODUKT+VKT1[I]*VKT2[I];
      SKP:=SKALARPRODUKT;
END;
(* ◇◇◇◇◇◇◇◇◇◇◇◇◇◇◇◇◇◇◇◇◇◇◇◇◇◇◇◇◇ *)
FUNCTION VLAENGE(VKT:VEKTOR):REAL;
BEGIN VLAENGE:=SQRT(SKP(VKT,VKT));
END;
(* ◇◇◇◇◇◇◇◇◇◇◇◇◇◇◇◇◇◇◇◇◇◇◇◇◇◇◇◇◇ *)
FUNCTION PABSTAND(PKT1,PKT2:VEKTOR):REAL;
VAR PKT3:VEKTOR;
BEGIN PKT3:=VDIF(PKT1,PKT2);
      PABSTAND:=VLAENGE(PKT3);
END;
(* ◇◇◇◇◇◇◇◇◇◇◇◇◇◇◇◇◇◇◇◇◇◇◇◇◇◇◇◇◇ *)

FUNCTION WINKEL(VKT1,VKT2:VEKTOR):REAL;
VAR QUOT:REAL;
BEGIN QUOT:=SKP(VKT1,VKT2)/(VLAENGE(VKT1)*VLAENGE(VKT2));
      WINKEL:=ARCTAN(SQRT(1-SQR(QUOT))/QUOT)*180/3.1416;
END;
(* ◇◇◇◇◇◇◇◇◇◇◇◇◇◇◇◇◇◇◇◇◇◇◇◇◇◇◇◇◇ *)
```

Es folgt ein Programm AGTEST,Alg 23, das die angegebenen Prozeduren und Funktionen erprobt. Ein Testlauf schließt sich an.

```
PROGRAM AGTEST(INPUT,OUTPUT);
CONST DIM=3;
TYPE VEKTOR= ARRAY(.1..DIM.) OF REAL;
VAR
    V1,V2:VEKTOR;
    SPALTE:BOOLEAN;
(* ◇◇◇◇◇◇◇◇◇◇◇◇◇◇◇◇◇◇◇◇◇◇◇◇◇◇◇◇◇ *)
```

AGTEST (Alg 23)

Alg 23: AGTEST

```
(* <><><><><><><><><><><><><><><><><><><><><><><><><><><><> *)
BEGIN
VEKTOREINLESEN(V1);
VEKTOREINLESEN(V2);
SPALTE:=FALSE;
WRITELN('VEKTORSUMME:');
VEKTORAUSGEBEN(VSUM(V1,V2),SPALTE);
WRITELN('VEKTORDIFFERENZ:');
VEKTORAUSGEBEN(VDIF(V1,V2),SPALTE);
WRITELN('SKALARPRODUKT:');
WRITELN(SKP(V1,V2):10:4);
WRITELN('V1LAENGE:');
WRITELN(VLAENGE(V1):10:4);
WRITELN('PUNKTABSTAND:');
WRITELN(PABSTAND(V1,V2):10:4);
WRITELN('WINKEL:');
WRITELN(WINKEL(V1,V2):10:4);
END.
```

Testlauf

```
KOORDINATEN DES VEKTORS:
*1 2 3
KOORDINATEN DES VEKTORS:
*4 1 2
VEKTORSUMME:
    5.0000     3.0000     5.0000
VEKTORDIFFERENZ:
  - 3.0000     1.0000     1.0000
SKALARPRODUKT:
   12.0000
V1LAENGE:
    3.7417
PUNKTABSTAND:
    3.3166
WINKEL:
   45.5846
RUNTIME :     0 SECONDS +   90 MILLISEC
```

....

ÜBUNGSAUFGABEN

Ü 4.9) Welche Vektoren sind orthogonal zueinander?

$\vec{a} = \begin{bmatrix} 3 \\ 4 \\ 1 \end{bmatrix}$, $\vec{b} = \begin{bmatrix} 2 \\ 7 \\ 3 \end{bmatrix}$, $\vec{c} = \begin{bmatrix} 4 \\ -3 \\ 0 \end{bmatrix}$, $\vec{d} = \begin{bmatrix} 0 \\ 1 \\ -4 \end{bmatrix}$.

Ü 4.10) Berechnen Sie die Winkel des Dreiecks ABC mit $A=[2,1,4]$, $B=[3,6,7]$, $C=[1,2,0]$.

Ü 4.11) Zeigen Sie, daß die Einheitsvektoren $\vec{e}_1=\begin{bmatrix} 1 \\ 0 \\ 0 \end{bmatrix}$, $\vec{e}_2=\begin{bmatrix} 0 \\ 1 \\ 0 \end{bmatrix}$, $\vec{e}_3=\begin{bmatrix} 0 \\ 0 \\ 1 \end{bmatrix}$ ein rechtwinkliges Koordinatensystem aufspannen.

Ü 4.12) Geben Sie die Gleichungen von Ebenen an, die durch den Koordinatenursprung und durch den Punkt $A=[2,1,4]$ gehen. Ermitteln Sie die Gleichung der Geraden durch $O=[0,0,0]$ und $B=[2,1,0]$.

4.6 KUGEL- UND KREISGLEICHUNGEN, GERADEN

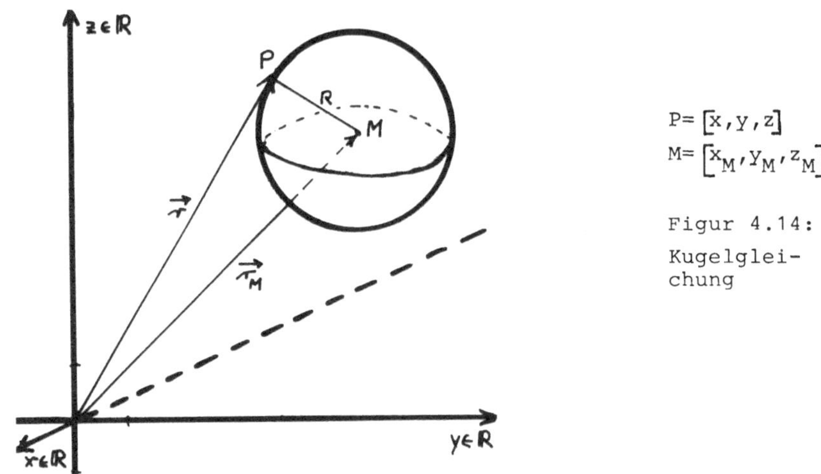

$P = [x,y,z]$
$M = [x_M, y_M, z_M]$

Figur 4.14: Kugelgleichung

Bekanntlich haben alle Punkte auf einer Kugel den gleichen Abstand R von einem festen Punkt, dem Mittelpunkt M der Kugel (Figur 4.14). Für die Abstände $|PM|$ gilt nach (4.2)

(4.10) $|PM|^2 = (x-x_M)^2+(y-y_M)^2+(z-z_M)^2 = R^2$,
Kugelgleichung in Koordinatenschreibweise,

(4.11) $(\vec{r}-\vec{r}_M)(\vec{r}-\vec{r}_M) = R^2$,
Kugelgleichung in Vektorschreibweise.

Aus (4.10) folgt für z=0 und z_M=0 die Kreisgleichung für Kreise in der (x,y)-Ebene. Die vektorielle Kreisgleichung hat die gleiche Form wie (4.11).

Bei vielen Problemen haben Kugel oder Kreis Ursprungslage. Dann ist $M=[0,0,0]$ und man erhält

(4.12) $\vec{r}\vec{r} = R^2$, Kugel-(Kreis-)Gleichung, Ursprungslage.

Beispiel: Wir wollen die Lage einiger Punkte bezüglich der Kugel mit der Gleichung $\vec{r}\vec{r}=\vec{r}^2 = 25$ untersuchen.

Für jeden Punkt wird $\vec{r}\vec{r}$ gebildet, etwa für $P_1=[1,1,1]$:
$\vec{r}_1\vec{r}_1= 3$. Da $3<25$ ist, liegt P_1 im Kugelinnern. Wie ist es bei den

Punkten $P_1=[5,0,0]$, $P_2=[3,4,0]$, $P_3=[4,3,2]$?

....

PROBLEMSTELLUNG 4.3: Gegeben ist ein Kreis mit der Gleichung $\vec{r}^2=25$ und ein Punkt $P_1=[7,1]$. Durch P_1 sind drei Geraden g_1,g_2,g_3 zu legen. g_1 soll den Kreis zweimal schneiden (Sekante), g_2 soll den Kreis berühren (Tangente) und g_3 soll an dem Kreis vorbeilaufen (Passante). Für g_1,g_2,g_3 sind geeignete Geradengleichungen anzugeben.

PROBLEMLÖSUNG: Figur 4.15 veranschaulicht die Zusammenhänge.

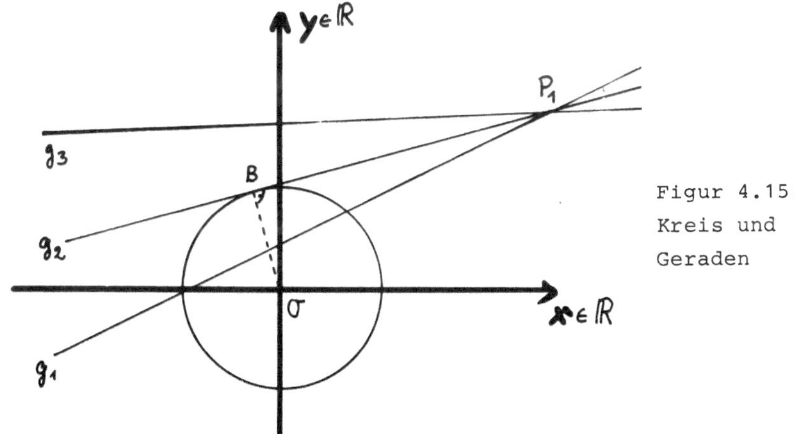

Figur 4.15: Kreis und Geraden

a) Für g_1 und g_3 sind die Lösungen im Prinzip einfach. Man nimmt einen Punkt innerhalb bzw. außerhalb des Kreises, hat damit einen zweiten Punkt, durch den die jeweilige Gerade eindeutig festgelegt ist. Wir benötigen also eine (vektorielle) Geradengleichung, die durch zwei Punkte bestimmt wird.

b) Schwieriger ist die Situation für die gesuchte Tangente g_2. Der zweite Punkt B ist durch die Vorgabe von P_1 festgelegt (es gibt 2 Punkte B!) und müßte vor Aufstellung der Geradengleichung berechnet werden. Wir wissen allerdings $\overrightarrow{OB} \perp \overrightarrow{BP_1}$!

Bemerkung: Problemstellung 4.3 kann entsprechend für eine Kugel formuliert werden. Der hier vorgelegte Lösungsgang ist für eine Kugel entsprechend durchführbar.

Zu a) Herleitung einer Geradengleichung, wenn zwei Punkte P_1 und P_2 der Geraden bekannt sind, Figur 4.16.

Wir überlegen zunächst, wie sich spezielle Punkte auf g mit Hilfe von $\vec{r}_1$ und $\vec{r}_2$ beschreiben lassen.

M: Mittelpunkt von $\overline{P_1P_2}$, $\vec{r}_M=\vec{r}_1+0.5\overrightarrow{P_1P_2}= \vec{r}_1+0.5(\vec{r}_2-\vec{r}_1)$,

N: $\overline{P_2P_1}$ um sich selbst verlängert, $\vec{r}_N= \vec{r}_1-1.0(\vec{r}_2-\vec{r}_1)$,

P_2: $\vec{r}_2= \vec{r}_1+1.0(\vec{r}_2-\vec{r}_1)$.

Offenbar gilt für alle Ortsvektoren $\vec{r}$, die auf g enden ($P\in g$):

(4.12) $\vec{r} = \vec{r}_1+t(\vec{r}_2-\vec{r}_1)$, $t\in\mathbb{R}$

Zweipunkteform der vektoriellen Geradengleichung

Der Vektor $\vec{r}_2-\vec{r}_1$ gibt die Richtung der Geraden an (Richtungsvektor). Er kann in der Geradengleichung durch jeden beliebigen Richtungsvektor $\vec{u}$, der ein Vielfaches von $\vec{r}_2-\vec{r}_1$ ist, ersetzt werden.

(4.13) $\vec{r} = \vec{r}_1+t\vec{u}$, $t\in\mathbb{R}$

Punktrichtungsform der Geradengleichung

Wir können nun die Gleichung einer Geraden, die durch den Kreis geht angeben. $P_2=[1,1]$ liegt mit Sicherheit innerhalb des Kreises, also g_1: $\vec{r} = \begin{bmatrix}1\\1\end{bmatrix}+t(\begin{bmatrix}7\\1\end{bmatrix}-\begin{bmatrix}1\\1\end{bmatrix}) = \begin{bmatrix}1\\1\end{bmatrix}+t\begin{bmatrix}+6\\0\end{bmatrix}$.

Zur Aufstellung der Gleichung für g_3 verwende man z.B. den Punkt $P_3=[0,10]$. Interessant ist die Frage nach den Schnittpunkten von g_1 mit dem Kreis. Auf dieses Problem wird in Kürze eingegangen.

Zu b) Aus Figur 4.15 lesen wir ab:

$\overrightarrow{OB}\perp\overrightarrow{BP_1}$, $\overrightarrow{OB}=\vec{r}_B$, $\overrightarrow{BP_1}=-\vec{r}_B+\vec{r}_1$.

Also gilt $\overrightarrow{OB}\cdot\overrightarrow{BP_1}=0$, d.h.

$\vec{r}_b(-\vec{r}_B+\vec{r}_1)=\begin{bmatrix}b_x\\b_y\end{bmatrix}(-\begin{bmatrix}b_x\\b_y\end{bmatrix}+\begin{bmatrix}7\\1\end{bmatrix})=0$.

Wir erhalten zwei Gleichungen

1) $-b_x^2-b_y^2+7b_x+b_y = 0$ und

2) $b_x^2+b_y^2 =25$,

weil B auf dem Kreis liegt.

Addition von 1) und 2) ergibt

Figur 4.16: Geradengleichung, Gerade im $\mathbb{R}^3$ oder $\mathbb{R}^2$

1') $b_y = 25-7b_x$, eingesetzt in 2): $b_x^2+625-350x+49b_x^2 = 25$

$b_x^2-7b_x+12 = 0$, also $b_{x1}=4$ und $b_{x2}=-3$, eingesetzt in 1'):

$b_{y1}=-3$, $b_{y2}= 4$.

Damit ergeben sich die Berührungspunkte $B_1=[4,-3]$ und $B_2=[-3,4]$.

Bemerkung: Eine zweite Lösung ergibt sich aus der Schnittpunktberechnung von Thaleskreis um $Q=[3.5,0.5]$, dem Mittelpunkt von $\overline{OP_1}$, mit dem gegebenen Kreis:

$(\vec{r}-\begin{bmatrix}3.5\\0.5\end{bmatrix})^2 = 12,5$ und $\vec{r}^2 = 25$. Dieser Ansatz führt zu einer ähnlichen Rechnung wie oben.

Damit sind für beide Tangenten jeweils zwei Punkte bekannt und ihre Gleichung kann mit Hilfe von (4.12) leicht aufgestellt werden:

g_{21}: $\vec{r} = \begin{bmatrix}4\\-3\end{bmatrix}+t\begin{bmatrix}3\\4\end{bmatrix}$ und g_{22}: $\vec{r} = \begin{bmatrix}-3\\4\end{bmatrix}+s\begin{bmatrix}10\\-3\end{bmatrix}$.

....

ÜBUNGSAUFGABEN

Ü 4.13) Bestimmen Sie s so, daß die Gerade g: $\vec{r}=\begin{bmatrix}1\\s\end{bmatrix}+t\begin{bmatrix}2\\1\end{bmatrix}$ Tangente an den Kreis Kr: $\vec{r}^2=49$ wird.

Ü 4.14) Nennen Sie drei Punkte A,B,C auf der Geraden g und bestimmen Sie das Teilverhältnis $|\overline{AB}| : |\overline{BC}|$. g: $\vec{r}=\begin{bmatrix}1\\4\\5\end{bmatrix}+ t\begin{bmatrix}1\\2\\2\end{bmatrix}$.

Ü 4.15) Entwerfen Sie einen Algorithmus, mit dem das Teilverhältnis je dreier Punkte auf einer Geraden bestimmt werden kann (s.Ü 4.14).

Ü 4.16) Wann ist eine Gerade g: $\vec{r}=\vec{r}_1+t\vec{u}$ Tangente eines Kreises Kr: $\vec{r}\vec{r}=R^2$?

Einsetzen von g bei Kr ergibt eine quadratische Gleichung in t:

$t^2+ \frac{2t(\vec{u}\vec{r}_1)}{\vec{u}^2} + \frac{\vec{r}_1^2-R^2}{\vec{u}^2}$. Die Existenz von Lösungen und damit von Schnittpunkten von Kreis (Kugel) und Gerade ($t_{1/2}$ bei g einsetzen!) ist abhängig vom Radikanden. Zeigen Sie:

$(\vec{u}\vec{r}_1)^2+R^2\vec{u}^2-\vec{r}_1^2\vec{u}^2 =0 \Longrightarrow$ g Tangente (<0 Passante, >0 Sekante).

Schreiben Sie ein Programm zur Bestimmung von $g \cap$ Kugel.

Bemerkung: Vorsicht beim Rechnen mit Skalarprodukten! So ist z.B. im allgemeinen $(\vec{u}\vec{r}_1)^2 \neq \vec{u}^2\vec{r}_1^2$! Zahlenbeispiel!

Ü 4.16) Wo und unter welchem Winkel schneiden sich die Geraden

g: $\vec{r}=\begin{bmatrix}-2\\1\end{bmatrix}+t_1\begin{bmatrix}4\\5\end{bmatrix}$ und h: $\vec{r}=\begin{bmatrix}0\\1\end{bmatrix}+t_2\begin{bmatrix}5\\4\end{bmatrix}$?

Ü 4.17) a) Bestimmen Sie die Schnittpunkte S_1, S_2 der Geraden g: $\vec{r}=\begin{bmatrix}2\\1\\4\end{bmatrix}+t\begin{bmatrix}1\\1\\1\end{bmatrix}$ mit der Kugel KU: $\vec{r}^2=100$. b) Wie lang ist die Sehne $\overline{S_1S_2}$? c) Geben Sie die Gleichung der Geraden h durch den Mittelpunkt von $\overline{S_1S_2}$ und den Kugelmittelpunkt an. d) Zeigen Sie: $\sphericalangle(g,h)=90^\circ$. e) Berechnen Sie $h \cap KU = \{S_3, S_4\}$. f) Geben Sie die Menge aller Tangenten durch S_3 an die Kugel an. Diese bilden eine Tangentialebene.

....

4.7 EBENENGLEICHUNGEN

PROBLEMSTELLUNG 4.4: In Ü 4.17) wird die Bestimmung einer Menge von Tangenten in einem Berührungspunkt Tangente/Kugel verlangt. Betrachten wir z.B. die Kugel mit der Gleichung $\vec{r}^2=14$. $B=[1,2,3]$ liegt auf der Kugel. Wie heißt die Gleichung der Tangentialebene T durch B?

PROBLEMLÖSUNG: Wir benutzen die Figur 4.17!

Lösung 1: Für alle Ortsvektoren $\vec{r}$ zu dieser Ebene hin gilt $(\vec{r}-\vec{r}_B)\vec{r}_B=0$, speziell für B $\left(\vec{r}-\begin{bmatrix}1\\2\\3\end{bmatrix}\right)\begin{bmatrix}1\\2\\3\end{bmatrix}=0$, d.h. T: $\begin{bmatrix}1\\2\\3\end{bmatrix}\vec{r}-14=0$. Damit ist bereits die Gleichung der Tangentialebene T bestimmt! In Koordinatenform lautet die Gleichung $x+2y+3z=14$. Man vergleiche mit (4.9)! T ist festgelegt durch einen Punkt B und einen zu T orthogonalen Vektor und damit eindeutig bestimmt! Dieses Prinzip der Aufstellung einer Ebenengleichung läßt sich unabhängig von der Kugel wiederholen. Man denke sich dazu die Kugel in Figur 4.17 beseitigt und ersetze $\vec{r}_B$ durch irgendeinen Vektor $\vec{n}$ senkrecht zu T und

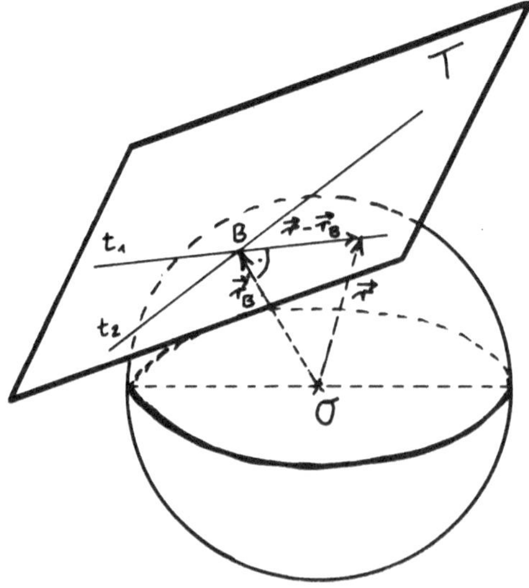

Figur 4.17: Tangentialebene

irgendeinen Ortsvektor zur Ebene hin ($\vec{r}_1$ zum Punkt $P_1 \in$ Ebene).

> (4.14) Für die Gleichung einer Ebene E, gegeben durch einen Punkt P_1 (Ortsvektor $\vec{r}_1$) und einen Vektor $\vec{n} \perp E$ (Normalenvektor), gilt
>
> E: $(\vec{r}-\vec{r}_1)\vec{n} = 0$ bzw. $\vec{r}\vec{n}-\vec{r}_1\vec{n} = 0$
>
> Normalenform einer Ebenengleichung

Lösung 2 zu Problemstellung 4.4: Durch den Punkt B gehen Geraden mit den Gleichungen $\vec{r}=\vec{r}_B+s\vec{v}$. Außerdem gilt $\vec{r}_B\vec{u}=0$. Speziell:

(x) $\vec{r}= \begin{bmatrix}1\\2\\3\end{bmatrix} +t \begin{bmatrix}v_1\\v_2\\v_3\end{bmatrix}$ und $\begin{bmatrix}1\\2\\3\end{bmatrix}\begin{bmatrix}u_1\\u_2\\u_3\end{bmatrix}=\vec{0}$, $\vec{u}\in T$, d.h. $u_1+2u_2+3u_3=0$ oder $u_1=-2u_2-3u_3$. Diese Gleichung hat unendlich viele Lösungen, was auch geometrisch klar ist, da es zu $\begin{bmatrix}1\\2\\3\end{bmatrix}$ unendlich viele Lotvektoren gibt. Alle diese Vektoren haben die Form $\begin{bmatrix}-2u_2-3u_3\\u_2\\u_3\end{bmatrix} = u_2\begin{bmatrix}-2\\1\\0\end{bmatrix}+u_3\begin{bmatrix}-3\\0\\1\end{bmatrix}$. Diese Vektoren können in (x) für $\vec{v}$ eingesetzt werden, wenn wir in (x) gerade die Geraden auswählen, die in T liegen:

$\vec{r}= \begin{bmatrix}1\\2\\3\end{bmatrix}+su_2\begin{bmatrix}-2\\1\\0\end{bmatrix}+su_3\begin{bmatrix}-3\\0\\1\end{bmatrix}$ oder $\vec{r}= \begin{bmatrix}1\\2\\3\end{bmatrix}+s_2\begin{bmatrix}-2\\1\\0\end{bmatrix}$ $s_3\begin{bmatrix}-3\\0\\1\end{bmatrix}$, Gleichung von T.

Die Tangentialebene T ist hier durch andere Größen gegeben als bei Lösung 1: Der Ortsvektor $\vec{r}_B$ führt uns auf die Ebene, die Summe (Linearkombination) $s_2\begin{bmatrix}-2\\1\\0\end{bmatrix}+s_3\begin{bmatrix}-3\\0\\1\end{bmatrix}$ liefert dann für verschiedene s_2 und s_3 alle Punkte auf T.

Auch diese Form einer Ebenengleichung läßt sich allgemein herleiten. Aus Figur 4.18 erkennt für $\vec{u}_1 \neq s\vec{u}_2$:

> (4.15) Für die Gleichung einer Ebene E, gegeben durch einen Punkt P_1 (Ortsvektor $\vec{r}_1$) und 2 Richtungsvektoren $\vec{u}_1$ und $\vec{u}_2$ in E, gilt
>
> E: $\vec{r} = \vec{r}_1+t_1\vec{u}_1+t_2\vec{u}_2$, $t_1,t_2 \in \mathbb{R}$.
>
> Punktrichtungsform einer Ebenengleichung

Sind noch zwei weitere Punkte P_2 und P_3 (mit den Ortsvektoren $\vec{r}_2$ und $\vec{r}_3$) in E gegeben, so kann man setzen $\vec{u}_1=\vec{r}_2-\vec{r}_1$ und $\vec{u}_2=\vec{r}_3-\vec{r}_1$.

(4.16) Für die Gleichung einer Ebene E, gegeben durch drei Punkte P_1, P_2, P_3 mit den Ortsvektoren $\vec{r}_1$, $\vec{r}_2, \vec{r}_3$ gilt (P_1, P_2, P_3 nicht auf einer Geraden!):

$$E: \vec{r} = \vec{r}_1 + t_1(\vec{r}_2 - \vec{r}_1) + t_2(\vec{r}_3 - \vec{r}_1) \quad , \quad t_1, t_2 \in \mathbb{R}.$$

Dreipunkteform der Ebenengleichung

Schließlich wollen wir noch die Identität der durch die Ebenengleichungen gegebenen Punktmengen zeigen:

$\begin{bmatrix}1\\2\\3\end{bmatrix}\vec{r}-14 = 0$ (aus Lösung 1), $\vec{r} = \begin{bmatrix}1\\2\\3\end{bmatrix}+s_2\begin{bmatrix}-2\\1\\0\end{bmatrix}+s_3\begin{bmatrix}-3\\0\\1\end{bmatrix}$. Durch Einsetzen erhalten wir

$\begin{bmatrix}1\\2\\3\end{bmatrix}\left(\begin{bmatrix}1\\2\\3\end{bmatrix}+s_2\begin{bmatrix}-2\\1\\0\end{bmatrix}+s_3\begin{bmatrix}-3\\0\\1\end{bmatrix}\right)-14=0$, also $14+0s_2+0s_3-14=0$, eine Gleichung, die für alle $s_2, s_3 \in \mathbb{R}$ erfüllt ist. Die beiden Gleichungsformen beschreiben also dieselbe Ebene.

Bemerkung: Sehr bemerkenswert und zunächst ungewohnt ist die Tatsache, daß ein und dasselbe geometrische Gebilde (Gerade, Ebene) in der Vektorrechnung durch verschiedene Gleichungen beschrieben werden kann! Eine Tatsache, die dem Lernenden Vergleiche von Lösungen erschwert!

Beispiel: $\vec{r} = \begin{bmatrix}1\\2\end{bmatrix}+t\begin{bmatrix}7\\6\end{bmatrix}$ und $\vec{r} = \begin{bmatrix}8\\8\end{bmatrix}+s\begin{bmatrix}14\\12\end{bmatrix}$ stellen dieselbe Gerade g dar. Die Richtungsvektoren sind Vielfache voneinander, einmal wurde der Punkt $[1,2] \in g$, das andere Mal $[8,8] \in g$ als Punkt auf der Geraden g benutzt.

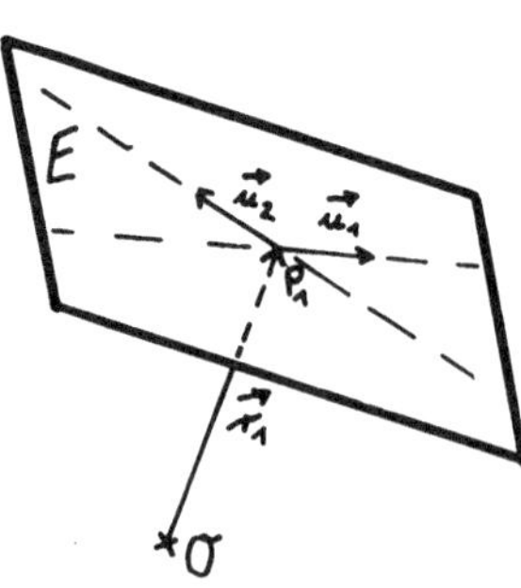

Figur 4.18

Wir könnten nun einen große Anzahl von Aufgaben formulieren, bei denen Geraden und Ebenen miteinander zum Schnitt gebracht werden. Für die Schnittmengen gibt es verschiedene Fälle. So können sich einzelne Punkte, Geraden, Ebenen oder leere Mengen ergeben. Einen Überblick über die Fälle gibt Tabelle 4.1. Die Vielfalt der Aufgaben wird noch dadurch gesteigert, daß z.B. Ebenen mit verschiedenen Gleichungsformen gegeben sein können. Diese Aufgaben führen stets auf die Lösung linearer Gleichungssysteme! Diese aber beherrschen wir mit unseren Programmen LGSKURZ und GAUSSELIMINATION. Nach der Lösung der LGS muß dann die Interpretation der Lösungsmengen folgen.

Tabelle 4.1 Schnittmengen	Gerade g2 $\vec{r}=\vec{r}_2+t_2\vec{u}_2$	Ebene E2 $\vec{r}=\vec{r}_2+t_2\vec{u}_2+s_2\vec{v}_2$	Ebene E2 $(\vec{r}-\vec{r}_2)\vec{n}_2=0$	Kugel KU $\vec{r}\vec{r}=R^2$
P_0, $\vec{r}_0$	a) $\vec{r}_0$ für $\vec{r}$ einsetzen, LGS lösen (3 Gl.,1 Var): 1) t_2 eindeutig $\Rightarrow$ $P_0 \in g2$ 2) t_2 nicht eind. $\Rightarrow$ $P_0 \notin g2$	b) $\vec{r}_o$ für $\vec{r}$ einsetzen, LGS lösen (3 Gl.,2 Var): 1) t_2,s_2 eindeutig $\Rightarrow$ $P_0 \in E2$ 2) t_2,s_2 nicht eind. $\Rightarrow$ $P_0 \notin E2$	c) $\vec{r}_o$ für $\vec{r}$ einsetzen, linke Seite 1 ausrechnen: 1) 1=0 $\Rightarrow$ $P_0 \in E2$, 2) 1$\neq$0 $\Rightarrow$ $P_0 \notin E2$	d) $\vec{r}_o$ für $\vec{r}$ einsetzen, linke Seite 1 ausrechnen, 1) $1=R^2 \Rightarrow P_0 \in KU$ 2) $1 \neq R^2 \Rightarrow P_0 \notin KU$
Gerade g1 $\vec{r}=\vec{r}_1+t_1\vec{u}_1$	e) Gleichsetzen, LGS lösen (3 Gl.,2 Var): 1) t_1,t_2 eind. $\Rightarrow$ $g1 \cap g2=\{S\}$ (Punkt) 2) t_1,t_2 unendl. viele Lösungen $\Rightarrow$ g1=g2, 3) t_1,t_2 keine Lösung $\Rightarrow$ g1//g2, windschief	f) Gleichsetzen, LGS lösen (3 Gl.,3 Var): 1) t_1,t_2,s_2 eind. $\Rightarrow$ $g1 \cap E2 = \{S\}$ (Punkt) 2) t_1,t_2,s_2 unendlich viele Lös. $\Rightarrow$ $g1 \subset E2$, 3) t_1,t_2,s_2 keine Lösung $\Rightarrow$ g1//E2	g) für $\vec{r}$ einsetzen, LGS lösen (3 Gl.,1 Var): 1) t_1 eindeutig $\Rightarrow$ $g1 \cap E2=\{S\}$ (Punkt) 2) t_1 unendl. viele Lösungen $\Rightarrow$ $g1 \subset E2$, 3) t_1 keine Lös. $\Rightarrow$ g1//E2	h) für $\vec{r}$ einsetzen, quadratische Gleichung in t_1 lösen: 1) Radikand>0 $\Rightarrow$ Sekante g1 $g1 \cap KU=\{S1,S2\}$ 2) Radikand=0 $\Rightarrow$ Tangente g1 $g1 \cap KU=\{B\}$, Berührpunkt 3) Radikand<0 $\Rightarrow$ Passante $g1 \cap KU=\emptyset$
Ebene E1 $\vec{r}=\vec{r}_1+t_1\vec{u}_1+s_1\vec{v}_1$ (x)	i) wie bei f)	j) Gleichsetzen, LGS lösen (3 Gl.,4 Var): Var. t_1,t_2,s_1,s_2 1) 1 freier Param. $\Rightarrow$ $E1 \cap E2$=g (Gerade) 2) 2 freie Param. $\Rightarrow$ E1=E2 3) keine Lösung $\Rightarrow$ E1//E2	k) für $\vec{r}$ einsetzen, LGS lösen (3 Gl.,2 Var): Var. t_1,s_1 1) 1 freier Param. $\Rightarrow$ $E1 \cap E2$=g (Gerade) 2) 2 freie Param. $\Rightarrow$ E1=E2 3) keine Lösung $\Rightarrow$ E1//E2	l) für $\vec{r}$ einsetzen, quadratische Form kann sein: Kreis im $\mathbb{R}^3$, Tangentialebene, leere Menge
Ebene E1 $(\vec{r}-\vec{r}_1)\vec{n}=0$	m) wie bei g)	n) wie bei k)	o) E1 in (x) verwan.	p) E1 in (x) verwandeln

PROBLEMSTELLUNG 4.5: Bestimmen Sie die Schnittmengen der Punktmengen E1,E2,E3,g1. Benutzen Sie die Programme zur Lösung linearer Gleichungssysteme (GAUSSELIMINATION oder LGSKURZ).

E1: $\vec{r}=\begin{bmatrix}1\\2\\3\end{bmatrix}+t_1\begin{bmatrix}0\\4\\5\end{bmatrix}+s_1\begin{bmatrix}6\\1\\2\end{bmatrix}$ E2: $\vec{r}=\begin{bmatrix}7\\7\\10\end{bmatrix}+t_2\begin{bmatrix}6\\9\\12\end{bmatrix}+s_2\begin{bmatrix}1\\1\\1\end{bmatrix}$ E3: $\vec{r}=\begin{bmatrix}1\\0\\1\end{bmatrix}+t_3\begin{bmatrix}-4\\-5\\4\end{bmatrix}+s_3\begin{bmatrix}3\\2\\1\end{bmatrix}$

g1: $\vec{r}=\begin{bmatrix}0\\-3\\6\end{bmatrix}+t_4\begin{bmatrix}1\\1\\1\end{bmatrix}$

PROBLEMLÖSUNG: Wir betrachten z.B. E1∩E2. Durch Gleichsetzen entsteht das LGS (eingetragen ins Ausgangsschema T0):

T0	t_1	s_1	t_2	s_2	$x_5=1$
y_1	0	6	-6	-1	-6
y_2	4	1	-9	-1	-5
y_3	5	2	-12	-1	-7

⟹

T3	y_2	y_1	y_3	t_2	$x_5=1$
t_1	Ergebnisse uninteressant			2	1
s_1				1	1
s_2				0	0

Wir können ablesen:

$t_1 = 2t_2+1$, $s_1= t_2+1$, $s_2= 0t_2+0=0$. Diese Ergebnisse werden bei E2 eingesetzt. Als Schnittmenge ergibt sich die Gerade

g: $\vec{r}=\begin{bmatrix}7\\7\\10\end{bmatrix}+t_2\begin{bmatrix}6\\9\\12\end{bmatrix}$.

Entsprechend können weitere Schnittmengen berechnet werden, etwa E1∩g1 $=\{[25,22,31]\}$.

<u>Hinweise zur Erstellung eines Programmsystems</u> zur Berechnung von Schnittmengen zwischen Geraden und Ebenen:

1) Erstellen Sie zunächst Algorithmen, mit denen nach Eingabe der Gleichungsformen zweier Punktmengen die entstehenden linearen Gleichungssysteme hergestellt werden.

2) Bearbeiten Sie dann die LGS mit den Programmen LGSKURZ oder GAUSSELIMINATION.

3) Ziehen Sie Ihre Schlüsse aus den Lösungen des LGS. Setzen Sie gegebenenfalls die gefundenen Parameterwerte in eine der Gleichungen für die Punktmengen ein, und bestimmen Sie so die Schnittmenge.

4.8 PROZEDUREN ZUR VEKTORRECHNUNG (TEIL 2)

Für die Arbeit mit Geraden- und Ebenengleichungen sind Prozeduren zum Einlesen der einzelnen Gleichungsformen nützlich. Als Beispiele werden genannt:
GPUNKTRICHTUNGSFORM, liest eine Geradengleichung dieser Form ein,
GPUNKTRICHTUNGAUS , gibt eine Geradengleichung dieser Form aus,
EPUNKTRICHTUNGSFORM, ENORMALENFORM geben Ebenen dieser Formen ein.
Sie werden zusammengefaßt zu VPROZ2 (Alg 24).

```
PROCEDURE GPUNKTRICHTUNGSFORM(VAR ORTSVEKTOR,RICHTUNGSVEKTOR:VEKTOR);
BEGIN WRITELN('ORTSVEKTOR :');
      VEKTOREINLESEN(ORTSVEKTOR);
      WRITELN('RICHTUNGSVEKTOR :');
      VEKTOREINLESEN(RICHTUNGSVEKTOR);
END;
PROCEDURE EPUNKTRICHTUNGSFORM
(VAR ORTSVEKTOR,RICHTUNGSVEKTOR1,RICHTUNGSVEKTOR2:VEKTOR);
BEGIN VEKTOREINLESEN(ORTSVEKTOR);
      WRITELN('RICHTUNGSVEKTOR :');
      VEKTOREINLESEN(RICHTUNGSVEKTOR1);
      WRITELN('RICHTUNGSVEKTOR :');
      VEKTOREINLESEN(RICHTUNGSVEKTOR2);
END;
PROCEDURE ENORMALENFORM(VAR NORMALENVEKTOR:VEKTOR;ZAHL:REAL);
BEGIN WRITELN('NORMALENVEKTOR :');
      VEKTOREINLESEN(NORMALENVEKTOR);
      WRITELN('ZAHL EINGEBEN:');
      READLN;READ(ZAHL);
END;
PROCEDURE GPUNKTRICHTUNGAUS(ORTSVEKTOR,RICHTUNGSVEKTOR:VEKTOR);
VAR I:INTEGER;
BEGIN WRITELN('VEKTOR = ORTSVEKTOR+T*RICHTUNGSVEKTOR');
      FOR I:=1 TO DIM DO
      WRITELN('     ',ORTSVEKTOR[I]:10:4);
      WRITELN('     ',RICHTUNGSVEKTOR[I]:10:4);
END;
```

VPROZ2 (Alg 24)

Eine Anwendung dieser Prozeduren bleibe dem Leser überlassen, in den Übungsaufgaben werden Beispiele genannt.

....

ÜBUNGSAUFGABEN

Ü 4.18) Schreiben Sie Algorithmen zur Umwandlung einer Ebenengleichung in Normalenform in die Punktrichtungsform und umgekehrt.

Ü 4.19) Erstellen Sie weitere Prozeduren zur Analytischen Geometrie, z.B. Schnitt Gerade/Ebene, Schnitt Ebene/Ebene, Untersuchung der Lage von Punkten zu Geraden/Ebenen/Kugeln.

Ü 4.20) Wie heißt die Ebenengleichung $2x-3y+5z=35$ in Punktrichtungsform?

Ü 4.21) Gegeben ist die Kugel mit der Gleichung $\vec{r}=36$.
a) Bestimmen Sie die Tangentialebenen in den Punkten $P_1=[6,0,0]$ und $P_2=[4,4,2]$. b) Bestimmen Sie die Gleichung der Geraden, in der sich die beiden Ebenen schneiden.

Ü 4.22) Begründen Sie: Eine Gerade im $\mathbb{R}^2$ kann durch die Gleichung $\vec{r}\vec{n}-\vec{r}_1\vec{n}=0$ dargestellt werden.

Ü 4.23) Es sei

$$E1: \begin{bmatrix}2\\1\\1\end{bmatrix}\vec{r}=0 , \quad E2: \vec{r}=\begin{bmatrix}1\\0\\0\end{bmatrix}+t\begin{bmatrix}0\\2\\4\end{bmatrix}+s\begin{bmatrix}2\\1\\4\end{bmatrix}, \quad g: \vec{r}=\begin{bmatrix}1\\0\\2\end{bmatrix}+v\begin{bmatrix}4\\1\\0\end{bmatrix}.$$

Berechnen Sie alle Schnittmengen je zweier Punktmengen. Liegt der Punkt $P=[-3,4,20]$ in E1,E2 oder g?

4.9 WEITERE ABSTANDBERECHNUNGEN

Die Berechnung des Abstands zweier Punkte im $\mathbb{R}^3$ war leicht mit Hilfe des Pythagoras zu bewältigen, siehe 4.2. Andere Abstandsberechnungen im $\mathbb{R}^3$ sind schwieriger:

- Abstand Punkt-Gerade	- Abstand Punkt-Ebene
- Abstand Gerade-Ebene (g//E)	- Abstand Ebene-Ebene (E1//E2)
- Abstand Gerade-Gerade	usw.

PROBLEMSTELLUNG 4.6: Man ermittle den Abstand des Punktes Q von der Geraden g.

$$Q=[10,11,12] , \quad g: \vec{r}=\begin{bmatrix}1\\2\\3\end{bmatrix}+t\begin{bmatrix}2\\5\\4\end{bmatrix}.$$

LÖSUNG 1: Wir suchen eine möglichst kurze Strecke $\overline{QP_i}$, siehe Figur 4.18. So ist als einfache Lösung zunächst an eine schrittweise Annäherung an den gesuchten Abstand zu denken. Jedes t aus einem Intervall $[t_A,t_B]$, Schrittweite t_H, liefert einen Punkt P_i auf g, indem t in die Geradengleichung eingesetzt wird.

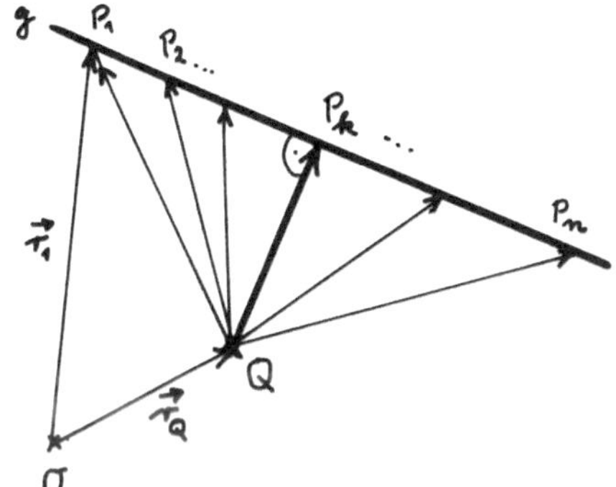

Figur 4.19:
Abstand Punkt-Gerade

Berechnung der Streckenlänge mit
$|\overline{QP}| = \sqrt{(x_i-x_Q)^2+(y_i-y_Q)^2+(z_i-z_Q)^2}$.

Bei dieser Lösung werden nur einfachste Kenntnisse (Abstand zweier Punkte im $\mathbb{R}^3$,Geradengleichung) benutzt. Gleichzeitig werden wir mit einem Verfahren vertraut, das auch bei anderen Abstandsberechnungen „Punkt-Kurve", deren exakte rechnerische Erfassung oft schwierig ist, angewendet werden kann.
Die algorithmische Lösung ist aus dem Programm ABSTANDPUNKTGERADE (Alg 25) leicht ablesbar (insbesondere Zeilen 27-47).

```
 1 PROGRAM ABSTANDPUNKTGERADE(INPUT, OUTPUT);
 2 VAR R0,R1,U,P            :ARRAY(. 1..3. ) OF REAL;
 3       TA,TB,TH,T,D,S,DI  :REAL;
 4       WEITER             :CHAR;
 5       I                  :INTEGER;
 6 BEGIN
 7   WRITELN('ABSTANDSBERECHNUNG EINES PUNKTES VON EINER GERADEN');
 8   WRITELN('==================================================');
 9   WRITELN('KOORDINATEN DES PUNKTES EINGEBEN :');
10   WRITELN(' X    Y    Z');
11   READLN;
12   FOR I := 1 TO 3
13   DO READ(R0(. I. ));
14   WRITELN('KOMPONENTEN DES ORTSVEKTORS DER GERADEN EINGEBEN :');
15   WRITELN(' X    Y    Z');
16   READLN;
17   FOR I := 1 TO 3
18   DO READ(R1(. I. ));
19   WRITELN('KOMPONENTEN DES RICHTUNGSVEKTORS DER GERADEN EINGEBEN
     :');
20   WRITELN(' X    Y    Z');
21   READLN;
22   FOR I := 1 TO 3
23   DO READ(U(. I. ));
24   WRITELN('==================================================');
25   WEITER := 'J';
26   WHILE WEITER = 'J'
```

ABSTANDPUNKTGERADE (Alg 25)

```
DO BEGIN
     WRITELN('PARAMETERBEREICH (TA,TB) UND SCHRITTWEITE TH EIN
     GEBEN:');
     WRITELN(' TA        TB        TH');
     READLN;
     READ(TA, TB, TH);
     T := TA;
     WRITELN('PUNKTE AUF DER GERADEN..........ENTFERNUNG...PAR
     AMETER T');
     REPEAT
       S := 0;
       FOR I := 1 TO 3
       DO BEGIN
            DI := R0(. I. ) - (R1(. I. ) + T * U(. I. ));
            S := S + SQR(DI);
          END;
       D := SQRT(S);
       FOR I := 1 TO 3
       DO P(. I. ) := R1(. I. ) + T * U(. I. );
       WRITELN(P(. 1. ):8:4,'  ',P(. 2. ):8:4,'  ',P(. 3. ):8:4,
               '    ',D:8:4,'     ',T:8:4);
       T := T + TH;
     UNTIL T > TB;
     WRITELN('===================================================
     =');
     WRITELN('NEUE BERECHNUNG? (J,N) ');
     READLN;
     READ(WEITER);
   END;
   END.
```

Es folgt ein Testlauf mit den in Problemstellung 4.6 gegebenen Werten:

```
(OUT)   PASCAL PROGRAM ABSTANDP STARTED
(OUT)   ABSTANDSBERECHNUNG EINES PUNKTES VON EINER GERADEN
(OUT)   ====================================================
(OUT)   KOORDINATEN DES PUNKTES EINGEBEN :
(OUT)    X    Y    Z
(IN)    10   11   12
(OUT)   KOMPONENTEN DES ORTSVEKTORS DER GERADEN EINGEBEN :
(OUT)    X    Y    Z
(IN)    1    2    3
(OUT)   KOMPONENTEN DES RICHTUNGSVEKTORS DER GERADEN EINGEBEN:
(OUT)    X    Y    Z
(IN)    2    5    4
(OUT)   ====================================================
(OUT)   PARAMETERBEREICH (TA,TB) UND SCHRITTWEITE TH EINGEBEN:
(OUT)    TA        TB        TH
(IN)    -10        10         1
(OUT)   PUNKTE AUF DER GERADEN..........ENTFERNUNG...PARAMETER T
(OUT)   -19.0000  -48.0000  -37.0000     81.9939    -10.0000
(OUT)   -17.0000  -43.0000  -33.0000     75.2994    - 9.0000
(OUT)   -15.0000  -38.0000  -29.0000     68.6076    - 8.0000
(OUT)   -13.0000  -33.0000  -25.0000     61.9193    - 7.0000
(OUT)   -11.0000  -28.0000  -21.0000     55.2359    - 6.0000
(OUT)   - 9.0000  -23.0000  -17.0000     48.5592    - 5.0000
(OUT)   - 7.0000  -18.0000  -13.0000     41.8927    - 4.0000
(OUT)   - 5.0000  -13.0000  - 9.0000     35.2420    - 3.0000
```

```
(OUT)    - 3.0000   - 8.0000   - 5.0000      28.6182      - 2.0000
(OUT)    - 1.0000   - 3.0000   - 1.0000      22.0454      - 1.0000
(OUT)      1.0000     2.0000     3.0000      15.5885        0.0000
(OUT)      3.0000     7.0000     7.0000       9.4868   -->  1.0000
(OUT)      5.0000    12.0000    11.0000  -->  5.1962        2.0000
(OUT)      7.0000    17.0000    15.0000       7.3485   -->  3.0000
(OUT)      9.0000    22.0000    19.0000      13.0767        4.0000
(OUT)     11.0000    27.0000    23.0000      19.4422        5.0000
(OUT)     13.0000    32.0000    27.0000      25.9808        6.0000
(OUT)     15.0000    37.0000    31.0000      32.5883        7.0000
(OUT)     17.0000    42.0000    35.0000      39.2301        8.0000
(OUT)     19.0000    47.0000    39.0000      45.8912        9.0000
(OUT)     21.0000    52.0000    43.0000      52.5642       10.0000
(OUT)
(OUT)    ==================================================
(OUT)    NEUE BERECHNUNG? (J,N)
(IN)     J
(OUT)    PARAMETERBEREICH (TA,TB) UND SCHRITTWEITE TH EINGEBEN:
(OUT)     TA        TB        TH
(IN)      1         3         0.1
(OUT)    PUNKTE AUF DER GERADEN..........ENTFERNUNG...PARAMETER T
(OUT)      3.0000     7.0000     7.0000       9.4868        1.0000
(OUT)      3.2000     7.5000     7.4000       8.9247        1.1000
                      usw.
```

Man stellt nun fest, daß der Abstand bei $t_H = 2.2$ am geringsten ist. Er beträgt dort 5.0200. Für den nächsten Durchgang wählen wir also $t_A=2.1$, $t_B=2.3$, $t_H=0.01$, danach $t_A=2.19$, $t_B=2.21$, $t_H=0.001$. Die Genauigkeit der Ergebnisse kann auf diese Weise weiter verbessert werden. In dem vorliegenden Fall bleiben wir für die zuletzt angegebenen Werte von t_A, t_B und t_H und 4 Nachkommastellen bei dem Ergebnis

$P=[5.4,\ 13,\ 11.8]$, Entfernung von $Q = 5.0200$.

Bei 8 Nachkommastellen und $t_A=2.195$, $t_B=2.205$, $t_H=0.0001$ verbessert sich die Abstandsberechnung auf den Wert 5.01996016. P ändert sich nicht mehr.

....

Wir bringen nun noch zwei exakte Lösungen für Problemstellung 4.6, in denen Hilfsmittel der Analytischen Geometrie in recht verschiedener Weise angewendet werden.

LÖSUNG 2: a) Ebene E durch Q legen, so daß $E \perp g$,

b) $E \cap g = \{F\}$ berechnen,

c) $|\overline{QF}|$ bestimmen.

Zu a) Günstig ist die Normalenform für E, da mit dem Richtungsvektor von g gleichzeitig ein Normalenvektor von E bekannt ist.

$\vec{n}\vec{r}-\vec{n}\vec{r}_1=0$, das heißt in unserem Fall $\begin{bmatrix}2\\5\\4\end{bmatrix}\vec{r}-\begin{bmatrix}2\\5\\4\end{bmatrix}\begin{bmatrix}10\\11\\12\end{bmatrix}= 0$, also

$\begin{bmatrix}2\\5\\4\end{bmatrix}\vec{r}-123=0.$

Zu b) $\begin{bmatrix}2\\5\\4\end{bmatrix}\left(\begin{bmatrix}1\\2\\3\end{bmatrix}+t\begin{bmatrix}2\\5\\4\end{bmatrix}\right)-123 = 0 \Rightarrow 45t=99 \Rightarrow t=\frac{11}{5}$.

Nach Einsetzen in die Geradengleichung erhält man $F=\left[\frac{27}{5},13,\frac{59}{5}\right]$.

Zu c) $|\overline{QF}|^2 = (\frac{23}{5})^2+2^2+(\frac{1}{5})^2 \Rightarrow |\overline{QF}|=\sqrt{25.2}\approx 5.0199601$ LE, in guter Übereinstimmung mit dem Näherungsverfahren.

LÖSUNG 3: Man vergleiche Figur 4.20.

a) $P_1 \in g$ beliebig wählen, z.B. den Ortsvektor in der Geradengleichung:

$\overrightarrow{QF} = \overrightarrow{QP_1}+\overrightarrow{P_1F} = \vec{r}_{P_1}-\vec{r}_Q+t\vec{u} \quad /\cdot\vec{u}$

b) $0 = (\vec{r}_{P_1}-\vec{r}_Q)\vec{u}+t\vec{u}^2$

t berechnen, in Geradengleichung einsetzen.

c) $|\overline{FQ}|$ bstimmen.

Durchrechnung für obiges Zahlenbeispiel bestätigt das bekannte Ergebnis für $|\overline{FQ}|$.

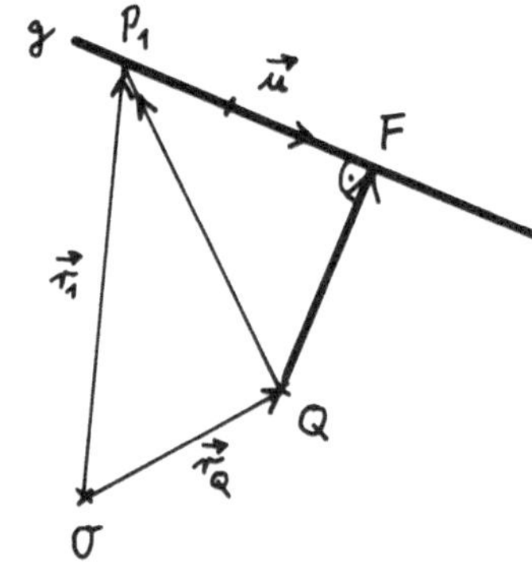

Figur 4.20

Abstand eines Punktes Q von einer Ebene E, siehe Figur 4.21:

a) Gerade g durch Q legen mit $g \perp E$, Normalenvektor von E wird Richtungsvektor von g,

b) $g \cap E = \{F\}$ berechnen, c) $|\overrightarrow{QF}|$ bestimmen.

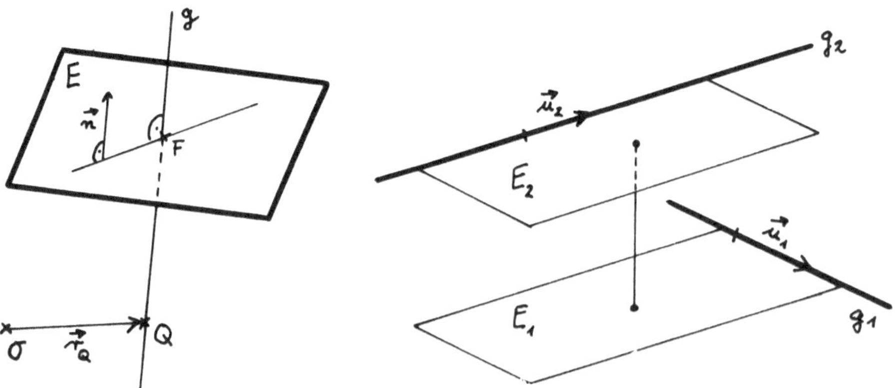

Figur 4.21: Abstand Punkt/Ebene Figur 4.22: Abstand von Geraden

Abstand zweier Ebenen (E1//E2):

a) Abstand des Nullpunkts von E1 berechnen, er sei e_1,
b) Abstand des Nullpunkts von E2 berechnen, er sei e_2,
c) $e=|e_1 \mp e_2|$ ist der Abstand der beiden Ebenen, Lage von 0 beachten!

Abstand einer Geraden von einer Ebene (g//E):

a) Ebene E2 durch g legen, so daß E2//E,
b) Fortsetzung wie oben für zwei parallele Ebenen.

Abstand zweier Geraden g1 und g2 (Figur 4.22):

Für zwei Geraden im $\mathbb{R}^3$ gibt es drei Möglichkeiten:
a) $g1 \cap g2 \neq \emptyset$, keine Abstandsberechnung,
b) g1//g2, Abstandsberechnung möglich,
c) g1 windschief g2, Abstandsberechnung möglich.

Zu b) Man nehme einen beliebigen Punkt auf einer der Geraden und berechne dessen Abstand von der anderen Geraden, siehe oben.

Zu c) g1: $\vec{r}=\vec{r}_1+t_1\vec{u}_1$, g2: $\vec{r}=\vec{r}_2+t_2\vec{u}_2$. Unter dem Abstand der windschiefen Geraden wollen wir den Abstand zweier paralleler Ebenen E1 und E2 (Figur 4.22) verstehen. Die Ebenen werden so konstruiert, daß g1 in E1 liegt und E1//g2 ist, und daß
g2 in E2 liegt und E2//g1 ist. Dann berechnet man auf bekannte Weise den Abstand der beiden Ebenen.

....

ÜBUNGSAUFGABEN

Ü 4.24) Berechnen Sie den Abstand des Punktes P=[0,0,0] von der Geraden g1 mit Hilfe des Näherungsverfahrens von Alg 25 und überprüfen Sie das Ergebnis mit Hilfe einer genauen Berechnung.

g1: $\vec{r}=\begin{bmatrix}1\\1\\1\end{bmatrix}+t\begin{bmatrix}2\\1\\2\end{bmatrix}$.

Ü 4.25) Berechnen Sie den Abstand des Punktes P=[1,2,3] zur Ebene E: 5x+y+4z-20=0 und zur Kugel KU: $(\vec{r}-\begin{bmatrix}1\\4\\2\end{bmatrix})^2=1$.

Ü 4.26) Schreiben Sie Programme für die Abstandsberechnungen Punkt-Gerade, Punkt-Ebene, Punkt-Kugel, Punkt-Kreis, Gerade-Ebene, Ebene-Ebene, Gerade-Kugel.

Ü 4.27) Entwickeln Sie einen Algorithmus zur Berechnung der Schnittmenge zweier Ebenen. Benutzen Sie VPROZ und VPROZ2.

5. VEKTORRÄUME

5.1 BEGRIFF DES VEKTORRAUMS

In den Kapiteln 1 bis 4 haben wir mit Objekten der Linearen Algebra bearbeitet. Dabei ging es oft um die Entwicklung von Algorithmen zur Lösung verschiedenartiger Probleme. Matrizen und lineare Gleichungssysteme erwiesen sich als wichtige Hilfsmittel. Mathematische Gesetzmäßigkeiten wurden meistens nur soweit behandelt, wie es für die anstehenden Probleme nötig war. So wurde auf eine systematische Herleitung von Gesetzen zugunsten problemorientierter Betrachtungen bewußt verzichtet.
Nachdem sich nun aber zahlreiche Ergebnisse aus der Linearen Algebra angesammelt haben, ist es an der Zeit, zu ordnen und einige theoretische Hintergründe aufzuhellen! Grundlegend für derartige Betrachtungen ist der Begriff des Vektorraums.

DEFINITION 5.1: V sei eine nichtleere Menge. Ihre Elemente $\vec{a},\vec{b},\vec{c},\ldots$ nennen wir Vektoren. V heißt Vektorraum (über dem Körper der reellen Zahlen), wenn

1) V eine additive Gruppe ist, d.h.
   - VR1) $\vec{a},\vec{b}\in V \Rightarrow (\vec{a}+\vec{b})\in V$ (Abgeschlossenheit der Addition)
   - VR2) $\vec{a},\vec{b},\vec{c}\in V \Rightarrow (\vec{a}+\vec{b})+\vec{c}=\vec{a}+(\vec{b}+\vec{c})$ (Assoziativgesetz)
   - VR3) Es gibt genau ein Element $\vec{o}\in V$, so daß für alle $\vec{a}\in V$ gilt $\vec{a}+\vec{o}=\vec{a}$ ($\vec{o}$ ist neutrales Element).
   - VR4) Zu jedem $\vec{a}\in V$ gibt es genau ein Element $(-\vec{a})\in V$, so daß $\vec{a}+(-\vec{a})=\vec{o}$ ($-\vec{a}$ ist inverses Element zu $\vec{a}$).
   - VR5) $\vec{a},\vec{b}\in V \Rightarrow \vec{a}+\vec{b}=\vec{b}+\vec{a}$ (Kommutativgesetz)
2) eine Multiplikation der Elemente aus V mit Elementen aus $\mathbb{R}$ (sogenannten Skalaren) erklärt ist, so daß
   - VR6) $k\in\mathbb{R}$ und $\vec{a}\in V = k\vec{a}\in V$
   - VR7) $k(\vec{a}+\vec{b}) = k\vec{a}+k\vec{b}$ (1.Distributivgesetz)
   - VR8) $(l+k)\vec{a} = l\vec{a}+k\vec{a}$ (2.Distributivgesetz)
   - VR9) $l(k\vec{a}) = (lk)\vec{a}$ (Assoziativgesetz)
   - VR10) $1\vec{a} = \vec{a}$ (neutrales Element).

   Diese Beziehungen müssen für alle $\vec{a},\vec{b}\in V$; $k,l\in\mathbb{R}$ gelten.

Bemerkung: Unter „Vektoren" sind in diesem Zusammenhang lediglich Elemente aus V zu verstehen, ohne daß man sich darunter z.B. einen Vektor im geometrischen Sinn vorstellen muß. Wie wir gleich sehen werden, können diese „Vektoren" z.B. durch (m,n)-Matrizen, ganzrationale Funktionen n-ten Grades usw., aber auch durch Vektoren im $\mathbb{R}^n$ realisiert werden.

Gehen wir in Gedanken den Inhalt der Kapitel 1-4 durch, so erkennen wir die Struktur eines Vektorraums an verschiedenen konkreten Objekten wieder.

Da ist zunächst die Menge M aller (m,n)-Matrizen mit der Verknüpfung "+" und der Multiplikation mit einer reellen Zahl r. Offensichtlich liegt ein Vektorraum vor!

Wir begnügen uns mit einigen Nachweisen:

Zu VR1) Die Summe zweier (m,n)-Matrix ist bekanntlich laut Definition wieder eine (m,n)-Matrix.

Zu VR3) Neutrales Element ist die Nullmatrix O vom Typ (m,n).

Zu VR4) Invers zu $(a_{ik})_{(m,n)}$ ist $(-a_{ik})_{(m,n)}$.

Zu VR7) Der Beweis kann in Kapitel 1.5 nachgelesen werden.

Der Analytischen Geometrie in Kapitel 4 liegt der dreidimensionale Raum $\mathbb{R}^3$ zugrunde. Die 3-Tupel des $\mathbb{R}^3$ bilden ebenfalls einen Vektorraum über dem Körper der reellen Zahlen. Der $\mathbb{R}^3$ ist nur ein Sonderfall des Vektorraums $\mathbb{R}^n$ der n-Tupel. Die in einem Vektorraum gültigen Rechenregeln wurden häufig in Kapitel 4 benutzt.

Auch in der Theorie der linearen Gleichungssysteme werden wir den Begriff des Vektorraums wiederfinden.

5.2 LINEARKOMBINATIONEN

Weitergehende Strukturbetrachtungen über Vektorräume sind bei unserem Lineare Algebra-Lehrgang von keinem besonderen Interesse. Wichtig dagegen ist die folgende Feststellung, weil sie mit numerischen Problemen verbunden ist:

> Mit Hilfe von in Vektorräumen geltenden Gesetzen kann man sogenannte Linearkombinationen aufbauen!

a1) $L_1=7\begin{bmatrix}2 & 4\\1 & 6\end{bmatrix}-3\begin{bmatrix}6 & 1\\4 & 5\end{bmatrix}+6.3\begin{bmatrix}1 & 2\\3 & 4\end{bmatrix}$ und

a2) $L_2=r\begin{bmatrix}2 & 4\\1 & 6\end{bmatrix}+s\begin{bmatrix}6 & 1\\1 & 1\end{bmatrix}$, $r,s\in\mathbb{R}$ sind Linearkombinationen im Vektorraum der (2,2)-Matrizen.

b1) $\vec{r}=\vec{r}_1+t_1\vec{u}_1+t_2\vec{u}_2$ mit $t_1,t_2\in\mathbb{R}$ (Ebenengleichung!) und

b2) $\vec{r}=\begin{bmatrix}2\\2\\3\end{bmatrix}+t\begin{bmatrix}1\\1\\1\end{bmatrix}$, $t\in\mathbb{R}$ (Geradengleichung) und b3) $\vec{l}=\begin{bmatrix}4\\2\end{bmatrix}-8\begin{bmatrix}3\\4\end{bmatrix}$ sind Linearkombinationen im $\mathbb{R}^3$ bzw. $\mathbb{R}^2$, die in der Analytischen Geometrie von Bedeutung sind.

c1) Auch das lineare Gleichungssystem

$$\begin{aligned}3x_1+4x_2+5x_3 &= 9\\ x_1+6x_2-5x_3 &= 5\end{aligned}$$

, d.h. $x_1\begin{bmatrix}3\\1\end{bmatrix}+x_2\begin{bmatrix}4\\6\end{bmatrix}+x_3\begin{bmatrix}5\\-5\end{bmatrix}=\begin{bmatrix}9\\5\end{bmatrix}$ kann als Linearkombination der Vektoren $\begin{bmatrix}3\\1\end{bmatrix},\begin{bmatrix}4\\6\end{bmatrix},\begin{bmatrix}5\\-5\end{bmatrix}$ aufgefaßt werden, bei der sich bei geeigneter Wahl von x_1,x_2,x_3 gerade der Vektor $\begin{bmatrix}9\\5\end{bmatrix}$ ergeben soll.

d1) $f(x)=7(x^2-2x+1)-6(x^2+5x-1)$, $x\in\mathbb{R}$, ist eine Linearkombination aus dem Vektorraum der ganzrationalen Funktionen zweiten Grades.

Linearkombinationen der Art wie in a) bis c) sind uns in den Kapiteln 1-4 häufig begegnet. Von Interesse waren dabei spezielle Mengen von Linearkombinationen, wie z.B. die Ebenengleichung in b1).

DEFINITION 5.2: $\vec{v}_1,\vec{v}_2, \ldots \vec{v}_n$ seien Vektoren eines Vektorraums V. $t_1,t_2, \ldots t_n$ seien reelle Zahlen.
Dann heißt der Vektor
$\vec{v}=t_1\vec{v}_1+t_2\vec{v}_2+\ldots+t_n\vec{v}_n=\sum_{i=1}^{n} t_i\vec{v}_i$ eine Linearkombination der Vektoren $\vec{v}_1,\vec{v}_2, \ldots \vec{v}_n$.

Bemerkung: Wie man mit Hilfe der Vektorraumeigenschaften leicht erkennt, gehört auch $\vec{v}$ dem Vektorraum V an.
Besonders wichtig sind Linearkombinationen mit speziellen Eigenschaften.

DEFINITION 5.3: Die Vektoren $\vec{v}_1,\vec{v}_2, \ldots\vec{v}_n$ eines Vektorraums V heißen linear unabhängig, wenn die Gleichung

(5.1) $t_1\vec{v}_1+t_2\vec{v}_2+\ldots+t_n\vec{v}_n=\vec{o}$ nur für $t_1=t_2=\ldots t_n=0$

erfüllt ist. Ist dagegen mindestens ein t_i ungleich 0, so heißen die Vektoren linear abhängig.

Beispiel: Wir wollen überprüfen, ob die Spaltenvektoren der Matrix $\begin{bmatrix} 1 & 5 & -8 & 3 \\ 2 & 5 & 0 & 6 \\ 4 & 1 & 2 & 12 \end{bmatrix}$ linear abhängig sind, fragen also mit (5.1), ob sich der Nullvektor $\vec{o}$ als Linearkombination der vier gegebenen Vektoren darstellen läßt. Wir müssen also gemäß (5.1) mit dem Ansatz

$$t_1 \begin{bmatrix} 1 \\ 2 \\ 4 \end{bmatrix} + t_2 \begin{bmatrix} 5 \\ 5 \\ 1 \end{bmatrix} + t_3 \begin{bmatrix} -8 \\ 0 \\ 2 \end{bmatrix} + t_4 \begin{bmatrix} 3 \\ 6 \\ 12 \end{bmatrix} = \begin{bmatrix} 0 \\ 0 \\ 0 \end{bmatrix}$$

nach Werten für t_1, t_2, t_3, t_4 suchen. Eine Lösung ist mit Sicherheit $t_1=t_2=t_3=t_4=0$. Wenn es nur diese Lösung gibt, sind die Vektoren linear unabhängig, finden wir weitere Lösungen (in $\mathbb{R}$ würde es dann unendlich viele geben), sind die Vektoren linear abhängig.

Benutzung von LGSKURZ ergibt das Endschema

T3	y_1	y_2	y_3	t_4	$t_5=1$
t_1	0.0746	-0.1343	0.2985	-3	0
t_2	-0.0298	0.2537	-0.1194	0	0
t_3	-0.1343	0.1417	-0.0373	0	0

,also $t_1=-3t_4+0$, $t_2= 0+0$, $t_3= 0+0$, $t_4 \in \mathbb{R}$.

t_4 kann also frei gewählt werden, es gibt unendlich viele Lösungen. Die 4 Spaltenvektoren sind linear abhängig. Am Ergebnis wird noch deutlich, daß die Unabhängigkeit der Vektoren an den Vektoren $\begin{bmatrix} 1 \\ 2 \\ 4 \end{bmatrix}$ und $\begin{bmatrix} 3 \\ 6 \\ 12 \end{bmatrix}$ scheitert. Diese Vektoren sind Vielfache voneinander! Hätte man auf den letzten Spaltenvektor der Matrix verzichtet, so würden die anderen Vektoren linear unabhängig voneinander sein! Aus dem letzten Schema würde sich dann nämlich nach Streichung der t_4-Spalte die Lösung $t_1=t_2=t_3=0$ ablesen lassen.

> Bei der Untersuchung von Vektoren auf lineare Unabhängigkeit (Abhängigkeit) sind lineare Gleichungssysteme zu lösen!

Gelegentlich ist es zweckmäßig, die Bedingung für die lineare Abhängigkeit anders zu formulieren, um z.B. die geometrische Deutung zu erleichern.

> SATZ 5.1: Die Vektoren $\vec{v}_1, \vec{v}_2, \ldots \vec{v}_n$ eines Vektorraums V sind genau dann linear abhängig, wenn sich mindestens einer von ihnen als Linearkombination der anderen darstellen läßt.

Beweis:

a) Wenn die Vektoren linear abhängig sind, so gibt es nach Def.5.3 mindestens ein $t_i \neq 0$, $t_i \in \mathbb{R}$, so daß

$\sum_{j=1}^{n} t_j \vec{v}_j = \vec{0}$. Auflösung nach $\vec{v}_i$ ergibt $\vec{v}_i = \left(\sum_{\substack{j=1 \\ j \neq i}}^{n} t_j \vec{v}_j\right) \frac{-1}{t_i}$ $(t_i \neq 0$, s.o.).

Mindestens einer der Vektoren ließ sich also als Linearkombination der anderen darstellen.

b) Läßt sich umgekehrt ein Vektor als Linearkombination der anderen darstellen, z.B.

$\vec{v}_k = \sum_{\substack{j=1 \\ j \neq k}}^{n} s_j \vec{v}_j$, so gilt $\sum_{j=1}^{n} s_j \vec{v}_j = \vec{o}$ mit $s_k = -1$.

Damit ist Satz 5.1 bewiesen.

....

Weiß man z.B., daß sich der Vektor $\begin{bmatrix} 7 \\ 9 \\ 6 \end{bmatrix}$ durch die Vektoren $\vec{u}_1 = \begin{bmatrix} 3 \\ 1 \\ 4 \end{bmatrix}$ und $\vec{u}_2 = \begin{bmatrix} 2 \\ 4 \\ 1 \end{bmatrix}$ darstellen läßt, so muß er in der durch $\vec{u}_1$ und $\vec{u}_2$ aufgespannten Ebene liegen. Tatsächlich gilt hier $\begin{bmatrix} 7 \\ 9 \\ 6 \end{bmatrix} = 1\vec{u}_1 + 2\vec{u}_2$.

Die Forderung, daß sich bei linearer Abhängigkeit mindestens ein Vektor als Linearkombination der anderen darstellen läßt, beinhaltet nicht, daß man dann jeden der Vektoren als Linearkombination der anderen schreiben kann. Betrachten wir z.B. die Vektoren $\begin{bmatrix} 9 \\ 0 \end{bmatrix}, \begin{bmatrix} 1 \\ 0 \end{bmatrix}, \begin{bmatrix} 0 \\ 3 \end{bmatrix}$,so gilt $\begin{bmatrix} 9 \\ 0 \end{bmatrix} = 9\begin{bmatrix} 1 \\ 0 \end{bmatrix} + 0\begin{bmatrix} 0 \\ 3 \end{bmatrix}$, d.h. $\begin{bmatrix} 9 \\ 0 \end{bmatrix}$ läßt sich als Linearkombination der beiden anderen Vektoren schreiben, jedoch gibt es keine Darstellung von $\begin{bmatrix} 0 \\ 3 \end{bmatrix}$ aus den Vektoren $\begin{bmatrix} 9 \\ 0 \end{bmatrix}$ und $\begin{bmatrix} 1 \\ 0 \end{bmatrix}$.

....

5.3 BASIS, BASISWECHSEL

PROBLEMSTELLUNG 5.1: Wie bestimmt man die maximale Anzahl linear unabhängiger Vektoren einer Menge von Vektoren? Wieviel linear unabhängige Vektoren kann es maximal im $\mathbb{R}^n$ geben?

Die Beantwortung dieser Fragen ist verschiedentlich von Bedeutung. Betrachten wir etwa die Darstellungen a) und b):

a) $\vec{r} = \begin{bmatrix} 1 \\ 4 \\ 7 \end{bmatrix} + t_1 \begin{bmatrix} 1 \\ 2 \\ 5 \end{bmatrix} + t_2 \begin{bmatrix} 4 \\ 1 \\ 6 \end{bmatrix}$ b) $\vec{r} = \begin{bmatrix} 1 \\ 4 \\ 7 \end{bmatrix} + s_1 \begin{bmatrix} 1 \\ 2 \\ 5 \end{bmatrix} + s_2 \begin{bmatrix} 10 \\ 20 \\ 50 \end{bmatrix}$. Die Richtungsvektoren in a) sind offenbar linear unabhängig, da sich keiner als Vielfaches des anderen darstellen läßt, bei b) dagegen sind sie linear abhängig. Während also bei a) tatsächlich eine Ebene dargestellt wird, ist es bei b) trotz der gleichen Form eine Gerade.

PROBLEMLÖSUNG: Wir erinnern uns an das Beispiel aus 5.2. Dort wurde die Frage nach der linearen Abhängigkeit von Vektoren durch Lösung eines linearen Gleichungssystems, d.h. durch Austauschschritte beantwortet. Dieses und weitere Beispiele führen zu

> SATZ 5.2: Die maximale Anzahl linear unabhängiger (Spalten-) Vektoren einer Matrix ist gleich der Anzahl der möglichen Austauschschritte, d.h. gleich dem Rang der Matrix.

Wir werden sehen, daß es im $\mathbb{R}^n$ maximal n linear unabhängige Vektoren gibt. Wir betrachten dazu die Menge der Einheitsvektoren des $\mathbb{R}^n$ (vergl. Figur 4.6):

$$EV=\{\vec{e}_1,\vec{e}_2,\ldots\vec{e}_n\}=\left\{\begin{bmatrix}1\\0\\\vdots\\0\end{bmatrix},\begin{bmatrix}0\\1\\\vdots\\0\end{bmatrix},\ldots\begin{bmatrix}0\\0\\\vdots\\1\end{bmatrix}\right\}.$$

a) Der Rang der Matrix $E_{(n,n)}$ ist $r(E)=n$, denn jede 1 in der Hauptdiagonalen kann als Pivotelement eines Austauschschrittes dienen. Die n Vektoren der Menge EV sind also linear unabhängig.

b) n ist aber auch die Maximalzahl linear unabhängiger Vektoren des $\mathbb{R}^n$, denn jeder weitere Vektor $\vec{v}$ läßt sich als Linearkombination der Einheitsvektoren $\vec{e}_i$ darstellen:

$$\begin{bmatrix}v_1\\v_2\\\vdots\\v_n\end{bmatrix}=v_1\begin{bmatrix}1\\0\\\vdots\\0\end{bmatrix}+v_2\begin{bmatrix}0\\1\\\vdots\\0\end{bmatrix}+\ldots+v_n\begin{bmatrix}0\\0\\\vdots\\1\end{bmatrix}. \tag{5.1}$$

Die Vektoren der Menge $\vec{e}_1,\vec{e}_2,\ldots\vec{e}_n,\vec{v}$ sind also linear abhängig. Aus (5.1) folgt sofort: Würde man einen der Vektoren $\vec{e}_1,\vec{e}_2,\ldots\vec{e}_n$ fortlassen, z.B. $\vec{e}_n$, so wäre ein Vektor $\vec{v}$ mit $v_n\neq 0$ nicht mehr darstellbar.

....

Diese Überlegungen führen zum Begriff der Basis eines Vektorraums:

DEFINITION 5.4: Eine Menge $B=\{\vec{b}_1,\vec{b}_2, \ldots\vec{b}_n\}\subseteq V$ heißt eine Basis des Vektorraums V, wenn gilt

1) Die Vektoren $\vec{b}_1,\vec{b}_2, \ldots\vec{b}_n$ sind linear unabhängig,
2) jeder Vektor $\vec{v}\in V$ läßt sich als Linearkombination von Vektoren aus B schreiben.

Wir werden später erkennen, daß alle Basen eines Vektorraums aus der gleichen Anzahl von Vektoren bestehen. Diese Zahl nennt man die Dimension des Vektorraums V und schreibt dim(V). Wie wir oben sahen, gilt

(5.2) $\quad \dim(\mathbb{R}^n) = n$.

Übrigens ist die Darstellung jedes Vektors eines Vektorraums mit Hilfe von Basisvektoren dieses Raums eindeutig.

Sind nämlich z.B. $\vec{a}=\sum_{i=1}^{n} t_i\vec{b}_i$ und $\vec{a}=\sum_{i=1}^{n} s_i\vec{b}_i$ zwei Darstellungen von $\vec{a}$ mit derselben Basis, so kann man bilden $\vec{a}-\vec{a}=\sum_{i=1}^{n} t_i\vec{b}_i - \sum_{i=1}^{n} s_i\vec{b}_i$, also $\vec{o}=\sum_{i=1}^{n} (t_i-s_i)\vec{b}_i$. Da die $\vec{b}_i$ als Basisvektoren linear unabhängig, folgt sofort für alle i: $t_i-s_i=0$, d.h. $t_i=s_i$. Die beiden Darstellungen sind gleich.

....

Wir wollen nun der Frage nachgehen, ob alle Basen eines Vektorraums gleich viel Vektoren enthalten.

BASISWECHSEL

Mit Hilfe des Basisbegriffs ergibt sich eine neue Interpretation linearer Gleichungssysteme. Wir erinnern uns (Kapitel 3,(3.1/2)), daß das LGS $A_{(3,3)}\vec{x}_{(3,1)}=\vec{b}_{(3,1)}$ auch geschrieben werden kann als $x_1\vec{a}_1+x_2\vec{a}_2+x_3\vec{a}_3 = \vec{b}$. Dabei ist $\vec{b}$ eine Linearkombination der $\vec{a}_i$.

Noch ausführlicher :

$x_1\begin{bmatrix}a_{11}\\a_{21}\\a_{31}\end{bmatrix}+x_2\begin{bmatrix}a_{12}\\a_{22}\\a_{32}\end{bmatrix}+x_3\begin{bmatrix}a_{13}\\a_{23}\\a_{33}\end{bmatrix}= b_1\begin{bmatrix}1\\0\\0\end{bmatrix}+b_2\begin{bmatrix}0\\1\\0\end{bmatrix}+b_3\begin{bmatrix}0\\0\\1\end{bmatrix} = \vec{b}$. Wir haben damit $\vec{b}$ mit Hilfe der Vektoren der Basis $\{\vec{e}_1,\vec{e}_2,\vec{e}_3\}$ dargestellt. Gefragt wird nun, ob man $\vec{b}$ auch darstellen kann als Linearkombination der Vektoren $\vec{a}_1,\vec{a}_2,\vec{a}_3$. Falls diese Vektoren auch eine Basis bilden, ist das eindeutig möglich (siehe oben). Wir versuchen also, von der Basis $\{\vec{e}_1,\vec{e}_2,\vec{e}_3\}$ überzugehen zu der (eventuellen) Basis $\{\vec{a}_1,\vec{a}_2,\vec{a}_3\}$. Die entscheidende Idee dazu ist uns nicht fremd! Wir versuchen, nacheinander möglichst viele Vektoren $\vec{a}_i$ gegen Vektoren $\vec{e}_k$ zu tauschen und damit schrittweise ein neues Basissystem aufzubauen! Erläuterungen und Begriffsbildung lassen bereits vermuten, daß hier ein enger Zusammenhang mit dem oben vielfach verwendeten Austauschverfahren zur Bildung inverser Matrizen und zur Lösung von LGS besteht!

PROBLEMSTELLUNG 5.2: Gegeben ist ein Vektor $\vec{b}\in\mathbb{R}^3$ mit seiner Darstellung bezüglich der Basis $\{\vec{e}_1,\vec{e}_2,\vec{e}_3\}$ des $\mathbb{R}^3$. Gesucht ist die Darstellung von $\vec{b}$, $\vec{e}_1$, $\vec{e}_2$, $\vec{e}_3$ mit Hilfe einer neuen Basis $\{\vec{a}_1,\vec{a}_2,\vec{a}_3\}$ des $\mathbb{R}^3$.

PROBLEMLÖSUNG:

1) $\vec{a}_1$ gegen $\vec{e}_1$ tauschen ($a_{11}\neq 0$, Pivotelement):

$$\vec{a}_1=a_{11}\vec{e}_1+a_{21}\vec{e}_2+a_{31}\vec{e}_3 \quad\Rightarrow\quad \vec{e}_1=\frac{1}{a_{11}}\vec{a}_1-\frac{a_{21}}{a_{11}}\vec{e}_2-\frac{a_{31}}{a_{11}}\vec{e}_3 .$$

2) Neue Darstellung von $\vec{a}_2,\vec{a}_3,\vec{b}$:

$$\vec{a}_2=a_{12}\vec{e}_1+a_{22}\vec{e}_2+a_{32}\vec{e}_3 \quad\Rightarrow\quad \vec{a}_2=\frac{a_{12}}{a_{11}}\vec{a}_1+(a_{22}-\frac{a_{21}}{a_{11}}a_{12})\vec{e}_2+(a_{32}-\frac{a_{31}}{a_{11}}a_{12})\vec{e}_3 ,$$

$$\vec{a}_3=a_{13}\vec{e}_1+a_{23}\vec{e}_2+a_{33}\vec{e}_3 \quad\Rightarrow\quad \vec{a}_3=\frac{a_{13}}{a_{11}}\vec{a}_1+(a_{23}-\frac{a_{21}}{a_{11}}a_{13})\vec{e}_2+(a_{33}-\frac{a_{31}}{a_{11}}a_{13})\vec{e}_3 ,$$

$$\vec{b}=b_1\vec{e}_1+b_2\vec{e}_2+b_3\vec{e}_3 \quad\Rightarrow\quad \vec{b}=\frac{b_1}{a_{11}}\vec{a}_1+(b_2-\frac{a_{21}}{a_{11}}b_1)\vec{e}_2+(b_3-\frac{a_{31}}{a_{11}}b_1)\vec{e}_3 .$$

Zu diesen Rechnungen vergleiche man auch Kapitel 2.3!
Wir haben damit die erste Basistransformation durchgeführt.
Entsprechend 2.3 gehen wir wieder schematisch vor.

$$A=\begin{bmatrix}\vec{a}_1 & \vec{a}_2 & \vec{a}_3\end{bmatrix}=\begin{bmatrix}a_{11} & a_{12} & a_{13}\\ a_{21} & a_{22} & a_{23}\\ a_{31} & a_{32} & a_{33}\end{bmatrix}$$, im Schema

T0	$\vec{a}_1$	$\vec{a}_2$	$\vec{a}_3$	$\vec{b}$
$\vec{e}_1$	a_{11}	a_{12}	a_{13}	b_1
$\vec{e}_2$	a_{21}	a_{22}	a_{23}	b_2
$\vec{e}_3$	a_{31}	a_{32}	a_{33}	b_3

Die Darstellungen der $\vec{a}_i$ müssen wir aus dem Schema T0 senkrecht ablesen, z.B. $\vec{a}_1=a_{11}\vec{e}_1+a_{21}\vec{e}_2+a_{31}\vec{e}_3$. Wollen wir in Übereinstimmung mit 2.3 (und weil inzwischen so gewöhnt) waagerecht ablesen, müssen wir die Matrix A transponiert anschreiben, also A^T bilden. Wir erhalten dann Schema T0′ und können nun waagerecht lesen.

T0´	$\vec{e}_1$	$\vec{e}_2$	$\vec{e}_3$
$\vec{a}_1$	a_{11}	a_{21}	a_{31}
$\vec{a}_2$	a_{12}	a_{22}	a_{32}
$\vec{a}_3$	a_{13}	a_{23}	a_{33}
$\vec{b}$	b_1	b_2	b_3

Die Ergebnisse sind waagerecht abzulesen!

Der erste Austauschschritt (<u>erste Basistransformation</u> hat ergeben:

T1´	$\vec{a}_1$	$\vec{e}_2$	$\vec{e}_3$
$\vec{e}_1$	$\frac{1}{a_{11}}$	$-\frac{a_{21}}{a_{11}}$	$-\frac{a_{31}}{a_{11}}$
$\vec{a}_2$	$\frac{a_{12}}{a_{11}}$	$a_{22}-\frac{a_{21}}{a_{11}}a_{12}$	$a_{32}-\frac{a_{31}}{a_{11}}a_{12}$
$\vec{a}_3$	$\frac{a_{13}}{a_{11}}$	$a_{23}-\frac{a_{21}}{a_{11}}a_{13}$	$a_{33}-\frac{a_{31}}{a_{11}}a_{13}$
$\vec{b}$	$\frac{b_1}{a_{11}}$	$b_2-\frac{a_{21}}{a_{11}}b_1$	$b_3-\frac{a_{31}}{a_{11}}b_1$

Der Vergleich mit dem entsprechenden Schema in 2.3 (Tabelle 2.4/1) ergibt unter Beachtung des transponierten Ausgangsschemas T0´ völlige formale Übereinstimmung. Statt a_{12} steht dort a_{21}, statt a_{21} steht dort a_{12}, d.h. a_{ik} ersetzt stets a_{ki}.

> Wir können also für das Austauschverfahren zur Lösung von LGS und für Basistransformationen zum Basiswechsel mit dem gleichen Algorithmus arbeiten, müssen jedoch bei Basistransformationen die Ausgangsmatrix transponiert eingeben (oder durch das Programm transponieren lassen).

<u>Zur Durchführung von Basistransformationen stehen uns die Programme LGSKURZ (Alg 19) und EINAUSTAUSCH (Alg 18) zur Verfügung!</u>

<u>Beispiel 1</u>: Wir wollen mit Hilfe von Basistransformationen zeigen, daß auch $A=\left\{\begin{bmatrix}1\\2\\3\end{bmatrix},\begin{bmatrix}3\\2\\2\end{bmatrix},\begin{bmatrix}1\\1\\1\end{bmatrix}\right\}$ eine Basis des $\mathbb{R}^3$ ist. Ist das der Fall, müßten sich drei Basistransformationen (Austauschschritte) durchführen lassen.

Die Anwendung von LGSKURZ ergibt:

```
KONTROLLAUSGABE DER MATRIX(J,N)?
J
     1.0000        3.0000        1.0000
     2.0000        2.0000        1.0000
     3.0000        2.0000        1.0000
NEUEINGABE                         1  EINGEBEN
AENDERN EINZELNER ELEMENTE         2  EINGEBEN
WEITER OHNE AENDERUNG              3  EINGEBEN
3
```

```
-----------------------------------------------------------
WAS WOLLEN SIE?
    L: LINEARES GLEICHUNGSSYSTEM  (L EINGEBEN)
    B: BASISTRANSFORMATIONEN      (B EINGEBEN)
B
-----------------------------------------------------------
-----------------------------------------------------------
    1.0000      2.0000      3.0000
    3.0000      2.0000      2.0000
    1.0000      1.0000      1.0000
---------
( 3, 3)-MATRIX
-----------------------------------------------------------
AUSGANGSSCHEMA:
  E1  E2  E3
A1...
A2...
A3...
WOLLEN SIE DAS MINIMAL ZULAESSIGE PIVOTELEMENT SELBST WAEHLEN?
 (J,N)? ANDERNFALLS WIRD ES AUF (1 E -9) GESETZT!
N
WOLLEN SIE DIE ANZAHL DER AUSTAUSCHSCHRITTE
SELBST FESTLEGEN? (J,N)
BEI "N" WIRD MOEGLICHST OFT GETAUSCHT,
SO DASS SICH DER RANG DER MATRIX ERGIBT!
N
----------
PIVOTELEMENT : (1,1)  =   1.0000
  NACH DEM 1 -TEN AUSTAUSCHSCHRITT :
-----------------------------------------------------------
    1.0000    - 2.0000    - 3.0000
    3.0000    - 4.0000    - 7.0000
    1.0000    - 1.0000    - 2.0000
----------
( 3, 3)-MATRIX
-----------------------------------------------------------
E1 GEGEN A1 GETAUSCHT
-----------------------------------------------------------
[21] KOMMT NICHT MEHR ALS PIVOT IN FRAGE!
[31] KOMMT NICHT MEHR ALS PIVOT IN FRAGE!
[12] KOMMT NICHT MEHR ALS PIVOT IN FRAGE!
----------
PIVOTELEMENT : (2,2)  = - 4.0000
  NACH DEM 2 -TEN AUSTAUSCHSCHRITT
-----------------------------------------------------------
  - 0.5000      0.5000      0.5000
    0.7500    - 0.2500    - 1.7500
    0.2500      0.2500    - 0.2500
----------
( 3, 3)-MATRIX
-----------------------------------------------------------
E2 GEGEN A2 GETAUSCHT
-----------------------------------------------------------
[32] KOMMT NICHT MEHR ALS PIVOT IN FRAGE!
[13] KOMMT NICHT MEHR ALS PIVOT IN FRAGE!
[23] KOMMT NICHT MEHR ALS PIVOT IN FRAGE!
```

```
----------
PIVOTELEMENT : (3,3)  = - 0.2500
  NACH DEM 3 -TEN AUSTAUSCHSCHRITT :
---------------------------------------------------------
    0.0000       1.0000     - 2.0000        A1  A2  A3
  - 1.0000     - 2.0000       7.0000      E1. .
    1.0000       1.0000     - 4.0000      E2. .
----------                                E3. .
( 3, 3)-MATRIX
---------------------------------------------------------
E3 GEGEN A3 GETAUSCHT
---------------------------------------------------------
ES WURDEN 3 AUSTAUSCHSCHRITTE DURCHGEFUEHRT.
----------
RANG DER MATRIX = 3
---------------------------------------------------------
```

Dieser Ausdruck wurde mit einer erweiterten Programmversion von LGSKURZ erzeugt, die hier aus Platzgründen nicht abgedruckt werden kann. LGSLANG führt die oben erklärte Transposition der eingegebenen Matrix bei Wahl von „B" (Basistransformation) automatisch durch, gibt Zwischenergebnisse aus und paßt den Tabellenrahmen der Problemstellung an.

Die Ergebnisse zeigen, daß A ebenfalls eine Basis des $\mathbb{R}^3$ ist. In dieser Bais erhalten die Einheitsvektoren die Darstellung

$\vec{e}_1 = \vec{a}_2 - 2\vec{a}_3$, $\vec{e}_2 = -\vec{a}_1 - 2\vec{a}_2 + 7\vec{a}_3$, $\vec{e}_3 = \vec{a}_1 + \vec{a}_2 - 4\vec{a}_3$!

....

Bemerkung: Theoretische Grundlage für den Basiswechsel bildet der Austauschsatz von Steinitz:

> SATZ 5.3: $B_0 = \{\vec{b}_1, \vec{b}_2, \ldots \vec{b}_i, \ldots \vec{b}_n\}$ sei eine Basis des $\mathbb{R}^n$ und ein Vektor $\vec{a} \in \mathbb{R}^n$ habe die Darstellung
> $\vec{a} = a_1\vec{b}_1 + a_2\vec{b}_2 + \ldots + a_i\vec{b}_i + \ldots a_n\vec{b}_n$, $a_i \neq 0$. Dann ist auch
> $B_1 = \{\vec{b}_1, \vec{b}_2, \ldots \vec{b}_{i-1}, \vec{a}, \vec{b}_{i+1} \ldots \vec{b}_n\}$ Basis des $\mathbb{R}^n$.

Sind nun $\{\vec{a}_1, \vec{a}_2, \ldots \vec{a}_n\}$ und $\{\vec{b}_1, \vec{b}_2, \ldots . \vec{b}_m\}$ zwei Basen des $\mathbb{R}^n$, so kann man durch n-fache Anwendung des Austauschsatzes zeigen, daß die Annahmen $m < n$ und $m > n$ auf einen Widerspruch führen. Es muß also gelten $m=n$. Auf einen Beweis verzichten wir hier. Wir begnügen uns damit, daß wir durch unser Austauschverfahren diesen Sachverhalt für konkrete Vektormengen jederzeit bestätigen können, d.h.

> SATZ 5.4: Alle Basen eines Vektorraums enthalten gleich viel Elemente.

5.4 LÖSUNGSMENGEN HOMOGENER UND INHOMOGENER LINEARER GLEICHUNGSSYSTEME

Bei der Lösung linearer Gleichungssysteme haben wir uns bisher im wesentlichen auf die Rechenprobleme beschränkt und uns nur wenig um den theoretischen Hintergrund gekümmert. Für theoretische Überlegungen ist die Unterscheidung von homogenen (HLGS) und inhomogenen (ILGS) linearen Gleichungssystemen nützlich.

DEFINITION 5.5:

Ein LGS der Form	Das LGS
(x) $A_{(m,n)}\vec{x}_{(n,1)} = \vec{b}_{(m,1)}$	$A_{(m,n)}\vec{x}_{(n,1)} = \vec{0}_{(m,1)}$
heißt inhomogenes LGS	wird das zu (x) gehörige
(kurz ILGS)	homogene LGS genannt (HLGS)

Zwischen den Lösungsmengen eines ILGS und eines HLGS bestehen interessante Zusammenhänge! Wir erforschen diese zunächst mit einer Aufgabenserie, die wir mit GAUSSELIMINATION oder LGSKURZ bearbeiten.

PROBLEMSTELLUNG 5.2: Man bestimme die Lösungsmengen der folgenden LGS und die Lösungsmengen der zugehörigen HLGS. Zusammenhänge? Als Grundmenge dient $\mathbb{R}^4$.

LGS1) a) $6x_1-2x_2+3x_3-3x_4 = 3$
b) $x_1- x_2+2x_3- x_4 = 1$
c) $2x_1+3x_2+4x_3-4x_4 =-3$

LGS2) Für dieses Gleichungssystem kommt noch die Gleichung d) $x_1-x_2-x_3+x_4 =6$ hinzu.

LGS3) Für das dritte System LGS3) kommt zu den Gleichungen a)-d) noch die Gleichung e) $-2x_1+2x_2-4x_3+2x_4 = 1$.

PROBLEMLÖSUNG: Wir bearbeiten homogenes und inhomogenes LGS gleichzeitig! Die Systeme unterscheiden sich ja nur durch die rechten Seiten!

```
KONTROLLAUSGABE DER MATRIX(J,N)?
 J
    6.0000   - 2.0000    3.0000   - 3.0000    0.0000    3.0000
    1.0000   - 1.0000    2.0000   - 1.0000    0.0000    1.0000
    2.0000     3.0000    4.0000   - 4.0000    0.0000  - 3.0000
```

```
ELIMINATION:  3
--------------------------------------------------------------------
     1.0000      0.0000      0.0000    - 0.3778      0.0000      0.2222
     0.0000      1.0000      0.0000    - 0.4000      0.0000    - 1.0000
     0.0000      0.0000      1.0000    - 0.5111      0.0000    - 0.1111
----------
( 3, 6)-MATRIX
--------------------------------------------------------------------
AUS DER LETZTEN MATRIX LOESUNGSMENGE ABLESEN!
```

Die Ergebnisse werden zusammengefaßt:

<u>LGS1)</u>

$$L_H=\left\{\vec{x}/\begin{bmatrix}x_1\\x_2\\x_3\\x_4\end{bmatrix}=\begin{bmatrix}0.3778\\0.4000\\0.5111\\1.0000\end{bmatrix}x_4\right\},\qquad L_I=\left\{\vec{x}/\begin{bmatrix}x_1\\x_2\\x_3\\x_4\end{bmatrix}=\begin{bmatrix}0.3778\\0.4000\\0.5111\\1.0000\end{bmatrix}x_4+\begin{bmatrix}0.2222\\-1.0000\\-0.1111\\0.0000\end{bmatrix}\right\}.$$

1) Die Lösungsmengen L_H und L_I (des HLGS und ILGS) sind unendlich, da $x_4 \in \mathbb{R}$.

2) L_I läßt sich aus L_H bilden, indem man zu den Lösungen des homogenen LGS noch einen speziellen Lösungsvektor des inhomogenen LGS addiert.

<u>LGS2)</u>

$$L_H=\left\{\vec{x}/\begin{bmatrix}x_1\\x_2\\x_3\\x_4\end{bmatrix}=\begin{bmatrix}0\\0\\0\\0\end{bmatrix}=\vec{o}\right\},\qquad L_I=\left\{\vec{x}/\begin{bmatrix}x_1\\x_2\\x_3\\x_4\end{bmatrix}=\begin{bmatrix}4\\3\\5\\10\end{bmatrix}\right\}.$$

1) Das homogene System hat nur die triviale Lösung $\vec{o}$, das inhomogene System hat ebenfalls eine eindeutige Lösung.

2) Wie bei LGS1.

<u>LGS3)</u> $L_H=\{\vec{o}\}$, $\qquad L_I= \emptyset$.

1) Das homogene System hat nur die triviale Lösung $\vec{o}$, für das inhomogene System gibt es keine Lösung.

<u>SATZ 5.5:</u> Ein homogenes LGS hat immer die triviale Lösung $\vec{x}=\vec{o}$.

<u>Beweis:</u> $A\vec{x}=\vec{o}$ und $\vec{x}=\vec{o}$ $\Rightarrow A\vec{o}=\vec{o}$, d.h. $\vec{o}\in L_H$.

Schwieriger ist der Beweis zu 2) bei LGS1 und LGS2.

SATZ 5.6: $\vec{x}_{AI}$ sei die allgemeine Lösung des inhomogenen LGS $A\vec{x}=\vec{b}$, d.h. $\vec{x}_{AI} \in L_I$. $\vec{x}_{SI}$ sei eine spezielle Lösung dieses Gleichungssystems, d.h. $\vec{x}_{SI} \in L_I$.
$\vec{x}_{AH}$ sei die allgemeine Lösung des homogenen LGS $A\vec{x}=\vec{o}$, d.h. $\vec{x}_{AH} \in L_H$. - Dann gilt

(5.3) $\vec{x}_{AI} = \vec{x}_{AH} + \vec{x}_{SI}$

Beweis: Wir müssen zeigen

a) Alle Vektoren der Form $(\vec{x}_{AH}+\vec{x}_{SI})$ sind Lösungen des ILGS, d.h. $(\vec{x}_{AH}+\vec{x}_{SI}) \in L_I$,

b) $\vec{z} \in L_I \Rightarrow \vec{z}=\vec{x}_{AH}+\vec{x}_{SI}$, wenn $\vec{z}$ eine Lösung des ILGS ist, läßt sie sich in der Form $(\vec{x}_{AH}+\vec{x}_{SI})$ schreiben.

Zu a) Sei $\vec{x}_{AH} \in L_H$ und $\vec{x}_{SI} \in L_I$, dann gilt

$A\vec{x}_{AH}=\vec{o}$ und $A\vec{x}_{SI}=\vec{b}$, also $A(\vec{x}_{AH}+\vec{x}_{SI})=\vec{b}$, d.h. $\vec{x}_{AI}=\vec{x}_{AH}+\vec{x}_{SI}$ ist Lösung des inhomogenen Systems.

Zu b) Sei $\vec{z} \in L_I$, d.h. $A\vec{z}=\vec{b}$ und $\vec{x}_{SI} \in L_I$, d.h. $A\vec{x}_{SI}=\vec{b}$. Dann folgt durch Differenzbildung $A\vec{z}-A\vec{x}_{SI}=\vec{o}$ bzw. $A(\vec{z}-\vec{x}_{SI})=\vec{o}$. Also gilt $\vec{z}-\vec{x}_{SI} \in L_H$, d.h. $\vec{z}-\vec{x}_{SI}=\vec{x}_{AH} \Rightarrow \vec{z}=\vec{x}_{AH}+\vec{x}_{SI}$, wie behauptet.

....

Der Zusammenhang zwischen linearen Gleichungssystemen und Vektorräumen wird durch Satz 5.7 hergestellt!

SATZ 5.7: Die Menge der Lösungsvektoren eines homogenen linearen Gleichungssystems bildet mit der Vektoraddition einen Vektorraum über dem Körper der reellen Zahlen.

Beweis: Wir müssen die Eigenschaften VR1-VR10 von Vektorräumen überprüfen. Zunächst wird gezeigt:

$(\vec{h}_1 \in L_H$ und $\vec{h}_2 \in L_H) \Rightarrow (r_1\vec{h}_1+r_2\vec{h}_2) \in L_H$,wobei $r_1, r_2 \in \mathbb{R}$.

1) $\vec{h}_1 \in L_H \Rightarrow A\vec{h}_1=\vec{o} \Rightarrow r_1(A\vec{h}_1)=r_1\vec{o} \Rightarrow A(r_1\vec{h}_1)=\vec{o} \Rightarrow r_1\vec{h}_1 \in L_H$,

2) $\vec{h}_2 \in L_H \Rightarrow$ ... ... $\Rightarrow r_2\vec{h}_2 \; L_H$,

3) ($A(r_1\vec{h}_1)=\vec{o}$ und $A(r_2\vec{h}_2)=\vec{o}$) $\Rightarrow A(r_1\vec{h}_1)+A(r_2\vec{h}_2)=\vec{o}$,

$A(r_1\vec{h}_1+r_2\vec{h}_2) \quad =\vec{o}$, d.h.

(5.4) $(r_1\vec{h}_1+r_2\vec{h}_2)\in L_H$, wie oben behauptet.

Beim Beweis wurden mehrmals bekannte Eigenschaften der Matrizenverknüpfungen benutzt. - Mit (5.4) lassen sich nun schnell die Vektorraumeigenschaften nachweisen.

VR1) Für $r_1=r_2=1$ folgt $\vec{h}_1+\vec{h}_2\in L_H$, also VR1.

VR2) Das Assoziativgesetz gilt, da die Vektoren $\vec{h}_i\in L_H$ als spezielle Matrizen aufgefaßt werden können. Für diese gilt das Gesetz.

VR3) Für $r_1=r_2=0$ folgt $\vec{o}\in L_H$.

VR6) Für $r_2=0$ folgt $r_1\vec{h}_1\in L_H$.

VR7)-VR10) Man fasse $\vec{h}_i\in L_H$ wieder als spezielle Matrizen auf.

VR4),VR6) möge der Leser zeigen.

....

Damit wissen wir, daß z.B. die Lösungsmenge des ILGS zu LGS1 aus Problemstellung 5.2 einen Vektorraum bildet. Dieser ist ersichtlich eine Teilmenge des Vektorraums $\mathbb{R}^4$. Er ist ein Untervektorraum des $\mathbb{R}^4$!

DEFINITION 5.6: Eine Teilmenge U⊂V, die mit der gleichen Vektoraddition und Skalarmultiplikation wie sie auf dem Vektorraum V definiert sind, selbst ein Vektorraum ist, heißt ein Untervektorraum (Unterraum) von V.

Man kann zeigen

SATZ 5.8: U ist Unterraum von V genau dann, wenn

a) $U\subset V$ b) $U\neq\emptyset$

b) $\vec{u},\vec{v}\in U \Rightarrow \vec{u}+\vec{v}\in U$ d) $\vec{u}\in U,\ k\in\mathbb{R} = k\vec{u}\in U$.

Beispiel: $U=\{[-7x_3, 10x_3, x_3] / x_3\in\mathbb{R}\}$ ist ein Unterraum des $\mathbb{R}^3$.

....

5.5 VERSCHIEDENE DEUTUNGEN LINEARER GLEICHUNGSSYSTEME

Zum Abschluß von Kapitel 5 scheint es nützlich, einen Überblick über verschiedene Interpretationen ein und desselben LGS zu geben. Alle Interpretationen wurden im Verlauf des Lehrgangs angesprochen und zeigen noch einmal die breite Verwendbarkeit der Algorithmen zur Lösung von LGS.

0) Man löse das LGS (Grundmenge $G=\mathbb{R}^3$):

$$\begin{aligned} x_1+3x_2-2x_3 &= 7 &= y_1\\ 2x_1+7x_2-8x_3 &= 12 &= y_2\\ 3x_1+10x_2-5x_3 &= 24 &= y_3 \end{aligned}$$

1) Läßt sich $\vec{b}$ als Linearkombination der Vektoren $\vec{a}_1, \vec{a}_2, \vec{a}_3$ darstellen?

$$x_1\underset{\vec{a}_1}{\begin{bmatrix}1\\2\\3\end{bmatrix}} + x_2\underset{\vec{a}_2}{\begin{bmatrix}3\\7\\10\end{bmatrix}} + x_3\underset{\vec{a}_3}{\begin{bmatrix}-2\\-8\\-5\end{bmatrix}} = \underset{\vec{b}}{\begin{bmatrix}7\\12\\24\end{bmatrix}}$$

Läßt sich der Nullvektor als Linearkombination der Vektoren $\vec{a}_1$, $\vec{a}_2, \vec{a}_3, \vec{b}$ darstellen?

$$x_1\underset{\vec{a}_1}{\begin{bmatrix}1\\2\\3\end{bmatrix}} + x_2\underset{\vec{a}_2}{\begin{bmatrix}3\\7\\10\end{bmatrix}} + x_3\underset{\vec{a}_3}{\begin{bmatrix}-2\\-8\\-5\end{bmatrix}} + x_4\underset{-\vec{b}}{\begin{bmatrix}-7\\-12\\-24\end{bmatrix}} = \underset{\vec{o}}{\begin{bmatrix}0\\0\\0\end{bmatrix}}$$

Sind die Vektoren $\vec{a}_1, \vec{a}_2, \vec{a}_3, \vec{b}$ linear abhängig?

3) Jeder der Vektoren $\vec{a}_1, \vec{a}_2, \vec{a}_3, \vec{b}$ ist in der Basis $\{\vec{e}_1, \vec{e}_2, \vec{e}_3\}$ dargestellt. Untersuchen Sie, ob auch $\{\vec{a}_1, \vec{a}_2, \vec{a}_3\}$ eine Basis des $\mathbb{R}^3$ ist (Basiswechsel!). Stellen Sie $\vec{b}$ in der neuen Basis dar!

4) $$\begin{bmatrix}1&3&-2\\2&7&-8\\3&10&-5\end{bmatrix}\begin{bmatrix}x_1\\x_2\\x_3\end{bmatrix}=\begin{bmatrix}7\\12\\24\end{bmatrix} \Rightarrow \vec{x} = \begin{bmatrix}1&3&-2\\2&7&-8\\3&10&-5\end{bmatrix}^{-1}\begin{bmatrix}7\\12\\24\end{bmatrix}$$

Bestimmen Sie die Inverse zu A.

5) Man berechne den Rang r(A) und den Rang $r(A,\vec{b})$ der erweiterten Koeffizientenmatrix.

6) Man bestimme die Schnittmenge der drei Ebenen

E1: $\begin{bmatrix}1\\3\\-2\end{bmatrix}\vec{r} = 7$, E2: $\begin{bmatrix}2\\7\\-8\end{bmatrix}\vec{r} = 12$, E3: $\begin{bmatrix}3\\10\\-5\end{bmatrix}\vec{r} = 24$.

....

ÜBUNGSAUFGABEN

Ü 5.1) Untersuchen Sie, ob die folgenden Mengen Vektorräume bilden! Skalare jeweils aus $\mathbb{R}$.

a) Menge der Diagonalmatrizen $D_{(3,3)}=\begin{bmatrix}d_1&0&0\\0&d_2&0\\0&0&d_3\end{bmatrix}$ mit Elementen aus $\mathbb{R}$,

b) Menge aller ganz-rationalen Funktionen höchstens dritten Grades,

c) Menge aller Funktionen f: $x \to a\cdot\sin(x)+b\cdot\cos(x)$ mit $a,b\in\mathbb{R}$.

Ü 5.5) Ändern Sie das Programm LGSKURZ so ab, daß ausgedruckt wird ob eingegebene Vektoren linear abhängig oder unabhängig sind. Fügen Sie weitere Druckbefehle ein, die alle Austauschschritte und damit den schrittweisen Basiswechsel dokumentieren!

Ü 5.6) Das Programm GAUSSELIMINATION kann ebenfalls zur Feststellung der linearen Abhängigkeit von Vektoren benutzt werden. Warum ist es nicht für Basiswechsel geeignet?

Ü 5.7) Das Programm EINAUSTAUSCH eignet sich gut zur Verfolgung einzelner Basiswechsel, da der jeweils gewünschte Vektortausch angegeben und ein Tausch auch rückgängig gemacht werden kann. Benutzen Sie das Programm in diesem Sinn bei der Überprüfung der linearen Unabhängigkeit der Vektoren

$$\begin{bmatrix}2\\2\\4\\3\end{bmatrix}, \begin{bmatrix}-4\\7\\2\\-9\end{bmatrix}, \begin{bmatrix}5\\1\\5\\4\end{bmatrix}, \begin{bmatrix}10\\1\\2\\4\end{bmatrix}, \begin{bmatrix}13\\8\\-4\\5\end{bmatrix}, \begin{bmatrix}4.5\\3.4\\9\\3\end{bmatrix}.$$

Ü 5.8) Bearbeiten Sie das folgende Problem: Kann man über die lineare Abhängigkeit von Zeilenvektoren einer Matrix Aussagen machen, wenn man über die lineare Abhängigkeit der Spaltenvektoren dieser Matrix informiert ist. Benutzen Sie z.B. die Matrix

$$\begin{bmatrix}1 & 2 & 5 & 7 & 27 & 5\\3 & 5 & 6 & 1 & 45 & 11\\3 & 5 & 6 & 6 & 45 & 11\\1 & 1 & 1 & 1 & 9 & 3\end{bmatrix}.$$

Ü 5.9) Benutzen Sie GAUSSELIMINATION zur gleichzeitigen Lösung eines inhomogenen und des dazugehörigen homogenen LGS. Kontrollieren Sie die Rechnung mit LGSKURZ.

a) $$\begin{aligned}x_1-3x_2 \quad +x_4 &= 5\\ 3x_1+2x_2-4x_3+x_4 &= -3 \qquad G=\mathbb{R}^4\\ 8x_2+4x_3-x_4 &= -8\end{aligned}$$

b) $$\begin{aligned}x_1+x_2-4x_3 &= 12\\ 3x_1-x_2-5x_3 &= 14 \qquad G=\mathbb{R}^3\\ 12x_1+x_2+5x_3 &= 67\end{aligned}$$

Ü 5.10) Bekanntlich gilt für ein homogenes LGS $h_1, h \in L_H$ und $r_1, r \in \mathbb{R}$ $= (r_1h_1+r\ h) \in L_H$. - Kann man eine entsprechende Aussage für die Lösungsmenge eines inhomogenen LGS machen?

Ü 5.11) [1,2,3] und [7,2,5] seien Elemente der Lösungsmenge eines homogenen LGS. Gehört auch [15.5,13,22.5] zur Lösungsmenge?

Ü 5.12) Man betrachte die Menge aller symmetrischen (6,6)-Matrizen (für symmetrische Matrizen gilt $a_{ij}=a_{ji}$ für alle i,j). Bildet diese Menge einen Unterraum aller (6,6)-Matrizen?

....

6. MATRIZENPOTENZEN

6.1 KAUFVERHALTEN

PROBLEMSTELLUNG 6.1: Zwei Fabrikanten stellen zwei miteinander konkurrierende Kaffeemischungen M1 und M2 her. Der herrschende Trend für den Wechsel von Kunden von einer Sorte zur anderen wird durch die Übergangsmatrix P beschrieben:

$$\begin{array}{c} \\ M1 \\ M2 \end{array} \begin{array}{c} \begin{array}{cc} M1 & M2 \end{array} \\ \begin{bmatrix} 0.9 & 0.1 \\ 0.2 & 0.8 \end{bmatrix} \end{array} = P.$$

Zum Beispiel wechseln 10% der Käufer von Mischung M1 zu Mischung M2.

Der Produzent von Mischung M2 plant nun die Einführung einer neuen Kaffeemischung entweder M3 oder M4, um seinen Marktanteil zu vergrößern. Eine Marktanalyse ergab, daß sich dann die Trends gemäß den Übergangsmatrizen S und T verhalten würden:

$$\begin{array}{c} \\ M1 \\ M2 \\ M3 \end{array} \begin{array}{c} \begin{array}{ccc} M1 & M2 & M3 \end{array} \\ \begin{bmatrix} 0.8 & 0.1 & 0.1 \\ 0.2 & 0.7 & 0.1 \\ 0.1 & 0.5 & 0.4 \end{bmatrix} \end{array} = S \quad , \qquad \begin{array}{c} \\ M1 \\ M2 \\ M4 \end{array} \begin{array}{c} \begin{array}{ccc} M1 & M2 & M4 \end{array} \\ \begin{bmatrix} 0.8 & 0.1 & 0.1 \\ 0.1 & 0.7 & 0.2 \\ 0.3 & 0.4 & 0.3 \end{bmatrix} \end{array} = T \; .$$

Verfolgen Sie den Marktanteil des Produzenten von M2 über die nächsten drei Jahre bei zusätzlicher Einführung von Mischung M3 bzw. M4. Nehmen Sie dazu an, daß anfangs 60% der Käufer Mischung M1 und 40% Mischung M2 kauften.

Kann der Produzent von M2 seinen Marktanteil langfristig vergrößern? Soll er M3 oder M4 auf den Markt bringen?

PROBLEMLÖSUNG: Wir betrachten zunächst die Entwicklung in den folgenden Jahren bei Einführung von M3. Die Anfangsverteilung ist

$$\vec{v}_0 = \begin{array}{c} \begin{array}{ccc} M1 & M2 & M3 \end{array} \\ \begin{bmatrix} 0.6 & 0.4 & 0 \end{bmatrix} \end{array}$$

. Die schrittweise Berechnung der Verteilungen $\vec{v}_1$, $\vec{v}_2$, $\vec{v}_3$ kann leicht mit Hilfe eines Falk-Schemas oder des Programms MULTEXPERIMENTE (Alg 2) erfolgen, denn es gilt

$\vec{v}_1=\vec{v}_0S$, $\vec{v}_2=\vec{v}_1S$, $\vec{v}_3=\vec{v}_2S$:

Bei Benutzung des Programms MULTEXPERIMENTE gibt man S als rechte Matrix ein, die unverändert bleibt, während man als linke Matrix nacheinander $\vec{v}_0$, dann $\vec{v}_1$,$\vec{v}_2$ usw. eingibt. Auf diese Weise kann auch die weitere Entwicklung über n=3 hinaus leicht ermittelt werden. Man vergleiche hierzu auch Problemstellung 1.3 aus Kap.1.2!

	M1	M2	M3	M1	M2	M3	M1	M2	M3
M1	0.8	0.1	0.1	0.8	0.1	0.1	0.8	0.1	0.1
M2	0.2	0.7	0.1	0.2	0.7	0.1	0.2	0.7	0.1
M1 M2 M3 M3	0.1	0.5	0.4	0.1	0.5	0.4	0.1	0.5	0.4
0.6 0.4 0	0.56	0.34	0.1	0.526	0.344	0.13	0.5026	0.3584	0.139
$\vec{v}_0$	$\vec{v}_1=\vec{v}_0S$			$\vec{v}_2=\vec{v}_1S$			$\vec{v}_3=\vec{v}_2S$		

Ergebnis: Offenbar gelingt dem Produzenten von Kaffeemischung M2 durch Einführung von M3 eine Vergrößerung seines Marktanteils. Er steigert seinen Anteil von 40% auf (35.84%+13.9%).

$\vec{v}_3$ hätte auch anders berechnet werden können!

$\vec{v}_1 = \vec{v}_0S$, $\vec{v}_2 = \vec{v}_1S = (\vec{v}_0S)S = \vec{v}_0S^2$, $\vec{v}_3 = \vec{v}_2S = (\vec{v}_0S^2)S = \vec{v}_0S^3$

und nach n Kaufperioden: $\vec{v}_n = \vec{v}_{n-1}S = (\vec{v}_0S^{n-1})S = \vec{v}_0S^n$!

DEFINITION 6.1: Unter der n-ten Potenz A^n, $n\in\mathbb{N}$, einer Matrix A versteht man das Matrizenprodukt $A^n := \underbrace{AA\cdot\ldots\cdot A}_{n-\text{ mal}}$.

SATZ 6.1: Die Verteilung $\vec{v}_n$ nach n Übergängen ergibt sich aus der Anfangsverteilung $\vec{v}_0$ und der Übergangsmatrix S als

(6.1) $\vec{v}_n = \vec{v}_0S^n$.

Mit Hilfe der vorhergehenden Verteilung gilt

(6.2) $\vec{v}_n = \vec{v}_{n-1}S$.

Bedeutungsvoller ist dabei die Berechnung mit Hilfe der Matrizenpotenz nach (6.1), denn nun könnte bei einmal berechnetem S^n leicht mit verschiedenen Anfangsverteilungen experimentiert werden. Für die Berechnung von Matrizenpotenzen läßt sich unter Benutzung von MATPROD (Alg 2) eine Funktion definieren, die auf dem Struktogramm von Figur 6.1 beruht. Wir bezeichnen sie als mit MATPOT (Alg 26). Eine Anwendung dieser Funktion auf das Problem „Kaufverhalten" zeigt, wie einfach die von uns bereitgestellten Prozeduren und Funktionen zur Lösung komplexer Probleme einsetzbar sind.

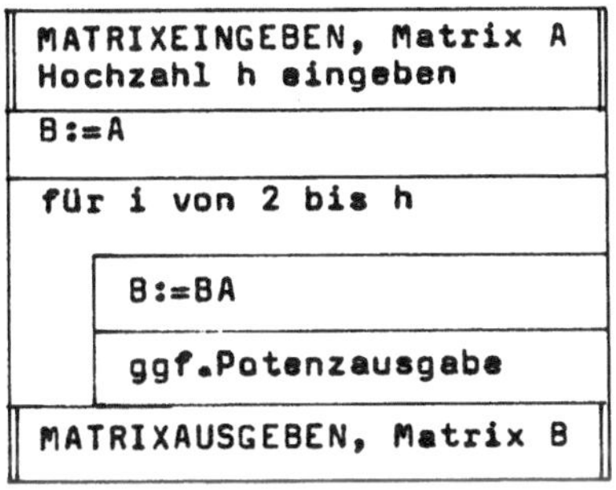

MATRIXEINGEBEN, Matrix A
Hochzahl h eingeben

B:=A

für i von 2 bis h

B:=BA

ggf.Potenzausgabe

MATRIXAUSGEBEN, Matrix B

Figur 6.1: Berechnung von Matrizenpotenzen (Alg 26)

```
FUNCTION MATPOT(POTMAT: MATRIX; GRAD, HOCH: INTEGER): MATRIX;
(*  BERECHNET DIE POTENZ EINER MATRIX  *)

  VAR
                    A: INTEGER;
          MATHOCH: MATRIX;

  BEGIN
    MATHOCH := POTMAT;
    FOR A := 2 TO HOCH
    DO MATHOCH := MATPROD(MATHOCH, POTMAT, GRAD, GRAD, GRAD, GRAD);
    MATPOT := MATHOCH;
  END (* MATPOT *);
(*   AUFRUF Z. B.   MATA20:=MATPOT(MATA,5,20)        *)
```

MATPOT (Alg 26)

```
PROGRAM KAUFVERHALTEN (INPUT,OUTPUT);
CONST MAXGRAD=10;
TYPE
MATRIX=ARRAY [1..MAXGRAD,1..MAXGRAD] OF REAL;

VAR
    MATA,MATV,MATP                  :MATRIX;
    MINDEST,NACHK,ZA,SA,ZV,SV,N:INTEGER;
    PRODUKT                         :BOOLEAN;
```

Hier folgen die Prozeduren STRICHREIHE, AUSGABEFORMAT, MATRIXAENDERN, MATRIXEINGEBEN, MATRIXAUSGEBEN und die Funktionen MATPROD und MATPOT

KAUFVERHALTEN (Alg 27)

```
BEGIN
WRITELN('UEBERGANGSMATRIX:');
MATRIXEINGEBEN(MATA,ZA,SA);
WRITELN('ANFANGSVERTEILUNG:');
MATRIXEINGEBEN(MATV,ZV,SV);
WRITELN('ANZAHL DER KAUFPERIODEN:');
READLN; READ(N);
(*---------------------------------------*)
MATP:=MATPOT(MATA,ZA,N);
MATV:=MATPROD(MATV,MATP,ZV,SV,ZA,SA);
(*---------------------------------------*)
WRITELN('VERTEILUNG NACH ',N:3,' PERIODEN:');
MATRIXAUSGEBEN(MATV,ZV,SV);
END.
```

Ein Programmlauf zur Berechnung der Situation nach drei Perioden bei Einführung von Mischung M4 ergibt $\vec{w}_3=\vec{v}_0T^3= \begin{bmatrix}\underset{M1}{0.4768} & \underset{M2}{0.3562} & \underset{M4}{0,1670}\end{bmatrix}$. Hier ergibt sich also eine Steigerung von 40% auf 35.62%+16.70%= 52.32%. Das spricht für die Einführung von Mischung M4. Zum Vergleich muß allerdings noch berechnet werden, wie sich der Marktanteil ohne Einführung einer neuen Mischung entwickeln würde. Wir bilden also $\begin{bmatrix}0.6 & 0.4\end{bmatrix}P^3$ und erhalten $\vec{u}_3= \begin{bmatrix}\underset{M1}{0.6438} & \underset{M2}{0.3562}\end{bmatrix}$. Der Marktanteil des Produzenten von M2 würde offenbar weiter sinken. Der Produzent wird also Mischung M4 einführen, wenn sich der nach drei Perioden <u>sichtbare Trend auch langfristig</u> bestätigen läßt.

Offenbar geht es nun darum, $\vec{v}_n=\vec{v}_0S^n$ für immer größer werdende n zu berechnen und schließlich den <u>Grenzwert</u> $\lim\limits_{n\to\infty} \vec{v}_n = \lim\limits_{n\to\infty} \vec{v}_0S^n$ zu bilden! Dabei ist der Begriff des Grenzwerts für Matrizen noch zu definieren (siehe unten).

....

Wir benötigen auch für später **anstehende** Probleme ein Programm, das gleich mehrere Matrizenpotenzen und Verteilungen nach verschiedenen Wünschen ausgibt.

In Figur 6.2 wird ein noch grob strukturierter Algorithmus für ein Programm MATPOTENZ (Alg 28) angegeben. Die Programmierung der dort erwähnten Prozeduren ist leicht verständlich . Nach dem Vereinbarungsteil folgen zunächst wieder die bekannten Prozeduren und Funktionen STRICHREIHE, AUSGABEFORMAT , MATRIXAENDERN, MATRIXEINGEBEN, MATRIXAUSGEBEN, MATPROD.

```
PROGRAM MATPOTENZ(INPUT, OUTPUT);
LABEL 999;
CONST MAXGRAD=10;
TYPE MATRIX= ARRAY[1..MAXGRAD,1..MAXGRAD] OF REAL;
VAR
    MATA,MATB,MATP,MATZ,MATV0,MATV      : MATRIX;
    HOCHZAHL,ABSTAND,FALL,WEITER,GRAD,MINDEST,NACHK,
    ZP,SP,ZV0,SV0,N,HOCHZAHLZAEHLER     : INTEGER;
    PRODUKT,MITGLEICHERMATRIX,
    MITANDERERMATRIX                    : BOOLEAN;
    MITVERTEILUNG,MITPOTENZ,
    QUOTIENTENAUSGABE                   : CHAR;
       HOCHZAHLFELD: ARRAY [1..50] OF INTEGER;
(*<><><><><><><><><><><><><><><><><><><><><><><><><>*)
```

MATRIXEINGEBEN, die zu potenzierende Matrix P	
Eingabe fall 1: Matrixpotenzen im Abstand a 2: Ausgewählte Matrixpotenzen	
Eingabe mitverteilung j: Arbeit mit Verteilungen n: Arbeit ohne Verteilungen	
falls mitverteilung='j' Eingabe der Anfangsverteilung	
Eingabe mitpotenz j: Ausgabe von Potenzen n: Keine Ausgabe von Potenzen	
Eingabe quotientenausgabe j: mit Ausgabe des "Quotienten" zweier benachbarter Matrixpotenzen n: ohne Ausgabe	
fall =	
1	2
PROZEDUR POTENZENIMABSTAND Eingabe, in welchem abstand und bis zu welcher hochzahl Ausgaben erfolgen sollen	PROZEDUR AUSWAHLAUSPOTENZEN Eingabe der Hochzahlen, für die Ausgaben erfolgen sollen (hochzahlfeld)
PROZEDUR RECHNUNGEN Berechnung und Ausgabe von Matrixpotenzen, Verteilungen und "Matrizenquotienten" je nach Wert der Variablen mitverteilung, mitpotenz, quotientenausgabe, abstand, hochzahl, hochzahlfeld	
Ggf. Fortsetzung mit der gleichen Matrix P oder einer anderen Matrix	

Figur 6.2: Struktogramm zu MATPOTENZ (Alg 28)

```
BEGIN (* MATPOTENZEN *)
  WRITELN('!!!!!!!!!!!!!!!!!!!!!!!!!!!!!!!!!!!!!!!!!!!');
  WRITELN('!   M A T R I X - P O T E N Z E N         !');
  WRITELN('!!!!!!!!!!!!!!!!!!!!!!!!!!!!!!!!!!!!!!!!!!!');
  WRITELN;
999: MITANDERERMATRIX := TRUE;
  WHILE MITANDERERMATRIX
  DO BEGIN
       MATRIXEINGEBEN(MATP, ZP, SP);
       AUSGABEFORMAT;
       IF   ZP <> SP
       THEN BEGIN
```

MATPOTENZ (Alg 28)

```
361              WRITELN('ES MUSS EINE QUADRATISCHE MATRIX SEIN !')
                 ;
362              GOTO 999;
363            END;
364        GRAD := ZP;
365        MITGLEICHERMATRIX := TRUE;
366        WHILE MITGLEICHERMATRIX
367        DO BEGIN
368     FOR N := 1 TO 50
369     DO HOCHZAHLFELD[N] := 0;

370            WRITELN('SIE KOENNEN NUN WAEHLEN ZWISCHEN');
371            WRITELN(' 1: MATPOTENZEN IM ABSTAND A  ODER');
372            WRITELN(' 2: EINIGEN AUSGEWAEHLTEN MATPOTENZEN. ');
373            WRITELN('GEBEN SIE EINE DER BEIDEN ZIFFERN EIN !');
374            READLN;
375            READ(FALL);
376            STRICHREIHE(60);
377            MITPOTENZ := 'J';
378            WRITELN('WOLLEN SIE AUCH MIT VERTEILUNGSVEKTOREN  AR
               BEITEN? (J,N)');
379            READLN;
380            READ(MITVERTEILUNG);
381            IF   MITVERTEILUNG = 'J'
382            THEN BEGIN
383                   WRITELN('ANFANGSVERTEILUNG(EN) ALS  ZEILENVEK
                      TOR(EN) EINGEBEN:');
384                   MATRIXEINGEBEN(MATV0,ZV0,SV0);
385                   WRITELN(
386                      'SOLL NEBEN DER VERTEILUNG AUCH DIE POTENZ
                         AUSGEGEBEN WERDEN? (J,N)'
387                      );
388                   READLN;
389                   READ(MITPOTENZ);
390                 END;
391            WRITELN('WOLLEN SIE AUCH DIE AUSGABE DES QUOTIENTEN'
392            WRITELN('ZWEIER BENACHBARTER MATPOTENZEN? (J,N) ');
393            READLN;
394            READ(QUOTIENTENAUSGABE);
395            CASE FALL OF
396              1: POTENZENIMABSTAND;
397              2: AUSWAHLAUSPOTENZEN;
398            END (* MATPOTENZEN *);
399            STRICHREIHE(60);
400            WRITELN(' WIE WOLLEN SIE WEITERMACHEN ?');
401            WRITELN(' 1: MIT EINER ANDEREN MATRIX, ');
402            WRITELN(' 2: MIT DER GLEICHEN MATRIX , ');
403            WRITELN(' 3: ODER WOLLEN SIE BEENDEN ?');
404            WRITELN(' GEBEN SIE DIE ENTSPRECHENDE ZIFFER EIN !')
405            READLN;
406            READ(WEITER);
407            CASE WEITER OF
408              1: BEGIN
409                     MITGLEICHERMATRIX := FALSE;
410                     MITANDERERMATRIX := TRUE;
411                   END;
```

nach 384 ggf. AUSGABEFORMAT einfügen

```
                   2: BEGIN
                         MITANDERERMATRIX := FALSE;
                         MITGLEICHERMATRIX := TRUE;
                       END;
                   3: BEGIN
                         MITGLEICHERMATRIX := FALSE;
                         MITANDERERMATRIX := FALSE;
                       END;
              END (* MATPOTENZEN *);
            END;
      END;
END.
```

```

PROCEDURE RECHNUNGEN;

   VAR
                 ZEILE,
                SPALTE,
                      J,
                      K: INTEGER;

   BEGIN
     K := 1;
     FOR HOCHZAHLZAEHLER := 1 TO HOCHZAHL
     DO BEGIN
 (((HOCHZAHLZAEHLER MOD ABSTAND) = 0) OR  (HOCHZAHL
          ZAEHLER = HOCHZAHLFELD[K]))
          THEN BEGIN (*AUSGABE MATPOTENZ*)
(*..........................................................*)
(*          A U S G A B E N
  *)
                    WRITELN('H O C H Z A H L ', HOCHZAHLZAEHLER: 4);
                    IF   ((MITPOTENZ = 'J') AND (MITVERTEILUNG = 'J'
                    ))
                    THEN BEGIN
                           MATRIXAUSGEBEN(MATA, GRAD, GRAD);
                           MATV := MATPROD(MATV0, MATA, ZV0, GRAD,
                           GRAD, GRAD);
                           MATRIXAUSGEBEN(MATV, ZV0, GRAD);
                         END
                    ELSE IF   ((MITPOTENZ = 'J') AND (MITVERTEILUNG
                    <> 'J'))
                         THEN MATRIXAUSGEBEN(MATA, GRAD, GRAD)
                         ELSE BEGIN
                                MATV := MATPROD(MATV0, MATA, ZV0,
                                GRAD, GRAD, GRAD);
                                MATRIXAUSGEBEN(MATV, ZV0, GRAD);
                              END;
                    K := K + 1;
                  END;

(*..........................................................*)
          MATB := MATPROD(MATP, MATA, GRAD, GRAD, GRAD, GRAD);
          MATZ := MATA;
          MATA := MATB;
```

```
         IF   ((QUOTIENTENAUSGABE = 'J') AND (((HOCHZAHLZAEHLER
         MOD ABSTAND) = 0) OR (
            HOCHZAHLZAEHLER=HOCHZAHLFELD[K-1])))
(*          Q U O T I E N T E N B E R E C H N U N G          *)
         THEN BEGIN
                FOR ZEILE := 1 TO GRAD
                DO FOR SPALTE := 1 TO GRAD
                   DO IF   MATZ[ZEILE, SPALTE] <> 0
                      THEN MATZ(. ZEILE, SPALTE. ) := MATA(. ZEILE,
                       SPALTE. ) / MATZ(. ZEILE,
                             SPALTE. );
                WRITE('QUOTIENT VON POTENZ ', HOCHZAHLZAEHLER +
                1: 4);
                WRITELN(' DURCH POTENZ ', HOCHZAHLZAEHLER: 4, '
                : ');
                FOR ZEILE := 1 TO GRAD
                DO BEGIN
                     FOR SPALTE := 1 TO GRAD
                     DO BEGIN
                          IF   MATZ[ZEILE, SPALTE] = 0
                          THEN WRITE('#############    ')
                          ELSE WRITE(MATZ(. ZEILE, SPALTE. ): 12:
                          8, '    ');
                        END;
                     WRITELN;
                   END;
                MATZ := MATA;
              END;
(*.......................................................*)
        END;
  END (* POTENZBERECHNUNG *);
(*<><><><><><><><><><><><><><><><><><><><><><><><><><><><><><>*)

PROCEDURE POTENZENIMABSTAND;

  BEGIN
    STRICHREIHE(60);
    WRITELN('BIS ZU WELCHER HOCHZAHL WOLLEN SIE POTENZIEREN  LAS
    SEN?');
    READLN;
    READ(HOCHZAHL);
    STRICHREIHE(60);
    WRITELN('IN WELCHEM HOCHZAHLABSTAND SOLLEN DIE POTENZEN  AUS
    GEGEBEN');
    WRITELN('WERDEN?');
    READLN;
    READ(ABSTAND);
    STRICHREIHE(60);
    MATA := MATP;
    MATZ := MATP;
    RECHNUNGEN;
  END (* POTENZENIMABSTAND *);
(*<><><><><><><><><><><><><><><><><><><><><><><><><><><><><><>*)
```

```
PROCEDURE AUSWAHLAUSPOTENZEN;

  VAR
                     I,
       AUSGABEANZAHL,
     MAXHOCHZAHLFELD: INTEGER;

  BEGIN
    WRITELN('WELCHE MATPOTENZEN WOLLEN SIE?');
    WRITELN('EINGABE NUMMER-LEERSTELLE-NUMMER-LEERSTELLE USW.');
    WRITELN('EINGABE IN NATUERLICHER REIHENFOLGE!');
    AUSGABEANZAHL := 0;
    READLN;
    REPEAT
      AUSGABEANZAHL := AUSGABEANZAHL + 1;
      READ(HOCHZAHLFELD(. AUSGABEANZAHL .));
    UNTIL (EOLN);
    STRICHREIHE(60);
(* MAXIMUM IM HOCHZAHLFELD SUCHEN                          *)
    MAXHOCHZAHLFELD := HOCHZAHLFELD(. 1. );
    FOR I := 1 TO AUSGABEANZAHL
    DO IF   MAXHOCHZAHLFELD <= HOCHZAHLFELD(. I. )
       THEN MAXHOCHZAHLFELD := HOCHZAHLFELD(. I. );
(*MAXIMUM BESTIMMT*)
    HOCHZAHL := MAXHOCHZAHLFELD;
    ABSTAND := HOCHZAHL;
    MATA := MATP;
    MATZ := MATP;
    RECHNUNGEN;
  END (* AUSWAHLAUSPOTENZEN *);
(*<><><><><><><><><><><><><><><><><><><><><><><><><><><><><><><>*)
```

Hier schließt sich das Hauptprogramm an (siehe unter Figur 6.2).

MATPOTENZ wird nun zur Untersuchung des langfristigen Kaufverhaltens eingesetzt. Wir vergleichen dazu die Entwicklungen bei Einführung der Mischungen M3 bzw. M4, betrachten also die Verteilungen für große n.

```
SIE KOENNEN NUN WAEHLEN ZWISCHEN
 1: MATPOTENZEN IM ABSTAND A  ODER
 2: EINIGEN AUSGEWAEHLTEN MATPOTENZEN.
GEBEN SIE EINE DER BEIDEN ZIFFERN EIN !
2
------------------------------------------------------------
WOLLEN SIE AUCH MIT VERTEILUNGSVEKTOREN  ARBEITEN? (J,N)
J
ANFANGSVERTEILUNG(EN) ALS  ZEILENVEKTOR(EN) EINGEBEN:
------------------------------------------------
              MATRIXEINGABE
------------------------------------------------
ZEILENANZAHL.....SPALTENANZAHL
      1              3
```

```
GEBEN SIE DIE WERTE DER MATRIX ALS DEZIMALZAHLEN
ZEILENWEISE EIN!
.6 .4 0                                                    v0
KONTROLLAUSGABE DER MATRIX(J,N)?
N
WOLLEN SIE
DIE ANZAHL DER MINDESTENS ZU DRUCKENDEN ZIFFERN UND DIE
ANZAHL DER DER NACHKOMMASTELLEN SELBST FESTLEGEN? (J,N)
DIE VOREINSTELLUNG IST   10:4
J
MINDESTANZAHL...NACHKOMMASTELLEN :
     14              10
SOLL NEBEN DER VERTEILUNG AUCH DIE POTENZ AUSGEGEBEN WERDEN?
J
WOLLEN SIE AUCH DIE AUSGABE DES QUOTIENTEN
ZWEIER BENACHBARTER MATPOTENZEN? (J,N)
N
WELCHE MATPOTENZEN WOLLEN SIE?
EINGABE NUMMER-LEERSTELLE-NUMMER-LEERSTELLE USW.
EINGABE IN NATUERLICHER REIHENFOLGE!
10 20 50 100
--------------------------------------------------------------
H O C H Z A H L   10
--------------------------------------------------------------
  0.4678126267    0.3893310740    0.1428562993
  0.4617660091    0.3953776916    0.1428562993         S^10
  0.4597524382    0.3973853576    0.1428622042
----------
( 3, 3)-MATRIX
--------------------------------------------------------------
--------------------------------------------------------------
  0.4653939797    0.3917497210    0.1428562993         v10
----------
( 1, 3)-MATRIX       M2                M3
--------------------------------------------------------------
H O C H Z A H L   20
--------------------------------------------------------------
  0.4643070419    0.3928358153    0.1428571429
  0.4642704803    0.3928723769    0.1428571429         S^20
  0.4642582931    0.3928845640    0.1428571429
----------
( 3, 3)-MATRIX
--------------------------------------------------------------
--------------------------------------------------------------
  0.4642924172    0.3928504399    0.1428571429         v20
----------           M2                M3
( 1, 3)-MATRIX
--------------------------------------------------------------
H O C H Z A H L   50

  0.4642857143    0.3928571429    0.1428571429
  0.4642857143    0.3928571429    0.1428571429         S^50
  0.4642857143    0.3928571429    0.1428571429
----------
```

Entsprechend verläuft die Rechnung für Mischung M4. Die Ergebnisse werden zusammengefaßt:

Die Untersuchung des langfristigen Verhaltens zeigt deutliche Stabilisierungsvorgänge. So gilt

1) bei 10 Nachkommastellen $S^{50}=S^{100}$ und $T^{50}=T^{100}$,
2) jeder Spaltenvektor einer dieser Potenzen besteht aus den gleichen Elementen,
3) diese Elemente bestimmen gleichzeitig den Verteilungsvektor.

$S^{100} =$

$$\begin{bmatrix} 0.4642857143 & 0.3928571429 & 0.1428571429 \\ 0.4642857143 & 0.3928571429 & 0.1428571429 \\ 0.4642857143 & 0.3928571429 & 0.1428571429 \end{bmatrix}$$

Jeder dieser Zeilenvektoren stimmt mit $\vec{v}_{100}$ überein!

$T^{100} =$

$$\begin{bmatrix} 0.4482758621 & 0.3793103448 & 0.1724137931 \\ 0.4482758621 & 0.3793103448 & 0.1724137931 \\ 0.4482758621 & 0.3793103448 & 0.1724137931 \end{bmatrix}$$

Jeder dieser Zeilenvektoren stimmt mit $\vec{w}_{100}$ überein!

Langfristig gesehen beträgt der Marktanteil des Produzenten von M2
bei Einführung von M3 39.29% + 14.29% = 43.58%,
bei Einführung von M4 37.93% + 17.24% = 55.17%.
Er sollte Mischung M4 einführen!

6.2 GRENZWERT EINER FOLGE VON MATRIZENPOTENZEN

Die Überlegungen zum langfristigen Verhalten führen auf den Begriff des Grenzwerts von Matrizenfolgen!

DEFINITION 6.2: Gegeben sei eine Folge quadratischer (m,m)-Matrizen mit Elementen aus R:

$P=(p_{ik}^{(1)})$, $P^2=(p_{ik}^{(2)})$, ... $P^n=(p_{ik}^{(n)})$.

Die Matrizenfolge heißt konvergent gegen die Matrix G, wenn alle Grenzwerte $g_{ik}=\lim_{n\to\infty} p_{ik}^{(n)}$, i,k=1,2,...m, existieren.

$$\begin{bmatrix} g_{11} & \cdots & g_{1m} \\ \vdots & & \vdots \\ g_{m1} & \cdots & g_{mm} \end{bmatrix} = \begin{bmatrix} \lim_{n\to\infty} p_{11}^{(n)} & \cdots & \lim_{n\to\infty} p_{1n}^{(n)} \\ \vdots & & \vdots \\ \lim_{n\to\infty} p_{m1}^{(n)} & \cdots & \lim_{n\to\infty} p_{mm}^{(n)} \end{bmatrix}$$

kurz $G=\lim_{n\to\infty} P^n$.

Man schreibt auch $\lim_{n\to\infty} P^n = P^\infty$ und nennt P^∞ Grenzmatrix von P.

Die Konvergenz einer Matrizenfolge wird also zurückgeführt auf die bekannte Konvergenz einzelner Zahlenfolgen in $\mathbb{R}$. Da die Vektorfolge $\vec{v}_1, \vec{v}_2, \ldots \vec{v}_k \ldots$ eine spezielle Matrizenfolge ist, gilt entsprechend $\vec{g} = \lim_{n\to\infty} \vec{v}_n$.

Die exakte Bestimmung des Grenzwerts einer Matrizenfolge ist ein schwieriges Problem, da es i.a. nicht ohne weiteres möglich ist, die Matrix P^n anzugeben.

Beispiel 1: Für die Matrix $P = \begin{bmatrix} 0.5 & 0.5 \\ 0.2 & 0.8 \end{bmatrix}$ ergibt sich

$$P^n = \frac{1}{7}\begin{bmatrix} 2+5\cdot 0.3^n & 5(1-0.3^n) \\ 2(1-0.3^n) & 5+2\cdot 0.3^n \end{bmatrix}, \text{ also } \lim_{n\to\infty} P^n = \frac{1}{7}\begin{bmatrix} 2 & 5 \\ 2 & 5 \end{bmatrix}.$$

Beweis durch vollständige Induktion!

Die Bestimmung der n-ten Potenz A^n einer Matrix A kann mit Hilfe der Eigenwerttheorie angegangen werden. Wir kommen in der Fallstudie „Elementare Anwendungen der Eigenwerttheorie" darauf zurück. Hier begnügen wir uns mit der durch den Computer ausgegebenen Folge $A, A^2, A^3, \ldots$, aus der sich bei größeren Hochzahlen der Trend

- Grenzwert existiert und kann näherungsweise abgelesen werden,
- Grenzwert existiert nicht,

ablesen läßt. Dazu noch ein Beispiel.

Beispiel 2: Zu untersuchen sind die Matrizen A und B auf Existenz von Grenzwerten.

$A = \begin{bmatrix} 1 & 0.4 \\ 2 & -0.3 \end{bmatrix}$, $B = \begin{bmatrix} 0.1 & 0.9 \\ 0.8 & 0.2 \end{bmatrix}$. Mit MATPOTENZ ergibt sich

i	A^i		B^i	
2	1.80	0.28	0.7300	0.2700
	1.40	0.89	0.2400	0.7600
3	2.36	0.64	0.2890	0.7110
	3.18	0.29	0.6320	0.3680
4	3.63	0.75	0.5977	0.4023
	3.77	1.18	0.3576	0.6424
10	33.93	7.71	0.4855	0.5145
	38.58	8.85	0.4573	0.5427
20	1448.87	330.10	0.4710	0.5290
	1650.50	376.04	0.4702	0.5298

Man beachte das sehr unterschiedliche Verhalten der Potenzen A^i und B^i. Die Folge der B^i zeigt ein ähnliches Verhalten, wie wir es aus 6.2 kennen! Elemente der Zeilenvektoren von B^i haben die Summe 1! Zufall?

$\lim_{n\to\infty} A^n$ existiert nicht! $\lim_{n\to\infty} B^n$ existiert $\lim_{n\to\infty} B^n \approx \begin{bmatrix} 0.47 & 0.53 \\ 0.47 & 0.53 \end{bmatrix}$

Grenzwerte von Matrizenfolgen werden später verschiedentlich benötigt!

6.3 STATIONÄRE VERTEILUNG

Bei der Untersuchung des langfristigen Kaufverhaltens mit Hilfe der Beziehungen $\vec{v}_n = \vec{v}_{n-1}S$ bzw. $\vec{v}_n = \vec{v}_0 S^n$ unterscheiden sich die Verteilungen $\vec{v}_n$ und $\vec{v}_{n-1}$ bei großem n kaum noch, wie wir in 6.1 und 6.2 gesehen haben. Diese Feststellung begründet den Ansatz

(6.3) $\quad \vec{v} = \vec{v}S$,

also die Frage nach einem Vektor $\vec{v} = [v_1, v_2, v_3]$ mit $\sum_{i=1}^{3} v_i = 1$, der eine stationäre Verteilung darstellt. Diese ändert sich bei Multiplikation mit S nicht mehr!

> DEFINITION 6.3: Die Verteilung $\vec{w} = [w_1, w_2, \ldots w_N]$ heißt stationäre Verteilung (Fixvektor), wenn $\vec{w}P = \vec{w}$, ausführlich:
> $\vec{w}_{(1,N)} P_{(N,N)} = \vec{w}_{(1,N)}$.

Für das Kaufverhalten aus 6.1 liefert der Ansatz

$$\begin{bmatrix} v_1 & v_2 & v_3 \end{bmatrix} \begin{bmatrix} 0.8 & 0.1 & 0.1 \\ 0.2 & 0.7 & 0.1 \\ 0.1 & 0.5 & 0.4 \end{bmatrix} = \begin{bmatrix} v_1 & v_2 & v_3 \end{bmatrix} \quad \text{mit } v_1+v_2+v_3 = 1$$

ein lineares Gleichungssystem!

(a) $\quad v_1 + v_2 + v_3 = 1$ $\qquad$ Wegen $\vec{v} = \vec{v}S$ folgt

(b) $\; -0.2v_1 + 0.2v_2 + 0.1v_3 = 0$ $\qquad$ $\vec{v}(S-E) = \vec{o}$.

(c) $\quad 0.1v_1 - 0.3v_2 + 0.5v_3 = 0$

(d) $\quad 0.1v_1 + 0.1v_2 - 0.6v_3 = 0$. GAUSSELIMINATION liefert das Ergebnis:

$[v_1 \; v_2 \; v_3] = [0.4642857143 \quad 0.3928571429 \quad 0.1428571429]$.

Dieses Ergebnis stimmt mit dem oben errechneten Verteilungsvektor $\vec{v}_{50}$ und damit wohl auch mit $\lim_{n\to\infty} \vec{v}_n$ überein! Wir halten fest:

> Grenzverteilung $\lim_{n\to\infty} \vec{v}_n$ und stationäre Verteilung
> $\vec{v}P = \vec{v}$ können übereinstimmen.

Bemerkung: Die Überlegungen in Kapitel 6 wurden vorwiegend an sogenannten stochastischen Matrizen durchgeführt. Bei diesen Matrizen liegen alle Elemente im Intervall $[0;1]$ und die Summe der Elemente jeder Zeile ist gleich 1. Bei dem oben bearbeiteten Problem des Kaufverhaltens handelt es sich um eine Markow-Kette. Diese werden in den Fallstudien noch gesondert behandelt. Die Ergebnisse aus Kapitel 6 werden noch in anderen Fallstudien (z.B. Populationsdynamik, Lösung von LGS durch Iteration) und bei der Entwicklung der Eigenwerttheorie in Kapitel 7 benötigt.

....

ÜBUNGSAUFGABEN

Ü 6.1) Analysieren Sie die Prozeduren RECHNUNGEN, POTENZENIMABSTAND und AUSWAHLAUSPOTENZEN aus dem Programm MATPOTENZ.

Ü 6.2) Begründen Sie, warum man im Programm MATPOTENZ an Stelle eines Verteilungsvektors auch gleich mehrere eingeben kann (Zeile 384). Auf diese Weise ist es möglich, bei gegebener Übergangsmatrix mit verschiedenen Anfangsverteilungen zu experimentieren ohne einen neuen Programmlauf starten zu müssen. Benutzen Sie nun für Problemstellung 6.1 andere Anlaufvektoren, z.B.
$\begin{bmatrix}0.5 & 0.5 & 0\end{bmatrix}$, $\begin{bmatrix}0.1 & 0.9 & 0\end{bmatrix}$, $\begin{bmatrix}0.9 & 0.1 & 0\end{bmatrix}$ und $\begin{bmatrix}0 & 1 & 0\end{bmatrix}$.
Sie werden die gleichen - schon bekannten-Grenzverteilungen erhalten!

Ü 6.3) Bestimmen Sie die ersten Potenzen der Matrizen A und B (es sind sogenannte Dreiecksmatrizen).

$$A=\begin{bmatrix}0 & 0 & 0\\ 1 & 0 & 0\\ 2 & -1 & 0\end{bmatrix}, \qquad B=\begin{bmatrix}0 & 3 & 4 & 5\\ 0 & 0 & 4 & 3\\ 0 & 0 & 0 & 2\\ 0 & 0 & 0 & 0\end{bmatrix}.$$

Ü 6.4) Zur Zeit verdienen 60% der Einwohner einer Stadt mehr als 1500 DM, 40% gerade diese Summe oder weniger (Zustände E0 und E1). Die Übergangsmatrix sei $P = \begin{bmatrix}0.75 & 0.25\\ 0.50 & 0.50\end{bmatrix}$. Wie wird es in den folgenden 5 Perioden sein. Untersuchen Sie die langfristige Entwicklung.

Ü 6.5) Bestimmen Sie Grenzmatrix und stationäre Verteilung zur Matrix $\begin{bmatrix}0.8 & 0.2\\ 0.2 & 0.8\end{bmatrix}$.

Ü 6.6) Untersuchen Sie bei den folgenden Matrizen, ob es eine Potenz gibt, in der das rechte obere Element gleich 0 ist!

$$A=\begin{bmatrix}0 & 1 & 3\\ 1 & 1 & 5\\ 14 & -9 & 0\end{bmatrix} \qquad B=\begin{bmatrix}113 & 113 & 1469\\ 1938 & 0 & -7910\\ 442 & 113 & 113\end{bmatrix}.$$

Bei der Aufgabenstellung handelt es sich um das sog. Skolem-Problem: Gesucht ist ein Algorithmus, mit dem für jedes $m\in\mathbb{N}$ und für jede quadratische Matrix $M_{(m,m)}$ entschieden werden kann, ob es eine Potenz dieser Matrix gibt, so daß rechts oben eine 0 steht.

7. GRUNDLAGEN AUS DER EIGENWERTTHEORIE

7.1 BEGRIFF DES EIGENWERTS UND DES EIGENVEKTORS

PROBLEMSTELLUNG 7.1: Die Entwicklung eines Lebewesens innerhalb eines Jahres erfolgt wie in Figur 7.1 dargestellt.

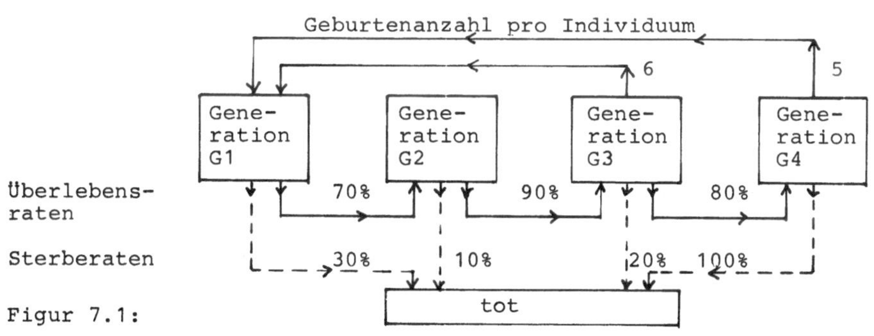

Figur 7.1: Entwicklung einer Population

Zur Zeit möge eine Verteilung von $\begin{bmatrix} \overset{G1}{50} & \overset{G2}{70} & \overset{G3}{100} & \overset{G4}{80} \end{bmatrix}$ vorliegen.

a) Wie ist die Verteilung bei der folgenden Generation?

b) Man untersuche, ob es eine Verteilung gibt, die in der Folgegeneration (und dann immer)

b1) konstant bleibt (stationäre Verteilung, vergl. 6.3),

b2) mit einem gewissen festen Vielfachen der vorliegenden Verteilung wächst.

LÖSUNGSANSÄTZE: Wir bezeichnen die jetzige Verteilung mit $\vec{w}$, die Verteilung davor mit $\vec{v}$ und die eventuell existierende konstante Verteilung mit $\vec{k}$.

Zu a) $\vec{v}_1=\vec{v}_0 P$, wobei sich die Übergangsmatrix P aus Figur 7.1 ergibt:

$$P = \begin{array}{c} \\ G1 \\ G2 \\ G3 \\ G4 \end{array} \begin{array}{c} \begin{array}{cccc} G1 & G2 & G3 & G4 \end{array} \\ \begin{bmatrix} 0 & 0.7 & 0 & 0 \\ 0 & 0 & 0.9 & 0 \\ 6 & 0 & 0 & 0.8 \\ 5 & 0 & 0 & 0 \end{bmatrix} \end{array}.$$

Wir erhalten

$$\vec{v}_1 = \begin{bmatrix} \underset{G1}{1000} & \underset{G2}{35} & \underset{G3}{63} & \underset{G4}{80} \end{bmatrix}.$$

Zu b) Diese Fragestellung führt auf die in diesem Kapitel zu behandelnde Eigenwert-Problematik. Für die stationäre Verteilung gilt

(7.1) $\vec{k}P = \vec{k}$, für das Wachstum nach b2) ergibt sich der Ansatz

(7.2) $\vec{l}P = t\vec{l}$ mit $t\in\mathbb{R}$. Wir schreiben (7.2) ausführlich

$$\begin{array}{llll} & & 6l_3+5l_4 & = tl_1 \\ 0.7l_1 & & & = tl_2 \\ & 0.9l_2 & & = tl_3 \\ & & 0.8l_3 & = tl_4 \end{array}$$

Aus diesem LGS ist zunächst t zu bestimmen. Die Lösung t=0 ist uninteressant, wir brauchen weitere t-Werte. Danach muß $\vec{l}$ berechnet werden. An dieser Stelle soll zunächst lediglich (7.1) gelöst werden. Bei einer stationären Verteilung muß t=1 sein.

$$\left.\begin{array}{llll} & & 6k_3+5k_4 & = k_1 \\ 0.7k_1 & & & = k_2 \\ & 0.9k_2 & & = k_3 \\ & & 0.8k_3 & = k_4 \end{array}\right\} \begin{array}{lllll} -k_1 & & k_3+5k_4 & = 0 \\ 0.7k_1 & -k_2 & & = 0 \\ & 0.9k_2 & -k_3 & = 0 \\ & & 0.8k_3-k_4 & = 0 \end{array} .$$

Anwendung eines unserer Verfahren zur Lösung von LGS zeigt, daß die Lösungsmenge L= $[0\ 0\ 0\ 0]$ ist. Es gibt also keine stationäre Verteilung außer der trivialen Nullverteilung.

Nach diesen einleitenden Fragestellungen nun zu Grundbegriffen der Eigenwerttheorie!

Matrizeneigenwertproblem

DEFINITION 7.1: Zu einer gegebenen quadratischen Matrix A wird ein Vektor $\vec{v}$ gesucht mit

(7.3) $\vec{v}_{(1,n)}A_{(n,n)} = t\vec{v}_{(1,n)}$, kurz $\vec{v}A = t\vec{v}$, $t\in\mathbb{R}$.

t wird als Eigenwert von A bezeichnet,

$\vec{v}$ heißt (Links-) Eigenvektor von A.

Die Berechnung von Eigenwerten und Eigenvektoren wird an einem einfachen Beispiel gezeigt.

Beispiel 1: Gegeben sei die Matrix $A = \begin{bmatrix}1 & 2\\ 5 & 4\end{bmatrix}$. Man berechne die Eigenwerte und Eigenvektoren von A.

Aus (7.3) folgt zunächst die wichtige Beziehung

(7.4) $\vec{v}(A-tE) = \vec{o}$. Für das Beispiel bedeutet das

$$\begin{bmatrix}v_1 & v_2\end{bmatrix}\begin{bmatrix}1-t & 2\\ 5 & 4-t\end{bmatrix} = \begin{bmatrix}0 & 0\end{bmatrix}$$. Anwendung des Gauß-Verfahrens:

$$\begin{array}{l} (a) \\ (b) \end{array} \left[\begin{array}{cc|c} 1-t & 5 & 0 \\ 2 & 4-t & 0 \end{array}\right] \begin{array}{l} (a):(1-t) \\ (b)-\dfrac{2}{1-t}(a) \end{array} \Bigg\}_{t\neq 1} \begin{array}{l} (a1) \\ (b1) \end{array} \left[\begin{array}{cc|c} 1 & \dfrac{5}{1-t} & 0 \\ 0 & (4-t)-\dfrac{10}{1-t} & 0 \end{array}\right]$$

Wenn das LGS (a1),(b1) außer der trivialen Lösung weitere Lösungen (dann unendlich viele!) haben soll muß der Koeffizient von v_2, nämlich $(4-t)-\frac{10}{1-t} = \frac{t^2-5t-6}{1-t} = 0$ sein, denn sonst wäre eine weitere Elimination möglich und wir erhielten nur die triviale Lösung. Also $t^2-5t-6 = 0$. Diese (hier quadratische) Gleichung für die Eigenwerte heißt <u>charakteristische Gleichung</u> der Matrix $\begin{bmatrix} 1 & 2 \\ 5 & 4 \end{bmatrix}$.

$f(t) = t^2-5t-6$ heißt <u>charakteristisches Polynom</u> der Matrix.

$0 = t^2-5t-6 = t_1=6$ und $t_2=-1$.

Wir haben zwei Eigenwerte gefunden und können nun zugehörige Eigenvektoren bestimmen, indem wir in (7.4) einsetzen. Da es zwei Eigenwerte gibt, setzen wir $\vec{v}_1= \begin{bmatrix} v_{11} & v_{12} \end{bmatrix}$ und $\vec{v}_2= \begin{bmatrix} v_{21} & v_{22} \end{bmatrix}$.

Rechnung zum Eigenwert $t_1=6$:

(a) $-5v_{11}+5v_{12} = 0$ Die beiden Gleichungen sind linear abhängig
(b) $2v_{11}-2v_{12} = 0$ voneinander: (a)=-2.5(b).

Wir können also z.B. $v_{12}=1$ wählen. Dann wird auch $v_{11}=1$, und es ergibt sich der Eigenvektor $\vec{v}_1=\begin{bmatrix} 1 & 1 \end{bmatrix}$. Wir können zum Eigenwert $t_1=6$ noch unendlich viele weitere Eigenvektoren angeben. Alle sind Vielfache von $\vec{v}_1$.

Rechnung zum Eigenwert $t_2=-1$:

Mit dem gleichen Verfahren wie oben ergibt sich z.B. $\vec{v}_2= \begin{bmatrix} 2.5 & -1 \end{bmatrix}$.
Alle Vielfachen dieses Vektors sind weitere Eigenvektoren von A.
Wir fassen zusammen:

> Die Matrix $A=\begin{bmatrix} 1 & 2 \\ 5 & 4 \end{bmatrix}$ hat die charakteristische Gleichung $t^2-5t-6=0$, aus der sich die Eigenwerte $t_1=6$ und $t_2=-1$ ergeben. (Links-) Eigenvektoren sind $\vec{v}_1= \begin{bmatrix} 1 & 1 \end{bmatrix}$ und $\vec{v}_2= \begin{bmatrix} 2.5 & -1 \end{bmatrix}$ sowie Vielfache davon.

<u>Bemerkung:</u> $\vec{v}_1$ und $\vec{v}_2$ sind linear unabhängig voneinander. Man kann auch Rechtseigenvektoren definieren ($A\vec{w}=s\vec{w}$). Mit diesem Ansatz ergeben sich die gleichen Eigenwerte (das ist immer so!), aber andere Eigenvektoren (vergleiche Übungsaufgabe Ü 7.1).

....

Die Berechnung der Eigenwerte einer (2,2)-Matrix soll nun allgemein durchgeführt werden. Wir gehen aus von der Matrix

$A=\begin{bmatrix} a & b \\ c & d \end{bmatrix}$ und der oben bereits benutzten Beziehung (7.4), die hier wegen ihrer Bedeutung noch einmal herausgestellt wird:

Ansatz eines linearen Gleichungssystems zur Bestimmung der Eigenwerte einer Matrix A

(7.4´) $\vec{v}(A-tE) = \vec{o}$ (für Linkseigenvektoren $\vec{v}$)

* $(A-tE)\vec{w} = \vec{o}$ (für Rechtseigenvektoren $\vec{w}$).

$$\begin{array}{l} (a) \\ (b) \end{array} \left[\begin{array}{cc|c} a-t & b & 0 \\ c & d-t & 0 \end{array}\right] \quad \begin{array}{l} (a):(a-t) \\ (b)-\frac{c}{a-t}(a) \end{array} \underset{t \neq a}{\Longrightarrow} \begin{array}{l} (a1) \\ (b1) \end{array} \left[\begin{array}{cc|c} 1 & \frac{b}{a-t} & 0 \\ 0 & (d-t)-\frac{cb}{a-t} & 0 \end{array}\right]$$

aus *

Das LGS hat genau dann außer der Nullösung noch weitere Lösungen, wenn $(d-t)(a-t)-bc = 0$ ist. Die charakteristische Gleichung lautet also $t^2-(a+d)t+ad-bc = 0$. Aus dieser quadratischen Gleichung können die beiden Eigenwerte bestimmt werden (sie können auch aufeinder fallen oder komplex sein!):

SATZ 7.1: Die Eigenwerte t_1 und t_2 der Matrix $A = \begin{bmatrix} a & b \\ c & d \end{bmatrix}$ errechnen sich aus der Beziehung

$$t_{1/2} = 0.5(a+d) \pm 0.5\sqrt{(a-d)^2+4bc}\ .$$

Dieses Ergebnis wird in den Fallstudien gelegentlich benutzt. Die Berechnung der Eigenwerte von $A_{(2,2)}$ führte auf ein charakteristisches Polynom 2.Grades. Die Eigenwerte von $A_{(3,3)}$ erhält man aus einem Polynom 3.Grades, da man unter entsprechenden Voraussetzungen einen zweiten Eliminationsschritt durchführen kann. Man kann sich das an einem Beispiel oder auch allgemein leicht klarmachen. Entsprechend gilt

(7.5) Eine Matrix $A_{(n,n)}$ hat ein charakteristisches Polynom n-ten Grades

$$f(t)=(-1)^n t^n+b_{n-1}t^{n-1}+b_{n-2}t^{n-2}+\ldots+b_2t^2+b_1t+b_0$$

mit $b_i \in \mathbb{R}$, $i=0,1,\ldots(n-1)$, und $t \in \mathbb{R}$.

Eine (n,n)-Matrix hat also n Eigenwerte, darunter möglicherweise auch komplexe oder mehrfache (Fundamentalsatz der Algebra!).

Die Ermittlung des charakteristischen Polynoms einer Matrix mit Hilfe des Gauß-Verfahrens oder eines anderen Verfahrens zur exakten Lösung linearer Gleichungssysteme ist für größere Matrizen ein zu mühsames Unterfangen. Uns steht jedoch bereits ein Verfahren zur Verfügung! Es ist das in 2.2 benutzte Verfahren von Faddejev zur Inversion einer Matrix. Dort wurde die Funktion MATINV (Alg 16) angegeben. Fügt man in diese Funktion an passender Stelle Druckaufträge ein, so erhält man die Koeffizienten des charakteristischen Polynoms der Matrix! Es sind die dort in Zeile 474 berechneten Werte von c[e] . Nachdem das charakteristische Polynom bestimmt ist, kann bei höherem Grad desselben mit einem Näherngsverfahren, z.B. dem Newton-Verfahren, zur Lösung von Gleichungen n-ten Grades weitergearbeitet werden. Wir werden allerdings sehen, daß man häufig zwei Eigenwerte mit Hilfe von Matrizenpotenzen ermitteln kann, auch ohne das charakteristische Polynom zu kennen. Ausgefeilte Näherungsverfahren zur Bestimmung aller Eigenwerte sind uns hier nicht zugängig. Wir kommen mit unseren Methoden aus:

1) Charakteristisches Polynom mit Faddejev bestimmen,
2) 2 Eigenwerte über Matrizenpotenzen ermitteln,
3) wenn der Grad des Polynoms nach Division durch die Linearfaktoren $(t-t_1)$ und $(t-t_2)$ noch zu hoch ist, das aus der Analysis bekannte Newton-Verfahren anwenden.

Wir betrachten nun noch einmal den Algorithmus von Faddejev in einem Struktogramm (Figur 7.2) und einem Programm (Alg 29). Man erinnere sich dabei an die Figuren 2.1 und 2.2 sowie an Alg 16.

```
FUNCTION MATINVMIT(INVMAT: MATRIX; G: INTEGER): MATRIX;
(*   BESTIMMT DIE INVERSE EINER MATRIX MIT DEM     *)
(*   VERFAHREN NACH FADDEJEV                       *)
(*   BERECHNET AUCH CHARAKTERISTISCHES POLYNOM     *)
(*   DER MATRIX.                                   *)
(* INVERSE:BOOLEAN; GLOBAL DEFINIEREN!             *)
```

Der nun folgende Vereinbarungsteil der Funktion stimmt völlig mit dem der Funktion INVMAT (Alg 16) überein.

```
  BEGIN
    WRITELN('DRUCKEN VON ZWISCHENERGEBNISSEN? (J,N)');
    READLN;
    READ(ZWISCHENERGEBNISSE);
    INVERSE := TRUE;
    E := 1;
    A1 := INVMAT;
    AE := A1;
```

Eingaben: m, Grad der zu bearbeitenden Matrix A_1
Elemente von A_1

$i:=1$, Zählwerk *

$c_i:=spur(A_i)/i$, Errechnung der Koeffizienten des charakteristischen Polynoms

$H_i:=A_i-c_iE$, Hilfsmatrizen *

$i=(m-1)$?

ja: $H:=H_i$

nein: ---

$A_{i+1}:=A_1H_i$ *

$i:=i+1$ *

Wiederhole bis $i=(m+1)$

$A_1^{-1}:= (1/c_{i-1})H$, Berechnung der Inversen, falls $c_{i-1}\neq 0$, sonst keine Inverse,

$det(A_1):=(-1)^{m+1}c_{i-1}$, Determinante von A_1

ggf. Ausgabe von A_1^{-1}

für i von 1 bis m

falls m gerade, $c_i:=-c_i$ setzen

Ausgabe der Koeffizienten c_i des charakteristischen Polynoms von A_1:

Es gilt $b_{m-i}=c_i$, der Koeffizient von r^m ist $(-1)^m$.

Figur 7.2: Berechnung des charakteristischen Polynoms einer Matrix

```
REPEAT
  C[E] := MATSPUR(AE, G) / E;
  WRITELN('C[', E: 1, '] = ', C[E]: 6: 4);
  HE := AE;
  FOR F := 1 TO G
  DO HE[F, F] := HE[F, F] - C[E];
  IF  E = G - 1
  THEN H := HE;
  AEPLUS1 := MATPROD(A1, HE, G, G, G, G);

  E := E + 1;
  AE := AEPLUS1;
  IF  ZWISCHENERGEBNISSE = 'J'
  THEN BEGIN
         WRITELN('H', E - 1: 1, ':');
         MATRIXAUSGEBEN(HE, G, G);
         WRITELN('A', E: 1, ':');
```

```
                MATRIXAUSGEBEN(AE, G, G);
              END;
       UNTIL E = G + 1;
       IF   ABS(C[E - 1]) < (1E-10)
       THEN BEGIN
              INVERSE := FALSE;
              WRITELN('KEINE INVERSE ERRECHENBAR!');
            END
       ELSE BEGIN
              FOR E := 1 TO G
              DO FOR F := 1 TO G
                 DO INV[E, F] := H[E, F] / C[G];
(*IN C[G] STEHT DER BETRAG DER DETERMINANTE DER ZU INVERTIERENDEN MATRIX*)
              MATINVMIT := INV;
            END;
       STRICHREIHE(60);
       IF G MOD 2 = 0 THEN
       WRITELN('DETERMINANTE: ',-C[G]:MINDEST:NACHK)
       ELSE
       WRITELN('DETERMINANTE: ',C[G]:MINDEST:NACHK);
       STRICHREIHE(60);
       WRITELN('DAS CHARAKTERIST. POLYNOM DER EINGEG. MATRIX HEISST:');
       WRITELN('KOEFFIZIENTEN VON R(HOCH ', G: 1, ')  ABWAERTS   :');
       WRITELN('-------------------------------------------------------');
       IF   G MOD 2 = 0
       THEN WRITE('1.0000  ')
       ELSE WRITE('-1.0000  ');
       FOR E:=1 TO G DO BEGIN
       IF G MOD 2=0 THEN C[E]:=-C[E]; WRITE(+C[E]:8:4,'  ');
       END; WRITELN;
       STRICHREIHE(60);
     END (* MATINV *);
(*  AUFRUF Z.B.  MATI:=MATINV(MATA,ZEILENANZAHL)   *)
```

```
PROGRAM FADDEJEVMIT(INPUT,OUTPUT);
(* NACH FADDEJEV, MIT CHARAKTERISTISCHER GLEICHUNG          *)
(*                UND DETERMINANTE                          *)
CONST
          MAXGRAD = 10;

TYPE
           MATRIX = ARRAY [1 .. MAXGRAD, 1 .. MAXGRAD] OF REAL;

VAR
              MATA,
              MATB:MATRIX;
                 X: REAL;
                ZA,
                SA,
           MINDEST,
             NACHK:INTEGER;
             SUMME,
           PRODUKT,
           INVERSE: BOOLEAN;
```

FADDEJEVMIT (Alg 29)

```
BEGIN (*HAUPTPROGRAMM*)
MATRIXEINGEBEN(MATA,ZA,SA);
AUSGABEFORMAT;
MATB:=MATINVMIT(MATA,ZA);
IF INVERSE THEN
BEGIN WRITELN('INVERSE:');
      MATRIXAUSGEBEN(MATB,ZA,ZA);
END;
END.
```

Wir starten einen Programmlauf mit der Matrix P aus Problemstellung 7.1. Nach Ausgabe der Werte c [1]= 0 , c [2]= 0 , c [3]= 3.78 , c [4]= 2.52 gibt der Rechner u.a. aus:

```
------------------------------------------------------------
DETERMINANTE:    - 2.5200
------------------------------------------------------------
DAS CHARAKTERIST. POLYNOM DER EINGEG. MATRIX HEISST:
KOEFFIZIENTEN VON R(HOCH 4)  ABWAERTS        :
----------------------------------------------------
1.0000     0.0000     0.0000   - 3.7800   - 2.5200
------------------------------------------------------------
INVERSE:
------------------------------------------------------------

    0.0000       0.0000       0.0000       0.2000
    1.4286       0.0000       0.0000       0.0000
    0.0000       1.1111       0.0000       0.0000      P^-1
    0.0000       0.0000       1.2500     - 1.5000
----------
```

Uns interessiert hier nur das charakteristische Polynom $f(r) = r^4+0r^3+0r^2-3.78r-2.52$. Da $f(1)=-5.30$ und $f(2)=5.92$ liegt ein Eigenwert zwischen 1 und 2. Mit einem Näherungsverfahren könnte dieser Eigenwert genauer bestimmt werden (z.B. Newton-Verfahren). $(r^4-3.78r-2.52):(r-r_1)$ führt dann zu einer ganzrationalen Funktion 3.Grades, die dann entsprechend weiter auf Nullstellen untersucht werden kann.

Wir werden allerdings sogleich eine andere Möglichkeit kennenlernen, mit der man häufig zwei Eigenwerte recht leicht mit gewünschter Genauigkeit berechnen kann!

> Es wird sich zeigen, daß man mit Hilfe der Potenzen A^n, $n \in \mathbb{N}$, einer Matrix A den betragsgrößten Eigenwert von A bestimmen kann, falls A gewisse - häufig gegebene - Bedingungen erfüllt!

7.2 BERECHNUNG VON EIGENWERTEN MIT HILFE VON MATRIZENPOTENZEN

Mit MATPOTENZ (Alg 28) ist es auch möglich, den „Quotienten" zweier Matrizen zu berechnen, siehe Alg 28, Zeile 270-290). Dabei werden entsprechende Elemente zweier Matrizen durcheinander dividiert.

> DEFINITION 7.2: Es seien $A=(a_{ik})_{(m,n)}$ und $B=(b_{ik})_{(m,n)}$ zwei Matrizen gleichen Typs.
> Dann nennen wir
> $$A/B = (c_{ik})_{(m,n)} \quad \text{mit} \begin{cases} c_{ik} := \dfrac{a_{ik}}{b_{ik}}, & \text{falls } b_{ik} \neq 0, \\ c_{ik} := \infty, & \text{falls } b_{ik} = 0, \end{cases}$$
> den <u>Quotienten</u> <u>der Matrizen A und B</u>.

Für die quadratischen Matrizen A^{n+1} und A^n berechnen sich die Elemente von A^{n+1}/A^n aus $a_{ik}^{(n+1)} : a_{ik}^{(n)}$.

Wir wenden diese Quotientenberechnung nun auf die Matrix P aus Problemstellung 7.1 an. An Stelle von ∞ druckt der Rechner das Zeichen ############# .

```
------------------------------------------------------------
QUOTIENT VON POTENZ    2 DURCH POTENZ    1 :
#############   #############   #############   #############
#############   #############   #############   #############
  0.66666667   #############   #############   #############
#############   #############   #############   #############
------------------------------------------------------------
QUOTIENT VON POTENZ    3 DURCH POTENZ    2 :
#############   #############   #############   #############
  0.66666667   #############   #############   #############
#############     0.66666667   #############   #############
#############   #############   #############   #############
------------------------------------------------------------
QUOTIENT VON POTENZ   11 DURCH POTENZ   10 :
  0.66666667      2.00000000      8.50500000      0.33333333
  3.05722222      0.66666667      2.00000000      8.50500000
  2.47283300      3.05722222      0.66666667      2.00000000
  2.00000000      8.50500000      0.33333333      1.33333333
------------------------------------------------------------
QUOTIENT VON POTENZ   52 DURCH POTENZ   51 :
  1.73759116      1.74277592      1.72827578      1.73360291
  1.72975537      1.73759116      1.74277592      1.72827578
  1.73873960      1.72975537      1.73759116      1.74277592
  1.74277592      1.72827578      1.73360291      1.74804863
```

```
--------------------------------------------------------------
QUOTIENT VON POTENZ  102 DURCH POTENZ  101 :
  1.73597925     1.73597528     1.73599573     1.73598390
  1.73599245     1.73597925     1.73597528     1.73599573
  1.73598095     1.73599245     1.73597925     1.73597528
  1.73597528     1.73599573     1.73598390     1.73596715
H O C H Z A H L  102
--------------------------------------------------------------

+8.281506E+23  +3.339356E+23  +1.731258E+23  +7.978167E+22
+2.053804E+24  +8.281506E+23  +4.293458E+23  +1.978580E+23
+3.961517E+24  +1.597403E+24  +8.281506E+23  +3.816407E+23
+2.385254E+24  +9.618100E+23  +4.986354E+23  +2.297880E+23
----------
( 4, 4)-MATRIX
--------------------------------------------------------------
QUOTIENT VON POTENZ  103 DURCH POTENZ  102 :
  1.73599245     1.73597925     1.73597528     1.73599573
  1.73598095     1.73599245     1.73597925     1.73597528
  1.73597815     1.73598095     1.73599245     1.73597925
  1.73597925     1.73597528     1.73599573     1.73598390
--------------------------------------------------------------
```

Offensichtlich stabilisieren sich die Elemente der Quotientenmatrizen. Aus P^{103}/P^{102} lesen wir ab: $r_1 \approx 1.736$. Tatsächlich gilt $f(1.736) = 0.00028$, d.h. wir haben einen Eigenwert von P in guter Näherung gefunden! Nun können wir den gleichen Algorithmus auf P^{-1} anwenden, denn

> **SATZ 7.2:** Der Kehrwert eines Eigenwerts von A^{-1} ist Eigenwert von A.

Beweis: Sei s Eigenwert von A , also (mit $s \neq 0$)

$$\vec{x}A^{-1} = s\vec{x} \quad /\cdot A$$

$$\vec{x}A^{-1}A = s\vec{x}A \Rightarrow \vec{x}E = s\vec{x}A \Rightarrow \vec{x} = s\vec{x}A \;/\cdot\frac{1}{s} \Rightarrow \frac{1}{s}\vec{x} = \vec{x}A$$, d.h. nach Definition ist auch 1:s Eigenwert von A.

Wir wenden also den Quotientenalgorithmus auf P^{-1},das ja oben bei Berechnung des charakteristischen Polynoms mit bestimmt wurde, an und erhalten

```
--------------------------------------------------------------
QUOTIENT VON POTENZ  103 DURCH POTENZ  102 :
- 1.59736281   - 1.59736281   - 1.59736281   - 1.59736281
- 1.59736281   - 1.59736281   - 1.59736281   - 1.59736281
- 1.59736281   - 1.59736281   - 1.59736281   - 1.59736281
- 1.59736281   - 1.59736281   - 1.59736281   - 1.59736281
--------------------------------------------------------------
```

$s_1 = -1.59736281$, also $r_2 = 1:s_1 = -0.62603185$. Kontrollrechnung:

$f(-0.62603185) = -0.00000153$. Wir kennen den zweiten Eigenwert von P!

Zur Bestimmung des 3. und 4.Eigenwertes von P reduzieren wir nun den Grad des charakteristischen Polynoms von P durch Polynomdivision:

$(r^4 \qquad -3.78\,r-2.52) : (r-1.736)(r+0.626) =$

$(r^4 \qquad -3.78\,r-2.52) : (r^2-1.11r-1.087) = r^2+1.11r+2.319$

$\underline{r^4-1.11r^3-1.087r^2}$

$\quad 1.11r^3+1.087r^2-3.78\,r$

$\quad \underline{1.11r^3-1.232r^2-1.207r}$

$\qquad 2.319r^2-2.537r-2.52$

Die Lösung der quadratischen Gleichung ergibt

$r^2+1.11r+2.319=0 \Rightarrow r_3= -0.555+1.418i$ und $r_4= -0.555-1.418i$.

Diese komplexen Lösungen interessieren uns für Problemstellung 7.1 nicht. Auch der negative Eigenwert r_2 ist für unser Problem ohne Interesse. So bleibt nur der Eigenwert $r_1=1.736$ zu betrachten, für den (7.2) übergeht in die Gleichung

$$(7.2') \quad \vec{l}P = 1.736\vec{l}: \quad \begin{aligned} -1.736l_1 \qquad\qquad +6.000\,l_3+5.000l_4 &= 0 \\ 0.700l_1-1.736l_2 \qquad\qquad\qquad &= 0 \\ 0.900l_2-1.736\,l_3 \qquad &= 0 \\ 0.800\,l_3-1.736l_4 &= 0. \end{aligned}$$

Anwendung von GAUSSELIM ergibt

```
----------------------------------------------------------------
ELIMINATION:  4
----------------------------------------------------------------

    1.0000       0.0000       0.0000       0.0000       0.0000
    0.0000       1.0000       0.0000       0.0000       0.0000
    0.0000       0.0000       1.0000       0.0000       0.0000
    0.0000       0.0000       0.0000       1.0000       0.0000
----------
( 4, 5)-MATRIX
----------------------------------------------------------------
AUS DER LETZTEN MATRIX LOESUNGSMENGE ABLESEN!
EINDEUTIGE LOESUNG
X1=     0.0000
X2=     0.0000
X3=     0.0000
X4=     0.0000
```

Das System hat also nur die Nullösung. Zum Eigenwert $r_1=1.736$ gehört der Eigenvektor $\vec{l}=\vec{o}$. Damit ist b2) aus Problemstellung 7.1 beantwortet: Es gibt außer dem uninteressanten Null-Verteilungsvektor keinen, der die Forderung b2) erfüllt.

In 7.1 und 7.2 wurde beispielhaft gezeigt, wie man Probleme aus der Populationsdynamik mit Hilfe der Eigenwerttheorie bearbeiten kann. Die dabei benutzten Methoden zur Berechnung des charakteristischen Polynoms und der Eigenwerte werden uns in den Fallstudien verschiedentlich nützlich sein. Ohne Beweis geben wir nun noch einige Sätze über Eigenwerte und Eigenvektoren an.

SATZ 7.3:

a) Eine Matrix $A_{(n,n)}$ besitzt genau n reelle oder komplexe Eigenwerte $t_1, t_2, \ldots t_n$.

b) A hat genau dann mindestens einen Eigenwert t=0, wenn A singulär ist (d.h. A^{-1} nicht existiert).

c) Eigenvektoren zu voneinander verschiedenen Eigenwerten sind stets linear unabhängig.

d) Zu einem einfachen Eigenwert gibt es genau einen linear unabhängigen Eigenvektor.

e) Zu einem k-fachen Eigenwert gibt es mindestens einen und höchstens k linear unabhängige Eigenvektoren.

f) Zur Potenz A^m, $m \in N$, einer Matrix A mit den Eigenwerten $t_1, t_2, \ldots t_n$ gehören die Eigenwerte $t_1^m, t_2^m, \ldots t_n^m$. Die Eigenvektoren von A sind auch die Eigenvektoren von A^m.

Bei der Berechnung der charakteristischen Gleichung mit Hilfe von FADDEJEVMIT wird auch die Determinante von A berechnet. Determinanten bilden einen Schwerpunkt in älteren Büchern zur Linearen Algebra. Sie wurden insbesondere zur Lösung linearer Gleichungssysteme und als Hilfsmittel in der Eigenwerttheorie eingesetzt. Für LGS der speziellen Form $A_{(n,n)}\vec{x}_{(n,1)} = \vec{b}_{(n,1)}$ kann die möglicherweise existierende eindeutige Lösung mit einer Determinantenformel angegeben werden. Für Gleichungssysteme $A_{(m,n)}\vec{x}_{(n,1)} = \vec{b}_{(m,1)}$, $m \neq n$, erweist sich jedoch die Determinantenmethode als weitgehend wertlos, so daß auf sie in diesem Buch verzichtet wird. In der Theorie der Eigenwerte haben Determinanten ihre wichtige Rolle behalten. Die hier vorgeschlagenen Methoden zur Bestimmung von Eigenwerten kommen jedoch ohne Determinanten aus!

Für eine weitergehende Betrachtung der Eigenwerttheorie wird z.B. auf [4] verwiesen.

ÜBUNGSAUFGABEN

Ü 7.1) Berechnen Sie die Rechtseigenwerte der Matrix $A = \begin{bmatrix} 1 & 2 \\ 5 & 4 \end{bmatrix}$ und die zugehörigen Eigenvektoren (vergl.Bemerkung in 7.1).

Ü 7.2) Schreiben Sie ein Programm, das die Eigenwerte einer (2,2)-Matrix und ihrer Inversen ausgibt. Untersuchen Sie die Zusammenhänge zwischen den Eigenwerten von A und A^{-1}.

Ü 7.3) Untersuchen Sie an Beispielen, ob Matrix und transponierte Matrix die gleichen Eigenwerte haben. Anwendung von FADDEJEVMIT!
Für
$A = \begin{bmatrix} 1 & 2 & 3 \\ 4 & 5 & 6 \\ 7 & 8 & 9 \end{bmatrix}$ und A^T ergibt sich die charakteristische Gleichung
$-r^3-15r^2-18r = 0$!

Ü 7.4) Zeigen Sie, daß das charakteristische Polynom jeder (3,3) Matrix den Grad 3 hat. Wie heißt das Polynom der (3,3)-Nullmatrix?

Ü 7.5) Berechnen Sie die Eigenwerte der folgenden Matrizen mit Hilfe von FADDEJEVMIT und MATPOTENZ (Alg 29 und Alg 28):

a) $\begin{bmatrix} 3 & 2 & -1 \\ 7 & 8 & -1 \\ -4 & -4 & 3 \end{bmatrix}$ b) $\begin{bmatrix} -1 & 2 & 0 \\ 1 & -1 & 0 \\ 0 & 1 & 2 \end{bmatrix}$ c) $\begin{bmatrix} 1 & 2 & 3 \\ 5 & 6 & 7 \\ 9 & 10 & 11 \end{bmatrix}$ d) $\begin{bmatrix} 1 & 2 \\ 3 & 4 \end{bmatrix}$

Ü 7.6) Zeigen Sie, daß jede stochastische Matrix $P = \begin{bmatrix} a & 1-a \\ b & 1-b \end{bmatrix}$ $0 \leq a,b \leq 1$ den Eigenwert 1 hat. Die Aussage gilt allgemein für stochastische Matrizen!

Ü 7.7) Berechnen Sie die Eigenwerte der Diagonalmatrix

$$\begin{bmatrix} a_{11} & & \\ & a_{22} & \\ & & a_{nn} \end{bmatrix}, \qquad (a_{ik}=0 \text{ für alle } i \neq k).$$

Ü 7.8) Entwickeln Sie den Vektor $\begin{bmatrix} 0 & 0 & 18 \end{bmatrix}$ nach den Eigenvektoren der Matrix a) aus Ü 7.5.

Ü 7.9) Geben Sie Beispiele an, bei denen die Quotientenbildung von Matrizenpotenzen keine Eigenwerte liefert! Alg 28!

Ü 7.10) Eine Matrix hat das charakteristische Polynom $f(r)=-r^3+9r^2+11r-82$. Zeigen Sie, daß es sich um das charakteristische Polynom der Matrix $A = \begin{bmatrix} 2 & 6 & 4 \\ 1 & 7 & 1 \\ 4 & 3 & 0 \end{bmatrix}$ handelt. Kann auch eine andere Matrix das gleiche charakteristische Polynom haben?

Ü 7.11) Berechnen Sie die Eigenwerte der stochastischen Matrix P:

$$P = \begin{bmatrix} 0.3 & 0.4 & 0.3 \\ 0.1 & 0.5 & 0.4 \\ 0.4 & 0.4 & 0.2 \end{bmatrix}.$$

7.3 ERLÄUTERUNGEN ZU DEN VERFAHREN AUS 7.1,7.2

Die Verfahren zur Bestimmung des charakteristischen Polynoms einer Matrix nach Faddejev und das Quotientenverfahren" zur Bestimmung eines Eigenwerts wurden oben angewendet, ohne daß die theoretischen Hintergründe aufgezeigt werden konnten. Einige dieser Hintergründe werden nun besprochen. Figur 7.3 faßt das Vorgehen bei der Berechnung eines Eigenwerts mit Hilfe von Matrizenpotenzen zusammen,und Figur 7.4 zeigt einen weiteren Weg auf, der jedoch mit dem ersten eng verbunden ist.

Figur 7.3
A eingeben
Abbruchbedingung für die Potenzierung von A angeben, $i:=1$
$i:=i+1$
berechne A^i
berechne $B:=A^{i+1}/A^i$
Ausgabe der Elemente von B, bei Konvergenz ist aus den Elementen von B ein Näherungswert für den betragsgrößten Eigenwert von A ablesbar
wiederhole, bis Abbruchbedingung erreicht

Figur 7.3: Berechnung des betragsgrößten Eigenwerts einer Matrix A mit Hilfe von Matrizenpotenzen

Figur 7.4
A eingeben
wähle Anfangsvektor $\vec{z}_0$ beliebig, gib Abbruchbedingung an
berechne $\vec{z}_1:=\vec{z}_0A$
berechne $\vec{r}:=\vec{z}_1/\vec{z}_0$
Ausgabe der Elemente von $\vec{r}$, bei Konvergenz ist aus den Elementen von $\vec{r}$ ein Näherungswert für den betragsgrößten Eigenwert von A ablesbar
setze $\vec{z}_0:=\vec{z}_1$
wiederhole, bis Abbruchbedingung erreicht

Figur 7.4: Berechnung des betragsgrößten Eigenwerts einer Matrix A mit Hilfe iterierter Vektoren

Wir können nun an die schrittweise theoretische Durchdringung des Sachverhalts gehen. Die einzelnen Schritte sind mit a), b) usw. bezeichnet.

a) Gegeben sei eine Matrix A mit m Zeilen und m Spalten und ein beliebiger (1,m)-Anfangsvektor $\vec{z}_0$. Wir bilden

$$\vec{z}_1=\vec{z}_0A \;,\; \vec{z}_2=\vec{z}_1A = \vec{z}_0AA = \vec{z}_0A^2 \;,\; \vec{z}_3 = \vec{z}_2A = \vec{z}_0A^3 \quad \text{usw.}$$

(7.6) $\quad \vec{z}_k=\vec{z}_{k-1}A = \vec{z}_0A^k$. Die $\vec{z}_k$ heißen <u>iterierte Vektoren</u>.

b) Die Matrix A habe m linear unabhängige (Links-) Eigenvektoren $\{\vec{x}_1, \vec{x}_2, \ldots \vec{x}_m\}$. Die $\vec{z}_k$ werden nach diesen Eigenvektoren entwickelt, z.B.

(7.7) $\vec{z}_0 = c_1\vec{x}_1 + c_2\vec{x}_2 + \ldots + c_m\vec{x}_m$ mit $c_i \in \mathbb{R}$,

$\vec{z}_1 = \vec{z}_0 A = c_1(\vec{x}_1 A) + c_2(\vec{x}_2 A) + \ldots + c_m(\vec{x}_m A)$.

Da die $\vec{x}_i$ Eigenvektoren von A sind, gilt für alle i=1,2,...m : $\vec{x}_i A = r_i \vec{x}_i$ mit $r_i \in \mathbb{R}$, also

(7.8) $\vec{z}_1 = (c_1 r_1)\vec{x}_1 + (c_2 r_2)\vec{x}_2 + \ldots + (c_m r_m)\vec{x}_m$.

Entsprechend ergibt sich wegen $\vec{z}_k = \vec{z}_0 A^k$:

$\vec{z}_k = c_1(\vec{x}_1 A^k) + c_2(\vec{x}_2 A^k) + \ldots + c_m(\vec{x}_m A^k)$ und da für alle i

$\vec{x}_i A^k = (\vec{x}_i A) A^{k-1} = (r_i \vec{x}_i) A^{k-1} = r_i (\vec{x}_i A) A^{k-2} = r_i (r_i \vec{x}_i) A^{k-2} = r_i^2 \vec{x}_i A^{k-2}$

$= \ldots\ldots$

(7.9) $\vec{x}_i A^k = r_i^k \vec{x}_i$, folgt die Beziehung

(7.10) $\vec{z}_k = (c_1 r_1^k)\vec{x}_1 + (c_2 r_2^k)\vec{x}_2 + \ldots + (c_m r_m^k)\vec{x}_m$.

c) Wir können nun zeigen:

SATZ 7.4: Für große $i \in \mathbb{N}$ gilt $\vec{z}_{i+1} \approx r_1 \vec{z}_i$ bzw. $\vec{z}_0 A^{i+1} \approx r_1 \vec{z}_0 A^i$. Dabei ist r_1 betragsgrößter Eigenwert von A.

Beweis: Wie in b) werden die iterierten Vektoren $\vec{z}_i$ nach den Eigenvektoren von A entwickelt:

$\vec{z}_i = c_1 r_1^i \vec{x}_1 + c_m r_m^i \vec{x}_m + \ldots + c_m r_m^i \vec{x}_m$,

$\vec{z}_i = r_1^i \left(c_1\vec{x}_1 + \left(\frac{r_2}{r_1}\right)^i c_2\vec{x}_2 + \ldots + \left(\frac{r_m}{r_1}\right)^i c_m\vec{x}_m\right)$, $r_1 \neq 0$.

Die Eigenwerte seien nach der Größe geordnet und die Eigenvektoren entsprechend numeriert: $|r_1| > |r_2| > \ldots > |r_m|$. Dann folgt für große i

$\left(\frac{r_2}{r_1}\right)^i \longrightarrow 0$, $\left(\frac{r_3}{r_1}\right)^i \longrightarrow 0$, ... $\left(\frac{r_m}{r_1}\right)^i \longrightarrow 0$ und damit

$\vec{z}_i \approx r_1^i c_1 \vec{x}_1$, $\vec{z}_{i+1} \approx r_1^{i+1} c_1 \vec{x}_1$ bzw. $\vec{z}_0 A^i \approx r_1^i c_1 \vec{x}_1$, $\vec{z}_0 A^{i+1} \approx r^{i+1} c_1 \vec{x}_1$

(7.11) $\vec{z}_{i+1} \approx r_1 \vec{z}_i$ bzw. $\vec{z}_0 A^{i+1} \approx r_1 \vec{z}_0 A^i$, also Satz 7.4.

Mit dem oben eingeführten Quotienten A^{i+1}/A^i muß sich also tatsächlich näherungsweise der betragsgrößte Eigenwert von A ergeben, sofern die benutzten Voraussetzungen gegeben sind.

Es sei noch daran erinnert, daß der in Figur 7.3 dargestellte Algorithmus im Programm MATPOTENZ (Alg 28) enthalten ist. Bezüglich Figur 7.4 fehlt in dem Programm lediglich die Quotientenbildung von $\vec{z}_1/\vec{z}_0$.

....

Wir besprechen nun Ergänzungen zum Programm FADDEJEVMIT (Alg 29). Dazu wird zunächst ein Zusammenhang zwischen iterierten Vektoren und dem charakteristischen Polynom einer Matrix hergeleitet.
Nach (7.5) hat das charakteristische Polynom einer (m,m)-Matrix die Form $f(r)=(-1)^m r^m+b_{m-1}r^{m-1}+ \ldots + b_1 r+b_0$. Wir betrachten die iterierten Vektoren $\vec{z}_0,\vec{z}_1,\vec{z}_2,\ldots \vec{z}_m$ und bilden einen neuen Vektor $\vec{z}$:

(7.12) $$\vec{z}=(-1)^m\vec{z}_m+b_{m-1}\vec{z}_{m-1}+ \ldots b_1\vec{z}_1+b_0\vec{z}_0 \;.$$

Unter Benutzung der Beziehungen (7.7),(7.8),(7.10) ergibt sich

$$\begin{aligned}\vec{z}=(-1)^m&(c_1r_1^m\vec{x}_1+c_2r_2^m\vec{x}_2+ \ldots +c_mr_m^m\vec{x}_m) +\\ +b_{m-1}&(c_1r_1^{m-1}\vec{x}_1+c_2r_2^{m-1}\vec{x}_2+ \ldots +c_mr_m^{m-1}\vec{x}_m) +\\ +\ldots&\\ +\;b_1&(c_1r_1\vec{x}_1+c_2r_2\vec{x}_2+ \ldots +c_mr_m\vec{x}_m) +\\ +\;b_0&(c_1\vec{x}_1+c_2\vec{x}_2+ \ldots +c_m\vec{x}_m) \;.\end{aligned}$$

Anders geordnet:

$$\begin{aligned}\vec{z}=\;&c_1\vec{x}_1\,((-1)^m r_1^m+b_{m-1}r_1^{m-1}+ \ldots + b_1r_1+b_0) +\\ &+c_2\vec{x}_2((-1)^m r_2^m+b_{m-1}r_2^{m-1}+ \ldots + b_1r_2+b_0) +\\ &+\ldots\\ &+c_m\vec{x}_m((-1)^m r_m^m+b_{m-1}r_m^{m-1}+ \ldots + b_1r_m+b_0)\end{aligned}$$

$\vec{z}= c_1\vec{x}_1f(r_1)+c_2\vec{x}_2f(r_2)+ \ldots +c_m\vec{x}_mf(r_m) = \vec{o}$, weil $r_1,r_2..r_m$ Nullstellen des charakteristischen Polynoms sind. Wir erhalten also

(7.13) $$(-1)^m\vec{z}_m+b_{m-1}\vec{z}_{m-1}+ \ldots b_1\vec{z}_1+b_0\vec{z}_o = \vec{o}$$ und wissen

$$(-1)^m r^m+b_{m-1}r^{m-1}+ \ldots b_1r^1+b_0r^0 = 0$$ (charakter.Gleich.).

Man beachte die formale Gleichheit. Damit ist ein wichtiger Zusammenhang zwischen den iterierten Vektoren $\vec{z}_i$ und den Koeffizienten b_i der charakteristischen Gleichung hergestellt!

....

Wir wenden uns nun dem Algorithmus FADDEJEVMIT zu und betrachten die in Figur 7.2 mit* markierten Felder genauer, um Grundlagen des Verfahrens zu ermitteln.

i	$H_i=A_i-c_iE$	$A_{i+1}=A_1H_i$
1	$H_1=A_1-c_1E$	$A_2 \quad =A_1H_1=A_1(A_1-c_1E)=A_1^2-c_1A_1$
2	$H_2=A_2-c_2E$	$A_3 \quad =A_1H_2=A_1(A_1^2-c_1A_1-c_2E)=A_1^3-c_1A_1^2-c_2A_1$
3	$H_3=A_3-c_3E$	$A_4 \quad = A_1^4-c_1A_1^3-c_2A_1^2-c_3A_1$
⋮		
m-1	$H_{m-1}=A_{m-1}-c_{m-1}E$	$A_m \quad = A_1^m-c_1A_1^{m-1}-c_2A_1^{m-2}-\ldots-c_{m-1}A_1$
m	$H_m \quad =A_m-c_mE$	$A_{m+1}= A_1^{m+1}-c_1A_1^m-c_2A_1^{m-1}-\ldots-c_{m-1}A_1^2-c_mA_1$
		$A_{m+1}=$ O (Nullmatrix!), Alg 29 bricht ab, weil
	$H_m \quad =A_m-c_mE=(A_1^m-c_1A_1^{m-1}-\ldots-c_{m-1}A_1)-c_mE$ die Nullmatrix ist.	

Den Hintergrund für dieses Verfahren bildet der

SATZ 7.5: Satz von Cayley-Hamilton

Jede quadratische Matrix A genügt ihrer eigenen charakteristischen Gleichung!
Sei also $(-1)^m r^m+b_{m-1}r^{m-1}+\ldots+b_1r+b_0=0$ die charakteristische Gleichung von A, so gilt

$(-1)^m A^m+b_{m-1}A^{m-1}+\ldots+b_1A+b_0E = O$ (Mullmatrix).

Beweis: Für quadratische Matrizen $A_{(m,m)}$ mit m linear unabhängigen Eigenvektoren folgt der Satz sofort aus den Beziehungen 7.6 und 7.13: 7.6 in 7.13 einsetzen und $\vec{z}_0$ ausklammern!
Für einen Beweis unter allgemeineren Voraussetzungen vergleiche man z.B. Zurmühl [21].
Mit den Betrachtungen in 7.3 dürfte ein vertieftes Verständnis der Verfahren von 7.1 und 7.2 erreicht sein. Auf weitergehende Betrachtungen zur Eigenwerttheorie muß hier verzichtet werden.

....
....

ALLGEMEINE BEMERKUNGEN ZUR MODELLBILDUNG

In diesem Buch werden verschiedentlich Modelle benutzt, um außermathematische Sachverhalte, z.B. Vorgänge im Wirtschaftsleben, nachzuahmen. Daher sollen einige Bemerkungen zur Benutzung derartiger Modelle gemacht werden.

In den Naturwissenschaften und der Technik dienen Experimente als Ausgangspunkt für die Gewinnung von Informationen und bestätigen oder widerlegen gewisse Hypothesen. In den Wirtschaftswissenschaften z.B. ist es oft nicht möglich, Experimente auszuführen. Als Ausweg bieten sich Konstruktionen an, die eine Abbildung zwischen dem betrachteten Gegenstand (Original) und einem Modell desselben herstellen. <u>Modelle werden also zur Lösung von Aufgaben eingesetzt, deren Durchführung am Original selbst nicht möglich oder zu aufwendig ist</u>. Die Modellmethode vollzieht sich in mehreren Schritten

1. Auswahl (Erstellung) eines dem Original entsprechenden Modells,
2. Arbeit mit dem Modell, um neue Informationen zu gewinnen,
3. Rückschluß auf Informationen über das Original,
4. Durchführung der Aufgabe am Original.

Je nach dem Charakter der in der Modellierung auftretenden Parameter kann man bei den mathematisch-ökonomischen Modellen 3 Arten unterscheiden:

a) <u>Deterministische Modelle</u>: Alle Parameter sind als Festwerte vorgegeben.
b) <u>Stochastische Modelle:</u> Mindestens ein Parameter liegt als zufällige Größe vor.
c) <u>Strategische Modelle:</u> Hier ist lediglich der Bereich bekannt, in dem sich die Parameter bewegen können. Eine Wiederholbarkeit unter gleichen Bedingungen ist nicht möglich.

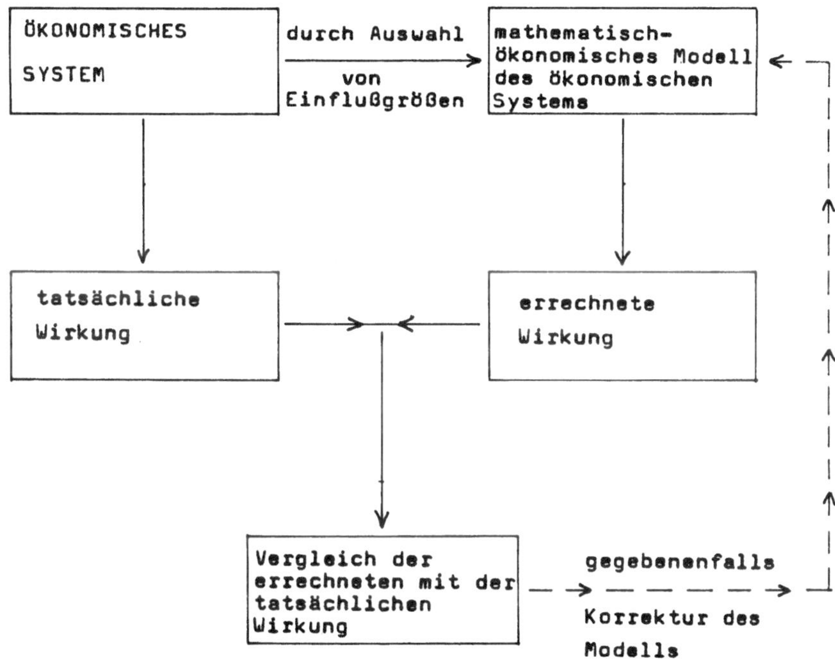

Weiterhin kann zwischen dynamischen (Entwicklung eines Systems, zeitabhängig) und statischen Modellen (Zustand eines Systems, Momentaufnahme) unterschieden werden:

Modellarten	deterministisch	stochastisch	strategisch
statisch			
dynamisch			

Wendet man bei der Modellbildung Methoden der Linearen Algebra an, so spricht man von linearen Modellen, andernfalls von nichtlinearen Modellen.

Große Bedeutung besitzen die statischen linearen Modelle, wie z.B. Verflechtungsmodelle, die auch in diesem Buch eine bedeutende Rolle spielen (Materialverflechtung, Stücklisten, volkswirtschaftliche Verflechtung).

....

8. POPULATIONSDYNAMIK 1

8.1 KÄFERPOPULATION

PROBLEMSTELLUNG 8.1: (Aufgabenstellung nach [1]) Die Entwicklung eines Käfers gehe so vor sich: Aus den Eiern schlüpfen nach einem Monat Larven und nach einem weiteren Monat werden diese zu Käfern, die dann wieder Eier legen und anschließend sterben. Aus einem Viertel der Eier werden Larven, die anderen drei Viertel werden von Tieren gefressen oder verenden. Von den Larven wird die Hälfte Käfer, die andere Hälfte stirbt. Jeder Käfer legt acht Eier.
40 Käfer, 40 Eier und 40 Larven sollen über einen längeren Zeitraum beobachtet werden. Für die Käfer wird ein Terrarium benötigt. Wenn es im Laufe der Zeit nicht über 60 Käfer werden, genügt ein kleines. - Muß nun ein kleines oder ein großes Terrarium gekauft werden?

PROBLEMLÖSUNG:

a) Wir zeichnen zunächst ein Kreisdiagramm, stellen eine Übergangsmatrix auf und legen die Anfangsverteilung fest.

Übergangsmatrix

$$\begin{array}{l} \\ \text{Eier} \\ \text{Larven} \\ \text{Käfer} \end{array} \begin{array}{c} \begin{array}{ccc} \text{Eier} & \text{Larven} & \text{Käfer} \end{array} \\ \begin{bmatrix} 0 & 0.25 & 0 \\ 0 & 0 & 0.5 \\ 8 & 0 & 0 \end{bmatrix} \end{array} = T .$$

Figur 8.1: Entwicklung eines Käfers

Anfangsverteilung:

$$\begin{array}{ccc} \text{Eier} & \text{Larven} & \text{Käfer} \end{array}$$

$$\vec{x}_0 = [40 \quad 40 \quad 40] .$$

Anwendung von (6.1) und MATPOTENZ (Alg 28) liefert

$\vec{x}_1 = \vec{x}_0 T = [320 \quad 10 \quad 20]$ für die Altersperiode 1-2,
$\vec{x}_2 = \vec{x}_1 T = [160 \quad 80 \quad 5]$ für die Altersperiode 2-3,
$\vec{x}_3 = \vec{x}_2 T = [40 \quad 40 \quad 40]$ für die Altersperiode 3-4.

In der dritten Generation wiederholt sich also die Anfangsverteilung! Wir haben einen dreimonatigen Zyklus vor uns. Das kleine Terrarium reicht!

b) Auffälligerweise ergibt sich für das Produkt der Übergänge der Wert $0.25 \cdot 0.5 \cdot 8 = 1$! Außerdem sagt uns das Ergebnis $\vec{x}_3 = \vec{x}_0 T^3 = \vec{x}_0$, daß für einen dreimonatigen Zyklus $T^3 = E$ die Einheitsmatrix sein muß! Wir untersuchen diesen Sachverhalt allgemein und fragen, wann sich für eine Matrix der Form

$T=\begin{bmatrix} 0 & a & 0 \\ 0 & 0 & b \\ c & 0 & 0 \end{bmatrix}$ mit $0 \leq a, b \leq 1$ und $c \in \mathbb{Q}_0^+$ ein dreimonatiger Zyklus ergibt.

Es wird $T^2=\begin{bmatrix} 0 & 0 & ab \\ bc & 0 & 0 \\ 0 & ac & 0 \end{bmatrix}$, $T^3=\begin{bmatrix} abc & 0 & 0 \\ 0 & abc & 0 \\ 0 & 0 & abc \end{bmatrix}$.

> Immer wenn abc=1 wird, ergibt sich $T^3=E$ und damit ein höchstens dreimonatiger Zyklus (unabhängig von der Anfangsverteilung).

c) Gibt es eine Verteilung, bei der sich sogar ein monatlicher Zyklus einstellt?- Das Problem führt auf das Gleichungssystem $\vec{x}=\vec{x}T$ (stationäre Verteilung!):

$$\begin{bmatrix} x_1 & x_2 & x_3 \end{bmatrix} = \begin{bmatrix} x_1 & x_2 & x_3 \end{bmatrix} \begin{bmatrix} 0 & 0.25 & 0 \\ 0 & 0 & 0.5 \\ 8 & 0 & 0 \end{bmatrix} \quad \begin{cases} \alpha) & x_1=8x_3 \\ \beta) & x_2=0.25x_1 \\ \gamma) & x_3=0.5x_2 \end{cases}$$

mit $\delta)\ x_1+x_2+x_3= C$.

Wir setzen α) und β) in δ) ein (γ) ist abhängig von α) und β)):

$8x_3+0.25\cdot 8x_3+x_3 = C \Rightarrow 11x_3 = C$. Wählen wir etwa C=1100, so ergibt sich die stationäre Verteilung $\begin{bmatrix} x_1 & x_2 & x_3 \end{bmatrix} = \begin{bmatrix} 800 & 200 & 100 \end{bmatrix}$ als eine von vielen Möglichkeiten. Der Tierbestand kann also bei geschicktem Einkauf konstant gehalten werden. Einige mögliche „Einkaufsvektoren" als Anfangsverteilungen sind

Eier	Larven	Käfer
8	2	1
16	4	2
24	6	3

d) Wir werten das Ergebnis $T^3=abc\cdot E$ noch weiter aus! Für abc=1 ergab sich ein dreimonatiger Zyklus:

$T^6 = (abc)^2E$, $T^9 = (abc)^3E$, ... $T^{3n} = (abc)^nE$. Für $abc < 1$ nimmt daher die Population ab. Ist jedoch $abc > 1$, so nimmt die Population zu. Sie ver-abc-facht sich nach jeweils drei Generationen. Für die Fälle $abc < 1$ und $abc > 1$ hat also das LGS $\vec{x}=\vec{x}T$, durch das ja nach einer stationären Verteilung gefragt wird, keine Lösung.

An der Matrix $\begin{bmatrix} 0 & 0.25 & 0 \\ 0 & 0 & 0.5 \\ 6 & 0 & 0 \end{bmatrix} = T$ läßt sich das leicht überprüfen.

> Machen wir jedoch den Ansatz $\vec{x}T=r\vec{x}$, so müssen uns die Eigenwerte r von T Auskunft über die Entwicklung geben:
>
> r=1 Stabilität der Population, $0 \leq r < 1$ Zerfall der Population, $r > 1$ Wachstum der Population.

Dieser Ansatz wird in der Fallstudie „Elementare Anwendungen der Eigenwerttheorie" noch weiter verfolgt! Ein weiteres Beispiel zur Populationsdynamik wird mit der folgenden Studie in 8.2 („Management einer Rinderherde") besprochen.

....

ÜBUNGSAUFGABE

Ü 8.1) (Diese Aufgabe ist einem Vorschlag für eine schriftliche Abiturprüfung entnommen.)

Eine Population entwickelt sich nach der Übergangsmatrix T:

$$\begin{array}{c|cccc} & G0 & G1 & G2 & G3 \\ \hline G0 & 0 & a_1 & 0 & 0 \\ G1 & 0 & 0 & a_2 & 0 \\ G2 & 0 & 0 & 0 & a_3 \\ G3 & b & 0 & 0 & 0 \end{array} = T.$$

G0,G1,G2,G3 sind die Generationen, G0 ist die jüngste Generation.

a) Zeichnen Sie ein Pfeildiagramm, und interpretieren Sie die Bedeutung der Parameter.

b) Zeigen Sie, daß sich die Entwicklung der Population besonders gut an der Matrix T^4 ablesen läßt.

c) Der Ansatz $\vec{v}=\vec{v}T$ mit $\vec{v}=\begin{bmatrix}v_0 & v_1 & v_2 & v_3\end{bmatrix}$ führt auf ein lineares Gleichungssystem (LGS)! Welches Problem wird mit diesem Ansatz angegangen? Unter welchen Bedingungen hat das LGS unendlich viele Lösungen? Geben Sie dafür die Lösungsmenge in Abhängigkeit von v_3 an.

Für welche Werte der Parameter a_1, a_2, a_3, b ergibt sich gerade die Lösung $\begin{bmatrix}50 & 40 & 20 & 10\end{bmatrix}$?

d) Erläutern Sie die Zusammenhänge zwischen den Ergebnissen aus b) und c)!

....

8.2 MANAGEMENT EINER RINDERHERDE

Bei der folgenden Studie orientieren wir uns an einem Aufsatz von P.M.Tuchinsky: "Management of a Buffalo Herd" in "Modules and memographs in undergraduate mathematics and its applications,Vol.2, 1981, Birkhäuser, Boston.

PROBLEMSTELLUNG 8.2: Stellen Sie sich vor, Sie wären Besitzer einer Ranch, auf der Rinder gezüchtet werden. Sie wollen Informationen über Zusammenhänge zwischen den Faktoren Herdengröße, Ertrag (Anzahl der Schlachtungen) und Fortpflanzung bekommen:

Wieviel Tiere können geschlachtet werden, wenn die Herde im folgenden Jahr die gleiche Größe und Struktur wie in diesem Jahr haben soll?
Wie kann ein kontrolliertes Wachstum bei bestimmten Entnahmen aus dem Bestand erreicht werden?
Wie weit kann die Herde verkleinert werden, wenn dennoch ein bestimmter Ertrag über eine bestimmte Zeit hinweg gesichert werden soll?
Wie wirken sich Strukturveränderungen, z.B. bei der Anzahl der männlichen Tiere aus?

Diese und andere Fragen könnten für Sie von Interesse sein!

LÖSUNGEN: Zunächst sollen einige Voraussetzungen für das zu erstellende Modell festgelegt werden.

Die Tiere werden drei Altersstufen zugeordnet. Die Anzahlen nach der jeweils im Herbst stattfindenden Schlachtung sind aus der Tabelle 8.1 ersichtlich.

Anzahlen im Basisjahr	Kälber (1.Lebensjahr)	Einjährige (2.Lebensjahr)	Ausgewachsene (über 2.Lebensjahr)
männlich	c_m	y_m	a_m
weiblich	c_w	y_w	a_w

$c_m', c_w', y_m', y_w', a_m', a_w'$ sind die Anzahlen im Folgejahr, wieder nach der Schlachtung. Weitere Bezeichnungen:

s sei die Anzahl der zu schlachtenden Tiere im nächsten Jahr,

s_m sei dabei die Anzahl der männlichen,

s_w die Anzahl der weiblichen Tiere. Geschlachtet wird nur einmal im Jahr und dann nur ausgewachsene Tiere.

Der Wachstumsprozeß sei durch die in Raten in Figur 8.2 gegeben.

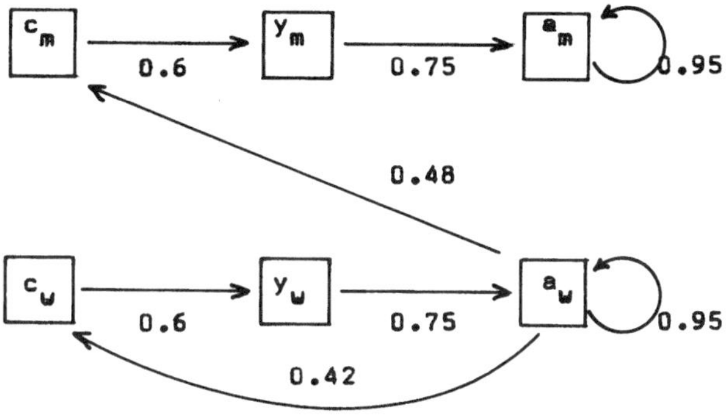

Figur 8.2: Übergangsraten

Beispielsweise überleben 95% der ausgewachsenen Tiere von einem Jahr zum andern (zwischen zwei Schlachtungen). Beachten Sie die unterschiedliche Situation vor und nach der Schlachtung!

Bemerkung: Die oben genannten Raten gibt Tuchinsky für eine frei lebende Büffelherde an.

Unter Beachtung der Schlachtquoten ergeben sich die Werte für den Bestand im Folgejahr aus Figur 8.2. Wir erhalten die Gleichungen:

$$(8.1)\qquad \begin{aligned} a'_m &= 0.95a_m+0.75y_m-s_m, & a'_w &= 0.95a_w+0.75y_w-s_w, \\ y'_m &= 0.60c_m, & y'_w &= 0.60c_w, \\ c'_m &= 0.48a_w, & c'_w &= 0.42a_w. \end{aligned}$$

Betrachten wir etwa die Gleichung für a'_m: $0.95a_m+0.75y_m$ ist die Anzahl der männlichen Tiere vor der Schlachtung. Dann ist $0.95a_m+0.75y_m-s_m$ die Anzahl der männlichen Tiere nach der Schlachtung.

Der jeweilige Bestand der Herde läßt sich nun durch (6,1)- bzw. (1,6)-Vektoren $\vec{g}_j$ (j=0,1,2...) beschreiben. $\vec{g}_0$ ist der Bestand im Basisjahr (Ausgangsjahr), $\vec{g}_1$ der im ersten Jahr (nach der ersten Schlachtung) und $\vec{g}_2$ der im zweiten Jahr (nach der zweiten Schlachtung). Es gilt also

$$(8.2)\qquad \begin{aligned} \vec{g}_0^T &= \begin{bmatrix} a_m & a_w & y_m & y_w & c_m & c_w \end{bmatrix} \\ \vec{g}_1'^T &= \begin{bmatrix} a'_m & a'_w & y'_m & y'_w & c'_m & c'_w \end{bmatrix} \\ \vec{s}_1^T &= \begin{bmatrix} s_m & s_w & 0 & 0 & 0 & 0 \end{bmatrix} \end{aligned}$$

(Wir gehen aus Platzgründen gelegentlich zu transponierten Vektoren/Matrizen über!)

In Matrizenschreibweise erhalten wir aus dem System (8.1)

$$\begin{bmatrix} a'_m \\ a'_w \\ y'_m \\ y'_w \\ c'_m \\ c'_w \end{bmatrix} = \begin{bmatrix} 0.95 & 0 & 0.75 & 0 & 0 & 0 \\ 0 & 0.95 & 0 & 0.75 & 0 & 0 \\ 0 & 0 & 0 & 0 & 0.6 & 0 \\ 0 & 0 & 0 & 0 & 0 & 0.6 \\ 0 & 0.48 & 0 & 0 & 0 & 0 \\ 0 & 0.42 & 0 & 0 & 0 & 0 \end{bmatrix} \begin{bmatrix} a_m \\ a_w \\ y_m \\ y_w \\ c_m \\ c_w \end{bmatrix} - \begin{bmatrix} s_m \\ s_w \\ 0 \\ 0 \\ 0 \\ 0 \end{bmatrix}, \text{ kurz } \vec{g}_1=M\vec{g}_0-\vec{s}_1.$$

Entsprechend ergibt sich für den Bestand im Jahr (j+1)

$$(8.3)\qquad \vec{g}_{j+1}= M\vec{g}_j-\vec{s}_{j+1}, \quad j=0,1,2...,$$ Herdenstruktur für das Modell „nach der Schlachtung".

Dabei ist M eine Übergangsmatrix, wir nennen sie hier Wachstumsmatrix. Analog zu (8.3) ließe sich eine Gleichung für ein Modell vor der Schlachtung" aufstellen. Mit dem vorgelegten Modell - zur Kritik desselben später - lassen sich bereits einige interessante Problemstellungen bearbeiten. Bei Zahlenlösungen kann u.a. das Programm MATPOTENZ benutzt werden.

ÜBUNGSAUFGABEN:

Ü 8.2) Ein Rancher schlachtet in den nächsten vier Jahren jeweils gleiche Anzahlen von männlichen bzw. weiblichen Tieren, d.h. es gilt $\vec{s}_1=\vec{s}_2=\vec{s}_3=\vec{s}_4$. Wie verändert sich die Struktur der Herde? Die Wachstumsmatrix sei M, der Basisbestand sei $\vec{g}_0$. Lösung: $\vec{g}_1=M^4\vec{g}_0-(M^3+M^2+M^1+E)\vec{s}_1$. Wie würde sich die Struktur ändern, wenn in den vier Jahren nicht geschlachtet würde?

Ü 8.3) Schreiben Sie ein Programm, das bei Vorgabe des Basisbestands $\vec{g}_0$ einer Herde, der Übergangsmatrix M und der konstanten Schlachtungsrate $\vec{s}_1$ die folgenden Bestände $\vec{g}_j$ berechnet (vergl. Ü 8.2). Außerdem soll die jeweilige Gesamtanzahl der Tiere ausgegeben werden (Herdengröße).

Ü 8.4) Vor der Schlachtung möge eine Herde die Struktur $[a_m \; a_w \; y_m \; y_w \; c_m \; c_w] = [200 \; 1000 \; 300 \; 300 \; 520 \; 500]$ haben. Die Politik des Ranchers besteht darin, pro Jahr 100 männliche und 200 weibliche Tiere schlachten zu lassen. - Verfolgen Sie die Struktur der Herde über die nächsten 5 Jahre jeweils vor und nach der Schlachtung (M wie oben). Benutzen Sie das Programm von Ü 8.3.

Ü 8.5) Zeigen Sie, daß die Gleichung

(8.4) $\vec{h}_{j+1} = M(\vec{h}_j-\vec{s}_j)$, j=0,1,2,... , das Modell vor Schlachtung beschreibt.

Ü 8.6) Benutzen Sie Ihr Programm von Ü 8.3 für die folgenden Daten: 60 Millionen Tiere, davon

30% ausgewachsen/männlich, 27% ausgewachsen/weiblich,
9% Einjährige /männlich, 8% Einjährige /weiblich,
14% Kälber /männlich, 12% Kälber /weiblich,

konstante Schlachtung von 4 Millionen Tieren 10 Jahre lang. Untersuchen Sie die folgenden Fälle: Schlachtung von
a) 4 Mio männlichen Tieren, b) 3 (2,1) Mio männlichen und 1 (2,3) Mio weiblichen Tieren. Wählen Sie selbst weitere Aufteilungen für die Schlachtung.

Bemerkung: Die obigen Werte sollen laut Angabe von Tuchinsky in etwa für den Büffelbestand der USA 1830 gegolten haben!

KONSTANTE HERDENGRÖSSE

Nach jeder Schlachtung soll die Herde genauso groß und genauso strukturiert sein!

Wir fordern also $\vec{g}_1=\vec{g}_0$ und suchen bei gegebener Übergangsmatrix die Komponenten von $\vec{s}_1$. Nach (8.3) gilt $\vec{g}_1=M\vec{g}_0-\vec{s}_1$, also hier

$\vec{g}_0= M\vec{g}_0-\vec{s}_1 \Rightarrow \vec{s}_1= M\vec{g}_0-\vec{g}_0 \Rightarrow$

$$(8.5) \qquad \vec{s}_1 = (M-E)\vec{g}_0.$$

Damit ist errechnet, wieviel der Rancher schlachten lassen darf, um nach den Schlachtungen jeweils gleiche Bestände zu haben.

Ein anderer Rancher möchte eine neue Herde so aufbauen, daß im folgenden Jahr eine vorgegebene Anzahl von Tieren geschlachtet werden kann. Die Herde soll danach ihre Anfangsgröße und Anfangsstruktur wiederhaben - Er sucht also bei vorgegebenen $\vec{s}_1$ und M eine Anfangsverteilung $\vec{g}_0$ mit $\vec{g}_0=\vec{g}_1$. Wir können also mit der Beziehung (8.5) weiterarbeiten und lösen nach $\vec{g}_0$ auf. Dazu wird mit der Inversen von (M-E) von links multipliziert (für die vorliegende Modellbildung existiert die Inverse!), so daß

$$(8.6) \qquad \vec{g}_0 = (M-E)^{-1}\vec{s}_1 .$$

Mit dieser Verteilung muß der Farmer starten. Er hat dann vor der Schlachtung die Herdenstruktur $M(M-E)^{-1}\vec{s}_1$, schlachtet dann gemäß $\vec{s}_1$ und ist wieder bei der Ausgangsherdengröße und -struktur gemäß $(M-E)^{-1}\vec{s}_1$.

Die Beziehung (8.6) erinnert sehr an Ergebnisse bei anderen Modellen, etwa bei der Input-Output-Analyse oder dem Stücklistenproblem (Fallstudie 9).

Wir wollen nun die Größe und Struktur der Herde für verschiedene $\vec{s}$ berechnen. Dabei wird M wie oben gewählt.

Während (8.6) die Struktur der Herde angibt, erhalten wir mit

$$(8.7) \qquad H=\begin{bmatrix}1 & 1 & 1 & 1 & 1 & 1\end{bmatrix} \vec{g}_0 \quad \text{deren Größe.}$$

Für das folgende Programm HERDENGROESSE setzen wir noch $s=s_m+s_w$ und bilden $s_m:s$ und $s_w:s$. Die Quotienten bezeichnen wir mit p und q. Dann gilt $p,q\in[0;1]$ und $p+q=1$. Die Programmierung von (8.6) und (8.7) ergibt unter Verwendung der bekannten Prozeduren und Funktionen STRICHREIHE, AUSGABEFORMAT, MATRIXAENDERN, MATRIXEINGEBEN, EINHEITSMATRIX, MATINITIAL, MATSPUR, MATDIF, RMALMAT, MATPROD, MATINV den Algorithmus Alg 30: HERDENGROESSE.

HERDENGROESSE (Alg 30)

```
  1 PROGRAM HERDENGROESSE (INPUT,OUTPUT);
  2 CONST MAXGRAD=10;
  3 TYPE
  4             MATRIX = ARRAY (. 1 .. MAXGRAD, 1 .. MAXGRAD. ) OF REAL

  5
  6 VAR
  7             MINDEST,
  8               NACHK: INTEGER;
  9           DIFFERENZ,
 10             PRODUKT,
 11             INVERSE: BOOLEAN;
 12       NOCHEIN:CHAR;
 13       MATM,MATE,MATI,MATR,MATH,MATG0,MATS:MATRIX;
 14       ZM,SM,ZS,SS: INTEGER;
 15 (*---------------------------------------------------------*)
```

Hier folgen die oben genannten Prozeduren und Funktionen

```
349 BEGIN
350 WRITELN('UEBERGANGSMATRIX M:');
351 MATRIXEINGEBEN(MATM,ZM,SM);
352 EINHEITSMATRIX(MATE,ZM);
353 MATINITIAL(MATR,1,SM,1);
354 MATI:=MATINV(MATDIF(MATM,MATE,ZM,ZM,ZM,ZM),ZM);
355 NOCHEIN:='J';
356 (*........................................*)
357 WHILE NOCHEIN='J' DO
358 BEGIN
359    WRITELN('ERTRAGSVEKTOR(EN) , P(MAENNL.),Q(WEIBL.)');
360    MATRIXEINGEBEN(MATS,ZS,SS);
361    MATG0:=RMALMAT(MATPROD(MATI,MATS,ZM,ZM,ZS,SS),ZM,SS,100);
362    AUSGABEFORMAT;
363    WRITELN('STRUKTUR DER HERDE :');
364    MATRIXAUSGEBEN(MATG0,ZM,SS);
365    MATH:=MATPROD(MATR,MATG0,1,SM,ZM,SS);
366    WRITELN('HERDENGROESSE H, ANZAHL DER TIERE*');
367    MATRIXAUSGEBEN(MATH,1,SS);
368    WRITELN('NOCH EIN ODER MEHRERE ERTRAGSVEKTOREN? (J,N)');
369    READLN; READ(NOCHEIN);
370 END; END.
371 (*...................................................*)
```

100 geschlachtete Tiere (Anmerkung zu 100 in Zeile 361)

Wir beziehen uns bei den Programmläufen auf eine Anzahl von s=100 geschlachteten Tieren. Diese werden prozentual in männliche und weibliche aufgeteilt. Wir wählen nacheinander

p (männlich)	0	0.1	0.2	0.3	0.4	0.5	0.6	0.7	0.8	0.9	1
q (weiblich)	1	0.9	0.8	0.7	0.6	0.5	0.4	0.3	0.2	0.1	0 .

Das Programm ist so geschrieben, daß gleich mehrere Ertragsvektoren auf einmal eingegeben werden können (Zeilen 359,360).

Wir erhalten folgende Ergebnisse:

Wachstumsmatrix M

0.9500	0.0000	0.7500	0.0000	0.0000	0.0000
0.0000	0.9500	0.0000	0.7500	0.0000	0.0000
0.0000	0.0000	0.0000	0.0000	0.6000	0.0000
0.0000	0.0000	0.0000	0.0000	0.0000	0.6000
0.0000	0.4800	0.0000	0.0000	0.0000	0.0000
0.0000	0.4200	0.0000	0.0000	0.0000	0.0000

Ertragsvektoren $\vec{s}$ (1.Datensatz)

p	0.0000	0.1000	0.2000	0.3000	0.4000	0.5000
q	1.0000	0.9000	0.8000	0.7000	0.6000	0.5000
	0.0000	0.0000	0.0000	0.0000	0.0000	0.0000
	0.0000	0.0000	0.0000	0.0000	0.0000	0.0000
	0.0000	0.0000	0.0000	0.0000	0.0000	0.0000
	0.0000	0.0000	0.0000	0.0000	0.0000	0.0000

STRUKTUR DER HERDE :

3107.91	2597.12	2086.33	1575.54	1064.75	553.96
719.42	647.48	575.54	503.60	431.65	359.71
207.19	186.47	165.76	145.04	124.32	103.60
181.29	163.17	145.04	126.91	108.78	90.65
345.32	310.79	276.26	241.73	207.19	172.66
302.16	271.94	241.73	211.51	181.29	151.08

(6, 6)-MATRIX

HERDENGROESSE H, ANZAHL DER TIERE*

4863.31	4176.98	3490.65	2804.32	2117.99	1431.65

Ertragsvektoren $\vec{s}$ (2.Datensatz)

p	0.6000	0.7000	0.8000	0.9000	1.0000
q	0.4000	0.3000	0.2000	0.1000	0.0000
	0.0000	0.0000	0.0000	0.0000	0.0000
	0.0000	0.0000	0.0000	0.0000	0.0000
	0.0000	0.0000	0.0000	0.0000	0.0000
	0.0000	0.0000	0.0000	0.0000	0.0000

STRUKTUR DER HERDE :

43.17	-467.63	-978.42	-1489.21	-2000.00
287.77	215.83	143.88	71.94	0.00
82.88	62.16	41.44	20.72	0.00
72.52	54.39	36.26	18.13	0.00
138.13	103.60	69.06	34.53	0.00
120.86	90.65	60.43	30.22	0.00

(6, 5)-MATRIX

HERDENGROESSE H, ANZAHL DER TIERE*

745.32	58.99	-627.34	-1313.67	-2000.00

Auswertung: Die Betrachtung der errechneten Werte und ihre graphische Darstellung (Figur 8.3) liefern interessante Ergebnisse:

a) Zunächst sei daran erinnert, daß es um konstante Herdengröße und Herdenstruktur ging (stationäre Verteilungen!). Wenn also der Rancher z.B. 50 männliche und 50 weibliche Tiere im Herbst schlachten lassen möchte, muß er mit einer Basisherde von $\begin{bmatrix} a_m & a_w & y_m & y_w & c_m & c_w \end{bmatrix} = \begin{bmatrix} 554 & 360 & 103 & 91 & 173 & 151 \end{bmatrix}$ starten. Jeweils nach der Schlachtung wird dann die Herde wieder diesen Stand haben.

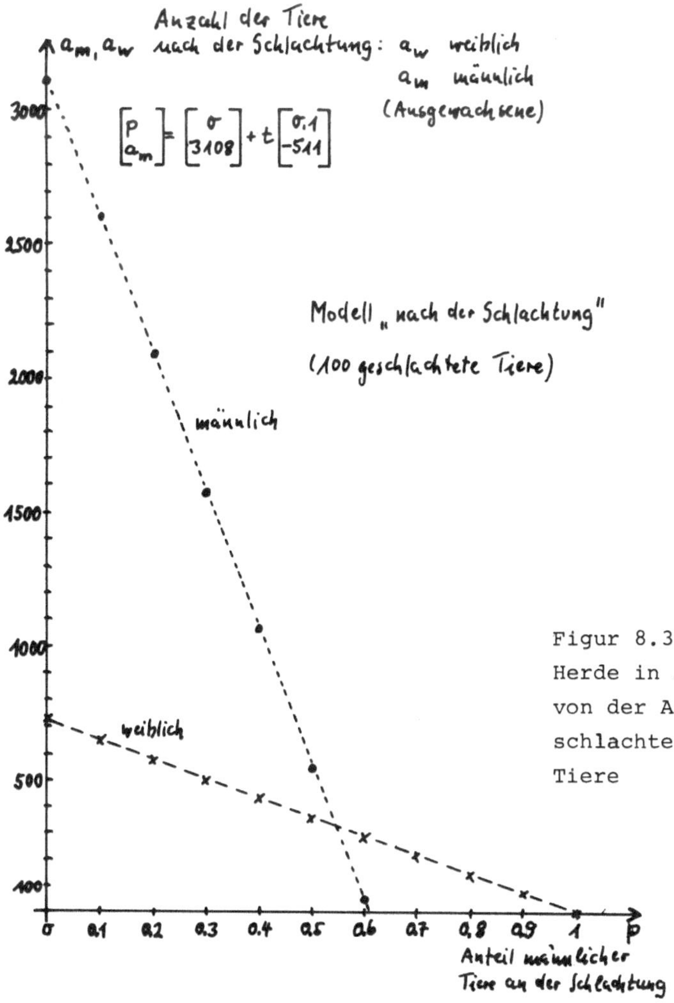

Figur 8.3: Konstante Herde in Abhängigkeit von der Anzahl geschlachteter männlicher Tiere

b) Umgekehrt: Wenn der Rancher von einer Herde mit der Struktur $\vec{g}_0^T = [1575 \quad 504 \quad 145 \quad 127 \quad 242 \quad 211]$ ausgeht, so kann er 30 männliche und 70 weibliche Tiere schlachten lassen. Vor der nächsten Schlachtung wird er dann soviele Tiere haben ($M\vec{g}_0$), daß er nach der Schlachtung wieder die Struktur $\vec{g}_0$ hat.

c) Figur 8.3 zeigt, daß die Paare (p, a_m) auf einer Geraden liegen. Das ist auch für die Paare (p, a_w), (p, y_m) usw. der Fall. Die Entwicklung erreicht offenbar einen kritischen Bereich, wenn man $p > 0.61$ wählt, d.h. 61 männliche und 39 weibliche ausgewachsene Tiere schlachtet. Der kritische Wert wird offensichtlich durch den Schnittpunkt der a_m-Geraden mit der p-Achse gegeben. Für $a_m = 0$ erhält man t=3108:511 und p =0.6082. Wir wollen diesen Wert noch numerisch bestätigen und benutzen HERDENGROESSE:

Struktur p	0.6081	0.6082	0.6083	0.6084	0.60845	0.6085
a_m	1.79	1.28	0.77	0.26	0.00	-0.25
a_w	281.94	281.87	281.80	281.73	281.69	281.65
y_m	81.20	81.18	81.16	81.14	81.13	81.12
y_w	71.05	71.03	71.01	71.00	70.99	70.98
c_m	135.33	135.30	135.26	135.23	135.21	135.19
c_w	118.42	118.39	118.36	118.33	118.31	118.29
Herdengröße	689.73	689,04	688.36	687.67	687.33	686.99

Für p=0.60845 (60.845% der geschlachteten Tiere männlich) kommt man also mit einer besonders kleinen Startherde aus, nämlich mit $[a_m \; a_w \; y_m \; y_w \; c_m \; c_w] = [0 \quad 282 \quad 81 \quad 71 \quad 135 \quad 118]$, also 687 Tieren.

d) Für p>0.60845 gibt es keine Basisherde, die unter den gegebenen Voraussetzungen konstant bleibt.

....

Die Werte von p und q für eine minimale stationäre Herde können auch noch auf andere Weise ermittelt werden! Nach (8.6),(8.7) gilt $H = [1 \; 1 \; 1 \; 1 \; 1 \; 1] \, (M-E)^{-1} \vec{s}_1$, bzw. mit $s = s_m + s_w$ und $s_m : s = p$, $s_w : s = q$

$$H = [1 \; 1 \; 1 \; 1 \; 1 \; 1] \, (M-E)^{-1} \begin{bmatrix} p \\ q \\ 0 \\ 0 \\ 0 \\ 0 \end{bmatrix} s \, .$$

$(M-E)^{-1}$ kann mit Hilfe von HERDENGROESSE oder anderen oben besprochenen Algorithmen leicht bestimmt werden. Man erhält

$$(M-E)^{-1} = \begin{bmatrix} -20 & 31.080 & -15 & 23.3100 & -9 & 13.9900 \\ 0 & 7.194 & 0 & 5.3960 & 0 & 3.2370 \\ 0 & 2.072 & -1 & 1.5540 & -0.6 & 0.9324 \\ 0 & 1.813 & 0 & 0.3597 & 0 & 0.2158 \\ 0 & 3.453 & 0 & 2.5900 & -1 & 1.5540 \\ 0 & 3.022 & 0 & 2.2660 & 0 & 0.3597 \end{bmatrix}, \text{ so daß}$$

$$H = \begin{bmatrix} 1 & 1 & 1 & 1 & 1 & 1 \end{bmatrix} \begin{bmatrix} -20p+31.080q \\ 7.194q \\ 2.072q \\ 1.813q \\ 3.453q \\ 3.022q \end{bmatrix} s = s(-20p+48.63q).$$

Wir müssen nun mehrere Bedingungen bachten :

1) $p+q=1$, d.h. $q=1-p$ und $p,q\geq 0$, 2) $-20p+48.63q\geqq 0$

1) wird in 2),3) eingesetzt: 3) $-20p+31.08q\geqq 0$.

2') $-20p+48.63-48.63p\geqq 0 \Rightarrow p\leqq 0.7086$,

3') $-20p+31.08-31.08p\geqq 0 \Rightarrow p\leqq 0.6085$. Die schärfere Bedingung erhält man bei 3'), d.h. es gilt $0\leqq p\leqq 0.6085$ und $0.3915\leqq q\leqq 1$. Damit sind die obigen Ergebnisse bestätigt.

....

GLEICHBLEIBENDER ERTRAG UND KONTROLLIERTES WACHSTUM

Ein Rancher möchte stets die gleiche Anzahl von Tieren schlachten lassen. Die Herde soll jedoch in den nächsten zwei Jahren um 40% wachsen, ohne daß sich dabei die Struktur der Herde, d.h. das Mengenverhältnis zwischen den 6 Tiergruppen ändert.

Gegeben sind $\vec{s}$ und M sowie $\vec{g}_2=1.4\vec{g}_0$. Gesucht ist $\vec{g}_0$!

$\vec{g}_2=M\vec{g}_1-\vec{s}= \quad =M^2\vec{g}_0-M\vec{s}-\vec{s}$, also hier $1.4\vec{g}_0=M^2\vec{g}_0-M\vec{s}-\vec{s} \Rightarrow$

$(M^2-1.4E)\vec{g}_0 = (M+E)\vec{s} \quad /\cdot\ (M^2-1.4E)^{-1}$, Existens vorausgesetzt:

$$(8.8) \qquad \vec{g}_0 = (M^2-1.4E)^{-1}(M+E)\vec{s}\ .$$

Damit ist benötigte Basisherde errechnet.

....

ÜBUNGSAUFGABEN

Ü 8.7) Schreiben Sie ein Programm zu (8.8) und berechnen Sie $\vec{g}_0$ für das bekannte M und $\vec{s}^T=\begin{bmatrix}50 & 80 & 0 & 0 & 0 & 0\end{bmatrix}$.

Ü 8.8) Eine Herde wächst in den nächsten 5 Jahren auf das Doppelte, wobei nur im letzten Jahr geschlachtet wurde. Berechnen Sie $\vec{g}_0$.

Ü 8.9) Schreiben Sie ein Programm für kontrolliertes Wachstum über n Jahre bei jährlich gleichbleibendem Ertrag. Zeigen Sie zunächst die Formel

$$(8.9) \qquad \vec{g}_0 = (M^n-kE)^{-1}(M^{n-1}+M^{n-2}+\ldots+M^2+M+E)\vec{s}.$$

Ü 8.10) Bestimmen Sie die Basisjahr-Herdengröße, wenn sich die Herde a) in sechs Jahren verdoppelt hat,

b) jeweils im 1.,3. und 5.Jahr die gleiche Anzahl von Tieren geschlachtet wurde,

c) im 2.,4. und 6.Jahr keine Schlachtung stattfand.

....

MODELLKRITIK

Das oben beschriebene lineare Modell erlaubt, die Entwicklung einer Herde über mehrere Jahre hinweg zu verfolgen und verschiedene Abhängigkeiten zu studieren. Wo liegen die Einschränkungen?

1) Erste Unsicherheiten liegen in der für mehrere aufeinanderfolgende Jahre benutzten Übergangsmatrix. Die einzelnen Übergangswerte können von Jahr zu Jahr schwanken. Bei den verwendeten Werten muß es sich zwangsläufig im geschätzte Mittelwerte handeln. Prinzipiell wäre auch der Einsatz unterschiedlicher Übergangsmatrizen $M_1, M_2, \ldots$ möglich, was jedoch das Modell wesentlich komplizierter machen würde.

2) Besondere Naturereignisse, wie z.B. Seuchen oder Dürren, sind nicht berücksichtigt. Vielmehr wird von einem normalen Verlauf des Jahres ausgegangen.

3) Eine weitere Einschränkung liegt in der Annahme, daß die Schlachtung immer in einer kurzen Zeitspanne innerhalb eines Jahres vorgenommen wird. Hier könnte eine Verringerung der Periodendauer von einem Jahr auf z.B. 1/4 Jahr genauere Ergebnisse liefern.

4) Die Einteilung der Tiere in 6 Klassen (Kälber/Einjährige/Ausgewachsene - männlich/weiblich) könnte auch anders gewählt werden.

5) Weiterhin ist zu bedenken, daß einem Wachstum der Herde natürliche Grenzen von Seiten des zur Verfügung stehenden Lebensraums gesetzt sind.

Dennoch haben die Untersuchungen gezeigt, daß einige wesentliche Entscheidungshilfen von dem vorliegenden Modell erwartet werden können. Weitere Überlegungen zur Relevanz dieses und ähnlicher Modelle können der bei Tuchinsky genannten Literatur entnommen werden.

....

9. DAS STÜCKLISTENPROBLEM

Mit dem Stücklistenproblem soll nun eine Vertiefung der Eingangsbetrachtungen über Materialverflechtungen gegeben werden. Weitere Querverbindungen sind zur Input-Output-Analyse vorhanden.

PROBLEMSTELLUNG 9.1: In dem Katalog eines Versandhauses findet sich das folgende Angebot:

> Holzzaun, bestehend aus 10 Zaunfeldern, einer Tür und den nötigen Pfosten, Längsriegeln und Nägeln. Auch Einzelbestellung der Teile möglich!

Erfahrungen aus den Vorjahren haben ergeben, daß innerhalb eines Monats mit einer Bestellung von 40 ganzen Zäunen, 100 Zauntüren, 500 Zaunfeldern, 2000 Pfosten, 2000 Längsriegeln und 1000000 Nägeln gerechnet werden kann. - Die Verflechtung zwischen den einzelnen Teilen ist aus dem Gozinto-Graph in Figur 9.1 ersichtlich. - Welche Anzahlen von Teilen muß das Versandhaus einkaufen?

PROBLEMLÖSUNG: Die Überlegungen zur Lösung werden parallel am Beispiel und allgemein durchgeführt. Wir erfassen die Daten aus Figur 9.1 zunächst in einer Tabelle (Mengenmatrix T). Dabei werden die Teile zweckmäßigerweise in technologischer Reihenfolge aufgeführt, d.h. ein Teil wird erst dann aufgeschrieben, wenn alle Teile, die

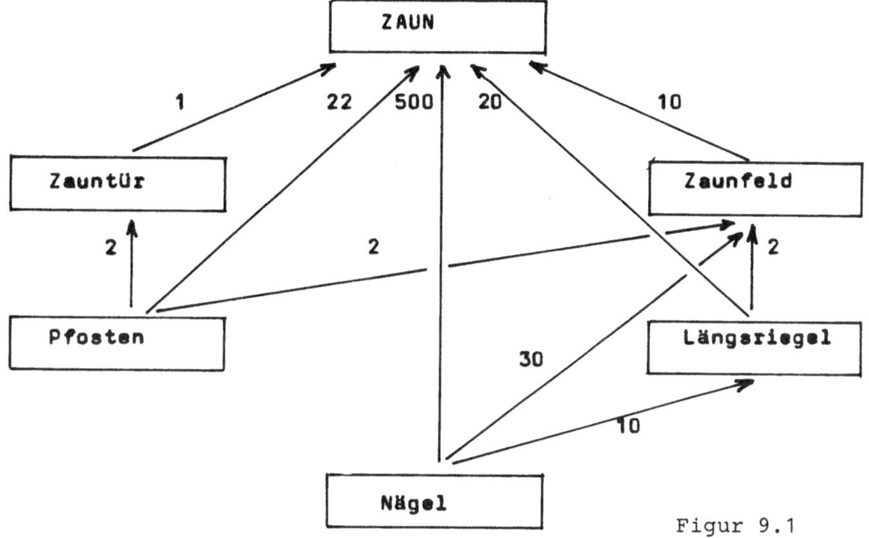

Figur 9.1

es enthält, bereits auf der Liste stehen.

wird benötigt ↗ für	t_1 Nägel	t_2 Längs-riegel	t_3 Pfosten	t_4 Zaun-tür	t_5 Zaun-feld	t_6 Zaun
t_1 Nägel	0	10	0	0	30	500
t_2 Längsriegel	0	0	0	0	2	20
t_3 Pfosten	0	0	0	2	2	22
t_4 Zauntür	0	0	0	0	0	1
t_5 Zaunfeld	0	0	0	0	0	10
t_6 Zaun	0	0	0	0	0	0

= T.

Neben $t_1,t_2,\ldots t_6$ wäre z.B. auch t_1,t_3,t_2,t_4,t_5,t_6 eine technologische Reihenfolge. Mit t_{ik} bezeichnen wir die Anzahl der Einheiten des Teiles t_i, die direkt benötigt werden, um ein Teil t_k ausliefern zu können. Die Matrix $T=(t_{ik})$ wird <u>Mengenmatrix</u> genannt. Aus der Anordnung in technologischer Reihenfolge ergibt sich $t_{ii}=0$ und $t_{ik}=0$ für $i \geqq k$. Im Beispiel liegt die Bestellung (<u>externe Nachfrage</u>) $\vec{y}=\begin{bmatrix}1000 & 2000 & 2000 & 100 & 500 & 40\end{bmatrix}$ vor. Neben der externen Nachfrage ist die <u>interne Nachfrage $\vec{z}$</u> zu berücksichtigen, um z.B. die Einzelteile für die 40 bestellten Zäune zur Verfügung zu haben. So ergibt sich der <u>Produktionsvektor $\vec{x}=\vec{y}+\vec{z}$</u>.

Wir zeigen nun allgemein

> (9.1) Die interne Nachfrage $\vec{z}$ ist das Produkt aus Mengenmatrix T und Produktionsvektor $\vec{x}$! <u>$\vec{z} = T\vec{x}$.</u>

Wir bilden zunächst $T\vec{x}$ und deuten die Elemente dieses Vektors:

$$\text{Mit } T=\begin{bmatrix} 0 & t_{12} & t_{13} & t_{14} & \cdots & t_{1n} \\ 0 & 0 & t_{23} & t_{24} & \cdots & t_{2n} \\ 0 & 0 & 0 & t_{34} & \cdots & t_{3n} \\ \cdots & \cdots & \cdots & \cdots & \cdots & \cdots \\ 0 & 0 & 0 & 0 & \cdots & 0 \end{bmatrix}, \quad \vec{x}=\begin{bmatrix} x_1 \\ x_2 \\ \vdots \\ x_n \end{bmatrix} \text{ wird } T\vec{x}=\begin{bmatrix} \sum_{k=1}^{n} t_{1k}x_k \\ \sum_{k=1}^{n} t_{2k}x_k \\ \cdots \\ \sum_{k=1}^{n} t_{nk}x_k \end{bmatrix}.$$

Da $t_{ik}=0$ für $i \geqq k$, fallen zahlreiche Summenden weg, so daß

$$T\vec{x}=\begin{bmatrix} \sum_{k=2}^{n} t_{1k}x_k \\ \sum_{k=3}^{n} t_{2k}x_k \\ \vdots \\ t_{n-1n}x_n \\ 0 \end{bmatrix}$$

Was bedeutet nun z.B.

$$\sum_{k=2}^{n} t_{1k}x_k=t_{12}x_2+t_{13}x_3+ \ldots t_{1n}x_n \ ?$$

In jedem Summanden wird die Anzahl der zur Herstellung des Teiles t_k $(k=2,3,\ldots n)$ benötigten Einheiten des Teiles t_1 (d.h. t_{1k}) mit der insgesamt benötigten Anzahl (d.h. x_k) des Teiles t_k multipliziert!

Bezogen auf das Beispiel wird die Anzahl der zur Auslieferung der Teile $t_2, t_3, \ldots t_6$ benötigten Nägel mit der benötigten Anzahl der Teile multipliziert. $\sum_{k=1}^{n} t_{1k} x_k$ ergibt also gerade die Anzahl aller für die interne Nachfrage benötigten Einheiten von t_1, d.h. es gilt $\sum_{k=2}^{n} t_{1k} x_k = z_1$. Entsprechend ergibt sich $\sum_{k=3}^{n} t_{2k} x_k = z_2$ usw. , so daß insgesamt $T\vec{x}=\vec{z}$, wie oben behauptet! Damit erhalten wir $\vec{x}=\vec{y}+\vec{z} = \vec{y}+T\vec{x} \Rightarrow \vec{x}-T\vec{x}=\vec{y} \Rightarrow \vec{x}=(E-T)^{-1}\vec{y}$. Wegen der besonderen Form von T und (E-T) existiert $(E-T)^{-1}$! Damit ist der gesuchte Produktionsvektor bestimmt, und das Versandhaus kann berechnen, wie externe und interne Nachfrage gedeckt werden können.

(9.2) Für den Produktionsvektor $\vec{x}$ gilt $\vec{x}=(E-T)^{-1}\vec{y}$.
T Mengenmatrix, $\vec{y}$ externe Nachfrage.

Die Berechnung der Inversen $(E-T)^{-1}$ kann mit den bereits bekannten Verfahren durchgeführt werden. In diesem speziellen Fall ist die Berechnung allerdings noch auf andere, recht einfache Art möglich.

(9.3) Für eine Matrix $T_{(n,n)}$ in der oben angegebenen Form einer Mengenmatrix gilt
$(E-T)^{-1} = E+T+T^2+T^3+ \ldots +T^{n-1}$.

Beweis: Wir gehen von der Identität

(9.4) $(E-T)(E+T+T^2+T^3+ \ldots +T^{n-1}) = E-T^n$ aus, die sich durch Ausmultiplizieren der linken Seite leicht zeigen läßt. Diese Identität gilt für jede n-reihige (quadratische) Matrix T. Hat aber T noch die spezielle Form wie oben, so wird $T^n=0$! Zum Beweis dieser Behauptung betrachten wir der Reihe nach die Form der Matrizen T^2, T^3, ... T^{n-1}, T^n. Benutzen wir dazu MATPOTENZ, um Erkenntnisse zunächst an unserem Beispiel zu gewinnen, so erhalten wir

$$T^2=\begin{bmatrix} 0 & 0 & 0 & 0 & 20 & 500 \\ 0 & 0 & 0 & 0 & 0 & 20 \\ & & 0 & 0 & 0 & 0 \\ & & & 0 & 0 & 0 \\ & & & & 0 & 0 \\ 0 & & & & & 0 \end{bmatrix} \text{ und } T^3=\begin{bmatrix} 0 & 0 & 0 & 0 & 0 & 200 \\ 0 & 0 & 0 & 0 & 0 & 0 \\ & & 0 & 0 & 0 & 0 \\ & & & 0 & 0 & 0 \\ & & & & 0 & 0 \\ 0 & & & & & 0 \end{bmatrix}, \; T^4=T^5=0.$$

Im Beispiel tritt die Nullmatrix sogar schon früher als erwartet auf! Offenbar entstehen über der Hauptdiagonalen von T in den einzelnen Potenzen von T weitere Diagonalen, die nur aus Nullen bestehen. Diese Idee kann nun auch allgemein benutzt werden. Wir verweisen dazu auf Übungsaufgabe Ü 9.1. Wegen $T^n=0$ vereinfacht sich

(9.4), und wir können schreiben $(E-T)(E+T+T^2+\ldots+T^{n-1})=E$. Linksseitige Multiplikation mit $(E-T)^{-1}$ ergibt dann (9.3). Damit kann die Inverse $(E-T)^{-1}$ mit Hilfe einer Summe von Matrizenpotenzen errechnet werden!

Für unser Beispiel wurden die benötigten Matrizenpotenzen bereits oben errechnet. Wir erhalten

$$(E-T)^{-1}=E+T+T^2+T^3 = \begin{bmatrix} 1 & 10 & 0 & 0 & 50 & 1200 \\ 0 & 1 & 0 & 0 & 2 & 40 \\ 0 & 0 & 1 & 2 & 2 & 44 \\ 0 & 0 & 0 & 1 & 0 & 1 \\ 0 & 0 & 0 & 0 & 1 & 10 \\ 0 & 0 & 0 & 0 & 0 & 1 \end{bmatrix}$$

, was sich z.B. mit FADDEJEVMIT leicht bestätigen läßt.

Für den Produktionsvektor $\vec{x}$ gilt dann:

$\vec{x}=(E-T)^{-1}\vec{y}$; als Zeilenvektor ergibt sich daraus

$$\begin{bmatrix} 94000 & 4600 & 496 & 140 & 900 & 40 \end{bmatrix}.$$
$t_1 \quad t_2 \quad t_3 \quad t_4 \quad t_5 \quad t_6$

Einkauf des Versandhauses.

Damit ist Problemstellung 9.1 vollständig bearbeitet. Bezüglich der Beziehung (9.2) vergleiche der Leser mit (2.6) bei der Input-Output-Analyse!

....

ÜBUNGSAUFGABEN

Ü 9.1) Man zeige, daß für eine Matrix T der Form

$$T=\begin{bmatrix} 0 & t_{12} & t_{13} & \cdots & & t_{1n} \\ & 0 & t_{23} & \cdots & & t_{2n} \\ & & 0 & & & \\ & & & t_{ii+1} & & t_{in} \\ & & & 0 & & \\ & & & & & t_{n-1n} \\ 0 & 0 & 0 \ldots & 0 & \ldots & 0 \end{bmatrix}$$

$T^n=O$ gilt.

Hinweis: Man betrachte zunächst die Elemente von T^2 oberhalb der Hauptdiagonalen und zeige, daß die Elemente an den Stellen (1,2),(2,3),(3,4)...(n-1,n) alle gleich Null sind. Entsprechend schließe man dann für $T^3, T^4, \ldots T^n$.

Ü 9.2) Eine Möbelfabrik bietet einen einfachen Tisch an, bestehend aus Tischplatte, vier Beinen, zwei kurzen und zwei langen Streben zur Stabilisierung, vier Gleitern und Schrauben. Jedes Tischbein ist mit vier Schrauben, jede Strebe mit zwei Schrauben an jeder Seite befestigt.- Man bestimme eine technologische Matrix (Mengenmatrix) und plane die Produktion für die externe Nachfrage (auch Einzelteile können bezogen werden!) von 1000 Schrauben, 100 Gleitern, 36 Streben (lang), 30 Streben (kurz), 150 Beinen, 40 Platten und 50 Tischen.

Ü 9.3) Analysieren Sie den folgenden Algorithmus ADDPOTENZEN (Alg 31). Dieses Programm kann für Stücklistenprobleme eingesetzt werden, es ist aber auch z.B. in Fallstudie 8.2 nützlich!

```
PROGRAM ADDPOTENZEN (INPUT,OUTPUT);
CONST MAXGRAD=10;
TYPE MATRIX = ARRAY[1..MAXGRAD,1..MAXGRAD] OF REAL;
VAR MATT,MATE,MATS,MATB:MATRIX;
    MINDEST,BIS, NACHK,ZT,L,ZB,SB:INTEGER;
    SUMME,PRODUKT               :BOOLEAN;
BEGIN
MATRIXEINGEBEN(MATT,ZT,ZT);
WRITELN('BIS ZU WELCHER POTENZ AUFADDIEREN?');
READLN; READ(BIS);
EINHEITSMATRIX(MATE,ZT);
MATS:=MATE;
FOR L:=1 TO BIS DO
    MATS:=MATSUM(MATS,MATPOT(MATT,ZT,L),ZT,ZT,ZT,ZT);
MATRIXAUSGEBEN(MATS,ZT,ZT);
WRITELN('BESTELLUNG(EN)? SPALTENVEKTOR(EN) EINGEBEN !');
MATRIXEINGEBEN(MATB,ZB,SB);
WRITELN('BEREITZUSTELLEN :');
MATRIXAUSGEBEN(MATPROD(MATS,MATB,ZT,ZT,ZB,SB),ZT,SB);
END.
```

ADDPOTENZEN (Alg 31)

Ü 9.4) Ermitteln Sie die Produktionsvektoren zu

a) Mengenmatrix ext.Nachfrage b) Mengenmatrix ext.Nachfrage

$$T=\begin{bmatrix}0&7&10&5&20\\0&0&0&7&10\\0&0&0&8&7\\0&0&0&0&6\\0&0&0&0&0\end{bmatrix},\vec{y}=\begin{bmatrix}3\\0\\4\\20\\10\end{bmatrix},\qquad T=\begin{bmatrix}0&7&20\\0&0&30\\0&0&0\end{bmatrix},\quad \vec{y}=\begin{bmatrix}100\\200\\300\end{bmatrix}.$$

Benutzen Sie zur Lösung ADDPOTENZEN. Lassen Sie sich die einzelnen Potenzen ausgeben! Kontrollieren Sie Ihre Rechnung mit FADDEJEVMIT! Lassen Sie sich auch dort Zwischenergebnisse ausgeben! Vergleichen Sie die Zwischenergebnisse. Sie werden Zusammenhänge entdecken!

Ü 9.5) Schubriegel dienen zum Festhalten von Türen und Fenstern. Dabei greift der Riegel in ein Schließblech.- Eine Eisenwarenfirma liefert die gesamte Schließanlage (bestehend aus Schubriegel, Schließblech, vier Schrauben zur Befestigung des Schubriegels und zwei anderen Schrauben zur Befestigung des Schließblechs sowie je einer Ersatzschraube) oder auch die Einzelteile. - Man bestimme den Produktionsvektor für die externe Nachfrage von

50 Schubriegeln, 50 Schließblechen, 200 Schrauben für Schubriegel, 100 Schrauben für Schließblech und 15 vollständige Schließanlagen.

....

10. ABRECHNUNGSMATRIZEN

10.1 SKATSPIELABRECHNUNG

PROBLEMSTELLUNG 10.1: Bei einem Skatturnier mit 18 Spielern haben sich u.a. folgende Punktzahlen ergeben:

Tisch	1	2	3	4	5	6
Spieler 1	410	-300	350	-320	0	100
Spieler 2	-120	200	100	-100	360	260
Spieler 3	110	-100	50	250	600	-50

Punktzahl - matrix P

An den Tischen wurde „Pfennigskat" gespielt, d.h. je einen Punkt Unterschied zwischen zwei Spielern wird 1 Pfennig vom Spieler mit der kleineren Punktzahl an den anderen Spieler gezahlt.

a) Was haben die einzelnen Spieler an ihren Tischen gewonnen (verloren)?

PROBLEMLÖSUNG:

> An allen Tischen muß in gleicher Weise abgerechnet werden, also lohnt sich eine allgemeine Lösung und für große Turniere der Einsatz eines Computers.

1) Tisch i

Spieler 1, Spieler 2, Spieler 3: $\begin{bmatrix} p_1 \\ p_2 \\ p_3 \end{bmatrix}$ erreichte Punktzahlen

Wir nennen den Vektor $\vec{p} = \begin{bmatrix} p_1 \\ p_2 \\ p_3 \end{bmatrix}$ Punktzahlvektor.

2) Zur Abrechnung Differenzen der Punktzahlen bilden!

	1	2	3
Spieler 1	0	p_1-p_2	p_1-p_3
2	$-(p_1-p_2)$	0	p_2-p_3
3	$-(p_1-p_3)$	$-(p_2-p_3)$	0

Für $p_1<p_2$ Gewinn, für $p_1>p_2$ Verlust von Spieler 2.

3) Die Zeilensummen ergeben den Gewinn (Verlust) eines Spielers.

Spieler 1: $2p_1 - p_2 - p_3 = g_1$

Spieler 2: $-p_1 + 2p_2 - p_3 = g_2$

Spieler 3: $-p_1 - p_2 + 2p = g_3$

Wir nennen den Vektor $\vec{g} = \begin{bmatrix} g_1 \\ g_2 \\ g_3 \end{bmatrix}$ Gewinnvektor.

Damit ist Aufgabe a) im Prinzip gelöst. Wir brauchen nur 6 solche Gewinnvektoren zu berechnen. Die Abrechnung kann in einem Vorgang erfolgen, wenn wir das System zur Berechnung von $\vec{g}$ in Matrizenform schreiben!

(10.1) $$\begin{bmatrix} g_1 \\ g_2 \\ g_3 \end{bmatrix} = \begin{bmatrix} 2 & -1 & -1 \\ -1 & 2 & -1 \\ -1 & -1 & 2 \end{bmatrix} \begin{bmatrix} p_1 \\ p_2 \\ p_3 \end{bmatrix},$$ kurz $\vec{g} = A\vec{p}$.

$\vec{g}$ Gewinnvektor, $\vec{p}$ Punktzahlvektor,
A Abrechnungsmatrix

4) Wir haben nun (10.1) für jeden Tisch zu benutzen!
$\vec{g}_1 = A\vec{p}_1$ (Tisch 1), $\vec{g}_2 = A\vec{p}_2$ (Tisch 2), ... $\vec{g}_6 = A\vec{p}_6$ (Tisch 6). Zusammengefaßt ergibt sich

$$\begin{bmatrix} \vec{g}_1 & \vec{g}_2 & \vec{g}_3 & \vec{g}_4 & \vec{g}_5 & \vec{g}_6 \end{bmatrix} = A \begin{bmatrix} \vec{p}_1 & \vec{p}_2 & \vec{p}_3 & \vec{p}_4 & \vec{p}_5 & \vec{p}_6 \end{bmatrix}$$

Gewinnmatrix — hier entsteht wieder die gesamte Punktzahlmatrix

(10.2) $G_{(3,6)} = A_{(3,3)}P_{(3,6)}$. Die Gewinnmatrix ist das Produkt von Abrechnungsmatrix und Punktzahlmatrix

Damit ist eine Abrechnungsformel für alle Spiele hergeleitet, die wie oben über Punktdifferenzen zwischen Spielern abgerechnet werden. Für die Abrechnung des Skatturniers könnte ein besonderes Programm benutzt werden (siehe Ü 10.1). Da es sich um die Bildung eines Matrizenprodukts handelt, können wir aber auch das Programm MULTEXPERIMENTE (Alg 6) verwenden! Da die Summe der Elemente jeder Spalte der Gewinnmatrix G Null sein muß (warum?) ist

$\begin{bmatrix} 1 & 1 & 1 \end{bmatrix}_{(1,3)} G_{(3,6)} = O_{(1,6)}$ eine Kontrollrechnung.

```
  2.0000    - 1.0000    - 1.0000
- 1.0000      2.0000    - 1.0000
- 1.0000    - 1.0000      2.0000

 410.0000   -300.0000    350.0000   -320.0000      0.0000    100.0000
-120.0000    200.0000    100.0000   -100.0000    360.0000    260.0000
 110.0000   -100.0000     50.0000    250.0000    600.0000    -50.0000

ALS PRODUKT ERGIBT SICH:
-----------------------------------------------------------

 830.0000   -700.0000    550.0000   -790.0000   -960.0000    -10.0000
-760.0000    800.0000   -200.0000   -130.0000    120.0000    470.0000
 -70.0000   -100.0000   -350.0000    920.0000    840.0000   -460.0000
----------
( 3, 6)-MATRIX
```

Berechnung von AP = G

An Tisch 2 hat Spieler 1 7.00 DM verloren, Spieler 2 8.00 DM gewonnen, Spieler 3 muß 1.00 DM bezahlen.

....

PROBLEMSTELLUNG 10.2: Rekonstruktion des Punktestands

Am Ende eines Skatabends habe sich der Gewinnvektor $\vec{g}^T = [830 \quad -760 \quad -70]$ ergeben. Spieler 1 hat also 8.30 DM gewonnen, die Spieler 2 und 3 haben verloren. Wie war der Punktestand, der zu diesem Ergebnis führte?

PROBLEMLÖSUNG: Oben wurde $\vec{g}=A\vec{p}$ (siehe (10.1) hergeleitet. Nun ist $\vec{p}$ gesucht, $\vec{g}$ und A sind gegeben. Man benötigt also die Inverse zu A, um dann $\vec{p}=A^{-1}\vec{g}$ bilden zu können. Leider existiert diese Inverse nicht! Anwendung z.B. von LGSKURZ (Alg 19) liefert Rang r(A)=2 und für die Lösung des LGS

$$\begin{aligned} 2p_1 - p_2 - p_3 &= 830 \\ -p_1 + 2p_2 - p_3 &= -760 \\ -p_1 - p_2 + 2p_3 &= -70 \end{aligned}$$

ergibt sich eine unendliche Menge. Mit p_3 als freier Variablen erhält man $p_1=300+p_3$, $p_2=-230+p_3$, $p_3 \in \mathbb{Z}$.

$$(10.3) \qquad \vec{p} = \begin{bmatrix} 300+p_3 \\ -230+p_3 \\ p_3 \end{bmatrix}, \text{ z.B. } \begin{bmatrix} 300 \\ -230 \\ 0 \end{bmatrix}, \begin{bmatrix} 410 \\ -120 \\ 110 \end{bmatrix}, \begin{bmatrix} 400 \\ -130 \\ 100 \end{bmatrix}.$$

Zu einem Gewinnvektor gibt es unendlich viele Punktzahlvektoren!

....

10.2 EIGENSCHAFTEN VON ABRECHNUNGSMATRIZEN

Entsprechend den obigen Betrachtungen läßt sich die Gewinnmatrix für Viererrunden und Runden, bestehend aus m Personen berechnen! Wir erhalten dann die Abrechnungsmatrix

$$(10.4) \qquad A_{(m,m)} = \begin{bmatrix} m-1 & -1 & -1 & \dots & -1 \\ -1 & m-1 & -1 & \dots & -1 \\ -1 & -1 & m-1 & \dots & -1 \\ \dots & \dots & \dots & \dots & \dots \\ -1 & -1 & -1 & & m-1 \end{bmatrix} \text{ bzw. } \begin{bmatrix} 3 & -1 & -1 & -1 \\ -1 & 3 & -1 & -1 \\ -1 & -1 & 3 & -1 \\ -1 & -1 & -1 & 3 \end{bmatrix}$$

Die spezielle Form dieser Matrizen legt es nahe, nach kennzeichnenden Eigenschaften zu fragen! Wir können sofort notieren:

(E1) Die Summe der Elemente jeder Zeile bzw. Spalte einer Abrechnungsmatrix ist gleich Null.

(E2) Der Rang einer Abrechnungsmatrix vom Grad m ist gleich m-1.

Weiterhin können wir das Produkt einer Abrechnungsmatrix mit sich selbst bilden, zum Beispiel

$$A^2_{(3,3)} = \begin{bmatrix} 2 & -1 & -1 \\ -1 & 2 & -1 \\ -1 & -1 & 2 \end{bmatrix} \begin{bmatrix} 2 & -1 & -1 \\ -1 & 2 & -1 \\ -1 & -1 & 2 \end{bmatrix} = \begin{bmatrix} 6 & -3 & -3 \\ -3 & 6 & -3 \\ -3 & -3 & 6 \end{bmatrix} = 3 \begin{bmatrix} 2 & -1 & -1 \\ -1 & 2 & -1 \\ -1 & -1 & 2 \end{bmatrix}$$

Offenbar gilt

(E3) $A^k_{(3,3)} = 3^{k-1} A_{(3,3)}$, was sich leicht durch vollständige Induktion zeigen läßt.

(E4) Die Matrizen der Form $A^k_{(3,3)}$ sind ein Sonderfall der Matrizen der Form $rA_{(3,3)}$ mit $r \in \mathbb{R}$. Es ergibt sich also

$\bar{M}_3 \subset M_3$ mit $M_3 = \{rA_{(3,3)} / r \in \mathbb{R}\}$ und $\bar{M}_3 = \{A^k_{(3,3)} / k \in \mathbb{N}\}$.

Damit sind wir auf eine umfangreichere Klasse von Matrizen gestoßen, so daß eine Erweiterung des Begriffs der Abrechnungsmatrix sinnvoll ist.

DEFINITION 10.1: Matrizen aus der Menge $M_m = \{rA_{(m,m)} / r \in \mathbb{R} \wedge m \in \mathbb{N}\}$ heißen Abrechnungsmatrizen.

VEKTORRAUM DER ABRECHNUNGSMATRIZEN

Bezüglich der Struktur der Abrechnungsmatrizen gilt der

SATZ 10.1: Die Abrechnungsmatrizen bilden einen Vektorraum über dem Körper der reellen Zahlen.

Die notwendigen Beweise sind leicht zu führen, die meisten ergeben sich sofort aus den bekannten Eigenschaften aller Matrizen.

a) Die Abgeschlossenheit der Abrechnungsmatrizen gegenüber der Matrizenaddition folgt so:

B und C seien Abrechnungsmatrizen, d.h. es gelte B=rA und C=sA mit $r,s \in \mathbb{R}$. Dann wird $B+C=rA+sA=(r+s)A$ mit $(r+s) \in \mathbb{R}$. Also ist auch B+C Abrechnungsmatrix.

b) Assoziativgesetz und Kommutativgesetz bezüglich der Addition gelten bekanntlich für alle Matrizen.

c) Das neutrale Element ergibt sich für r=0. Es ist die Nullmatrix, die ein Spiel ohne Abrechnung charakterisiert.

d) Die inverse Matrix zu rA ist (-r)A.

Damit ist gezeigt, daß $(M_m,+)$ eine additive kommutative Gruppe ist. Die anderen Vektorraumaxiome möge der Leser selbst überprüfen (siehe Übungsaufgabe Ü 10.2).

EIGENWERTE DER MATRIZEN $A_{(m,m)}$

Mit Hilfe von FADDEJEVMIT können die charakteristischen Gleichungen der in (10.4) genannten Abrechnungsmatrizen $A_{(m,m)}$ ermittelt werden. Die Ergebnisse sind in der folgenden Übersicht zusammengestellt.

Matrix	charakteristische Gleichung		Eigenwerte
$A_{(2,2)}$	$t^2-2t=0$,	$t(t-2)=0$	$t_1=0,\ t_2=2$
$A_{(3,3)}$	$-t^3+6t^2-9t=0$,	$t(t-3)^2=0$	$t_1=0,\ t_{2/3}=3$
$A_{(4,4)}$	$t^4-12t^3+48t^2-64t=0$,	$t(t-4)^3=0$	$t_1=0,\ t_{2..4}=4$
$A_{(5,5)}$	$-t^5+20t^4-150t^3+500t^2-625t=0$		$t_1=0,\ t_{2..5}=5$
		$t(t-5)^4=0$	
...	....	....	....
$A_{(m,m)}$		$t(t-m)^{m-1}=0$	$t_1=0,\ t_{2..m}=m$

Wir erhalten bemerkenswerte Ergebnisse!

> **SATZ 10.2:** Die charakteristische Gleichung der Matrix $A_{(m,m)}$ ist $t(t-m)^{m-1}=0$.

Auf einen Beweis verzichten wir in diesem Fall. Man könnte ihn z. B. mit Hilfe von Determinanten und Unterdeterminanten führen.

DER SATZ VON CALEY-HAMILTON FÜR ABRECHNUNGSMATRIZEN

Der genannte Satz soll hier für die Abrechnungsmatrizen $A_{(m,m)}$ bestätigt werden, man vergleiche Satz 7.5.

> **SATZ 10.3:** Die Abrechnungsmatrizen $A_{(m,m)}$ erfüllen ihre eigene charakteristische Gleichung!

a) Wir zeigen zunächst auf zwei Arten, daß die Behauptung für m=3 gilt.

a1) $A_{(3,3)}$ wird in die charakteristische Gleichung eingesetzt, d.h. wir bilden $A(A-3E)^2=-A^3+6A^2-9A=-3^2A+6\cdot 3A-9A=O$. Dabei wurde (E3) benutzt.

a2) Wir betrachten zunächst $(A-3E)^2=\left(\begin{bmatrix}2&-1&-1\\-1&2&-1\\-1&-1&2\end{bmatrix}-\begin{bmatrix}3&0&0\\0&3&0\\0&0&3\end{bmatrix}\right)^2=\begin{bmatrix}-1&-1&-1\\-1&-1&-1\\-1&-1&-1\end{bmatrix}^2=$

$=\begin{bmatrix}3&3&3\\3&3&3\\3&3&3\end{bmatrix}=3\begin{bmatrix}1&1&1\\1&1&1\\1&1&1\end{bmatrix}$. Wenn wir die (3,3)-Matrix, deren Elemente nur

Einsen sind, mit $I_{(3,3)}$, kurz I , bezeichnen, ergibt sich $A(A-3E)^2=A(3I)=3AI$. AI ist aber die Nullmatrix, denn I bewirkt bei Multiplikation mit einer Matrix die Addition der Elemente jeder Zeile bzw. Spalte der Matrix.

$$AI=\begin{bmatrix} 2 & -1 & -1 \\ -1 & 2 & -1 \\ -1 & -1 & 2 \end{bmatrix}\begin{bmatrix} 1 & 1 & 1 \\ 1 & 1 & 1 \\ 1 & 1 & 1 \end{bmatrix}=\begin{bmatrix} 0 & 0 & 0 \\ 0 & 0 & 0 \\ 0 & 0 & 0 \end{bmatrix}= O.$$

a3) Die eben durchgeführten Überlegungen lassen sich nun auf die Matrix $A_{(m,m)}$ übertragen. Wir schreiben wieder kurz $A_{(m,m)}=A$. Wir müssen zeigen, daß A die Gleichung $t(t-m)^{m-1}=0$ erfüllt, haben also die Matrizengleichung $A(A-mE)^{m-1}=O$ zu betrachten. Wir gehen von der linken Seite aus und betrachten zunächst $(A-mE)^{m-1}$:

$$(A-mE)^{m-1}=\begin{bmatrix} m-1 & -1 & \dots & -1 \\ -1 & m-1 & \dots & -1 \\ \dots & \dots & \dots & .. \\ -1 & -1 & \dots & m-1 \end{bmatrix} \begin{bmatrix} m & 0 & \dots & 0 \\ 0 & m & \dots & 0 \\ \dots & & \dots & . \\ 0 & 0 & \dots & m \end{bmatrix}^{m-1} = \begin{bmatrix} 1 & 1 & \dots & 1 \\ 1 & 1 & \dots & 1 \\ . & . & \dots & . \\ 1 & 1 & \dots & 1 \end{bmatrix}^{m-1} = I^{m-1}.$$

Für $m-1=2$ wird, wie man leicht nachrechnet $I^2=mI$, für $m-1=3$ ergibt sich daraus $I^3=I^2I=mII=mI^2=mmI=m^2I$. Wir vermuten für $m-1=k\in\mathbb{N}$, daß

(10.5) $\quad I^k_{(m,m)}=m^{k-1}I_{(m,m)}$, kurz $I^k=m^{k-1}I$, was sich durch vollständige Induktion bestätigen läßt:

Induktionsanfang: Für k=2 und k=3 wurd die Beziehung oben bereits gezeigt. Auch für k=1 ist sie richtig.

Induktionsannahme: Es gelte $I^k=m^{k-1}I$.

Induktionsbehauptung: $I^{k+1}=m^kI$.

Induktionsbeweis: Wir gehen von der linken Seite der Behauptung aus und erhalten $I^{k+1}=I^kI=(m^{k-1}I)I=m^{k-1}I^2=m^{k-1}mI=m^kI$, wie behauptet! Damit gilt (10.5) für alle $k\in\mathbb{N}$.

Nun kann wieder $A(A-mE)^{m-1}$ betrachtet werden:

$A(A-mE)^{m-1}=AI^{m-1}=A(m^{m-2}I)=m^{m-2}AI=O$, da $AI=O$, wie oben begründet.

Damit ist Satz 10.3 bewiesen!

....

ÜBUNGSAUFGABEN

Ü 10.1) Schreiben Sie ein Programm zur Abrechnung eines Skatturniers.

Ü 10.2) Betrachten Sie die Menge M_m (s. Def. 10.1) und zeigen Sie die noch nicht bestätigten Eigenschaften zu Satz 10.1.

Ü 10.3) Bestimmen Sie die Abrechnungsmatrix für Skatspiele mit 4 Personen. Zeigen Sie, daß die Inverse nicht existiert.

Ü 10.4) Bei einem Skatabend hat sich der Gewinnvektor [500 200 -700] ergeben. Herr Meier hat am meisten gewonnen. Er erinnert sich noch an seine Punktzahl +450. - Wieviel Punkte hatten seine Mitspieler?

Ü 10.5) Drei Spieler haben jede Woche einmal Skat gespielt. Nach 8 Wochen wollen Sie abrechnen.

Woche	1	2	3	4	5	6	7	8
Sp. 1	120	125	24	-720	530	200	0	20
2	-30	-50	450	1020	400	250	-500	-50
3	400	-20	-30	-20	-100	250	-20	30

a) Wie waren die wöchentlichen Gewinne (Verluste)?

b) Wer hat insgesamt am meisten gewonnen (verloren)? Für einen Punkte Differenz gibt es 0.10 DM.

....

10.3 GEOMETRISCHE DEUTUNG; SKATSPIEL-GEOMETRIE

Die oben ermittelten Ergebnisse zur Spielabrechnung bei 3 Spielern lassen geometrische Deutungen zu. Wir verwenden die Hilfsmittel der Analytischen Geometrie.

Bei Problemstellung 10.2 sind wir auf die Beziehung (10.3) gestoßen, die besagt, daß es zu einem Gewinnvektor unendlich viele Punktzahlvektoren gibt. (10.3) läßt sich umschreiben zu

(10.6) $$\vec{p}=\begin{bmatrix}300\\-230\\0\end{bmatrix}+p_3\begin{bmatrix}1\\1\\1\end{bmatrix}$$ Für $p_3 \in \mathbb{R}$ ist das die Gleichung einer Geraden im $\mathbb{R}^3$!

Für das Skatmodell, für das ja $p_3 \in \mathbb{Z}$ gelten muß, ergeben sich einzelne Punkte auf dieser Geraden. Wir nennen sie <u>Isogewinngerade</u> zum Gewinnvektor $\vec{g}^T=[830 \quad -760 \quad -70]$. Auf ihr enden alle Punktzahlvektoren (als Ortsvektoren gedeutet) zu $\vec{g}$. Für $p_3=80$ ergibt sich z.B., daß $[380 \quad -150 \quad 80]$ ein Punkt auf der Isogewinngeraden (10.6) ist.

<u>Wir suchen nun die Menge aller Isogewinngeraden</u>!

Nach den Überlegungen in 10.2 ist das LGS

(10.7) $$\begin{aligned} 2p_1 - p_2 - p_3 &= g_1 \\ -p_1 + 2p_2 - p_3 &= g_2 \\ -p_1 - p_2 + 2p_3 &= g_3 \end{aligned}$$ mit $g_1+g_2+g_3=0$ und $g_1, g_2, g_3 \in \mathbb{Z}$ zu lösen.

Unter Beachtung der kennzeichnenden Eigenschaft aller Gewinnvektoren ($g_1+g_2+g_3=0$) ergeben sich nach Anwendung z.B. des Gaußschen Eliminationsverfahrens die Isogewinngeraden

(10.8) $\vec{p} = \frac{1}{3}\begin{bmatrix} 2g_1+g_2 \\ g_1+2g_2 \\ 0 \end{bmatrix} + p_3\begin{bmatrix} 1 \\ 1 \\ 1 \end{bmatrix}$ Menge aller Isogewinngeraden, $p_3, g_1, g_2 \in \mathbb{Z}$. Es folgt

> SATZ 10.4: Alle Isogewinngeraden sind parallel zueinander! Jedem Gewinnvektor ist genau eine Isogewinngerade zugeordnet.

Aus (10.8) erkennen wir weiterhin, daß es auch Vektoren $\vec{g}$ gibt, zu denen kein Punktzahlvektor mit ganzzahligen Koordinaten existiert.
Beispiel: $\vec{g}^T = [25 \quad 12 \quad -37]$ liefert die Geradengleichung
$\vec{p} = \frac{1}{3}\begin{bmatrix} 62 \\ 49 \\ 0 \end{bmatrix} + p_3\begin{bmatrix} 1 \\ 1 \\ 1 \end{bmatrix}$. Auf der zugehörigen Geraden liegt jedoch bei Beachtung von $p_3 \in \mathbb{Z}$ kein Punkt mit ganzzahligen Koordinaten, weil 3 kein Teiler von 62 bzw. 49 ist. Das heißt: Ein Gewinnvektor $[25 \quad 12 \quad -37]$ kann bei der Skatspielabrechnung nicht auftreten!
Ein Skatabend kann zu Ende gehen, ohne daß einer der Spieler etwas gewonnen oder verloren hat. Dann ist der Gewinnvektor der Nullvektor $\vec{o}$! In diesem Fall ist bei (10.7) ein homogenes LGS zu lösen. Aus (10.8) ergibt sich die Isogewinngerade mit der Gleichung
$\vec{p} = p_3\begin{bmatrix} 1 \\ 1 \\ 1 \end{bmatrix}$, also eine Gerade durch den Koordinatenursprung und den Punkt $[1 \quad 1 \quad 1]$. Wählt man hier $p_3 \in \mathbb{R}$, so kann man leicht bestätigen, daß die Menge aller Vektoren auf dieser Geraden einen Vektorraum über $\mathbb{R}$ der Dimension 1 bildet.
Wir betrachten nun die Menge aller Gewinnvektoren, d.h. die Menge

$G = \left\{ \vec{g} = \begin{bmatrix} g_1 \\ g_2 \\ g_3 \end{bmatrix} / \; g_1+g_2+g_3=0 \right\}$, wobei wir nun auch $g_1, g_2, g_3 \in \mathbb{R}$ zulassen wollen.

> SATZ 10.5: Die Menge G bildet einen Vektorraum über $\mathbb{R}$. Seine Dimension ist gleich 2.

Beweis: Der oben betrachtete Gewinnvektor $\vec{o}$ ist neutrales Element in dem Verknüpfungsgebilde (G,+). Der inverse Vektor $-\vec{g}$ zum Gewinnvektor $\vec{g}$ ist ebenfalls Gewinnvektor. Auf den Nachweis aller Vektorraumeigenschaften verzichten wir. Wir zeigen gleich, daß jede Linearkombination zweier Gewinnvektoren wieder einen Gewinnvektor liefert. Dabei sprechen wir jetzt auch für $g_i \in \mathbb{R}$ von Gewinnvektor.

Sei also $\vec{g},\vec{h} \in G$ und $r,t \in \mathbb{R}$. Dann gilt

$$r\vec{g}+t\vec{h} = r\begin{bmatrix} g_1 \\ g_2 \\ g_3 \end{bmatrix} + t\begin{bmatrix} h_1 \\ h_2 \\ h_3 \end{bmatrix} = \begin{bmatrix} rg_1+th_1 \\ rg_2+th_2 \\ rg_3+th_3 \end{bmatrix} = \begin{bmatrix} l_1 \\ l_2 \\ l_3 \end{bmatrix} = \vec{l} \in G, \text{ denn}$$

$l_1+l_2+l_3=rg_1+rg_2+rg_3+th_1+th_2+th_3=r(g_1+g_2+g_3)+t(h_1+h_2+h_3)=0+0=0.$

Dabei kann z.B. $r\vec{g}$ etwa für $r=2$ als ein Gewinnvektor mit doppeltem Einsatz angesehen werden.

Wir zeigen nun noch, daß die Dimension des Vektorraums aller Gewinnvektoren gleich 2 ist:

Jeder Vektor aus G muß sich also als Linearkombination zweier anderer linear unabhängiger Vektoren aus G darstellen lassen. Wir benutzen die speziellen Gewinnvektoren $\begin{bmatrix} 1 & -1 & 0 \end{bmatrix}$ und $\begin{bmatrix} 0 & 1 & -1 \end{bmatrix}$ und zeigen, daß es für das LGS

$$(10.9) \qquad \begin{bmatrix} g_1 \\ g_2 \\ g_3 \end{bmatrix} = r\begin{bmatrix} 1 \\ -1 \\ 0 \end{bmatrix} + t\begin{bmatrix} 0 \\ 1 \\ -1 \end{bmatrix}$$

genau eine Lösung gibt. Dann läßt sich jeder Vektor aus G mit diesen beiden Vektoren darstellen (eindeutig) und die ausgewählten Vektoren bilden eine Basis.

Als Lösung des LGS ergibt sich $g_1=r$, $g_3=-t$ und $g_2=-r+t$ mit $g_1+g_2+g_3=0$ und $r,t,g_i \in \mathbb{R}$. G hat die Dimension 2!

....

Bei den bisherigen Betrachtungen haben wir zwei ausgezeichnete Mengen (Teilmengen des $\mathbb{R}^3$) gewonnen:

Die Menge S aller Isogewinngeraden, siehe (10.8) und

die Menge G aller Gewinnvektoren , siehe (10.9). Man beachte, daß (10.9) als Gleichung einer Ebene interpretiert werden kann, d.h. die Vektoren aus G liegen in einer Ebene durch den Koordinatenursprung!

Wir wollen diese Ebene als Gewinnebene bezeichnen.

Die Frage nach dem Durchschnitt $S \cap G$ der Isogewinngeraden und der Gewinnebene liegt nahe!

Mit dem Ansatz $\frac{1}{3}\begin{bmatrix} 2g_1+g_2 \\ g_1+2g_2 \\ 0 \end{bmatrix} + p_3\begin{bmatrix} 1 \\ 1 \\ 1 \end{bmatrix} = r\begin{bmatrix} 1 \\ -1 \\ 0 \end{bmatrix} + t\begin{bmatrix} 0 \\ 1 \\ -1 \end{bmatrix}$ erhält man nach kurzer Rechnung das interessante Ergebnis

$$(10.10) \qquad S \cap G = \frac{1}{3}\begin{bmatrix} g_1 & g_2 & g_3 \end{bmatrix}, \text{ d.h.}$$

SATZ 10.6: Der in der Gewinnebene liegende Ortsvektor einer Isogewinngeraden hat 1/3 der Länge des zur Isogewinngeraden gehörenden Gewinnvektors!

Aus (10.8) und (10.10) folgt schließlich noch, daß die Isogewinngeraden senkrecht auf der Gewinnebene stehen! Der Leser möge das zeigen. Wir folgern das Ergebnis auch daraus, daß die Gleichung der Gewinnebene in Normalenform

$\begin{bmatrix} g_1 \\ g_2 \\ g_3 \end{bmatrix} \begin{bmatrix} 1 \\ 1 \\ 1 \end{bmatrix} = 0$ lautet und damit Normalenvektor der Ebene und Richtungsvektor der Isogewinngeraden übereinstimmen!

....

Unsere Ergebnisse zur Skatspiel-Geometrie sind in Abbildung 10.1 zusammengefaßt:

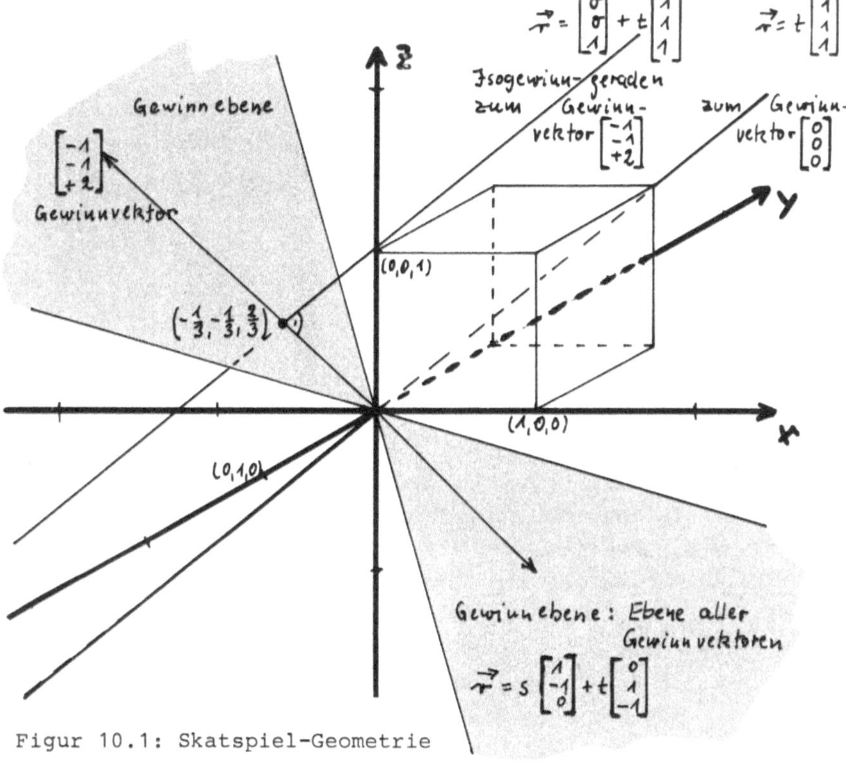

Figur 10.1: Skatspiel-Geometrie

ÜBUNGSAUFGABEN

Ü 10.6) Man zeige mit Hilfe von (10.8) und (10.10), daß die Isogewinngeraden senkrecht auf der Gewinnebene stehen (Skalarprodukt!).

Ü 10.7) Gegeben ist die Isogewinngerade mit der Gleichung
$\bar{p}=\begin{bmatrix}350\\-180\\60\end{bmatrix}+p_3\begin{bmatrix}1\\1\\1\end{bmatrix}$. Wie heißt der zugehörige Gewinnvektor? Eine Lösungsmöglichkeit ergibt sich aus dem Ansatz $A\vec{p}$!

Ü 10.8) Zeigen Sie, daß der Gewinnvektor kein Ortsvektor der ihm zugeordneten Gewinngeraden ist.

Ü 10.9) Geben Sie die Darstellung des Vektors $\begin{bmatrix}10\\15\\-25\end{bmatrix}$ durch die Basisvektoren $\begin{bmatrix}1\\-1\\0\end{bmatrix},\begin{bmatrix}0\\1\\-1\end{bmatrix}$ der Gewinnebene an.

Ü 10.10) Wir kommen in Bereiche der Abbildungsgeometrie, wenn wir Abrechnungsmatrizen für lineare Abbildungen benutzen und wie oben auf Eigenwerte untersuchen! Wie wirkt die Abrechnungsmatrix $A_{(3,3)}$ auf Punktmengen, insbesondere auf die in 10.3 aufgetretenen?
Man zeige:

a) Jede Isogewinngerade wird mittels der Abbildungsmatrix $A_{(3,3)}=A$ auf den zugehörigen Gewinnvektor abgebildet.

b) Eine von zwei Isogewinngeraden erzeugte Ebene wird mittels der Abrechnungsmatrix A auf eine Gerade in der Gewinnebene abgebildet.

c) Die Gewinnebene G wird mittels der Abrechnungsmatrix A auf sich selbst abgebildet.

Ü 10.11) Wählt man auf einer Isogewinngeraden für die Parameter g_1, g_2, p_3 ganze Zahlen, wie für das Skatmodell nötig, so erhält man die Punkte $P_1, P_2, \ldots$ Zeigen Sie, daß zwei benachbarte Punkte den Abstand $\sqrt{3}$ voneinander haben.

Ü 10.12) Entwerfen Sie eine Skatspiel-Geometrie für den $\mathbb{R}^2$. Gehen Sie dazu von der Abrechnungsmatrix $\begin{bmatrix}1 & -1\\-1 & 1\end{bmatrix}$ aus.

Ü 10.13) Erforschen Sie weitere abbildungsgeometrische Eigenschaften der Abrechnungsmatrix $A_{(3,3)}$ durch Anwendung auf weitere Punktmengen (außerhalb des Skatmodells). Dabei können Sie z.B. Alg 6, MULTEXPERIMENTE, anwenden.

Ü 10.13) Leiten Sie eine Formel her für die Potenzen der Abrechnungsmatrix $A_{(2,2)}$.

Ü 10.14) Zeigen Sie: Die Eigenvektoren der Matrix $A_{(3,3)}$ sind die Richtungsvektoren der Isogewinngeraden und Richtungsvektoren der Gewinnebene.- Zeigen Sie an diesem Beispiel, daß Eigenvektoren, die zu verschiedenen Eigenwerten gehören, orthogonal zueinander sind.

11. ITERATIVE LÖSUNG LINEARER GLEICHUNGSSYSTEME

Die exakte Lösung umfangreicher linearer Gleichungssysteme erfordert, wie man aus Kapitel 3 leicht erkennt, einen erheblichen Rechenaufwand. Dieser ist etwa dann unverhältnismäßig hoch, wenn die Koeffizientenmatrix besondere Eigenschaften hat, z.B. mit zahlreichen Nullen besetzt ist. Man fragt dann nach einfacheren Methoden. Im Fall der Existenz eindeutiger Lösungen können u.a. Näherungsverfahren eingesetzt werden. Man geht von einer Anfangslösung $\vec{x}_0$ des LGS $A\vec{x}=\vec{b}$ aus und ermittelt durch ein geeignetes Verfahren eine verbesserte Lösung $\vec{x}_1$, dann eine Lösung $\vec{x}_2$ usw. Unter gewissen Bedingungen konvergiert die Folge $\vec{x}_1, \vec{x}_2, \vec{x}_3, \ldots$ gegen die exakte Lösung. Die schrittweise Verbesserung der Ergebnisse hat auch den Vorteil, daß Fehlerfortpflanzungsprobleme, wie sie bei exakten Lösungsmethoden auftreten können, hier keine Rolle spielen.
Iterative Verfahren (iterativ: wiederholend) sind selbstkorrigierend in dem Sinn, daß z.B. ein Rundungsfehler im n-ten Schritt in den folgenden Schritten wieder ausgebessert wird.
Beim Studium des Kaufverhaltens in Kapitel 6.3 sind wir auf ein LGS der Form $\vec{v}=\vec{v}P$ (Summe der v_i gleich 1) gestoßen, als das langfristige bzw. stationäre Verhalten von Interesse war. Gleichungssysteme dieser Form treten verschiedentlich auf, z.B. bei der Untersuchung von Markow-Ketten und in der Populationsdynamik (man informiere sich in den entsprechenden Fallstudien). Die Berechnung von $\vec{v}$ gelingt unter günstigen Voraussetzungen, über die unten Näheres gesagt wird, nicht nur durch exakte Lösung des Systems $\vec{v}=\vec{v}P$, sondern auch auf dem oben angedeuteten iterativen Weg, d.h. über ein Näherungsverfahren.
Erinnern wir uns an die schrittweise Berechnung der Verteilungsvektoren $\vec{v}$ bei gegebener Übergangsmatrix P und gegebener Anfangsverteilung $\vec{v}$:

$\vec{v}_1=\vec{v}_0P$, $\vec{v}_2=\vec{v}_1P$ bzw. $\vec{v}_2=\vec{v}_0P^2$, ... $\vec{v}_n=\vec{v}_{n-1}P$ bzw. $\vec{v}_n=\vec{v}_0P^n$.

Hier treten Folgen von Vektoren und Matrizen auf, die nach den Feststellungen aus Kapitel 6 konvergieren können. Wann existiert $\lim_{n\to\infty} \vec{v}_n$ unabhängig von der gewählten Anfangsverteilung? Wie die Beziehungen oben zeigen, ist die Existenz dieses Grenzwerts abhängig vom Grenzverhalten der Matrix P. Wenn P^∞ eine Matrix mit lauter gleichen Zeilen ist, spielt die Anfangsverteilung keine Rolle!

Beispiel:

$$\vec{v}_0 P = \begin{bmatrix} v_{01} & v_{02} & v_{03} \end{bmatrix} \begin{bmatrix} a & b & c \\ a & b & c \\ a & b & c \end{bmatrix} = \begin{bmatrix} a(v_{01}+v_{02}+v_{03}) & b(\ldots) & c(\ldots) \end{bmatrix} =$$

$\vec{v}_0 P = \begin{bmatrix} a & b & c \end{bmatrix}$, weil $(v_{01}+v_{02}+v_{03})=1$ nach den Voraussetzungen für P. Wir können formulieren:

> SATZ 11.1: Das LGS $\vec{v}=\vec{v}P$, $\sum_{i=1}^{n} v_i=1$, P stochastisch, läßt sich genau dann mit Hilfe der Iterationsformel $\vec{v}_n=\vec{v}_{n-1}P$ näherungsweise lösen, wenn $\lim_{n\to\infty} P^n=P^\infty$ existiert und aus lauter gleichen Zeilen besteht.

Man beachte die besonderen Voraussetzungen an P! Als Beispiel für eine Anwendung von Satz 11.1 kann die Untersuchung in Kapitel 6 dienen. Offenbar können wir das Programm MATPOTENZEN (Alg 28) für den oben beschriebenen Ansatz einsetzen!

....

Die bisherigen Überlegungen zur Lösung von LGS durch Iteration gingen von einem Sonderfall aus (P stochastisch, spezielle Form des LGS). Betrachten wir nun ein beliebiges LGS $A_{(m,m)}\vec{x}_{(m,1)}=\vec{b}_{(m,1)}$. A wird also als quadratisch vorausgesetzt!

a) Die Grundidee besteht in einer Zerlegung der Matrix A in die Differenz zweier Matrizen: A=B-C. Dann gilt

$A\vec{x}=\vec{b} \Leftrightarrow (B-C)\vec{x}=\vec{b} \Rightarrow B\vec{x}=C\vec{x}+\vec{b}$. Also

(11.1) Iterationsansatz $B\vec{x}_{k+1}=C\vec{x}_k+\vec{b}$.

Die Brauchbarkeit dieses Ansatzes ist von verschiedenen Faktoren abhängig:

a1) Wahl der Matrizen B und C! So muß sich zu B eine Inverse finden lassen, denn aus (11.1) folgt

(11.2) $\vec{x}_{k+1}=B^{-1}C\vec{x}_k+B^{-1}\vec{b}$.

a2) Die Folge der $\vec{x}_i$, i=0,1,2,... muß gegen eine Lösung $\vec{x}_l$ des LGS konvergieren.

a3) Man kann folgende Fehlerbetrachtung anstellen:

Sei $\vec{x}_l$ eine Lösung des LGS, so gilt $B\vec{x}_l=C\vec{x}_l+\vec{b}$. Außerdem war $B\vec{x}_{k+1}=C\vec{x}_k+\vec{b}$. Wir bilden

$B\vec{x}_l-B\vec{x}_{k+1} = C\vec{x}_l+\vec{b}-(C\vec{x}_k+\vec{b})$. Daraus folgt

$B(\vec{x}_1-\vec{x}_{k+1})=C(\vec{x}_1-\vec{x}_k)$, kurz $B\vec{d}_{k+1}=C\vec{d}_k$. Dabei sind $\vec{d}_k$ und $\vec{d}_{k+1}$ die Fehlervektoren. Der erste Fehlervektor ist $\vec{d}_0$, er pflanzt sich fort mit $B\vec{d}_1=C\vec{d}_0 \Rightarrow \vec{d}_1=(B^{-1}C)\vec{d}_0$, $B\vec{d}_2=C\vec{d}_1 \Rightarrow \vec{d}_2=(B^{-1}C)^2\vec{d}_0$ usw.

$$(11.3) \qquad \vec{d}_k = (B^{-1}C)^k\vec{d}_0.$$

Offenbar gilt $\lim\limits_{k\to\infty} \vec{d}_k=\vec{o}$, wenn $\lim\limits_{k\to\infty}(B^{-1}C)^k=0$ (Nullmatrix). Es gibt verschiedene Sätze, die Auskunft darüber geben, wann ein LGS durch Iterationsverfahren gelöst werden kann. Ohne nähere Erläuterung wird hier Satz 11.2 mitgeteilt:

SATZ 11.2: Die Vektorfolge $\vec{x}_{k+1}=(B^{-1}C)\vec{x}_k+B^{-1}\vec{b}$, $k=0,1,\ldots$ konvergiert genau dann, wenn für jeden Eigenwert t von $B^{-1}C$ gilt $|t|<1$. Die Schnelligkeit der Konvergenz ist abhängig vom maximalen Eigenwert.

Für unsere Zwecke reicht es, die Konvergenz an Hand der vom Computer errechneten Werte zu „erahnen". Das gilt für die Folge von Matrizenpotenzen $(B^{-1}C)^k$ ebenso wie für die Vektoren $\vec{x}_k$ und $\vec{d}_k$. Gebräuchliche Iterationsverfahren sind das Gauß-Seidel-Verfahren und das Jakobi-Verfahren, das wir im Anschluß erläutern.

....

Bei dem Jakobi-Verfahren wird die gegebene Matrix A zerlegt in eine Diagonalmatrix und in die Restmatrix.

Beispiel 1: Man löse das LGS $A\vec{x}=\vec{b}$ mit $A=\begin{bmatrix}100 & 3 & 5\\ 1 & 80 & 2\\ 2 & 4 & 200\end{bmatrix}$, $\vec{b}=\begin{bmatrix}220\\404\\224\end{bmatrix}$.

1) Zerlegung von A

$$\begin{bmatrix}100 & 3 & 5\\ 1 & 80 & 2\\ 2 & 4 & 200\end{bmatrix}=\begin{bmatrix}100 & 0 & 0\\ 0 & 80 & 0\\ 0 & 0 & 200\end{bmatrix}+\begin{bmatrix}0 & 3 & 5\\ 1 & 0 & 2\\ 2 & 4 & 0\end{bmatrix}, \quad A = B+R.$$

Mit dem Ansatz (11.1) bzw. (11.2) ergibt sich wegen $C=-R$

$$\vec{x}_{k+1}=\begin{bmatrix}100 & 0 & 0\\ 0 & 80 & 0\\ 0 & 0 & 200\end{bmatrix}^{-1}\begin{bmatrix}0 & -3 & -5\\ -1 & 0 & -2\\ -1 & -4 & 0\end{bmatrix}\vec{x}_k+\begin{bmatrix}100 & 0 & 0\\ 0 & 80 & 0\\ 0 & 0 & 200\end{bmatrix}^{-1}\begin{bmatrix}220\\404\\224\end{bmatrix}.$$

Die Inverse einer Diagonalmatrix ist leicht bestimmt, indem man die Kehrwerte der Diagonalelemente nimmt:

$$\begin{bmatrix}100 & 0 & 0\\ 0 & 80 & 0\\ 0 & 0 & 200\end{bmatrix}^{-1}=\begin{bmatrix}0.01 & 0 & 0\\ 0 & 0.0125 & 0\\ 0 & 0 & 0.005\end{bmatrix}. \text{ Damit wird}$$

$$\vec{x}_{k+1}=\begin{bmatrix}0 & -0.03 & -0.05\\ -0.0125 & 0 & -0.025\\ -0.010 & -0.020 & 0\end{bmatrix}\vec{x}_k+\begin{bmatrix}2.2\\5.05\\1.12\end{bmatrix}. \text{ Wir starten mit der}$$

<u>Anfangsverteilung</u> $\vec{x}_0=\vec{o}$:

$$\vec{x}_0=\begin{bmatrix}0\\0\\0\end{bmatrix} \Rightarrow \vec{x}_1=\begin{bmatrix}2.20\\5.05\\1.12\end{bmatrix} \Rightarrow \vec{x}_2=\begin{bmatrix}1.9925\\4.9945\\0.9970\end{bmatrix} \Rightarrow \vec{x}_3=\begin{bmatrix}2.00031500\\5.00016875\\1.00011850\end{bmatrix}\ldots \vec{x}_l=\begin{bmatrix}2\\5\\1\end{bmatrix}.$$

Offenbar konvergieren die $\vec{x}_i$ gegen den Vektor $\vec{x}_l$.

....

Der Algorithmus wird nun einem Struktogramm dargestellt (Figur 11.1):

Eingabe der quadratischen Koeffizientenmatrix A des LGS,
(ggf. A so umordnen, daß alle Elemente in der Hauptdiagonalen $\neq 0$ sind)
Eingabe des Spaltenvektors $\vec{b}$ (rechte Seite des LGS),
Eingabe des Spaltenvektors $\vec{x}_0$ (Startvektor für Iteration)
Eingabe n (Anzahl der Iterationsschritte)

Ausgabeformat wählen, v:=1, b:=n
D:=O, D^{-1}:=O (Matrizen initialisieren)
Hauptdiagonalelemente von D^{-1} auf Kehrwert der Hauptdiagonalelemente von A setzen
C:=D-A, F:=$D^{-1}\vec{b}$, G:=D^{-1}C

solange b$\neq$0
- für l von v bis b
  - $\vec{x}_l$:=G$\vec{x}_0$+F
  - Ausgabe der Iterationsnummer l und des Vektors $\vec{x}_l$.
- Fehlervektor berechnen, mit A$\vec{x}_l$-$\vec{b}$
  Ausgabe Fehlervektor
- v:=b+1
- Weiter iterieren bis Nummer?
  Eingabe b (bei Ende 0 eingeben)

Figur 11.1: LGS-Iteration nach Jakobi (Alg 32)

Das zugehörige Programm LGSITERATION wird im folgenden abgedruckt. Zwischen Deklarationsteil und Hauptprogramm stehen die Prozeduren und Funktionen STRICHREIHE, AUSGABEFORMAT, MATRIXAENDERN, MATRIXEINGEBEN, MATRIXAUSGEBEN, MATINITIAL, MATSUM, MATDIF, MATPROD.

LSGITERATION (Alg 32)

```
PROGRAM LGSITERATION(INPUT, OUTPUT);
(* NACH JAKOBI                          *)
CONST
            MAXGRAD = 10;
TYPE
             MATRIX = ARRAY [1 .. MAXGRAD, 1 .. MAXGRAD] OF REAL;
VAR
   MATA, MATB, MATX0, MATD, MATDINV, MATC,
   MATF, MATG, MATXL                        :MATRIX;
    ZA, ZB, ZX0, L, V, B, N, MINDEST,
    SB, NACHK, SX0                          :INTEGER;
    WEITER                                  :CHAR;
    PRODUKT, SUMME, DIFFERENZ               :BOOLEAN;
```

```
BEGIN (* E I N G A B E N                 *)
  WRITELN('KOEFFIZIENTENMATRIX, QUADRATISCH:');
  WRITELN('GGF. SPALTEN SO UMORDNEN, DASS ALLE DIAGONALELEMENTE <
  >0 !');
  WRITELN('ANDERNFALLS BEENDEN !');
  MATRIXEINGEBEN(MATA, ZA, ZA);
  WRITELN('RECHTE SEITE DES LGS (SPALTENVEKTOR!):');
  MATRIXEINGEBEN(MATB, ZB, SB);
  WRITELN('STARTVEKTOR (SPALTENVEKTOR!):');
  MATRIXEINGEBEN(MATX0, ZX0, SX0);
  AUSGABEFORMAT;
(* ...................................................... *)
  WRITELN('ANZAHL DER ITERATIONSSCHRITTE ?');
  READLN;
  READ(N);
(* V O R B E R E I T U N G E N  Z U R  I T E R A T I O N
*)
(* Z E R L E G U N G
*)
  MATINITIAL(MATD, ZA, ZA, 0);
  MATINITIAL(MATDINV, ZA, ZA, 0);
  FOR L := 1 TO ZA
  DO BEGIN
       MATDINV[L, L] := 1 / MATA[L, L];
       MATD[L, L] := MATA[L, L];
     END;
  MATC := MATDIF(MATD, MATA, ZA, ZA, ZA, ZA);
(* ...................................................... *)
(* R E C H N U N G E N
*)
  MATF := MATPROD(MATDINV, MATB, ZA, ZA, ZB, SB);
  MATG := MATPROD(MATDINV, MATC, ZA, ZA, ZA, ZA);
WRITELN('DIE FOLGENDE MATRIX MUSS EIGENWERTE VOM');
WRITELN('BETRAG KLEINER ALS 1 HABEN, DAMIT DIE');
WRITELN('VEKTORFOLGE KONVERGIERT!');
MATRIXAUSGEBEN(MATG, ZA, ZA);

  V := 1;
  B := N;
```

```
WHILE B<>0 DO
BEGIN
 FOR L := V TO B
DO BEGIN
       MATXL := MATSUM(MATPROD(MATG, MATX0, ZA, ZA, ZX0, SX0),
       MATF, ZA, SX0, ZA, SB);
       WRITELN('ITERATION ', L: 4);
       MATRIXAUSGEBEN(MATXL, ZA, SX0);
       MATX0 := MATXL;
     END;
(* ........................................................ *)
   WRITELN('FEHLERVEKTOR ZUR KONTROLLE:');
   MATRIXAUSGEBEN(MATDIF(MATPROD(MATA, MATXL, ZA, ZA, ZA, SX0),
   MATB, ZA, SX0, ZB, SB), ZA,
      SX0);
V:=B+1;
WRITELN('WEITER ITERIEREN BIS NUMMER? BEI ENDE: 0 EINGEBEN!');
READLN;
READ(B);
END;
END (* MATITERATION *).
```

Wir demonstrieren die Arbeit mit LGSITERATION am Gleichungssystem

$$\begin{aligned} 10x_1 - x_2 + 2x_3 \quad &= 14 \\ -x_1 + 20x_2 + x_3 + 2x_4 &= 50 \\ 3x_1 + x_2 - 50x_3 + x_4 &= -141 \\ x_1 + x_2 - 2x_3 + 100x_4 &= 397 \end{aligned}$$

Dabei arbeiten wir gleich mit mehreren Anfangsvektoren $\vec{x}_0$. So wie das Programm geschrieben ist, muß dann die rechte Seite des LGS entspre- oft eingegeben werden.

```
  10.0000    - 1.0000     2.0000     0.0000
 - 1.0000    20.0000      1.0000     2.0000
   3.0000     1.0000    -50.0000     1.0000
   1.0000     1.0000    - 2.0000   100.0000
```

Eingabe der Koeffizientenmatrix

```
  14.0000     14.0000     14.0000     14.0000
  50.0000     50.0000     50.0000     50.0000
-141.0000   -141.0000   -141.0000   -141.0000
 397.0000    397.0000    397.0000    397.0000
```

4 mal die rechte Seite des LGS (warum 4 mal?)

```
   0.0000      1.0000     14.0000     10.0000
   0.0000      0.0000     50.0000      5.0000
   0.0000      0.0000   -141.0000      5.0000
   0.0000      0.0000    397.0000     10.0000
```

4 verschiedene Anfangsvektoren

```
DIE FOLGENDE MATRIX MUSS EIGENWERTE VOM
BETRAG KLEINER ALS 1 HABEN, DAMIT DIE
VEKTORFOLGE KONVERGIERT!
-------------------------------------------------
     0.0000       0.1000     - 0.2000       0.0000
     0.0500       0.0000     - 0.0500     - 0.1000
     0.0600       0.0200       0.0000       0.0200
   - 0.0100     - 0.0100       0.0200       0.0000
----------
( 4, 4)-MATRIX
```

$(B^{-1}C)$

Siehe Satz 11.2. Ein anderes Kriterium ist $\lim_{n\to\infty} (B^{-1}C)^n = 0$.

```
---------------------------------------------------------
ITERATION    1
---------------------------------------------------------
     1.4000       1.4000      34.6000       0.9000
     2.5000       2.5500     -29.4500       1.7500
     2.8200       2.8800      12.6000       3.7200
     3.9700       3.9600       0.5100       3.9200
----------
( 4, 4)-MATRIX
---------------------------------------------------------
ITERATION    2
---------------------------------------------------------
     1.0860       1.0790     - 4.0650       0.8310
     2.0320       2.0300       3.5490       1.9670
     3.0334       3.0342       4.3172       2.9874
     3.9874       3.9881       4.1705       4.0179
----------
( 4, 4)-MATRIX
---------------------------------------------------------
ITERATION    3
---------------------------------------------------------
     0.9965       0.9962       0.8915       0.9992
     2.0039       2.0034       1.6638       1.9904
     3.0055       3.0051       2.7305       2.9896
     3.9995       3.9996       4.0615       4.0018
----------
( 4, 4)-MATRIX
---------------------------------------------------------
ITERATION    4
---------------------------------------------------------
     0.9993       0.9993       1.0203       1.0011
     1.9996       1.9996       2.0019       2.0003
     2.9999       2.9998       2.9880       2.9998
     4.0001       4.0001       3.9991       3.9999
----------
( 4, 4)-MATRIX
---------------------------------------------------------
FEHLERVEKTOR ZUR KONTROLLE:
---------------------------------------------------------
   - 0.0071     - 0.0067       0.1770       0.0106
   - 0.0072     - 0.0074       0.0038       0.0046
     0.0046       0.0062       0.6621       0.0138
     0.0098       0.0099     - 0.0481     - 0.0087
----------
( 4, 4)-MATRIX
---------------------------------------------------------
WEITER ITERIEREN BIS NUMMER? BEI ENDE: 0 EINGEBEN!
 10
ITERATION    5
---------------------------------------------------------
     1.0000       1.0000       1.0026       1.0001
     2.0000       2.0000       2.0017       2.0001
     3.0000       3.0000       3.0012       3.0001
     4.0000       4.0000       3.9995       4.0000
----------
( 4, 4)-MATRIX
---------------------------------------------------------
```

Die Konvergenz als solche ist offenbar unabhängig vom Anfangsvektor. Die Konvergenzgeschwindigkeit dagegen ist von dessen Wahl abhängig.

```
------------------------------------------------------------
ITERATION   10
------------------------------------------------------------
     1.0000        1.0000        1.0000        1.0000
     2.0000        2.0000        2.0000        2.0000
     3.0000        3.0000        3.0000        3.0000
     4.0000        4.0000        4.0000        4.0000
```

Offenbar hat das LGS die Lösung $x_1=1$, $x_2=2$, $x_3=3$, $x_4=4$, die sich dann durch Einsetzen bzw. durch den angegebenen Fehlervektor auch bestätigt.

Für die Feststellung, ob Konvergenz vorliegt, ist für uns die Bedingung $\lim_{n\to\infty}(B^{-1}C)^n=0$ besonders handlich, da uns das Programm MATPOTENZ zur Verfügung steht. LGSITERATION bietet verschiedene Möglichkeiten des Experimentierens bei vorgegebenen Gleichungssystemen, z.B. in der oben demonstrierten Form.

....

ÜBUNGSAUFGABEN

Ü 11.1) Erweitern Sie LGSITERATION so, daß auch $(B^{-1}C)^n$ gebildet wird. Außerdem soll die Unbequemlichkeit der mehrmaligen Eingabe der rechten Seite eines LGS bei Arbeit mit mehreren Anfangsvektoren beseitigt werden.

Ü 11.2) Die folgenden Beispiele stammen ebenso wie Beispiel 1 aus [22]. Man löse die LGS mit Iteration:

a) $20x_1+ x_2+ x_3= 63$
$2x_2+30x_2+ 2x_3= 68$
$3x_1+ 3x_2+40x_3= 55$,

b) $15.1x_1- 2.4x_2+ 1.3x_3=10.2$
$3.4x_1-19.8x_2+ 1.2x_3= 5.4$
$2.1x_1+ 1.9x_2+18.6x_3=14.5$.

Ü 11.3) Lösen Sie das LGS durch Iteration und exakt:

$0.1x_1+0.4x_2+0.5x_3 =x_1$
$0.4x_1+0.2x_2+0.4x_3 =x_2$
$0.2x_1+0.3x_2+0.5x_3 =x_3$
$x_1+ x_2+ x_3 =1$.

Beachten Sie: Das LGS hat die Form $\vec{x}P=\vec{x}$ mit $x_1+x_2+x_3=1$.

Ü 11.4) Das folgende LGS hat die Lösung [5 2 1 -4]. Findet man diese Lösung mit dem Jakobi-Verfahren?

$7a+ 2b- 3c+10d = -4$
$-2a+ 5b+10c+ 5d =-10$
$9a+ 8b+ 7c+ 4d = 52$
$10a-10b+20c+ d = 46$.

Ü 11.5) Ermitteln Sie $(B^{-1}C)$ zu den Übungen 11.2-11.4, und berechnen Sie jeweils die Eigenwerte dieser Matrix. Benutzen Sie FADDEJEVMIT und MATPOTENZ.

12. EINIGE PROBLEME BEI DER LÖSUNG LINEARER GLEICHUNGSSYSTEME MIT DEM COMPUTER

Wir haben inzwischen verschiedene Verfahren zur Lösung linearer Gleichungssysteme kennengelernt. Austauschverfahren und Gaußsches Eliminationsverfahren liefern genaue Ergebnisse, wenn man mit Brüchen rechnet. Nun wird allerdings heute niemand auf die Idee kommen, z.B. ein 10x10 LGS mit Hilfe von Bruchrechnung lösen zu wollen. Der Einsatz eines Computers (oder auch nur eines Taschenrechners) wirft aber nun neue Probleme auf, die besonders durch die beschränkte Rechengenauigkeit des Computers bedingt sind. Einige dieser Probleme sollen an einfachen Beispielen dargelegt werden. Im übrigen möge der Leser selbst mit „problematischen" LGS - in dem jetzt zu erläuternden Sinn - experimentieren. Gut geeignet sind dazu u.a das Programm EINAUSTAUSCH (Alg 18) oder selbsterstellte Hilfsprogramme.

1) Wir zeigen zunächst

> Eine kleine Änderung an einem LGS kann eine große Veränderung der Lösungsmenge des LGS bedeuten!

Wir betrachten dazu die beiden fast identischen LGS

a) $x_1 + x_2 = 5$ und b) $x_1 + x_2 = 5$
$x_1 + 1.00001 x_2 = 5$ $\quad$ $x_1 + 1.00001 x_2 = 5.00001$ und lösen sie

mit Hilfe des Austauschverfahrens gleich beide gemeinsam:

T0	x_1	x_2	a)	b)
y_1	1 (Pivot)	1	-5	-5
y_2	1	1.00001	-5	-5.00001

T1	y_1	x_2	a)	b)
x_1	1	-1	5	5
y_2	1	0.00001 (Pivot)	0	-0.00001

T2	y_1	y_2	a)	b)
x_1	100001	-100000	5	4
x_2	-100000	100000	0	1

◡ Pivot

, also $L_a = \{[5,0]\}$, $L_b = \{[4,1]\}$.

Die Lösungsmengen weichen trotz fast gleicher Ausgangssituation wesentlich voneinander ab!

Eine geometrische Deutung zeigt die Problematik! Jede der Gleichungen läßt sich als Geradengleichung der bekannten Form y=mx+n deuten: a) g_1: $x_1 = -x_2 + 5$ $\quad$ b) g_1: $x_1 = -x_2 + 5$

g_2: $x_1 = -1.00001 x_2 + 5$ $\quad$ g_3: $x_1 = -1.00001 x_2 + 5.00001$

Die Geraden g_2 und g_3 sind fast parallel zu g_1!

g_1: $\tan\gamma_1=-1 \Rightarrow \gamma_1=-45^\circ$, g_2: $\tan\gamma_2=-1.00001 \Rightarrow \gamma_2=-45.0003^\circ$,
g_3: $\tan\gamma_3=-1.00001 \Rightarrow \gamma_3=-45.0003^\circ$.

Damit ergibt sich $\sphericalangle(g_1,g_2)=0.0003^\circ$ und auch $\sphericalangle(g_1,g_3)=0.0003^\circ$. Beide Geradenpaare haben einen „schleifenden Schnitt" miteinander. Eine kleine Änderung an den Geradengleichungen bewirkt i.a. eine größere Verlagerung des Schnittpunkts der Geraden. Betrachtet man die Matrizen der LGS

$$\begin{bmatrix} 1 & 1 & -5 \\ 1 & 1.00001 & -5 \end{bmatrix} \quad \begin{bmatrix} 1 & 1 & -5 \\ 1 & 1.00001 & -5.00001 \end{bmatrix},$$

so erkennt man, daß sowohl die Zeilen- als auch die Spaltenvektoren paarweise fast linear abhängig sind. Diese Abhängigkeit wurde oben durch die Feststellung der kleinen Schnittwinkel deutlich. Kleine Schnittwinkel zwischen Ebenen bedeuten, daß die zugehörigen Normalenvektoren fast linear abhängig sind (Figur 12.1).

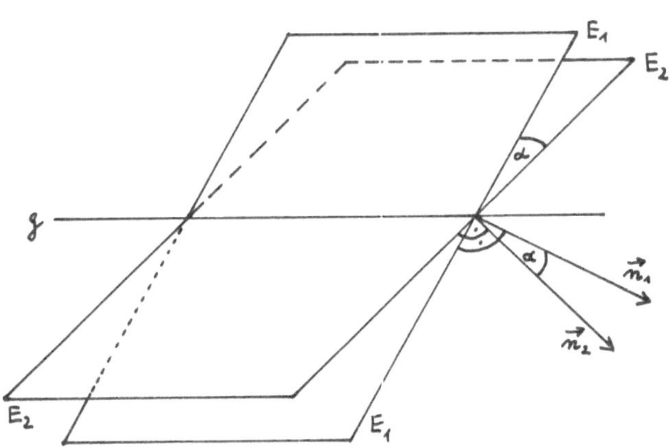

Figur 12.1: Schnittwinkel von Ebenen

Schnittwinkel zwischen den Normalenvektoren errechnet man z.B. mit

$$\cos(\vec{n}_1,\vec{n}_2)=\frac{\vec{n}_1\vec{n}_2}{|\vec{n}_1||\vec{n}_2|}\ ,$$ siehe Satz 4.2.

Beispiel: Jeder der folgenden Spaltenvektoren sei Normalenvektor einer Ebene. Welche Ebenen sind (fast) parallel zueinander?

$$\begin{bmatrix} 1 & 3 & 1.1 & 0.9 \\ 3 & 1 & 2.9 & 2 \\ 2 & 3 & 2 & 3 \end{bmatrix}$$
$\vec{n}_1 \quad \vec{n}_2 \quad \vec{n}_3 \quad \vec{n}_4$

Zum Beispiel gilt
$\cos(\vec{n}_1,\vec{n}_2)=0.7358$, $\cos(\vec{n}_1,\vec{n}_3)=0.9994$.

Erfahrungsgemäß sind die Lösungsmengen solcher LGS mit Vorsicht zu betrachten, bei denen der Cosinus irgend zweier Spaltenvektoren in der Nähe von 1 liegt (Schnittwinkel dann nahe bei 0°). Derartige lineare Gleichungssysteme werden als „ill-conditioned" bezeichnet. Zur Feststellung dieses Sachverhalts kann ein einfacher Algorithmus dienen, Programm MATILLCONDITIONED (Alg 33):

MATILLCONDITIONED (Alg 33)

```
PROGRAM MATILLCONDITIONED(INPUT,OUTPUT);
CONST
        MAXGRAD = 10;

TYPE
        MATRIX = ARRAY [1 .. MAXGRAD, 1 .. MAXGRAD] OF REAL;

VAR
    MATA:MATRIX;
    MINDEST,NACHK,I,J,K,ZA,SA:INTEGER;
    S,L1,L2,COS                 :REAL    ;
```

Hier folgen die Prozeduren STRICHREIHE,MATRIXAENDERN, MATRIXEINGEBEN

```
BEGIN
MATRIXEINGEBEN(MATA,ZA,SA);
WRITELN('VEKTOREN      COSINUS');
FOR I:=1 TO ZA DO
FOR J:=1 TO SA DO
IF I<J THEN
BEGIN
    S:=0; L1:=0; L2:=0;
    FOR K:=1 TO ZA DO
    BEGIN
        S:=S+MATA[K,I]*MATA[K,J];
       L1:=L1+SQR(MATA[K,I]);
       L2:=L2+SQR(MATA[K,J]);
    END;
    COS:=(S/(SQRT(L1)*SQRT(L2)));

    WRITELN(I:2,'   ',J:2,'   ',COS:10:4);
END;
END.
```

Das Programm dürfte ohne nähere Erläuterung verständlich sein. Ein Testlauf mit den oben angegebenen vier Normalenvektoren (siehe Beispiel) ergibt Cosinus-Werte in der Nähe von 1 bei den Vektorpaaren $(\vec{n}_1,\vec{n}_3)$, $(\vec{n}_1,\vec{n}_4)$ und $(\vec{n}_3,\vec{n}_4)$.

```
1.0000    3.0000    1.1000    0.9000
3.0000    1.0000    2.9000    2.0000
2.0000    3.0000    2.0000    3.0000
```

```
VEKTOREN      COSINUS
 1    2        0.7358
 1    3        0.9994
 1    4        0.9277
 2    3        0.7584
 2    4        0.8458
 3    4        0.9326
```

Diese großen Cosinus-Werte führen nun tatsächlich zu einem instabilen LGS. Bilden wir aus den Spaltenvektoren ein LGS und suchen die Lösungsmenge (z.B. GAUSSELIMINATION anwenden), so gilt

$$\begin{bmatrix} 1 & 3 & 1.1 \\ 3 & 1 & 2.9 \\ 2 & 3 & 2 \end{bmatrix} \begin{bmatrix} x_1 \\ x_2 \\ x_3 \end{bmatrix} = \begin{bmatrix} 0.9 \\ 2 \\ 3 \end{bmatrix} \Rightarrow \begin{bmatrix} x_1 \\ x_2 \\ x_3 \end{bmatrix} = \begin{bmatrix} 28.425 \\ 1.550 \\ -29.250 \end{bmatrix}.$$

Wir ändern nun das Element a_{11} geringfügig und erhalten

a_{11}	1	1.001	1.01	1.1	1.11
x_1	28.425	28.9092	34.1441	-42.1111	-33.7389
x_2	1.550	1.5645	1.7207	- 0.5556	- 0.3056
x_3	-29.250	-29.7559	-35.2252	44.4444	35.6973

,

also ganz unterschiedliche Lösungen.

....

2) Von wesentlicher Bedeutung bei der Genauigkeit der Lösung eines LGS ist die Wahl der Pivotelemente.

> Ein im Vergleich zu den anderen Koeffizienten eines LGS sehr kleines Pivotelement bringt Instabilität bei der Lösung des LGS.

Dieser Sachverhalt soll an dem LGS $0.01x_1+x_2=1$, $x_1+x_2=2$ erläutert werden.

Dabei gehen wir von einem wenig leistungsfähigen Modellcomputer aus, der nur auf 2 Nachkommastellen genau rechnen kann. Bei leistungsfähigeren Rechenanlagen treten dann entsprechende Probleme in den letzten Nachkommastellen auf. Die Fehlerfortpflanzung, bedingt durch Rechenungenauigkeiten, kann bei umfangreichen LGS, bei denen zahlreiche Austausch- oder Eliminationsschritte vorzunehmen sind, so erheblich sein, daß der Computer ein völlig unbrauchbares Ergebnis ermittelt.

1.Lösung

T0	x_1	x_2	
y_1	0.01	1	-1
y_2	1	1	-2

T1	y_1	x_2	
x_1	100	-100	100
y_2	100	- 99	98

2.Lösung

T0	x_1	x_2	
y_1	0.01	1	-1
y_2	1	1	-2

T1	y_2	x_2	
y_1	-0.01	0.99	-0.98
x_1	1	-1	2

3.Lösung (genau)

T0	x_1	x_2	
y_1	1/100	1	-1
y_2	1	1	-2

T1	y_1	x_2	
x_1	100	-100	100
y_2	100	- 99	98

1. Lösung

T2	y_1	y_2	
x_1	-1	1.01	1
x_2	1.01	-0.01	0.99

2. Lösung

T2	y_2	y_1	
x_2	0.01	1.01	0.99
x_1	-1.01	-0.99	1.01

3. Lösung (genau)

T2	y_1	y_2	
x_1	$\frac{-100}{99}$	$\frac{100}{99}$	$\frac{100}{99}$
x_2	$\frac{100}{99}$	$\frac{-1}{99}$	$\frac{98}{99}$

$L_1=\{[1 \quad 0.99]\}$

$L_2=\{[1.01 \quad 0.99]\}$

$L_3=\{[\frac{100}{99} \quad \frac{98}{99}]\}$

$L_3=\{[1.01 \quad 0.98]\}$

Probe		1 0.99
0.01	1	1
1	1	1.99

Probe		1.01 0.99
0.01	1	1.001
1	1	2

Bei der Probe ergibt sich exakt die rechte Seite des LGS.

mit Rundung auf 2 Nachkommastellen.
Offenbar wirkt sich die Wahl des im Vergleich zu den anderen Koeffizienten kleinen Koeffizienten 0.01 als Pivotelement nachteilig auf die Lösungsgenauigkeit aus.

....

ÜBUNGSAUFGABEN

Ü 12.1) Ändern Sie das Programm MATILLCONDITIONED so ab, daß eine Warnung ausgegeben wird, wenn der Cosinus des Winkels zwischen zwei Spaltenvektoren größer als 0.95 ist.

Ü 12.2) Kombinieren Sie das Programm MATILLCONDITIONED mit den Programmen LGSKURZ und GAUSSELIMINATION.

Ü 12.3) Untersuchen Sie die in Kapitel 3 betrachteten LGS, indem Sie MATILLCONDITIONED anwenden. Ändern Sie Koeffizienten geringfügig ab und vergleichen Sie die Lösungsmengen der neu entstehenden LGS.

Ü 12.4) Entwerfen Sie selbst instabile LGS.

Ü 12.5) In [4] wird das folgende LGS als ill-conditioned angegeben:

$$\begin{bmatrix} 1 & 1 & -1 & 1 & -1 & 1 & -1 & 1 & -1 & 1 \\ 0 & 1 & -1 & 2 & -1 & 1 & -2 & 1 & -3 & 2 \\ 2 & -1 & 2 & -4 & 3 & 5 & -6 & 2 & -3 & 2 \\ 3 & -2 & 4 & -6 & 1 & 1 & -3 & -2 & 2 & 3 \\ -5 & 1 & 0 & -2 & 47 & -5 & -7 & -1 & -6 & 0 \\ -1 & 1 & 2 & 0 & 20 & 47 & -7 & -1 & -2 & -10 \\ -2 & 3 & 1 & 8 & 5 & 27 & -47 & 5 & -45 & 2 \\ 4 & 10 & 5 & 12 & 40 & 136 & -200 & 20 & -150 & -60 \\ -1 & -2 & 3 & -2 & 0 & 100 & -12 & 30 & 43 & 160 \\ -4 & -1 & 2 & 1 & 7 & 110 & 44 & 10 & 191 & 101 \end{bmatrix} \vec{x} = \begin{bmatrix} 9 \\ -5 \\ 4 \\ 10 \\ 105 \\ 263 \\ -491 \\ -2270 \\ 1658 \\ 4277 \end{bmatrix}, \quad \vec{x}_1 = \begin{bmatrix} 2 \\ 3 \\ 4 \\ 5 \\ 6 \\ 7 \\ 8 \\ 9 \\ 10 \\ 11 \end{bmatrix} \text{ exakte Lösung}$$

Berechnen Sie die Cosinus-Werte zwischen je zwei Spaltenvektoren. Zeigen Sie, daß sich auch bei den folgenden x-Werten fast genau die rechte Seite des LGS ergibt: [6386.2712, -14112.992, -2582.8019, 6389.0252, 1258.5472, 20.216, 7.7501188, 8.9774586, 10.001759, 10.999654].

13. ELEMENTARE ANWENDUNGEN DER EIGENWERTTHEORIE

13.1 POPULATIONSDYNAMIK 2

Einleitende Bemerkungen zur Populationsdynamik wurden bereits in Fallstudie 8.1 gemacht. Eine Wiederholung dieses Textes empfiehlt sich! Wir beginnen mit einem Beispiel, das die Nützlichkeit von Kenntnissen über Eigenwerte demonstriert.

PROBLEMSTELLUNG 13.1: Man untersuche, wie sich eine mit der Übergangsmatrix T verändernde Population entwickelt.

T=

	Generationen			
	0	1	2	3
0	0	0.6	0	0
1	1	0	8/9	0
2	3/4	0	0	1/3
3	0	0	0	0

Als Übergangsgraph ergibt sich:

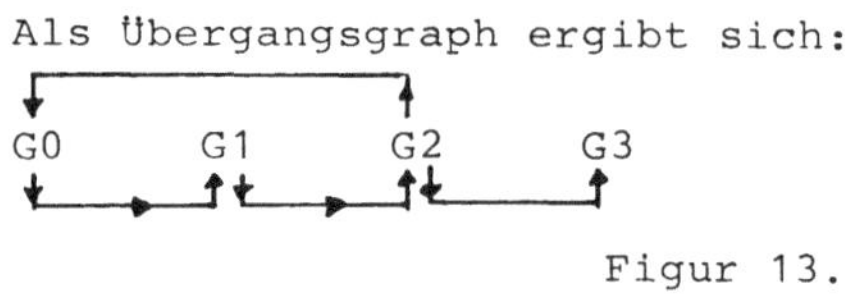

Figur 13.1

Aus dem Ansatz $r\vec{x} = \vec{x}T$ folgt das lineare Gleichungssystem

(a) $rx_0 = \quad x_1+\frac{3}{4}x_2$

(b) $rx_1 = \frac{3}{5}x_0 \qquad = x_1=\frac{3}{5r}\,x_0$ mit $r\neq 0$

(c) $rx_2 = \quad \frac{8}{9}x_1 \qquad = x_2=\frac{8}{9r}\,\frac{3}{5r}\,x_0$

(d) $rx_3 = \qquad \frac{1}{3}x_2$. Eingesetzt in (a): $rx_0=\frac{3}{5r}\,x_0+\,\frac{8}{9r}\,\frac{3}{5r}\,x_0$, also

$x_0(r-\frac{3}{5r}-\frac{2}{5rr}) = 0$. Für $x_0=0$ würde sich die triviale $\vec{o}$-Lösung ergeben. So erhält man die Gleichung

$5r^3-3r-2 = 0$, aus der man sofort eine Lösung $r_1=1$ abliest.

Bemerkung: Das Programm FADDEJEVMIT liefert die Gleichung $r^4-0.6r^2-0.4r=0$, d.h. $r(r^3-0.6r-0.4)=0$ und damit den Eigenwert $r_2=0$.

Die anderen Eigenwerte ergeben sich mit dem Ansatz $(5r^3-3r-2):(r-1)= 5r^2+5r+2$. Aus der quadratischen Gleichung $5r^2+5r+2 = 0$ erhalten wir die komplexen Lösungen $r_{3/4}=-0.5\pm\sqrt{0.25-0.4}$.

Was bedeuten nun diese Ergebnisse für die Entwicklung der Population? Zunächst sind die Werte r_2,r_3,r_4 uninteressant. $r_1=1$ bedeutet, daß sich eine stationäre Verteilung ergeben kann. Dazu werden die Eigenvektoren zu $r_1=1$ errechnet:

$r_1=1$ wird in die Gleichungen (a)-(d) eingesetzt, so daß $x_1=\frac{3}{5}x_0$, $x_2=\frac{8}{15}x_0$, $x_3=\frac{8}{45}x_0$. Damit ergibt sich der Eigenvektor $\vec{x}=\left[x_0, \frac{3}{5}x_0, \frac{8}{15}x_0, \frac{8}{45}x_0\right]$, wobei x_0 in Anbetracht der Aufgabenstellung so zu wählen ist, daß die Komponenten von $\vec{x}$ ganzzahlig werden. Soll für die stationäre Verteilung z.B. $x_0+x_1+x_2+x_3=208$ gelten, so muß $x_0=90$ gewählt werden. Dann gilt $\vec{x}=[90 \quad 27 \quad 48 \quad 16]$.

....

Die bisherigen Beispiele zur Populationsdynamik (Problemstellungen 7.1, 8.1, 13.1) zeigten, daß die zugehörigen Übergangsgraphen und damit auch die Übergangsmatrizen eine charakteristische Form haben. Für die Generationen G0,G1,...Gn ist allgemein der folgende Übergangsgraph (Figur 13.2) anzusetzen:

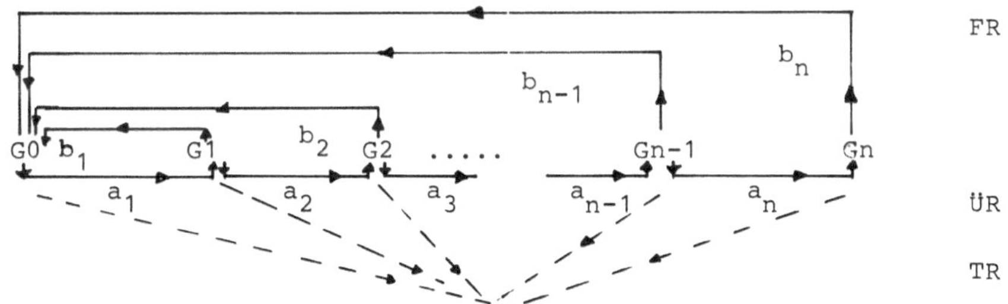

FR Fortpflanzungsraten
ÜR Überlebensraten
TR Todesraten (für Übergangsmatrix uninteressant)

Figur 13.2: Übergangsgraph zur Populationsdynamik

Die Übergangsmatrizen haben dann i.a. die folgende Form:

$$
\begin{array}{c|cccccc|}
 & G0 & G1 & G2 & G3 \;\ldots & Gn-1 & Gn \\
G0 & 0 & a_1 & 0 & 0 & 0 & 0 \\
G1 & b_1 & 0 & a_2 & 0 & 0 & 0 \\
G2 & b_2 & 0 & 0 & a_3 & 0 & 0 \\
\vdots & & & & & & \\
 & b_{n-1} & 0 & 0 & 0 & 0 & a_n \\
Gn & b_n & 0 & 0 & 0 & 0 & 0
\end{array} = T .
$$

Bemerkung: Die etwas andere Form in 8.2 ist durch die Unterscheidung in männliche und weibliche Tiere und die dort gewählte Anordnung bedingt.

Problemlösungen können dann i.a. so angegangen werden:

Die Entwicklung einer Population wird durch die Formel

(13.1) $\vec{x}_n = \vec{x}_{n-1}T = \vec{x}_0 T^n$ beschrieben.

Die Frage nach Wachstum, Zerfall oder Stabilität einer Population - nach dem t-fachen einer Verteilung - führt auf die Gleichung

(13.2) $t\vec{x} = \vec{x}T$ und damit auf das Eigenwertproblem:

$t=1$ Stabilität, $t>1$ Wachstum

$0=t<1$ Zerfall.

Die Berechnung der Matrizenpotenzen und der Eigenwerte von T wird durch die besondere Form der Übergangsmatrix (viele Nullen) wesentlich erleichtert. Die Gleichung (13.2) läßt sich noch umformen:

$t\vec{x}_{(1,n)} = \vec{x}_{(1,n)}T_{(n,n)} \Rightarrow t\vec{x}_{(1,n)} - \vec{x}_{(1,n)}T_{(n,n)} = \vec{o}_{(1,n)} \Rightarrow$

$\vec{x}_{(1,n)}(tE_{(n,n)} - T_{(n,n)}) = \vec{o}_{(1,n)}$, kurz

(13.3) $\vec{x}(tE-T) = \vec{o}$.

Da rechts der Nullvektor steht, ist also stets ein lineares homogenes Gleichungssystem zu lösen. Diese haben stets die Lösung $\vec{x}_1 = \vec{o}$ (triviale Lösung). Soll es noch weitere Lösungen geben, muß die Koeffizientenmatrix (tE-T) den gleichen Rang haben wie die um den Nullvektor erweiterte Matrix. Aus diesen Bedingungen folgt dann das charakteristische Polynom, dessen Nullstellen die Eigenwerte t der Matrix T liefern.

....

ÜBUNGSAUFGABEN

Ü 13.1) Eine Population wird durch die folgende Übergangsmatrix beschrieben:

	G0	G1	G2	G3	G4
G0	0	0.8	0	0	0
G1	0.3	0	0.9	0	0
G2	0.5	0	0	0.9	0
G3	0.5	0	0	0	0.7
G4	0.2	0	0	0	0

= T.

a) Zeichnen Sie einen Übergangsgraphen.

b) Bestätigen Sie die charakteristische Gleichung
$-t^5+0.24t^3+0.36t^2+0.324t+0.9072=0$ (FADDEJEVMIT benutzen! Oder LGS (13.3) lösen.

c) Zeigen Sie, daß t=1 keine Lösung ist. Zeigen Sie, daß die Wachstumsrate $t_1 \approx 1.00449291$ ist (mit MATPOTENZ errechnet).

Ü 13.2) Figur 13.3 veranschaulicht die Entwicklung im kurzen Leben einer Tierart.

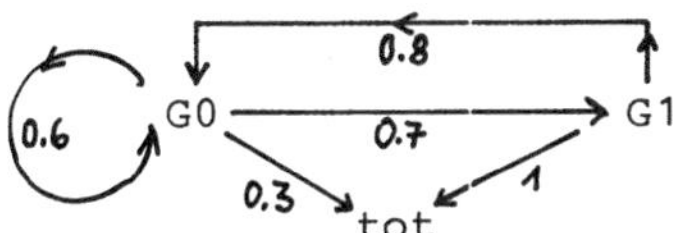

Figur 13.3

Zum Beispiel erzeugen die Tiere bereits im 1.Lebensjahr im Mittel 0.6 Nachkommen. Im 2.Lebensjahr stirbt jedes Tier.

a) Anfangs seien lediglich 500 Tiere der Generation G0 vorhanden ($\vec{v}_0 = \begin{bmatrix}500 & 1\end{bmatrix}$). Berechnen Sie die Verteilungen $\vec{v}_1, \vec{v}_2, \ldots \vec{v}_{10}$. Vermutung?

b) Bestimmen Sie die n-te Potenz der Übergangsmatrix $\begin{bmatrix}0.6 & 0.7\\ 0.8 & 0\end{bmatrix}$ mit Hilfe der Eigenwerte (siehe z.B. Satz 7.1). Berechnen Sie die Eigenvektoren.

c) Bilden Sie $\lim\limits_{n\to\infty} \vec{v}_n$. d) Berechnen Sie die stabile Verteilung $\vec{v} = \vec{v}T$.

e) Welche Zusammenhänge bestehen zwischen den Ergebnissen von b) bis d)?

Ü 13.3) Diese Aufgabe wurde in einer schriftlichen Abiturprüfung gestellt: Das folgende Kreisdiagramm (Figur 13.4) bzw. die Matrix T beschreibt die Entwicklung einer Population.

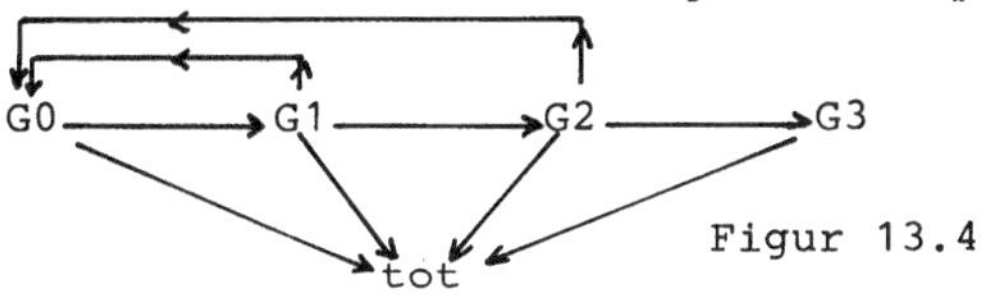

Figur 13.4

$$\begin{bmatrix} 0 & \frac{1}{5} & 0 & 0 \\ 4 & 0 & \frac{1}{6} & 0 \\ 6 & 0 & 0 & \frac{1}{3} \\ 0 & 0 & 0 & 0 \end{bmatrix} = T.$$

a) Erläutern Sie die beiden Darstellungen.

b) Die Anfangsverteilung sei $\vec{x}_0 = \begin{bmatrix}40 & 30 & 30 & 0\end{bmatrix}$. Berechnen Sie die beiden folgenden Verteilungen und den Gesamtbestand.

c) Zeigen Sie, daß sich die Eigenwerte von T aus der Gleichung $5t^4 - 4t^2 - t = 0$ berechnen.

d) Bestimmen Sie alle Eigenwerte von T (Grundmenge $\mathbb{C}$ der komplexen Zahlen).

e) Berechnen Sie die zu $t \in \mathbb{R}^+$ gehörende Menge von Eigenvektoren. Gehört der Vektor $\begin{bmatrix}180 & 36 & 6 & 2\end{bmatrix}$ dazu?

f) Was bedeuten die Ergebnisse aus d) und e) für die Entwicklung der Population?

g) Wie müßte sich angesichts der obigen Ergebnisse die Folge der Matrizenpotenzen T^n, $n \in \mathbb{N}$, verhalten?

....

13.2 BERECHNUNG VON MATRIZENPOTENZEN P^n

In verschiedenen Fallstudien wird die Bedeutung von Matrizenpotenzen deutlich. Häufig kommt man mit der schrittweisen Berechnung der Potenzen aus. Hilfreich und insbesondere bei exakten Grenzwertbetrachtungen unerläßlich ist eine allgemeine Lösung zur Bestimmung der n-ten Potenz P^n . Für spezielle Matrizen kann man zu einer Vermutung für P^n kommen und diese dann durch vollständige Induktion beweisen. So wurde z.B. in 6.1, Beispiel 1, vorgegangen. Hier soll nun ein Verfahren zur Berechnung von P^n mit Hilfe von Eigenwerten und Eigenvektoren angegeben werden. Dabei werden nur solche Matrizen betrachtet, deren Eigenwerte paarweise verschieden sind, ein Fall, der in vielen Anwendungen gegeben ist. Man beachte daß die Richtigkeit des Ergebnisses für P^n stets durch vollständige Induktion bestätigt werden kann. Es gilt

SATZ 13.1: Sind die Eigenwerte einer Matrix P alle verschieden voneinander, so kann P^n mit der Beziehung
(13.4) $P^n = XH^nX^{-1}$ berechnet werden!

Dabei bedeutet H^n eine (m,m)-Diagonalmatrix mit den Potenzen der Eigenwerte r_1, r_2, $\dots r_m$ als Diagonalelemente:

$$H^n = \begin{bmatrix} r_1^n & 0 & \dots & 0 \\ 0 & r_2^n & \dots & 0 \\ \dots & & \dots & \\ 0 & 0 & \dots & r_m^n \end{bmatrix}. \qquad X^T = \begin{bmatrix} \text{Eigenvektor zu } r_1 \\ \text{Eigenvektor zu } r_2 \\ \dots \quad \dots\dots \quad \dots \\ \text{Eigenvektor zu } r_m \end{bmatrix},$$

X ist eine (m,m)-Matrix mit den Eigenvektoren der einzelnen Eigenwerte und X^{-1} die Inverse von X.

Beispiel: Als Beispiel zur Bestimmung von P^n betrachten wir die (stochastische) Übergangsmatrix

$$P = \begin{bmatrix} 0.5 & 0 & 0.5 \\ 0.25 & 0.125 & 0.625 \\ 0.25 & 0.25 & 0.5 \end{bmatrix}$$

a) Anwendung von FADDEJEVMIT liefert die charakteristische Gleichung $-r^3+1.125r^2-0.09375r-0.03125=0$ mit den Eigenwerten $r_1=1$, $r_2=0.25$, $r_3=-0.125$.

b) Die zugehörigen Eigenvektoren erhalten wir aus der Gleichung $(P-rE)\vec{x} = \vec{o}$.

Für $r_1=1$: Der Leser bestätige, daß sich der Eigenvektor $\vec{x}_1= \begin{bmatrix}1\\1\\1\end{bmatrix}$ ergibt (bzw. Vielfache davon).

Für $r_2=0.25$: Zu lösen ist das LGS

$$\begin{bmatrix}0.5 & -0.25 & 0 & 0.5\\ 0.25 & & 0.125-0.25 & 0.625\\ 0.25 & & 0.25 & 0.25\end{bmatrix}\begin{bmatrix}x_{21}\\x_{22}\\x_{23}\end{bmatrix} = \begin{bmatrix}0\\0\\0\end{bmatrix} \Rightarrow \begin{matrix}x_{21}=-2x_{23}\\ x_{22}=\ \ x_{23}\end{matrix}$$

. Wählt man zum Beispiel $x_{23}=1$, so ergibt sich der Eigenvektor $\vec{x}_2=\begin{bmatrix}-2\\1\\1\end{bmatrix}$.

Für $r_3=-0.125$ erhalten wir mit x_{33} als Parameter $x_{31}=-0.8x_{33}$ und $x_{32}=-1.7x_{33}$. Als Eigenvektor ist $\vec{x}_3=\begin{bmatrix}-8\\-17\\10\end{bmatrix}$ geeignet.

c) Als nächstes muß die Inverse X^{-1} zu der eben errechneten Matrix X aus den drei Eigenvektoren bestimmt werden. Auf

$X=\begin{bmatrix}1 & -2 & -8\\1 & 1 & -17\\1 & 1 & 10\end{bmatrix}$ wird erneut FADDEJEVMIT angewendet, diesmal zur Inversenberechnung. Rechnet man mit Brüchen erhält man

$$X^{-1}=\frac{1}{27}\begin{bmatrix}9 & 4 & 14\\-9 & 6 & 3\\0 & -1 & 1\end{bmatrix}.$$

d) Nun bleibt noch $XH^nX^{-1}=P^n$ zu berechnen. Wir verwenden das Falk-Schema zur Matrizenmultiplikation:

	$\begin{matrix}1^n & 0 & 0\\0 & 0.25^n & 0\\0 & 0 & -0.125^n\end{matrix}$	$\frac{1}{27}\begin{matrix}9 & 4 & 14\\-9 & 6 & 3\\0 & -1 & 1\end{matrix}$
$\begin{matrix}1 & -2 & -8\\1 & 1 & -17\\1 & 1 & 10\end{matrix}$	XH^n	XH^nX^{-1}

.

So ergibt sich schließlich

$$P^n=\frac{1}{27}\begin{bmatrix}9+18(0.25)^n & 4-12(0.25)^n+8(-0.125)^n & 14-6(0.25)^n-8(-0.125)^n\\ 9-\ 9(0.25)^n & 4+\ 6(0.25)^n+17(-0.125)^n & 14+3(0.25)^n-17(-0.125)^n\\ 9-\ 9(0.25)^n & 4+\ 6(0.25)^n-10(-0.125)^n & 14+3(0.25)^n+10(-0.125)^n\end{bmatrix}$$

Wir bilden noch $\lim_{n\to\infty} P^n$ und stellen fest: Jede Zeile strebt gegen die Grenzverteilung $\vec{p}^{\infty}=\begin{bmatrix}\frac{9}{27} & \frac{4}{27} & \frac{14}{27}\end{bmatrix}$.

....

Die Beziehung $P^n=XH^nX^{-1}$ (Satz 13.1) soll nun unter den gegebenen Voraussetzungen bewiesen werden. Der Beweis erfolgt durch vollständige Induktion nach n.

Beweis von Satz 13.1: Zunächst ist $P=XHX^{-1}$ zu zeigen (n=1).

a) Laut Voraussetzung hat die Matrix P m voneinander verschiedene Eigenwerte $r_1, r_2, \ldots r_m$. Sie hat dann auch m linear unabhängige Eigenvektoren $\vec{x}_1, \vec{x}_2, \ldots \vec{x}_m$ (siehe Satz 7.3). Die Eigenvektoren werden in der Eigenvektormatrix X (Modalmatrix) zusammengefaßt: $X_{(m,m)} = \begin{bmatrix} \vec{x}_1 & \vec{x}_2 & \ldots & \vec{x}_m \end{bmatrix}$. Dabei ist jeder Eigenvektor ein (m,1)-Spaltenvektor.

b) Aus den Eigenwerten wird die Matrix H gebildet:

$$H_{(m,m)} = \begin{bmatrix} r_1 & 0 & \ldots 0 \\ 0 & r_2 & \ldots 0 \\ \ldots & & \ldots \\ 0 & 0 & \ldots r_m \end{bmatrix}$$, sogenannte Spektralmatrix.

c) Weiterhin gilt nach Definition für die Eigenwerte und die dazugehörigen Eigenvektoren

$P\vec{x}_1 = r_1\vec{x}_1$, $P\vec{x}_2 = r_2\vec{x}_2$, ... $P\vec{x}_m = r_m\vec{x}_m$, d.h. zusammengefaßt

$$P\cdot\begin{bmatrix} \vec{x}_1 & \vec{x}_2 & \ldots & \vec{x}_m \end{bmatrix} = \begin{bmatrix} \vec{x}_1 & \vec{x}_2 & \ldots & \vec{x}_m \end{bmatrix} \begin{bmatrix} r_1 & 0 & \ldots 0 \\ 0 & r_2 & \ldots 0 \\ \ldots & & \ldots \\ 0 & 0 & r_m \end{bmatrix}$$, kurz PX = XH .

d) Da die Inverse von X mit Sicherheit existiert (die Spaltenvektoren von X sind linear unabhängig!), kann von rechts mit X^{-1} multipliziert werden, so daß

(13.5) $$P = XHX^{-1} .$$

Damit ist der Satz für n=1 gezeigt.

e) Wir nehmen nun die Gültigkeit des Satzes für n=k an.

Induktionsannahme: $P^k = XH^kX^{-1}$. Dann muß gezeigt werden

Induktionsbehauptung: $P^{k+1} = XH^{k+1}X^{-1}$.

Induktionsbeweis: Wir gehen von der linken Seite aus.

$P^{k+1} = P^kP = (XH^kX^{-1})(XHX^{-1})$ nach Induktionsannahme und (13.5)

$P^{k+1} = XH^k(X^{-1}X)HX^{-1}$ Assoziativgesetz benutzt

$P^{k+1} = XH^kHX^{-1}$

$P^{k+1} = XH^{k+1}X^{-1}$. Nach dem Satz von der vollständigen Induktion gilt damit $P^n = XH^nX^{-1}$ für alle $n \in \mathbb{N}$.

....

ÜBUNGSAUFGABEN

Ü 13.4) Gegeben sei eine stoachstische (2,2)- Matrix $P = \begin{bmatrix} a & b \\ c & d \end{bmatrix}$, d.h. es gilt a+b=c+d=1 und $0 \leq a,b,c,d \leq 1$. Bestimmen Sie P^n!

Ü 13.5) Gegeben sei die Matrix

$$P = \begin{bmatrix} 1 & 0 & 0 \\ 1/2 & 1/2 & 0 \\ 1/3 & 1/2 & 1/6 \end{bmatrix}. \text{ Zeigen Sie } P^n = \begin{bmatrix} 1 & 0 & 0 \\ 1-2^{-n} & 2^{-n} & 0 \\ a & b & 6^{-n} \end{bmatrix}$$

mit $a=1-3\cdot 2^{-(n+1)}+3\cdot 6^{-(n+1)}$ und $b=3\cdot 2^{-(n+1)}-9\cdot 6^{-(n+1)}$

1) durch vollständige Induktion,

2) mit Hilfe von (13.4).

Ü 13.6) Gegeben sei die Matrix

$$A= \begin{bmatrix} 1 & 0 & 0 & 0 \\ 0.75 & 0.25 & 0 & 0 \\ 0.5 & 0.25 & 0.25 & 0 \\ 0.25 & 0.25 & 0.25 & 0.25 \end{bmatrix}.$$

a) Zeigen Sie, daß nicht alle Eigenwerte paarweise verschieden voneinander sind und somit (13.4) nicht anwendbar ist.

b) Zeigen Sie durch vollständige Induktion

$$A^n= \begin{bmatrix} 1 & 0 & 0 & 0 \\ 1-\frac{1}{4^n} & \frac{1}{4^n} & 0 & 0 \\ 1-\frac{n+1}{4^n} & \frac{n}{4^n} & \frac{1}{4^n} & 0 \\ 1-\frac{n^2+3n+2}{2\cdot 4^n} & \frac{n(n+1)}{2\cdot 4^n} & \frac{n}{4^n} & \frac{1}{4^n} \end{bmatrix}.$$

c) Bestimmen Sie $\lim\limits_{n\to\infty} A^n$.

Ü 13.7)

Zeigen Sie $P=XHX^{-1} \Rightarrow X^{-1}PX=H$.

Bestätigen Sie diese Beziehung am Beispiel $P= \begin{bmatrix} 3 & 2 & -1 \\ 7 & 8 & -1 \\ -4 & -4 & 3 \end{bmatrix}$

Ü 13.8) Wählen Sie sich selbst (2,2)-, (3,3)-,(4,4)-Matrizen, und versuchen Sie eine Formel für die jeweilige n-te Potenz anzugeben.

....

13.3 EIN PROBLEM AUS DER ABBILDUNGSGEOMETRIE

Wir gehen von einer Aufgabe aus, die einem Lineare Algebra-Kurs in einer Klausur vorgelegt wurde.

PROBLEMSTELLUNG 13.2: Gegeben ist ein Quadrat ABCD mit $A=\begin{bmatrix}1,0\end{bmatrix}$, $B=\begin{bmatrix}0,1\end{bmatrix}$, $C=\begin{bmatrix}-1,0\end{bmatrix}$, $D=\begin{bmatrix}0,-1\end{bmatrix}$.

a) Das Quadrat soll dreimal hintereinander mit der Matrix $\begin{bmatrix}0.5 & 0.5\\0.2 & 0.8\end{bmatrix}$ abgebildet werden. Berechnen Sie die Bildpunkte $A', A'', A''', \ldots D'''$.

b) Was geschieht mit dem Quadrat? Genaue Zeichnung auf mm-Papier, 1 LE=10cm.

c) Begründen Sie Ihre Erkenntnisse! Benutzen Sie dabei auch die Ergebnisse des Computerausdrucks:

```
--------------------------------          
H O C H Z A H L    1                H O C H Z A H L    4
--------------------------------    --------------------------------

    0.50000000      0.50000000          0.29150000      0.70850000
    0.20000000      0.80000000          0.28340000      0.71660000
----------

H O C H Z A H L    10               H O C H Z A H L    11
--------------------------------    --------------------------------

    0.28571850      0.71428150          0.28571555      0.71428445
    0.28571260      0.71428740          0.28571378      0.71428622
----------                          ----------

----------------------------------------------
QUOTIENT VON POTENZ    2 DURCH POTENZ    1 :
  0.70000000      1.30000000
  1.30000000      0.92500000

----------------------------------------------
QUOTIENT VON POTENZ    5 DURCH POTENZ    4 :
  0.98610635      1.00571630
  1.00571630      0.99773932

----------------------------------------------
QUOTIENT VON POTENZ   11 DURCH POTENZ   10 :
  0.99998967      1.00000413
  1.00000413      0.99999835
```

PROBLEMLÖSUNG: Die Berechnung der Bildpunkte kann in einem Arbeitsgang im Falk-Schema erledigt werden, indem die Matrix S mehrmals mit der Matrix M multipliziert wird.

$S=\begin{bmatrix}0.5 & 0.5\\0.2 & 0.8\end{bmatrix}$, $M=\begin{bmatrix}1 & 0 & -1 & 0\\0 & 1 & 0 & -1\end{bmatrix}$. Wir erhalten

A´=[0.5 , 0.2] , A´´=[0.35 , 0.26] , A´´´=[0.305 , 0.278]
B´=[0.5 , 0.8] , B´´=[0.65 , 0.74] , B´´´=[0.695 , 0.722]
C´=[-0.5 ,-0.2] , C´´=[-0.35 ,-0.26] , C´´´=[-0.305 ,-0.278]
D´=[-0.5 ,-0.8] , D´´=[-0.65 ,-0.74] , D´´´=[-0.695 ,-0.722].

Bemerkung: Im Programm MATPOTENZ wird Verteilungsvektor * Matrixpotenz, d.h. $\vec{v}_0P$ gerechnet, wobei an Stelle von $\vec{v}_0$ auch eine Matrix eingegeben werden kann. Soll dieses Programm benutzt werden, müssen die Matrizen wegen $(AB)^T = B^TA^T$ in umgekehrter Reihenfolge und transponiert eingegeben werden, also zuerst

$M^T=\begin{bmatrix}1 & 0\\0 & 1\\-1 & 0\\0 & -1\end{bmatrix}$ und dann $S^T=\begin{bmatrix}0.5 & 0.2\\0.5 & 0.8\end{bmatrix}$.

Bei den errechneten Bildpunkten fallen einige Gesetzmäßigkeiten auf, die durch die Zeichnung noch deutlicher werden, Figur 13.5.

Zu b)

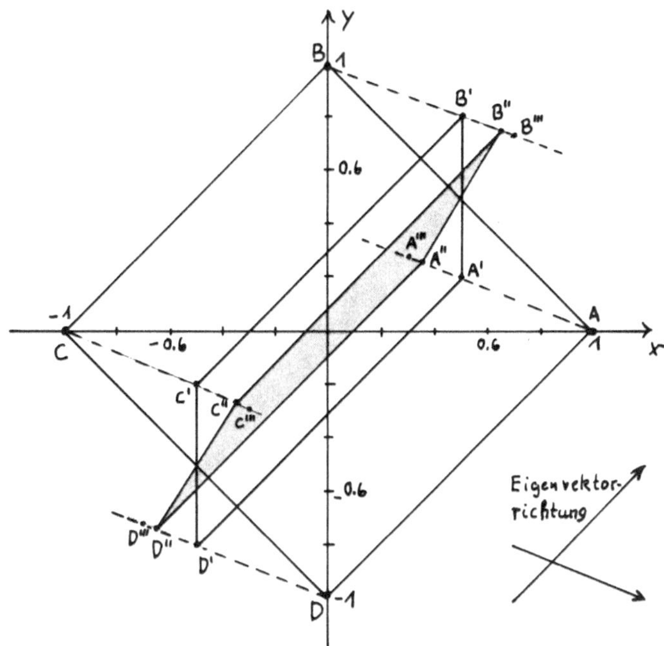

Figur 13.5

(1) Die Bildpunkte von A liegen auf einer Geraden, ebenso ist es bezüglich B,C und D.

(2) Damit wandern alle Bildpunkte auf je zwei parallelen Geraden,

der Abstand zwischen den Bildern, z.B. $|\overline{AA'}|$, $|\overline{A'A''}|$, $|\overline{A''A'''}|$, ..., wird immer kleiner und geht offenbar gegen 0.

(3) Aus dem Quadrat ABCD werden Parallelogramme A'B'C'D' usw., deren Höhen gegen 0 gehen.

(4) Die Diagonalen aller Vierecke schneiden sich in dem Koordinatenursprung.

(5) Es gilt $\overline{AD}//\overline{A'D'}//\overline{A''D''}$... und $\overline{BC}//\overline{B'C'}//\overline{B''C''}$....

(6) Die Parallelogramme ziehen sich schließlich auf eine Strecke zusammen. Diese liegt auf der Geraden mit der Gleichung y=x. Ihre Endpunkte sind $B^{\infty}=\lim\limits_{n\to\infty} B^{(n)}$ und $D^{\infty}=\lim\limits_{n\to\infty} D^{(n)}$.

(7) $\overline{B^{\infty}D^{\infty}}$ hat die Länge 2 (aus der Zeichnung abgelesen).

Zu c) Einige dieser aus der Zeichnung abgelesenen Erkenntnisse sollen nun rechnerisch begründet werden.

Zu (1): Zunächst wird die Gleichung der Geraden durch die Punkte $A=[1,0]$ und $A'=[0.5,0.2]$ bestimmt : g: $\vec{r}=\begin{bmatrix}1\\0\end{bmatrix}+t\begin{bmatrix}0.5\\-0.2\end{bmatrix}$.

Für die Menge der Bildpunkte (Bildortsvektoren) gilt $\vec{r}'=S\vec{r}$, d.h.

$$\begin{array}{cc|l} & & 1+0.5t \\ & & -0.2t \\ \hline 0.5 & 0.5 & 0.5+0.25t-0.1t = 0.5+0.15t \\ 0.2 & 0.8 & 0.2+0.1t-0.16t = 0.2-0.06t \end{array}$$

Die Bilder aller Punkte auf g werden wieder auf Punkte auf g abgebildet!

Die Bildgerade g': $\vec{r}'=\begin{bmatrix}0.5\\0.2\end{bmatrix}+\begin{bmatrix}0.15\\-0.06\end{bmatrix}t$ ist identisch mit g! g ist eine sogenannte Fixgerade. Entsprechend ist die Situation bezüglich der Bildpunkte von B,C und D.

Zu 6,7): Zur Bestimmung von A , ...,D empfiehlt sich die Berechnung von S^n und $\lim\limits_{n\to\infty} S^n$. Die Eigenwerte von S ergeben sich aus der charakteristischen Gleichung $r^2-1.3r+0.3=0$, d.h. $r_1=1$ und $r_2=0.3$. Der Eigenwert $r_1=1$ hätte auch aus den vorgegebenen Werten für die Quotienten der Matrixpotenzen abgelesen werden können.

Eigenvektoren: $\begin{bmatrix}0.5-r & 0.5\\0.2 & 0.8-r\end{bmatrix}\begin{bmatrix}u_1\\u_2\end{bmatrix}=\begin{bmatrix}0\\0\end{bmatrix}$, also für $r_1=1$ und $r_2=3$:

$$\begin{array}{l} -0.5u_{11}+0.5u_{21}=0 \\ 0.2u_{11}-0.2u_{21}=0 \end{array} \quad \text{und} \quad \begin{array}{l} 0.2u_{12}+0.5u_{22}=0 \\ 0.2u_{12}+0.5u_{22}=0 \end{array}$$

. Diese LGS haben unendlich viele Lösungen. Beispielsweise sind $\begin{bmatrix}u_{11}\\u_{21}\end{bmatrix}=\begin{bmatrix}1\\1\end{bmatrix}$ und $\begin{bmatrix}u_{12}\\u_{22}\end{bmatrix}=\begin{bmatrix}5\\-2\end{bmatrix}$ zwei linear unabhängige Eigenvektoren.

Die Richtungen dieser Vektoren sind in Figur 13.5 eingetragen (Eigenvektorrichtung). Mit dem aus 13.2 bekannten Verfahren zur Berechnung von S^n ergibt sich nun

$$S^n = XH^nX^{-1} = \begin{bmatrix} 1 & 5 \\ 1 & -2 \end{bmatrix} \begin{bmatrix} 1^n & 0 \\ 0 & 0.3^n \end{bmatrix} \begin{bmatrix} 1 & 5 \\ 1 & -2 \end{bmatrix}^{-1} = \begin{bmatrix} 1 & 5\cdot 0.3^n \\ 1 & -2\cdot 0.3^n \end{bmatrix} \begin{bmatrix} \frac{2}{7} & \frac{5}{7} \\ \frac{1}{7} & -\frac{1}{7} \end{bmatrix}$$

$$S^n = \frac{1}{7} \begin{bmatrix} 2+5\cdot 0.3^n & 5(1-0.3^n) \\ 2(1-0.3^n) & 5+2\cdot 0.3^n \end{bmatrix}.$$

Bemerkung: Für (2,2)-Matrizen, die stochastisch sind, kann S^n auch ohne Eigenwerte leicht bestimmt werden (vergl. Fallstudie über Markow-Ketten).

Da $\lim\limits_{n\to\infty} 0.3^n = 0$ ergibt sich $\lim\limits_{n\to\infty} S^n = \frac{1}{7}\begin{bmatrix} 2 & 5 \\ 2 & 5 \end{bmatrix}$. Dieses Ergebnis bestätigt die aus dem vorgelegten Ausdruck der Potenzen von S erwachsende Vermutung, denn $2:7 \approx 0.28571$ und $5:7 \approx 0.71429$. Für die „Grenzpunkte" $A^\infty, \ldots, D^\infty$ wird

		A	B	C	D
		1	0	-1	0
		0	1	0	-1
$\frac{2}{7}$	$\frac{5}{7}$	$\frac{2}{7}$	$\frac{5}{7}$	$-\frac{2}{7}$	$-\frac{5}{7}$
$\frac{2}{7}$	$\frac{5}{7}$	$\frac{2}{7}$	$\frac{5}{7}$	$-\frac{2}{7}$	$-\frac{5}{7}$
		A	B	C	D

Alle Punkte liegen auf der Geraden durch den Koordinatenursprung mit der Gleichung $\vec{r} = t\begin{bmatrix} 1 \\ 1 \end{bmatrix}$.

Für $\overline{B^\infty D^\infty}$ erhalten wir $|\overline{B^\infty D^\infty}| = \sqrt{(-\frac{5}{7} - \frac{5}{7})^2 + (-\frac{5}{7} - \frac{5}{7})^2} = \sqrt{2(\frac{10}{7})^2}$

$= \frac{10}{7}\sqrt{2} \quad 2.02$ LE.

Entsprechend ergibt sich

$|\overline{A^\infty B^\infty}| = \frac{3}{7}\sqrt{2}$ LE, $|\overline{A^\infty C^\infty}| = \frac{4}{7}\sqrt{2}$ LE, $|\overline{A^\infty D^\infty}| = \sqrt{2}$ LE,

$|\overline{B^\infty C^\infty}| = \sqrt{2}$ LE, $|\overline{B^\infty D^\infty}| = \frac{10}{7}\sqrt{2}$ LE, $|\overline{C^\infty D^\infty}| = \frac{3}{7}\sqrt{2}$ LE.

Die Punkte liegen also auf der Strecke $D^\infty B^\infty$ so verteilt:

Figur 13.6 $\longmapsto : \frac{\sqrt{2}}{7} \approx 0.202.$

Die Eigenvektoren spielen bei der Abbildung folgende Rolle: Geraden mit Eigenvektorrichtung gehen bei der Abbildung mit der Matrix S in parallele Geraden (Fixrichtung) über, siehe Feststellung (5), oder werden sogar auf sich abgebildet.

....

ÜBUNGSAUFGABEN

Ü 13.9) Bearbeiten Sie für obige Fallstudie:

a) Bestimmen Sie die Abbildung der Geraden durch A und D mittels S.

b) Zeigen Sie, daß g(CC´)//g(DD´).

c) Bilden Sie die Folge der Abstände $|\overline{CD}|, |\overline{C'D'}|, |\overline{C''D''}| \ldots$ und bestimmen Sie den Grenzwert.

d) Welchen Winkel bilden die Eigenvektoren $\begin{bmatrix}1\\1\end{bmatrix}, \begin{bmatrix}5\\-2\end{bmatrix}$ miteinander?

e) Betrachten Sie die Folge der Parallelogramm-Flächeninhalte,und zeigen Sie, daß die Folge gegen 0 konvergiert.

f) Das besondere Grenzverhalten liegt darin begründet, daß S eine stochastische Matrix (Zeilensummen gleich 1, Elemente von S aus dem Intervall $[0,1]$).- Bilden Sie das Quadrat aus der Fallstudie mit anderen stochastischen Matrizen ab! Wie ist die Wirkung bei Abbildung mit den Matrizen

$\begin{bmatrix}1 & 1\\1 & 1\end{bmatrix}, \begin{bmatrix}1 & 2\\3 & 4\end{bmatrix}$? Benutzen Sie das Programm MATPOTENZ!

Ü 13.10) Unterwerfen Sie den Würfel mit den Eckpunkten $P_1=[0,0,0]$, $P_2=[2,0,0]$, $P_3=[2,2,0]$, $P_4=[0,2,0]$, $P_5=[0,0,2]$, $P_6=[2,0,2]$, $P_7=[2,2,2]$, $P_8=[0,2,2]$ einer mehrfachen linearen Abbildung mit der stochastischen Matrix

$S=\begin{bmatrix}1 & 0 & 0\\0.2 & 0.3 & 0.5\\0 & 0 & 1\end{bmatrix}$! Wie verändert sich der Würfel?

Ü 13.11)

DEFINITION 13.1: X und Y seien Vektorräume über $\mathbb{R}$.
L heißt lineare Abbildung (lineare Transformation), wenn gilt

(13.3) $L(\vec{x}_1+\vec{x}_2) = L(\vec{x}_1)+L(\vec{x}_2)$; $\vec{x}_1, \vec{x}_2 \in X$, $r \in \mathbb{R}$,

(13.4) $L(r\vec{x}) = rL(\vec{x})$; $L(\vec{x}_1), L(\vec{x}_2), L(\vec{x}_3) \in Y$.

Das Bild einer Vektorsumme soll also gleich der Summe der Bildvektoren sein. Außerdem wird verlangt, daß das Bild des r-fachen eines Vektors $\vec{x}$ gleich dem r-fachen des Bildvektors $L(\vec{x})$ ist.
Zeigen Sie: Die durch (m,n)-Matrizen definierten Abbildungen des R^n in den R^m sind lineare Abbildungen!

Ü 13.12) Der Punkt $P=[3,4,7]$ sei gegeben. Bestimmen Sie den Bildpunkt P' bei Benutzung der Abbildungsgleichungen

$$x_1' = 7x_1+3x_2+4x_3$$
$$x_2' = x_1+x_2$$
$$x_3' = -2x_1-x_2-x_3.$$

Anschließend ist mit Hilfe der Matrix $\begin{bmatrix}1 & -1 & 0\\3 & -6 & 1\\0 & 1 & 1\end{bmatrix}$ abzubilden auf P''.

Welche Matrix gibt sofort P'' an?
Wie transformiert sich der Koordinatenursprung?

14. MARKOW-KETTEN

14.1 BEVÖLKERUNGSBEWEGUNGEN (GRUNDBEGRIFFE)

Wir haben verschiedentlich Matrizen benutzt, bei denen die Summe der Elemente jeder Zeile 1 ergibt und deren Elemente im Intervall $[0,1]$ liegen. Diese Elemente können als Wahrscheinlichkeiten oder Prozentsätze gedeutet werden, so daß man von stochastischen Matrizen (Stochastik: Wahrscheinlichkeitstheorie einschließlich der mathematischen Statistik) spricht.Grundlagen dazu siehe Anhang S.278.

DEFINITION 14.1: Eine Matrix $S=(p_{ik})_{(n,n)}$ heißt stochastisch, wenn

1) $0 \leq p_{ik} \leq 1$ für alle i,k=1,2,...n und

2) $\sum_{k=1}^{n} p_{ik}=1$ für alle i=1,2,...n.

Stochastische Matrizen haben besondere Eigenschaften. So ist z.B. das Produkt zweier stochastischer Matrizen wieder eine stochastische Matrix. Die Eigenschaften dieser Matrizen kommen bei der Untersuchung von Markow-Ketten voll zum Tragen. Markow-Ketten können als Anwendung der Linearen Algebra und der Wahrscheinlichkeitsrechnung betrachtet werden. Mit Matrizenpotenzen, linearen Gleichungssystemen, Vektoren und Eigenwerten werden Hilfsmittel der Linearen Algebra eingesetzt. Aus der Wahrscheinlichkeitsrechnung werden insbesondere die Regeln benötigt, die sich aus der Arbeit mit Baumdiagrammen ergeben (Additionssatz, Pfadregel). Dabei geht es oft um Skalarprodukte. Für weitergehende theoretische Betrachtungen (über die hier skizzierten hinaus) benötigt man u.a. Folgen von Zufallsvariablen. Für die hier vorgelegte Fallstudie sind die Voraussetzungen aus der Wahrscheinlichkeitsrechnung gering, oft hilft die Deutung von Wahrscheinlichkeiten als Prozentsätze.
Für die folgenden Betrachtungen wird eine Wiederholung von Kapitel 6 empfohlen. Dort wurden wichtige Grundbegriffe aus der Theorie der Markow-Ketten bereits am Problem des Kaufverhaltens eingeführt: Anfangsverteilung, n-te Potenz einer Matrix, langfristiger Trend,

Grenzwert einer Matrizenfolge, stationäre Verteilung (Fixvektor), Verteilungsvektor, Grenzverteilung, Grenzmatrix.

....

PROBLEMSTELLUNG 14.1: Figur 14.1 zeigt die Bevölkerungsbewegungen innerhalb einer Stadt pro Monat. Die Einwohnerzahl wird als konstant über einen längeren Zeitraum hinweg angenommen.

Figur 14.1

a) Man verfolge die Entwicklung über die nächsten Monate bei einer Anfangsverteilung der Einwohner von $\begin{bmatrix}40\% & 60\%\end{bmatrix}$ (City, Vorort).

b) Man untersuche das langfristige Verhalten des Systems!

PROBLEMLÖSUNG:

Zu a) Wir haben in Kapitel 6 erkannt, daß die Entwicklung mit Hilfe von Matrizenpotenzen leicht verfolgt werden kann. Hier haben wir

$\vec{v}_1=\vec{v}_0 S = \begin{bmatrix}0.4 & 0.6\end{bmatrix}\begin{bmatrix}0.96 & 0.04\\ 0.01 & 0.99\end{bmatrix}$ ... $\vec{v}_n=\vec{v}_{n-1}S=\vec{v}_0 S^n$ ... zu bilden.

Mit dem Programm MATPOT erhalten wir:

n	S^n		$\vec{v}_n$		n	S^n		$\vec{v}_n$	
1	0.9600	0.0400	0.3900	0.6100	2	0.9220	0.0780	0.3805	0.6195
	0.0100	0.9900				0.0195	0.9805		
3	0.8859	0.1141	0.3715	0.6285	4	0.8516	0.1484	0.3629	0.6371
	0.0285	0.9715				0.0371	0.9629		
5	0.8190	0.1810	0.3548	0.6452	6	0.7881	0.2119	0.3470	0.6530
	0.0452	0.9548				0.0530	0.9470		

Der Rechenvorgang läßt sich auch aus einem reduzierten Baumdiagramm ablesen (Figur 14.2).

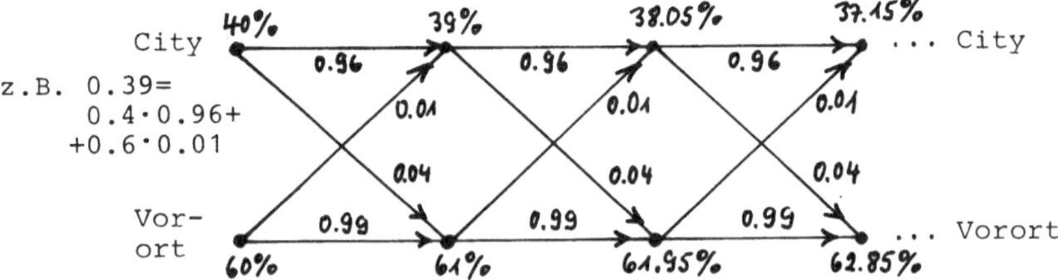

Figur 14.2: Reduziertes Baumdiagramm

Zu b) Erwartungsgemäß nimmt der Prozentsatz der in der City lebenden Einwohner langsam ab, aber wie weit geschieht das? Völlige Entleerung der City?

Für die Untersuchung des langfristigen Verhaltens stehen uns verschiedene Mittel zur Verfügung!

b1) Hohe Potenzen der Übergangsmatrix S bilden, bzw. Verteilungsvektor mit hoher Nummer errechnen (Hilfsmittel: MATPOT),

b2) eine Formel für S^n finden (siehe Fallstudie 13.2) und $\lim_{n\to\infty} S^n$ bilden,

b3) Errechnung einer stationären Verteilung (Fixvektor) durch Lösung des LGS $\vec{w}=\vec{w}S$, $w_1+w_2=1$ (siehe 6.3).

Zusammenhänge zwischen diesen Ansätzen wird uns später die Eigenwerttheorie liefern!

Zu b1)

```
--------------------------------       --------------------------------
H O C H Z A H L  100                   H O C H Z A H L  200
--------------------------------       --------------------------------
    0.20473642    0.79526358               0.20002804    0.79997196
    0.19881589    0.80118411               0.19999299    0.80000701
----------                             ----------
( 2, 2)-MATRIX                         ( 2, 2)-MATRIX
--------------------------------       --------------------------------
--------------------------------       --------------------------------
    0.20118411    0.79881589               0.20000701    0.79999299
----------                             ----------
( 1, 2)-MATRIX                         ( 1, 2)-MATRIX
--------------------------------       --------------------------------
H O C H Z A H L  101                   H O C H Z A H L  201
--------------------------------       --------------------------------
    0.20449960    0.79550040               0.20002664    0.79997336
    0.19887510    0.80112490               0.19999334    0.80000666
----------                             ----------
( 2, 2)-MATRIX                         ( 2, 2)-MATRIX
--------------------------------       --------------------------------
--------------------------------       --------------------------------
    0.20112490    0.79887510               0.20000666    0.79999334
----------                             ----------
( 1, 2)-MATRIX                         ( 1, 2)-MATRIX
```

Die Folgen der Verteilungsvektoren und Matrizen konvergieren offenbar sehr langsam, aber der Trend ist klar!

Zeilenvektoren von S^n und Verteilungsvektor $\vec{v}_n$ nähern sich immer mehr an und streben gegen den Vektor $\begin{bmatrix}0.2 & 0.8\end{bmatrix}$!

Zu b2) $S^n=XH^nX^{-1}$ möge der Leser selbst berechnen. Die benötigten Eigenwerte sind nach Satz 7.1 oder mit Hilfe von FADDEJEVMIT $r_1=1$ und $r_2=0.95$.

Wir wollen hier S^n gleich allgemein für stochastische (2,2)-Matrizen über einen anderen Lösungsweg bestimmen!

Sei also $S = \begin{bmatrix}p_{11} & p_{12}\\ p_{21} & p_{22}\end{bmatrix} = \begin{bmatrix}p_{11} & 1-p_{11}\\ 1-p_{22} & p_{22}\end{bmatrix}$ eine beliebige stochastische

(2,2)-Matrix. Dann stehen wir bei jedem Übergang von einem Zeitpunkt zum nächsten vor folgender Situation (Figur 14.3):

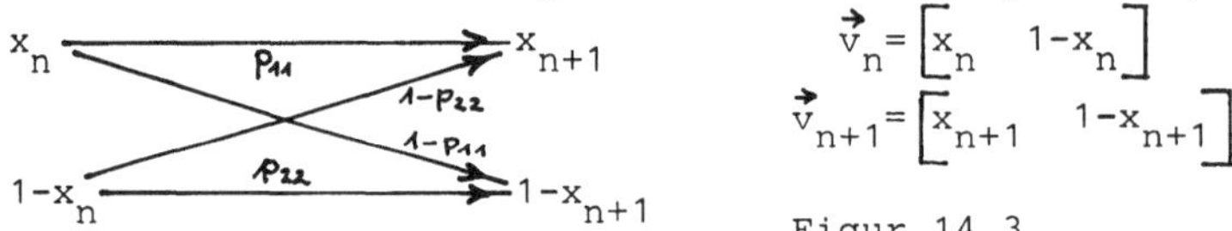

$\vec{v}_n = [x_n \quad 1-x_n]$

$\vec{v}_{n+1} = [x_{n+1} \quad 1-x_{n+1}]$

Figur 14.3

Mit $n \geq 0$ gilt für den Verteilungsvektor $\vec{v}_{n+1}$

$x_{n+1} = x_n p_{11} + (1-x_n)(1-p_{22}) = x_n(p_{11}+p_{22}-1)+1-p_{22}$, kurz

$x_{n+1} = x_n d+f$ mit $d=(p_{11}+p_{22}-1)$ und $f=(1-p_{22})$. Damit ergibt sich

$x_1 = x_0 d+f$

$x_2 = x_1 d+f = (x_0 d+f)d+f = x_0 d^2+fd+f$

$x_3 = x_2 d+f = \qquad = x_0 d^3+fd^2+fd+f$ usw.

$x_n = x_0 d^n+fd^{n-1}+fd^{n-2}+ \dots + fd^2+fd+f = x_0 d^n+f(d^{n-1}+d^{n-2}+\dots d^1+d^0)$

geometrische Reihe!

$x_n = x_0 d^n+f \frac{1-d^n}{1-d}$ (Bestätigung durch vollständige Induktion).

$$(14.1) \qquad x_n = x_0(p_{11}+p_{22}-1)^n+(1-p_{22}) \frac{1-(p_{11}+p_{22}-1)^n}{1-(p_{11}+p_{22}-1)} .$$

Mit x_n sind auch $1-x_n$ und $\vec{v}_n$ allgemein bestimmt. Damit ist eine Formel für den n-ten Verteilungsvektor hergeleitet. Dabei muß $1-(p_{11}+p_{22}-1)=2-p_{11}-p_{22} \neq 0$ beachtet werden!

Für unsere Matrix der Bevölkerungswanderung heißt das

$$(14.2) \qquad x_n = x_0 \cdot 0.95^n+0.01 \frac{1-0.95^n}{1-0.95} = x_0 \cdot 0.95^n + \frac{1-0.95^n}{5} .$$

Nun kann auch S^n bestimmt werden: Bekanntlich gilt

$[x_n \quad 1-x_n] = [x_0 \quad 1-x_0] S^n = [x_0 \quad 1-x_0] \begin{bmatrix} a & 1-a \\ 1-b & b \end{bmatrix}$, a und b sind gesucht!

$x_n = ax_0+(1-x_0)(1-b) = x_0(a+b-1)+1-b$. Durch Koeffizientenvergleich mit (14.2) erhält man

(1) $a+b-1 = 0.95^n$ $\quad \Rightarrow a=0.2(1+0.95^n \cdot 4)$

(2) $1-b = 0.2(1-0.95)^n \Rightarrow b=0.2(4+0.95^n)$,so daß

$$(14.3) \qquad S^n = 0.2 \cdot \begin{bmatrix} 1+0.95^n \cdot 4 & 4-0.95^n \cdot 4 \\ 1-0.95^n & 4+0.95^n \end{bmatrix} .$$

Nun kann $\lim_{n\to\infty} S^n$ bzw. $\lim_{n\to\infty} \vec{v}_n$ gebildet werden. Wir erhalten

$\lim\limits_{n\to\infty}\begin{bmatrix}0.96 & 0.04\\0.01 & 0.99\end{bmatrix}^n = \begin{bmatrix}0.2 & 0.8\\0.2 & 0.8\end{bmatrix}$ und $\lim\limits_{n\to\infty}\vec{v}_n=\begin{bmatrix}0.2 & 0.8\end{bmatrix}$ (unabhängig von $\vec{v}_0$!)

Damit ist b2) gelöst. Langfristig bleiben 20% der Einwohner in der City, 80% leben im Vorort.

Bemerkung: Einwohnerwanderungen finden noch statt! Die Prozentsätze bleiben unverändert!

Zu b3) Die eben errechnete Verteilung stellt in diesem Fall auch eine stationäre Verteilung dar! Diese wird nach Definition 6.3 mit dem Ansatz $\vec{w}S=\vec{w}$, $w_1+w_2=1$, bestimmt. Tatsächlich hat das LGS

$$\begin{aligned}0.96w_1+0.01w_2 &= w_1\\0.04w_1+0.99w_2 &= w_2\\w_1+\quad w_2 &= 1\end{aligned}$$

die eindeutige Lösung $\begin{bmatrix}0.2 & 0.8\end{bmatrix}$.

Damit haben wir Problemstellung 14.1 vollständig bearbeitet.

....

Bevor wir weitere allgemeine Betrachtungen zu stochastischen (2,2)-Matrizen anstellen, geben wir einige Definitionen, die nach den bisher besprochenen Beispielen verständlich sind. Diese zeigten:

Eine endliche homogene Markow-Kette ist festgelegt durch

a) einen Zustandsraum M, im Beispiel $M=\{\text{City, Vorort}\}$,

b) eine Übergangsmatrix S, im Beispiel $S=\begin{bmatrix}0.96 & 0.04\\0.01 & 0.99\end{bmatrix}$,

c) eine Anfangsverteilung $\vec{v}_0$, $\vec{v}_0=\begin{bmatrix}40\% & 60\%\end{bmatrix}$.

DEFINITION 14.2: Gegeben sei eine Folge von Zufallsexperimenten mit dem endlichen Zustandsraum $M=\{E_1,E_2,\ldots E_m\}$. Es möge nur jeweils einer der Zustände eintreten. Die E_i seien unabhängig voneinander.

Diese Folge bildet eine endliche Markow-Kette, wenn die Wahrscheinlichkeit, daß der Zustand E_i im n-ten Experiment eintritt, nur davon abhängt, welcher Zustand im (n-1)-ten Experiment eintraf. Die Markow-Kette heißt homogen, wenn die Wahrscheinlichkeit für das Auftreten des Zustands E_i im n-ten Experiment unter der Bedingung E_k im (n-1)-ten Experiment nicht von der Nummer n des Versuchs abhängt.

Für alle Übergangswahrscheinlichkeiten p_{ik} gilt also

(14.4) $p_{ik} = P(E_i^{(n)} / E_k^{(n-1)})$ für alle $n \in \mathbb{N}$.

(bedingte Wahrscheinlichkeit)

Oben haben wir gesehen, daß die Grenzverteilung $\lim_{n\to\infty} \vec{v}_n = \vec{v}_\infty$ mit den Zeilenvektoren der Matrix $\lim_{n\to\infty} S^n = S$ übereinstimmte. Das bedeutet Unabhängigkeit von der Anfangsverteilung! Für eine Grenzmatrix mit lauter gleichen Zeilen folgt das für eine (3,3)-Matrix so:

$$\begin{bmatrix} a & b & c \end{bmatrix} \begin{bmatrix} d & e & f \\ d & e & f \\ d & e & f \end{bmatrix} = \begin{bmatrix} d(a+b+c) & e(a+b+c) & f(a+b+c) \end{bmatrix} = \begin{bmatrix} d & e & f \end{bmatrix},$$

weil bei stochastischen Matrizen die Summe der Elemente jeder Zeile gleich 1 ist.

DEFINITION 14.3: Ist die Grenzverteilung unabhängig von der Anfangsverteilung $\vec{v}_0$, so heißt sie ergodische Verteilung der Markow-Kette.

Für das City-Vorort-Problem ist also $\vec{v}_\infty = \begin{bmatrix} 0.2 & 0.8 \end{bmatrix}$ ergodische Verteilung!

....

Die an Problemstellung 14.1 vorgeführten Lösungen werden nun für Markow-Ketten mit 2 Zuständen verallgemeinert.

BERECHNUNG STATIONÄRER VERTEILUNGEN

Der Ansatz ist bekannt: $\vec{w}S = \vec{w}$ mit $w_1 + w_2 = 1$. Ausführlich:

$$\left.\begin{array}{lll} \text{(a)} & w_1p_{11} + w_2p_{21} = w_1 \\ \text{(b)} & w_1p_{12} + w_2p_{22} = w_2 \\ \text{(c)} & w_1 \quad + w_2 \quad = 1 \end{array}\right\} \quad \begin{array}{ll} \text{(a1)} & w_1(p_{11}-1) + w_2p_{21} = 0 \\ \text{(b1)} & w_1p_{12} + w_2(p_{22}-1) = 0 \\ \text{(c1)} & w_1 \quad + w_2 \quad = 1 \,. \end{array}$$

Offenbar sind die Gleichungen (a1) und (b1) gleichbedeutend, da z.B. $p_{11} - 1 = -p_{12}$. (c1) wird nach w_2 aufgelöst und in (a1) eingesetzt. Nach kurzer Rechnung ergibt sich $w_1 = p_{21} : (p_{12} + p_{21})$, so daß

SATZ 14.1: Als stationäre Verteilung einer stochastischen (2,2)-Matrix $S = (p_{ik})_{(2,2)}$ ergibt sich

$\vec{w} = \begin{bmatrix} w_1 & w_2 \end{bmatrix} = \begin{bmatrix} p_{21} : (p_{12}+p_{21}) & p_{12} : (p_{12}+p_{21}) \end{bmatrix}, \quad (p_{12}+p_{21}) \neq 0.$

Wir haben eben gesehen, daß das LGS $\vec{w}S=\vec{w}$ nur dann eine eindeutige Lösung haben kann, wenn eine der Gleichungen durch die Beziehung $w_1+w_2=1$ ersetzt wird. Allgemein erkennt man das für das LGS $\vec{w}_{(1,m)}S_{(m,m)}=\vec{w}_{(1,m)}$ so:

$$
\begin{array}{lllll}
(1) & w_1(p_{11}-1)+w_2p_{21} & & +w_mp_{m1} & = 0 \\
(2) & w_1p_{12} & +w_2(p_{22}-1)+ & \ldots+w_mp_{m2} & = 0 \\
 & \ldots & & & \\
(m) & w_1p_{1m} & +w_2p_{1m} & +\ldots+w_m(p_{mm}-1) & = 0
\end{array}
$$

Durch Addition der Gleichungen (2) bis (m) und anschließendem Vorzeichenwechsel erhält man die Gleichung (1), die sich damit als überflüssig erweist!

Summe der Gleichungen (2) bis (m):

$$w_1\sum_{i=2}^{m}p_{1i}+w_2(\sum_{i=2}^{m}p_{2i}-1)+\ \ldots\ +w_m(\sum_{i=2}^{n}p_{mi}-1)=0$$

$w_1(1-p_{11})+w_2(1-p_{21}-1)+\ \ldots\ +w_m(1-p_{m1}-1)=0$ äquivalent zu (1).

Gleichung (1) oder eine der anderen Gleichungen muß durch $\sum_{i=1}^{m}w_i=1$ ersetzt werden!

....

<u>BERECHNUNG DER GRENZVERTEILUNG (2 Zustände)</u>

<u>DEFINITION 14.4:</u> $\vec{v}_\infty$ heißt <u>Grenzverteilung</u> der Markow-Kette mit der Übergangsmatrix S und der Anfangsverteilung $\vec{v}_0$, wenn die Wahrscheinlichkeitsverteilungen $\vec{v}_n$ gegen $\vec{v}_\infty$ konvergieren.

$\vec{v}_\infty=\lim\limits_{n\to\infty}\vec{v}_n$ mit $\sum_{i=1}^{m}v_{i\infty}=1$, vergl.Def.6.2.

Falls die Grenzverteilung einer Markow-Kette mit der Übergangsmatrix $S=\begin{bmatrix}p_{11} & p_{12}\\ p_{21} & p_{22}\end{bmatrix}$ existiert, muß sich mit (14.1) weiterarbeiten lassen. Offenbar ist $\lim\limits_{n\to\infty}x_n$ abhängig vom Verhalten des Terms $(p_{11}+p_{22}-1)^n$!

Wegen $0\leq p_{11},p_{22}\leq 1$ gilt zunächst $-1\leq p_{11}+p_{22}\leq +1$. Für $-1<p_{11}+p_{22}<+1$ gilt $\lim\limits_{n\to\infty}(p_{11}+p_{22}-1)^n=0$, also

$$(14.5)\qquad \lim_{n\to\infty}x_n=\frac{1-p_{22}}{1-(p_{11}+p_{22}-1)}\ \text{und}\ \lim_{n\to\infty}(1-x_n)=\frac{1-p_{11}}{1-(p_{11}+p_{22}-1)}.$$

Dabei muß noch gelten $1-(p_{11}+p_{22}-1)=2-p_{11}-p_{22}=p_{12}+p_{21}\neq 0$.

SATZ 14.2: Als Grenzverteilung einer stochastischen (2,2)-Matrix $S=(p_{ik})_{(2,2)}$ ergibt sich

$\vec{v}_{\infty} = \begin{bmatrix} \frac{p_{21}}{p_{12}+p_{21}} & \frac{p_{12}}{p_{12}+p_{21}} \end{bmatrix}$, sofern $-1<(p_{11}+p_{22}-1)<+1$.

Für die ausgeschlossenen Sonderfälle ergibt sich

a) $p_{11}+p_{22}-1=-1 \Rightarrow p_{11}=p_{22}=0 \Rightarrow p_{12}=p_{21}=1 \Rightarrow S=\begin{bmatrix} 0 & 1 \\ 1 & 0 \end{bmatrix}$,

b) $p_{11}+p_{22}-1=+1 \Rightarrow p_{11}=p_{22}=1 \Rightarrow p_{12}=p_{21}=0 \Rightarrow S=\begin{bmatrix} 1 & 0 \\ 0 & 1 \end{bmatrix}=E$.

Für den Fall $p_{11}+p_{22}-1=0$, d.h. $p_{11}+p_{22}=1$ hat die Übergangsmatrix die spezielle Form $\begin{bmatrix} p_{11} & 1-p_{11} \\ p_{11} & 1-p_{11} \end{bmatrix}$, also z.B. $\begin{bmatrix} 0.3 & 0.7 \\ 0.3 & 0.7 \end{bmatrix}$.

Aus Satz 14.1 und Satz 14.2 folgt noch

SATZ 14.3: Bei stochastischen (2,2)-Matrizen stimmen stationäre Verteilung und Grenzverteilung überein, sofern $|p_{11}+p_{22}-1| \neq 1$.

....

BERECHNUNG DER EIGENWERTE (2 Zustände)

Wir zeigen, daß jede stochastische (2,2)-Matrix den Eigenwert r=1 hat! Die Berechnung des zugehörigen Eigenvektors führt dann auf den Ansatz $\vec{x}S=r\vec{x} \Rightarrow \vec{x}S=\vec{x}$ und damit auf das gleiche LGS wie bei der Berechnung der stationären Verteilung!

In Kapitel 7 wurde für die Eigenwerte einer beliebigen (2,2)-Matrix der Form $\begin{bmatrix} a & b \\ c & d \end{bmatrix}$ bestimmt (Satz 7.1):

$t_{1/2}=0.5(a+d)\pm 0.5\sqrt{(a-d)^2+4bc}$. Für eine stochastische Matrix:

$r_{1/2}=0.5(p_{11}+p_{22})\pm 0.5\sqrt{(p_{11}-p_{22})^2+4p_{12}p_{21}}$. Umformung des Radikanden ergibt

$(p_{11}-p_{22})^2+4(1-p_{11})(1-p_{22})=p_{11}^2-2p_{11}p_{22}+p_{22}^2-4(p_{11}+p_{22})+4p_{11}p_{22}+4 =$

$(p_{11}^2+2p_{11}p_{22}+p_{22}^2)-4(p_{11}+p_{22})+4 = (p_{11}+p_{22})^2-4(p_{11}+p_{22})+4 =$

$((p_{11}+p_{22})-2)^2$, also

$r_{1/2} = 0.5(p_{11}+p_{22})\pm 0.5(p_{11}+p_{22}-2)$, d.h. $r_1=1$ und $r_2=p_{11}+p_{22}-1$.

SATZ 14.4: Jede stochastische (2,2)-Matrix $S=(p_{ik})_{(2,2)}$ hat den Eigenwert $r_1=1$. Der zweite Eigenwert ist $r_2=p_{11}+p_{22}-1$. Wegen $-1 \leq p_{11}+p_{22}-1 \leq +1$ liegen alle Eigenwerte im abgeschlossenen Intervall $[-1,+1]$.

Die theoretischen Betrachtungen zu stochastischen (2,2)-Matrizen bzw. Markow-Ketten mit 2 Zuständen werden damit abgeschlossen. Da nur 2 Zustände vorlagen, ließen sich viele Ergebnisse explizit ermitteln. Für Markow-Ketten mit mehr als zwei Zuständen lassen sich keine so einfachen Formeln wie oben angeben bzw. erfordern einen erheblichen Rechenaufwand. Von m=3 Zuständen an bekommt die Berechnung der Eigenwerte von S einen erheblichen Wert. Aus der Größe der Eigenwerte kann auf das Verhalten der Markow-Kette geschlossen werden. Dieser Sachverhalt läßt sich bereits bei Ketten mit 3 Zuständen gut erkennen.

....

14.2 WARTESCHLANGEN (MARKOW-KETTEN MIT MEHR ALS 2 ZUSTÄNDEN)

In 6.1 traten bei der Untersuchung des Kaufverhaltens Markow-Ketten mit 3 Zuständen auf. Dort wurden die Übergangsmatrizen

$$S=\begin{bmatrix} 0.8 & 0.1 & 0.1 \\ 0.2 & 0.7 & 0.1 \\ 0.1 & 0.5 & 0.4 \end{bmatrix} \text{ und } T=\begin{bmatrix} 0.8 & 0.1 & 0.1 \\ 0.1 & 0.7 & 0.2 \\ 0.3 & 0.4 & 0.3 \end{bmatrix} \text{ betrachtet.}$$

Diese und weitere (3,3)-Matrizen sollen im folgenden auf Grenzverteilung, stationäre Verteilung, ergodische Verteilung und Größe der Eigenwerte untersucht werden.

Die Größe der Eigenwerte wird uns bei der Klassifizierung der Markow-Ketten sehr nützlich sein!

Zur Ermittlung der Ergebnisse benutzen wir die Programme

FADDEJEVMIT	charakteristische Gleichung, Eigenwerte,
MATPOTENZ	Grenzverteilung, Grenzmatrix,
GAUSSELIMINATION	stationäre Verteilung.

Übergangsmatrix S	charakteristische Gleichung Eigenwerte	stationäre Verteil. $\vec{w}S=\vec{w}$	Grenzverteilung $\lim_{n\to\infty} \vec{v}_n$	ergodische Verteilung
$\begin{matrix} 0.8 & 0.1 & 0.1 \\ 0.2 & 0.7 & 0.1 \\ 0.1 & 0.5 & 0.4 \end{matrix}$ a)	$r^3-1.9r^2+1.08r-0.18=0$ $r_1=1,\ r_2=0.6,\ r_3=0.3$	$\vec{w}^T=\begin{bmatrix} 0.4643 \\ 0.3929 \\ 0.1428 \end{bmatrix}$	wie stationäre Verteilung (vergl. 6.2)	ja
$\begin{matrix} 0.8 & 0.1 & 0.1 \\ 0.1 & 0.7 & 0.2 \\ 0.3 & 0.4 & 0.3 \end{matrix}$ b)	$r^3-1.8r^2+0.89r-0.09=0$ $r_1=1,\ r_2=0.6828,\ r_3=0.1172$	$\vec{w}^T=\begin{bmatrix} 0.4483 \\ 0.3793 \\ 0.1724 \end{bmatrix}$	wie stationäre Verteilung (vergl. 6.2)	ja
$\begin{matrix} 1 & 0 & 0 \\ 0 & 1 & 0 \\ 1/6 & 1/3 & 1/2 \end{matrix}$ c)	$(1-r)^2(0.5-r)=0$ $r_1=1,\ r_2=1,\ r_3=0.5$	unendlich viele $\vec{w}=\left[w_1, 1-w_1, 0\right]$	existiert, aber ist abhängig von Anfangsverteilg.	nein
$\begin{matrix} 0 & 0 & 1 \\ 0 & 1 & 0 \\ 1 & 0 & 0 \end{matrix}$ d)	$r^3-2.5r^2+2r-0.5=0$ $r_1=1,\ r_2=1,\ r_3=-1$	$\vec{w}^T=\begin{bmatrix} 1/3 \\ 1/3 \\ 1/3 \end{bmatrix}$	nein	nein
$\begin{matrix} 0 & 1 & 0 \\ 1 & 0 & 0 \\ 0 & 0 & 1 \end{matrix}$ e)	$r^3-2.5r^2+2r-0.5=0$ $r_1=1,\ r_2=1,\ r_3=-1$	$\vec{w}^T=\begin{bmatrix} 1/3 \\ 1/3 \\ 1/3 \end{bmatrix}$	nein	nein
$\begin{matrix} 1 & 0 & 0 \\ 1 & 0 & 0 \\ 0 & 1 & 0 \end{matrix}$ f)	$r^3-r^2=0$ $r_1=1,\ r_2=0,\ r_3=0$	$\vec{w}^T=\begin{bmatrix} 1 \\ 0 \\ 0 \end{bmatrix}$	wie stationäre Verteilung	ja
$\begin{matrix} 1 & 0 & 0 \\ 0 & 0.5 & 0.5 \\ 0 & 0.25 & 0.75 \end{matrix}$ g)	$r^3-2.25r^2+1.5r-0.25=0$ $r_1=1,\ r_2=1,\ r_3=0.25$	unendlich viele $\vec{w}=\left[w_1, \frac{1-w_1}{3}, \frac{2-2w_1}{3}\right]$	existiert, aber ist abhängig von Anfangsverteilg.	nein
$\begin{matrix} 1 & 0 & 0 \\ 0 & 1 & 0 \\ 1 & 0 & 0 \end{matrix}$ h)	$r^3-2r^2+r=0$ $r_1=1,\ r_2=1,\ r_3=0$	unendlich viele $\vec{w}=\left[0.5, 0.5-w_3, w_3\right]$	existiert, aber ist abhängig von Anfangsverteilg. S^n bilden!	nein

Tabelle 14.1

Wir haben bereits oben erkannt, daß jede stochastische (2,2)-Matrix den Eigenwert 1 hat. Offenbar ist das auch bei stochastischen (3,3)-Matrizen der Fall! Allgemein kann man so schließen:
Da zu links- und rechtsseitigen Eigenvektoren die gleichen Eigenwerte gehören, können wir auch von dem Ansatz $S\vec{u}=r\vec{u}$ ausgehen. Wir setzen r=1 ein und geben einen Eigenvektor an, der die Beziehung $S\vec{u}=r\vec{u}$ erfüllt!
$S\vec{u}=1\vec{u}$ wird z.B. erfüllt von $\vec{u}_0=\begin{bmatrix}1\\1\\\vdots\\1\end{bmatrix}$, denn $\begin{bmatrix}p_{11}\cdots p_{1n}\\ \cdots\cdots\\ p_{n1} \quad pnn\end{bmatrix}\begin{bmatrix}1\\1\\\vdots\\1\end{bmatrix}=\begin{bmatrix}\sum\limits_{i=1}^{n}p_{1i}\\\vdots\\\sum\limits_{i=1}^{n}p_{ni}\end{bmatrix}=\begin{bmatrix}1\\\vdots\\1\end{bmatrix}$,
d.h. r=1 ist ein Eigenwert!

Die Ergebnisse für stochastische (2,2)- und (3,3)- Matrizen bestätigen den folgenden Satz, der hier ohne Beweis wiedergegeben wird (man vergleiche z.B. [21]).

SATZ 14.5: a) Der Eigenwert r=1 ist maximaler Eigenwert jeder stochastischen Matrix.
b) Für stochastische Matrizen S, deren Eigenwerte alle verschieden von -1 sind, existieren die Grenzwahrscheinlichkeiten $\lim\limits_{n\to\infty} p_{ik}^{(n)}$ (vergl.Definition 6.2).
b1) Die Zeilenvektoren von S sind verschieden voneinander, wenn r=1 mehrfacher Eigenwert von S ist. Die Grenzverteilung ist dann abhängig von der Anfangsverteilung.
b2) Die Zeilenvektoren von S stimmen miteinander überein, wenn r=1 einfacher Eigenwert von S ist. Die Grenzverteilung ist dann unabhängig von der Anfangsverteilung und gleichzeitig ergodische Verteilung.
Im Fall b1) heißt S schwach regelmäßig, im Fall b2) heißt S regelmäßig.
c) Hat S k absorbierende Zustände, so ist der Eigenwert 1 mindestens k-fach (ein Zustand heißt absorbierend, wenn er nicht mehr verlassen werden kann, vergl. Tabelle 14.1, Beispiel h).

Mit Satz 14.5 können Markow-Ketten klassifiziert werden. Die Größe der Eigenwerte entscheidet also über die Art der Markow-Kette bzw. über die Existenz von Grenzverteilungen. Wenn eine ergodische Verteilung existiert, kann sie am leichtesten als stationäre Verteilung, also durch Lösung des linearen Gleichungssystems $\vec{w}S=\vec{w}$ errechnet werden. Die Bearbeitung von Markow-Ketten mit Hilfe der Eigenwerttheorie kann zusammenfassend so dargestellt werden (Figur 14.4):

Eingabe der Übergangsmatrix S
Errechnung der charakteristischen Gleichung f(r)=0 von S mit dem Verfahren nach Faddejev (FADDEJEVMIT)
Berechnung der Eigenwerte durch Lösung der charakteristischen Gleichung $f(r)=(-1)^n r^n+b_{n-1}r^{n-1}+ \dots +b_1 r+b_0 = 0$ (für n>3 durch ein Näherungsverfahren)
Entscheidung über Art der Markow-Kette je nach Größe der Eigenwerte von S
Falls r=1 einziger Eigenwert mit $\lvert r\rvert=1$, so berechne man den Eigenvektor zu r=1 durch Lösung des LGS $\vec{w}S=\vec{w}$ mit $w_1+w_2+ \dots +w_n = 1$. Dieser Eigenvektor liefert die ergodische Verteilung.

Figur 14.4

....

PROBLEMSTELLUNG 14.2: Der Übergangsgraph von Figur 14.5 beschreibt die folgende Situation: An einer Tankstelle treffen Kunden ein, in einem Zeitintervall höchstens einer. Sie müssen sich in eine Schlange einordnen, falls der allein arbeitende Tankwart gerade einen Kunden bedient (Warteschlangenproblem). Ihre Bedienung erfolgt frühestens in der auf ihre Ankunft folgenden Periode. Die maximale Schlangenlänge sei m (wir betrachten zunächst den Fall m=3). Die Wahrscheinlichkeit für die Ankunft eines neuen Kunden in einem Zeitintervall betrage v=0.25. Es besteht eine Wahrscheinlichkeit von p=0.5 dafür, daß die Bedienung eines Kunden -unabhängig von der Anzahl der bereits für seine Bedienung verbrauchten Zeiteinheiten - innerhalb eines Intervalls endet.
Man untersuche das langfristige Verhalten des Systems!

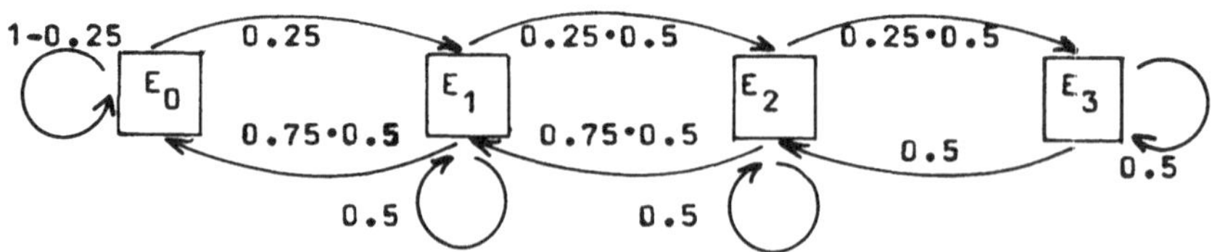

Figur 14.5: Übergangsgraph einer Markow-Ketten (Zustandsgraph)

PROBLEMLÖSUNG: Im Zustand E_i gibt der Index i die Anzahl der Kunden in der Schlange in einem Zeitintervall an. Als Übergangsmatrix ergibt sich S

	E0	E1	E2	E3
E0	0.75	0.25	0	0
E1	0.375	0.5	0.125	0
E2	0	0.375	0.5	0.125
E3	0	0	0.5	0.5

Offensichtlich liegt eine stochastische Matrix vor. Es gilt z.B. $p_{12}=0.125$ (Übergang von E1 nach E2, Schlangenlänge vergrößert sich von 1 auf 2), weil aufgrund der Voraussetzungen ein Kunde neu angekommen sein muß (v=0.25), der Kunde davor jedoch vom Tankwart noch nicht fertig bedient worden ist (1-p=1-0.5=0.5). Insgesamt ergibt sich dann der Wert $0.25\cdot 0.5=0.125$.

a) Aufruf von FADDEJEVMIT und Eingabe von S. Wir erhalten bei Rechnung auf 4 Nachkommastellen:

$f(r)= r^4-2.25r^3+1.6719r^2-0.4570r+0.0352$ (charakter. Polynom) und

$$\begin{bmatrix} -2 & -1.3333 & 0.4444 & -0.1111 \\ -2 & 4 & -1.3333 & 0.3333 \\ 2 & -4 & 4 & -1 \\ -2 & 4 & -4 & 3 \end{bmatrix} = S^{-1}.$$

b) Aufruf von MATPOTENZ

b1) Eingabe von S, Quotientenbildung: Alle Elemente der Quotientenmatrix konvergieren offenbar gegen 1, d.h. maximaler Eigenwert von S ist $r_1=1$ (wie erwartet!).

b2) Eingabe von S^{-1}, Quotientenbildung: Maximaler Eigenwert von S^{-1} ist 8, d.h. ein weiterer Eigenwert von S ist $r_2=0.125$.

c) Linearfaktoren zu den Eigenwerten r_1 und r_2 bilden:

$(r-1)(r-0.125) = r^2-1.125r+0.125$. Polynomdivision:

$(r^4-2.25r^3+1.6719r^2-0.4570r+0.0352):(r^2-1.125r+0.125) =$

$= r^2-1.125r+0.2813.$

d) Quadratische Gleichung lösen:

$r^2-1.125r+0.2813=0 \Rightarrow r_3=0.7498$ und $r_4=0.0352$.

e) Mit den berechneten Eigenwerten ergeben sich nun folgende Ansätze für die zugehörigen Eigenvektoren:

g1) $\vec{w}_1S = 1\vec{w}_1$, g2) $\vec{w}_2S = 0.125\vec{w}_2$, g3) $\vec{w}_3S = 0.7498\vec{w}_3$,

g4) $\vec{w}_4S = 0.3752\vec{w}_4$.

Von besonderem Interesse ist g1), weil dort gerade nach der stationären Verteilung gefragt wird. Diese stimmt hier überein mit Grenzverteilung und ergodischer Verteilung (vergl. Satz 14.5). GAUSSELIMINATION wird auf das LGS g1) angewendet:

$$\begin{aligned} -0.250w_0+0.250w_1 &= 0 \\ 0.375w_0-0.500w_1+0.125w_2 &= 0 \\ 0.375w_1-0.500w_2+0.125w_3 &= 0 \\ 0.500w_2-0.500w_3 &= 0 \\ w_0+ \quad w_1+ \quad w_2+ \quad w_3 &= 1 . \end{aligned}$$

Man erhält

$$\vec{w}^T = \begin{bmatrix} w_0 \\ w_1 \\ w_2 \\ w_3 \end{bmatrix} = \begin{bmatrix} 0.5149 \\ 0.3429 \\ 0.1139 \\ 0.0284 \end{bmatrix}.$$

Damit ist Problemstellung 14.2 zahlenmäßig im wesentlichen bearbeitet. Etwa in 51% Fällen trifft ein Kunde auf eine freie Tankstelle. In etwa 3% Fällen beträgt die Schlangenlänge 3. Eine größere Schlangenlänge kann sich nach Voraussetzung nicht ergeben. Trifft der Autofahrer auf eine Schlangenlänge 3 fährt er vorbei! Für den Eigenwert $r_2=0.125$ stellt man fest, daß das LGS $\vec{w}_2 S=0.125\vec{w}_2$ mit der Nebenbedingung $w_{21}+w_{22}+w_{23}+w_{24}=1$ keine Lösung hat. Wie ist es mit r_3 und r_4?

....

Wir kommen nun zu einer allgemeinen Lösung des obigen Warteschlangenproblems. Entsprechend wie oben legen wir fest:

v Wahrscheinlichkeit für Ankunft eines Kunden im Zeitintervall,

v´ Gegenwahrscheinlichkeit dazu,

p Wahrscheinlichkeit für Abfertigungsende eines Kunden im Zeitintervall,

p´ Gegenwahrscheinlichkeit dazu,

Ei: i ist die Anzahl der Kunden in der Schlange innerhalb eines Zeitintervalls (Zustand Ei).

Als Übergangsmatrix ergibt sich dann (der Leser zeichne sich einen Übergangsgraphen!):

$$\begin{array}{c|cccccc|} & E0 & E1 & E2 & E3 & \dots & E(m-1) & Em \\ E0 & v' & v & 0 & 0 & \dots & 0 & 0 \\ E1 & v'p & 1-v'p-vp' & vp' & 0 & \dots & 0 & 0 \\ E2 & 0 & v'p & 1-v'p-vp' & vp' & \dots & 0 & 0 \\ E3 & 0 & 0 & v'p & 1-v'p-vp' & \dots & 0 & 0 \\ & & & & & & & \\ & 0 & 0 & 0 & 0 & \dots & 1-v'p-vp' & vp' \\ Em & 0 & 0 & 0 & 0 & & p & p' \end{array} = S.$$

Diese Form der Matrix (Dreibandmatrix) ist für Warteschlangenprobleme typisch. Wir berechnen nun die stationäre Verteilung $\vec{w}S=\vec{w}$ mit $w_0+w_1+w_2+ \dots +w_m = 1$. Das LGS läßt sich aufgrund der besonderen Form der Übergangsmatrix relativ leicht lösen. Wir erhalten

(1) $w_0v'+w_1v'p = w_0$		$\Rightarrow w_0v = w_1v'p$ in (2)
(2) $w_0v+w_1(1-v'p-vp')+w_2v'p = w_1$		$\Rightarrow w_1vp'=w_2v'p$ in (3)
(3) $w_1vp'+w_2(1-v'p-vp')+w_3v'p= w_2$		$\Rightarrow w_2vp'=w_3v'p$ in (4)
(4) $w_2vp'+w_3(1-v'p-vp')+w_4v'p= w_3$		$\Rightarrow w_3vp'=w_4v'p$ in (5)
....		
(m-1) $w_{m-3}vp'+w_{m-2}(1-v'p-vp')+w_{m-1}v'p = w_{m-2}$		
(m) $w_{m-2}vp'+w_{m-1}(1-v'p-vp')+w_mp = w_{m-1}$		$\Rightarrow w_{m-1}vp'=w_mp$ wie Gleichung (m+1).
(m+1) $w_{m-1}vp'+w_mp' = w_m$		

Offenbar gilt $w_ivp'=w_{i+1}v'p \;=\; \frac{w_{i+1}}{w_i} = \frac{vp'}{v'p}$ für i von 1 bis (m-2).

Wir setzen noch $\boxed{\frac{vp'}{v'p} = s}$ und finden $w_{i+1}=sw_i$. Damit ergibt sich
(i=1..m-2)
für die w_i:

$$w_0 = w_0\;,\; w_1 = \frac{1}{p'}sw_0\;,\; w_2 = \frac{1}{p'}s^2w_0\;,\; w_3 = \frac{1}{p'}s^3w_0\;,\;\ldots$$

$w_{m-1}= \frac{1}{p'}s^{m-1}w_0$ und schließlich $w_m= \frac{1}{p'}s^mw_0v'$.

Berücksichtigt man nun noch $w_0+w_1+w_2+\;\ldots\;+w_m=1$, so folgt

$w_0(1+\frac{1}{p'}(s+s^2+s^3+\;\ldots\;+s^{m-1}+v's^m))=1$, also
geometrische Reihe!

$$(14.6)\qquad \boxed{w_0(1+\frac{1}{p'}(\frac{s^m-1}{s-1}-1)+\frac{v'}{p'}s^m)=1}$$

Aus (14.6) läßt sich w_0 berechnen, und damit ist auch die Berech- der anderen w_i möglich.
w_0 kann als Zeitanteil gedeutet werden, den das Tankstellen-Bedienungspersonal unbeschäftigt sind wird. w_m gibt den Zeitanteil an, in dem die Schlange ihr Maximum erreicht und daher Kunden abgewiesen werden müssen. Die mittlere Schlangenlänge ergibt sich aus $d=0w_0+1w_1+2w_2+3w_3+\;\ldots+mw_m$.

....

Für p=0.5, v=0.25, m=3 können die früheren Ergebnisse bestätigt werden. Als mittlere Schlangenlänge ergibt sich d= 0.6571. Die exakten Ergebnisse sind $w_0=\frac{54}{105}$, $w_1=\frac{36}{105}$, $w_2=\frac{12}{105}$, $w_3=\frac{3}{105}$.

....

Abschließend wird ein Satz über Grenzwahrscheinlichkeiten genannt, mit dem allein anhand der Potenzen der Übergangsmatrix über Ergodizität einer Markow-Kette entschieden werden kann. Der Satz ist also sehr leicht handhabbar (Programm MATPOTENZ benutzen!), sein Beweis jedoch schwierig. Man kann ihn z.B. in [13] nachlesen.

SATZ 14.6: Gegeben sei eine endliche homogene Markow-Kette mit der Anfangsverteilung $\vec{v}_0$, der Übergangsmatrix S und dem Zustandsraum $M=\{1,2,3,...m\}$.
Die Matrix S^t (Übergangsmatrix nach t Stufen, $t>0$) habe mindestens eine Spalte k_0, in der alle Elemente positiv sind!
a) Dann existieren die Grenzwerte $\lim_{n\to\infty} p_{jk}^{(n)}$ der n-stufigen Übergangswahrscheinlichkeiten und es gilt
$\lim_{n\to\infty} p_{jk}^{(n)}=g_k$ für alle $j,k\in M$ und $g_1+g_2+ \dots +g_m=1$.
Die Grenzwahrscheinlichkeiten sind also unabhängig von der Zeilennummer j, so daß

$$S^{\infty}=\begin{bmatrix} g_1 & g_2 & \cdots & g_m \\ g_1 & g_2 & \cdots & g_m \\ \cdots & \cdots & \cdots & \cdots \\ g_1 & g_2 & \cdots & g_m \end{bmatrix}.$$

b) $\vec{g}=[g_1 \; g_2 \; \dots \; g_m]$ ist unabhängig von der Anfangsverteilung $\vec{v}_0$, d.h. $\vec{g}$ ist ergodische Verteilung: $\vec{g}=\vec{v}_\infty$.

c) $\vec{g}$ ist einzige Lösung des linearen Gleichungssystems $\vec{w}S=\vec{w}$, $w_1+w_2+ \dots +w_m=1$, d.h. $\vec{g}$ ist auch stationäre Verteilung.
Kurz gesagt: Wenn wir in irgendeiner Potenz der Übergangsmatrix S eine Spalte finden, in der alle Elemente positiv sind, so läßt sich die ergodische Verteilung am einfachsten als stationäre Verteilung, d.h. durch Lösung des LGS c) berechnen!

Da oft schon in der gegebenen Übergangsmatrix S eine Spalte mit lauter positiven Elementen vorhanden ist, kann schon dort über das Grenzverhalten entschieden werden. Man vergleiche diese Aussagen mit den Ergebnissen in Tabelle 14.1.

ÜBUNGSAUFGABEN

Ü 14.1) Ein Marktforschungsinstitut hat das Kaufverhalten sechzehnjähriger Schüler getestet, die regelmäßig eine von zwei Elektronik-Zeitschriften Z1 und Z2 kaufen. Anfangs kauften alle Testpersonen die Zeitschrift Z1. Danach regelte sich der Kauf der Hefte nach der Übergangsmatrix

	Z1	Z2
Z1	0.4	0.6
Z2	0.5	0.5

a) Wieviel Prozent der Leser entschieden sich beim sechsten Kauf für Z2? Wie ist diese Frage zu beantworten, wenn anfangs 30% Z1 und 70% Z2 kauften.

b) Untersuchen Sie das langfristige Verhalten mit verschiedenen Methoden.

Ü 14.2) Untersuchen Sie die folgenden Matrizen auf Existenz stationärer Verteilungen, Grenzverteilungen und ergodischer Verteilungen.

$$S=\begin{bmatrix}0.75 & 0.25 & 0\\ 0 & 0.5 & 0.5\\ 0.25 & 0.25 & 0.5\end{bmatrix}\quad T=\begin{bmatrix}1 & 0 & 0\\ 0.5 & 0 & 0.5\\ 0 & 0 & 1\end{bmatrix}\quad U=\begin{bmatrix}0.4 & 0.4 & 0.2\\ 0 & 1 & 0\\ 0 & 0 & 1\end{bmatrix}$$

Ü 14.3) Ein Sessellift kann alle 30 Sekunden eine Person befördern. Innerhalb dieses Zeitraums kommen höchstens zwei Personen am Lift an. Die Zugänge erfolgen zufällig und in nicht benachbarten Zeitintervallen unabhängig voneinander. Es gilt

Anzahl der eintreffenden Personen im Zeitintervall	0	1	2
Wahrscheinlichkeiten allgemein	p	u	v
Zahlenbeispiel	0.4	0.4	0.2

Als maximale Schlangenlänge werden 6 Personen zugelassen.

a) Zeichnen Sie einen Übergangsgraphen und zeigen Sie, daß sich als Übergangsmatrix ergibt

	0	1	2	3	4	5	6
0	p+u	v	0	0	0	0	0
1	p	u	v	0	0	0	0
2	0	p	u	v	0	0	0
3	0	0	p	u	v	0	0
4	0	0	0	p	u	v	0
5	0	0	0	0	p	u	v
6	0	0	0	0	0	p	1-p

= S.

b) Zeigen Sie, daß es in der Matrix S^2 eine Spalte gibt, die nur positive Elemente enthält.

c) Bestätigen Sie die ergodische Verteilung (Zahlenbeispiel)

$$\vec{w}=\left[\frac{16}{31},\frac{8}{31},\frac{4}{31},\frac{2}{31},\frac{1}{32}\right].$$

d) Zeigen Sie für eine Schlangenlänge von m Personen (maximal), daß

$w_0= (v-p)p^m(v^{m+1}-p^{m+1})^{-1}$ und $w_1=\frac{p}{v}w_0$, $w_2=(\frac{p}{v})^2w_0$, $w_3=(\frac{p}{v})^3w_0$ ....

Ü 14.4) Zeigen Sie, daß das Produkt zweier stochastischer Matrizen $A=(a_{ij})_{(n,n)}$ und $B=(b_{jk})_{(n,n)}$ wieder eine stochastische Matrix ergibt.

Ü 14.5) In einem Tümpel leben Insekten, die sich entweder im Tümpel (T) oder am Ufer (U) aufhalten können. Das Verhalten der Insekten, speziell eines Einzeltieres, wird über eine gewisse Zeit beobachtet und entspreche einer Markow-Kette. Aufgrund der Beobachtungen wird die folgende Übergangsmatrix angesetzt:

$$\begin{array}{c} \\ U \\ T \end{array} \begin{array}{c} \begin{array}{cc} U & T \end{array} \\ \begin{bmatrix} 7/12 & 5/12 \\ 9/12 & 3/12 \end{bmatrix} \end{array} .$$

Dabei wird das Einzeltier als repräsentativ für alle anderen Insekten dieser Art in dem Tümpel angenommen, und die Tiere verhalten sich unabhängig voneinander. Untersuchen Sie das System bei einer Anfangsverteilung von $\begin{bmatrix} 0.5 & 0.5 \end{bmatrix}$. Berechnen Sie die Grenzmatrix.

Ü 14.6) Aus einer Urne, in der 5 Kugeln mit den Nummern 1,2,3,4,5 liegen, wird eine Kugel blindlings gezogen und die Nummer notiert. Anschließend wird die Kugel zurückgelegt und der Vorgang wiederholt. Das System befinde sich im Zustand i, wenn die größte notierte Nummer gleich i ist.

a) Bestätigen Sie die Übergangsmatrix

$$S=\begin{array}{c} \\ 1 \\ 2 \\ 3 \\ 4 \\ 5 \end{array} \begin{array}{c} \begin{array}{ccccc} 1 & 2 & 3 & 4 & 5 \end{array} \\ \begin{bmatrix} 0.2 & 0.2 & 0.2 & 0.2 & 0.2 \\ 0 & 0.4 & 0.2 & 0.2 & 0.2 \\ 0 & 0 & 0.6 & 0.2 & 0.2 \\ 0 & 0 & 0 & 0.8 & 0.2 \\ 0 & 0 & 0 & 0 & 1 \end{bmatrix} \end{array}$$

Ü 14.7) Gegeben sei die stochastische Matrix $S=(p_{ik})_{(3,3)}$. Mit dem Ansatz $\vec{x}S=r\vec{x}$ kann die charakteristische Gleichung berechnet werden. Nach einiger Rechenarbeit erhält man

$f(r)=-(r-1)(r^2+r(1-spur(S))+det(S))$, wobei $spur(S)=p_{11}+p_{22}+p_{33}$ und

$det(S)=p_{11}p_{22}p_{33}+p_{12}p_{23}p_{31}+p_{13}p_{32}p_{21}-p_{13}p_{22}p_{31}-p_{23}p_{32}p_{11}-p_{33}p_{21}p_{12}$ (Determinante von S).

Bestätigen Sie f(r) (LGS lösen oder Verfahren von Faddejev anwenden) und zeigen Sie, daß sich für die Eigenwerte ergibt:

(14.7) $$r_1=1,\; r_{2/3}=0.5(spur(S)-1)+0.5\sqrt{(spur(S)-1)\;-4det(S)}\;.$$

Ü 14.8) Die monatliche Ausbreitung einer Epidemie geht nach der Übergangsmatrix S vor sich. Man bestimme die Eigenwerte von S und die stationäre Verteilung.

$$\begin{array}{r} \\ \text{tot} \\ \text{krank} \\ \text{gesund} \end{array} \begin{array}{c} \begin{array}{ccc} \text{tot} & \text{krank} & \text{gesund} \end{array} \\ \begin{bmatrix} 1 & 0 & 0 \\ 0.25 & 0.5 & 0.25 \\ 0 & 0.5 & 0.5 \end{bmatrix} \end{array} = S.$$

Betrachten Sie eine Stadt mit anfangs 5000 gesunden Einwohnern. Verfolgen Sie die Entwicklung in den nächsten Perioden.

14.3 IRRFAHRTEN (ABSORBIERENDE MARKOW-KETTEN)

PROBLEMSTELLUNG 14.3: Wir betrachten eine eindimensionale Irrfahrt mit 2 absorbierenden Zuständen. Ein Tier bewege sich längs der in Figur 14.6 dargestellten Strecke mit den dort angegebenen Übergangswahrscheinlichkeiten. Hat das Tier einen der Zustände 1 oder 5 erreicht, kann es ihn nicht mehr verlassen.

> DEFINITION 14.5: Ein Zustand einer Markow-Kette heißt absorbierend, wenn es unmöglich ist ihn zu verlassen. Ein Markow-Kette heißt absorbierend, wenn sie über mindestens einen absorbierenden Zustand verfügt und es möglich ist, von jedem nicht-absorbierenden Zustand zu einem absorbierenden Zustand zu gelangen.

Wir starten in einem nicht absorbierenden Zustand und interessieren uns bei wachsender Schrittzahl zunächst

a) für die Wahrscheinlichkeit des Aufenthalts des Tieres in einem nicht absorbierenden Zustand und

b) für die Wahrscheinlichkeit des Erreichens der absorbierenden Zustände.

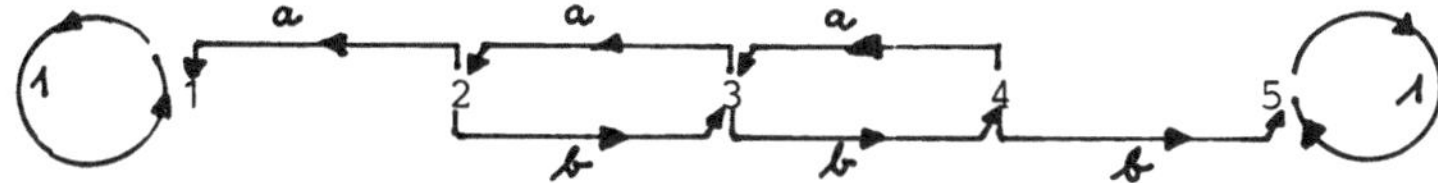

Figur 14.6: Irrfahrt auf einer Strecke

PROBLEMLÖSUNG: Als Übergangsmatrix ergibt sich

$$S = \begin{array}{c} \\ 1 \\ 2 \\ 3 \\ 4 \\ 5 \end{array} \begin{array}{c} \begin{matrix} 1 & 2 & 3 & 4 & 5 \end{matrix} \\ \begin{bmatrix} 1 & 0 & 0 & 0 & 0 \\ a & 0 & b & 0 & 0 \\ 0 & a & 0 & b & 0 \\ 0 & 0 & a & 0 & b \\ 0 & 0 & 0 & 0 & 1 \end{bmatrix} \end{array}$$

Wir wollen uns nun zuerst einen Überblick verschaffen, wie weit von uns bisher verwendete Methoden für diese besondere Art von Markow-Ketten anwendbar sind.

Dazu setzen wir zunächst a=b=0.5 und wenden an:

FADDEJEVMIT (charakteristische Gleichung, Eigenwerte, Inverse),

MATPOTENZ (Potenzen, Quotienten, Verteilungsvektoren für den Anlaufvektor $\begin{bmatrix} 0 & 0 & 1 & 0 & 0 \end{bmatrix} = \vec{v}_0$).

Wir erhalten bei Eingabe von S u.a. folgende Ergebnisse:

$$S=\begin{bmatrix} 1 & 0 & 0 & 0 & 0 \\ 0.5 & 0 & 0.5 & 0 & 0 \\ 0 & 0.5 & 0 & 0.5 & 0 \\ 0 & 0 & 0.5 & 0 & 0.5 \\ 0 & 0 & 0 & 0 & 1 \end{bmatrix}.$$

$S^2=$					$S^2/S=$				
1.0000	.0000	.0000	.0000	0.0000	1.0000	xxxxx	xxxxx	xxxxx	xxxxx
0.5000	.2500	.0000	.2500	0.0000	1.0000	xxxxx	xxxxx	xxxxx	xxxxx
0.2500	.0000	.5000	.0000	0.2500	xxxxx	xxxxx	xxxxx	xxxxx	xxxxx
0.0000	.2500	.0000	.2500	0.5000	xxxxx	xxxxx	xxxxx	xxxxx	1.0000
0.0000	.0000	.0000	.0000	1.0000	xxxxx	xxxxx	xxxxx	xxxxx	1.0000
$S^3=$					$S^3/S^2=$				
1.0000	.0000	.0000	.0000	0.0000	1.0000	xxxxx	xxxxx	xxxxx	xxxxx
0.6250	.0000	.2500	.0000	0.1250	1.2500	xxxxx	xxxxx	xxxxx	xxxxx
0.2500	.2500	.0000	.2500	0.2500	1.0000	xxxxx	xxxxx	xxxxx	1.0000
0.1250	.0000	.2500	.0000	0.6250	xxxxx	xxxxx	xxxxx	xxxxx	1.2500
0.0000	.0000	.0000	.0000	1.0000	xxxxx	xxxxx	xxxxx	xxxxx	1.0000
$S^4=$					$S^4/S^3=$				
1.0000	.0000	.0000	.0000	0.0000	1.0000	xxxxx	xxxxx	xxxxx	xxxxx
0.6250	.1250	.0000	.1250	0.1250	1.0000	xxxxx	xxxxx	xxxxx	1.0000
0.3750	.0000	.2500	.0000	0.3750	1.5000	xxxxx	xxxxx	xxxxx	1.5000
0.1250	.1250	.0000	.1250	0.1250	1.0000	xxxxx	xxxxx	xxxxx	1.0000
0.0000	.0000	.0000	.0000	1.0000	xxxxx	xxxxx	xxxxx	xxxxx	1.0000
$S^{20}=$					$S^{21}/S^{20}=$				
1.0000	.0000	.0000	.0000	0.0000	1.0000	xxxxx	xxxxx	xxxxx	xxxxx
0.7495	.0005	.0000	.0005	0.2495	1.0003	xxxxx	xxxxx	xxxxx	1.0010
0.4995	.0000	.0010	.0000	0.4995	1.0000	xxxxx	xxxxx	xxxxx	1.0000
0.2495	.0005	.0000	.0005	0.7495	1.0010	xxxxx	xxxxx	xxxxx	1.0003
0.0000	.0000	.0000	.0000	1.0000	xxxxx	xxxxx	xxxxx	xxxxx	1.0000
$S^{50}=$					$S^{51}/S^{50}=$				
1.0000	.0000	.0000	.0000	0.0000	1.0000	xxxxx	xxxxx	xxxxx	xxxxx
0.7500	.0000	.0000	.0000	0.2500	1.0000	xxxxx	xxxxx	xxxxx	1.0000
0.5000	.0000	.0000	.0000	0.5000	1.0000	xxxxx	xxxxx	xxxxx	1.0000
0.2500	.0000	.0000	.0000	0.7500	1.0000	xxxxx	xxxxx	xxxxx	1.0000
0.0000	.0000	.0000	.0000	1.0000	xxxxx	xxxxx	xxxxx	xxxxx	1.0000
$\vec{v}_0=$					$\vec{v}_1=$				
.0000	.0000	1.000	.0000	.0000	.0000	.5000	.0000	.5000	.0000
$\vec{v}_2=$					$\vec{v}_3=$				
.2500	.0000	.5000	.0000	.2500	.2500	.2500	.0000	.2500	.2500
$\vec{v}_4=$					$\vec{v}_5=$				
.3750	.0000	.2500	.0000	.3750	.3750	.1250	.0000	.1250	.3750
$\vec{v}_{20}=$					$\vec{v}_{50}=$				
.4995	.0000	.0010	.0000	.4995	.5000	.0000	.0000	.0000	.5000

FADDEJEVMIT sagt uns:

S^{-1} existiert nicht, das charakteristische Polynom heißt

$f(r) = -r^5+2r^4-0.5r^3-r^2+0.5r.$

Als stationäre Verteilung: $\vec{w}=\begin{bmatrix}0.5 & 0 & 0 & 0 & 0.5\end{bmatrix}.$

Auswertung:

1) Aus der charakteristischen Gleichung ergeben sich die Eigenwerte $r_1=0$, $r_2=1$, $r_3=1$, $r_4=\sqrt{0.5}$, $r_5=-\sqrt{0.5}$ (vergl. Satz 14.5).

2) Die Wahrscheinlichkeit der Absorption wächst mit zunehmender Schrittzahl. Z.B. kann man ablesen, daß bei Start in Zustand 2 eine Wahrscheinlichkeit von 0.75 dafür besteht,im Zustand 1 absorbiert zu werden (in 75% der Fälle).

2) Die Potenzen der Übergangsmatrix zeigen, daß offenbar eine Grenzmatrix existiert, allerdings nicht mit lauter gleichen Zeilen. Für den Anlaufvektor $[0 \quad 0 \quad 1 \quad 0 \quad 0]$ ergibt sich offenbar die Grenzverteilung $[0.5 \quad 0 \quad 0 \quad 0 \quad 0.5]$, die mit der stationären Verteilung übereinstimmt. Rechnet man für den Anlaufvektor $[0 \; 1 \; 0 \; 0 \; 0]$, so ergibt sich anscheinend die Grenzverteilung $[0.75 \; 0 \; 0 \; 0 \; 0.25]$. Die Grenzverteilung ist also abhängig von der Anfangsverteilung!

4) Offenbar findet mit abnehmenden Wahrscheinlichkeiten ein periodischer Wechsel in den nicht-absorbierenden Zuständen statt.

....

Wir lösen uns nun von dem Sonderfall a=b=0.5 und setzen die Untersuchung zu Problemstellung 14.3 allgemein fort.

Zur Untersuchung, ob eine Markow-Kette absorbierend ist, braucht man nur nach Elementen in der Hauptdiagonalen der Übergangsmatrix suchen, die den Wert 1 haben. Eine Umordnung der Zustände ist dann sinnvoll, da man mehr Überblick gewinnt und sich erhebliche Vorteile bei der rechnerischen Bewältigung der Problemstellungen ergeben! Im folgenden wird sich das zeigen!

Wir betrachten also von nun an die umgeordnete Übergangsmatrix $\bar{S}$

	1	5	2	3	4
1	1	0	0	0	0
5	0	1	0	0	0
2	a	0	0	b	0
3	0	0	a	0	b
4	0	b	0	a	0

$= \bar{S}$.

$$\begin{array}{c|cc|ccc} & 1 & 5 & 2 & 3 & 4 \\ \hline 1,5 & & E & & O & \\ 2,3,4 & & A & & B & \end{array} = \bar{S} .$$

Damit kann die Matrix S in 4 Teilmatrizen mit spezifischen Eigenschaften zerlegt werden:

E ist hier eine (2,2)- Einheitsmatrix,

O ist hier eine (2,3)- Nullmatrix,

A ist hier eine (3,2)- Matrix,

B ist hier eine (3,3)- Matrix.

Inhaltlich stellt sich die Zerlegung so dar:

	1 5	2 3 4
1 5	Übergänge von absorbierend nach absorbierend	Übergänge von absorbierend nach nicht-absorbierend
2 3 4	Übergänge von nicht-absorbierend nach absorbierend	Übergänge von nicht-absorbierend nach nicht-absorbierend

. Wir halten fest:

> Eine Zerlegung in der oben angegebenen Form ist für jede absorbierende Markow-Kette möglich!

Für die Potenzen $\bar{S}^n$ der umgeordneten Übergangsmatrix erweist sich die Zerlegung als besonders vorteilhaft:

	$E_{(2,2)}$	$O_{(2,3)}$
	$A_{(3,2)}$	$B_{(3,3)}$
$E_{(2,2)}$ $O_{(2,3)}$	EE+OA	EO+OB
$A_{(3,2)}$ $B_{(3,3)}$	AE+BA	OA+BB

, also $\bar{S}^2 = \begin{bmatrix} E & O \\ (E'+B)A & B^2 \end{bmatrix}$, wobei E' eine (3,3)-Einheitsmatrix ist. Die einzelnen Matrizenprodukte können aufgrund des Typs der einzelnen Matrizen in der vorgeführten Form gebildet werden. Die Fortsetzung dieses Ansatzes ergibt

	E	O
	A	B
E O	E	O
$(E'+B)A$ B^2	$(E'+B)A+B^2A$	B^3

, also $\bar{S}^3 = \begin{bmatrix} E & O \\ (E'+B+B^2)A & B^3 \end{bmatrix}$

Offenbar gilt

> **SATZ 14.7:** Die n-te Potenz der umgeordneten Übergangsmatrix $\bar{S} = \begin{bmatrix} E & O \\ A & B \end{bmatrix}$ ist $\bar{S}^n = \begin{bmatrix} E & O \\ (E'+B+B^2+\ldots+B^{n-1})A & B^n \end{bmatrix}$

Der Beweis läßt sich leicht durch vollständige Induktion führen. Er gilt entsprechend für jede absorbierende Markow-Kette.

Beweis: Für n=1 ist die Behauptung richtig, da $\bar{S}^1 = \bar{S}$. Für n=2 und n=3 wurde die Behauptung bereits oben gezeigt.

Die Aussage gelte nun für n=k. Die Gültigkeit für n=k+1 läßt sich dann so zeigen:

$$\bar{S}^{k+1} = \bar{S}^k\bar{S} = \begin{bmatrix} E & O \\ (E'+B+B^2+\ldots+B^{k-1})A & B^k \end{bmatrix} \begin{bmatrix} E & O \\ A & B \end{bmatrix}$$

$$\bar{S}^{k+1} = \begin{bmatrix} EE+OA & EO+OB \\ (E'+B+\ldots+B^{k-1})AE+B^kA & (E'+B+\ldots+B^{k-1})AO+B^kB \end{bmatrix}$$

$$\bar{S}^{k+1} = \begin{bmatrix} E & O \\ (E'+B+\ldots+B^{k})A & B^{k+1} \end{bmatrix}.$$ Damit gilt Satz 14.7 für alle $n \in \mathbb{N}$.

....

Entscheidend für die Berechnung von $\bar{S}^n$ ist also die Kenntnis der Potenzen $B^2, B^3, \ldots B^n$ der Matrix, die die Übergangswahrscheinlichkeiten in den einzelnen Stufen zwischen den nicht-absorbierenden Zuständen angibt. Für Problem 14.3 betrachten wir also nun die Potenzen der Matrix

$$B = \begin{bmatrix} 0 & b & 0 \\ a & 0 & b \\ 0 & a & 0 \end{bmatrix}.$$ Wir erhalten

	$\begin{matrix} 0 & b & 0 \\ a & 0 & b \\ 0 & a & 0 \end{matrix}$	$\begin{matrix} 0 & b & 0 \\ a & 0 & b \\ 0 & a & 0 \end{matrix}$	$\begin{matrix} 0 & b & 0 \\ a & 0 & b \\ 0 & a & 0 \end{matrix}$
$\begin{matrix} 0 & b & 0 \\ a & 0 & b \\ 0 & a & 0 \end{matrix}$	$\begin{matrix} ab & 0 & b^2 \\ 0 & 2ab & 0 \\ a^2 & 0 & ab \end{matrix}$	$\begin{matrix} 0 & 2ab^2 & 0 \\ 2ab^2 & 0 & 2ab^2 \\ 0 & 2a^2b & 0 \end{matrix}$	$\begin{matrix} 2a^2b^2 & 0 & 2ab^3 \\ 0 & 4a^2b^2 & 0 \\ 2a^3b & 0 & 2a^2b^2 \end{matrix}$

und

$$B^5 = \begin{bmatrix} 0 & 4a^2b^3 & 0 \\ 4a^3b^2 & 0 & 4a^2b^3 \\ 0 & 4a^3b^2 & 0 \end{bmatrix}.$$ Wir vermuten

$$B^{2n} = \begin{bmatrix} 2^{n-1}a^nb^n & 0 & 2^{n-1}a^{n-1}b^{n-1} \\ 0 & 2^na^nb^n & 0 \\ 2^{n-1}a^{n+1}b^{n-1} & 0 & 2^{n-1}a^nb^n \end{bmatrix}$$

$$B^{2n} = 2^{n-1}a^{n-1}b^{n-1} \begin{bmatrix} ab & 0 & b^2 \\ 0 & 2ab & 0 \\ a^2 & 0 & ab \end{bmatrix} = (2ab)^{n-1}B^2$$

Für B^{2n+1} kann entsprechend gerechnet werden! Also

(14.7) $$B^{2n} = (2ab)^{n-1}B^2 \quad \text{und} \quad B^{2n+1} = (2ab)^nB, \quad n \in \mathbb{N}.$$

Auch hier lassen sich die Beweise leicht durch vollständige Induktion führen! Nun gilt

(14.8) $$\lim_{n\to\infty} B^{2n} = 0 \quad \text{und} \quad \lim_{n\to\infty} B^{2n+1} = 0 \ .$$

Beweis: Die Elemente von B^{2n} und B^{2n+1} werden wegen $0 \leqq a, b \leqq 1$ immer kleiner, da mindestens eine der Folgen a^i und b^i Nullfolge ist. Die Elemente gehen also gegen 0.

Das bedeutet, daß der Prozeß ein absorbierendes Stadium erreichen muß! Wir erhalten also $B^{\infty} = O_{(3,3)}$. Beispielsweise ergibt sich

$$\bar{S}^{40} = \left[\begin{array}{cc|ccc} 1 & 0 & 0 & 0 & 0 \\ 0 & 1 & 0 & 0 & 0 \\ \hline 0.75 & 0.25 & 0 & 0 & 0 \\ 0.50 & 0.50 & 0 & 0 & 0 \\ 0.25 & 0.75 & 0 & 0 & 0 \end{array}\right] \quad \text{für } a=b=0.5.$$

Bemerkung: Man beachte , daß die Matrizen $B, B^2, \ldots$ nicht stochastisch sind!

Wir bearbeiten nun Problemstellung 14.3, b) allgemein weiter, suchen also die Wahrscheinlichkeiten für den Übergang von nicht-absorbierenden Zuständen zu den absorbierenden Zuständen, d.h.

(14.9) $$X^{\infty} = \lim_{n\to\infty} X_n = \lim_{n\to\infty}(E' + B + B^2 + \ldots + B^{n-1})A\ .$$

Unter Benutzung von (14.7) gilt

$$X^{\infty} = (E' + B + B^2 + 2abB + (2ab)B^2 + (2ab)^2B^2 + \ldots)A$$

$$X^{\infty} = (E' + (1 + 2ab + (2ab)^2 + (2ab)^3 + \ldots)(B + B^2))A$$

geometrische Reihe!

$$X^{\infty} = (E' + \frac{1}{1-2ab}(B+B^2))A = \frac{1}{1-2ab}\begin{bmatrix} a-a^2b & b^3 \\ a^2 & b^2 \\ a^3 & b-ab^2 \end{bmatrix}.$$

Damit wird insgesamt

(14.10)
$$\bar{S}^{\infty} = \lim_{n\to\infty} \bar{S}^n = \begin{array}{c} \\ 1 \\ 5 \\ 2 \\ 3 \\ 4 \end{array} \begin{array}{c} \begin{array}{ccc} 1 & 5 & 2\quad 3\quad 4 \end{array} \\ \left[\begin{array}{cc|c} \multicolumn{2}{c|}{E_{(2,2)}} & O_{(2,3)} \\ \hline \frac{a-a^2b}{1-2ab} & \frac{b^3}{1-2ab} & \\ \frac{a^2}{1-2ab} & \frac{b^2}{1-2ab} & O_{(3,3)} \\ \frac{a^3}{1-2ab} & \frac{b-ab^2}{1-2ab} & \end{array}\right] \end{array}$$

Für $a=b=0.5$ lassen sich nun die obigen Werte bei $\bar{S}^{40}$ bestätigen. Es besteht also z.B. eine Wahrscheinlichkeit von 0.5 dafür, daß bei Start im Zustand 3 Absorption in Zustand 5 erfolgt. Damit ist Problem 14.3,b) auch allgemein gelöst!

Die Problemstellung wird nun erweitert:

WIE OFT HAT MAN DEN PROZEß VOR SEINER ABSORPTION IM MITTEL IN DEN NICHT-ABSORBIERENDEN ZUSTÄNDEN ZU ERWARTEN?

Zum Beispiel starte das Tier im Zustand 2, wie oft hält es sich dann im Mittel vor der Absorption im Zustand 4 auf? Die gesuchten Mittelwerte werden mit m_{ik} bezeichnet, so daß die Matrix D alle auftretenden Mittelwerte enthält. Zur Berechnung der m_{ik} benötigen wir die Matrizen E', B, B^2, B^3, ..., die die Wahrscheinlichkeiten für die Übergänge nach 0,1,2,3,... Schritten zwischen den nicht-absorbierenden Zuständen enthalten. Zur Bestimmung der Mittelwerte müssen diese Matrizen addiert werden! Zum Beispiel kann jedes Element der Matrix B^5 gedeutet werden als Anzahl der Übergänge pro 100 Übergänge (prozentualer Anteil) zwischen den nicht absorbierenden Zuständen in Stufe 5.

Im Zahlenbeispiel erhalten wir (Werte siehe Seite 260):

$$\begin{array}{c|ccc} & 2 & 3 & 4 \\ \hline 2 & 1+0+0.25+0+0.125+\ldots & 0+0.5+0+0.25+0+\ldots & 0+0+0.25+0+0.125+\ldots \\ 3 & 0+0.5+0+0.25+0\;+\ldots & 1+0+0.5+0+0.25+\ldots & 0+0.5+0+0.25+0\;+\ldots \\ 4 & 0+0+0.25+0+0.125+\ldots & 0+0.5+0+0.25+0+\ldots & 1+0+0.25+0+0.125+\ldots \end{array}$$

(überall geometrische Reihen!) , also

$$D=\begin{bmatrix} m_{22} & m_{23} & m_{24} \\ m_{32} & m_{33} & m_{34} \\ m_{42} & m_{43} & m_{44} \end{bmatrix}=\begin{bmatrix} 1.5 & 1 & 0.5 \\ 1 & 2 & 1 \\ 0.5 & 1 & 1.5 \end{bmatrix}.$$

Allgemein ergibt sich für m_{24}

$$m_{24}= 0 + 0 + b^2 + 0 + 2ab^3 + 0 + 4a^2b^4 + \ldots$$

$$(\text{aus } E' \quad B \quad B^2 \quad B^3 \quad B^4 \quad B^5 \quad B^6 \quad \ldots) \Rightarrow m_{24}=\frac{a^2}{1-2ab}.$$

Insgesamt gilt

$$D = E'+B+B^2+B^3+ \ldots = E'+\frac{1}{1-2ab}(B+B^2),$$ siehe Herleitung für X^∞,

$$D = \frac{1}{1-2ab}\begin{bmatrix} 1-ab & b & b^2 \\ a & 1 & b \\ a^2 & a & 1-ab \end{bmatrix}.$$ Für a=b=0.5 bestätigen sich die obigen Werte.

Startet das Tier im Zustand 2, so befindet es sich vor seiner Absorption im Mittel 0.5 mal im Zustand 4.

WIEVIEL SCHRITTE SIND IM MITTEL BIS ZUR ABSORPTION NÖTIG?

Wir erhalten das Ergebnis durch zeilenweise Addition der Elemente von D, können also rechnen $D'=D\cdot\vec{1}$, wobei $\vec{1}$ ein Spaltenvektor mit lauter 1- en ist:

$$D'=\begin{bmatrix} \frac{1-ab+b+b^2}{1-2ab} \\ \frac{1+a+b}{1-2ab} \\ \frac{1-ab+a+a^2}{1-2ab} \end{bmatrix} \quad \text{bzw.} \quad D'=\begin{bmatrix} 3.0 \\ 4.0 \\ 3.0 \end{bmatrix} \begin{matrix} 2 \\ 3 \\ 4 \end{matrix}.$$

(mittlere Schrittzahl bis zur Absorption bei Start in Zustand)

....

Mit den obigen Ergebnissen können die bei absorbierenden Markow-Ketten besonders interessierenden Fragestellungen beantwortet werden. Die Überlegungen zu Problemstellung 14.3 waren beispielhaft für alle absorbierenden Markow-Ketten mit endlich vielen Zuständen. Wir fassen zusammen:

SATZ 14.8: Gegeben sei eine absorbierende Markow-Kette (homogen, endlich viele Zustände) mit der nach den absorbierenden Zuständen geordneten Übergangsmatrix

$\bar{S}=\begin{bmatrix} E & O \\ A & B \end{bmatrix}$. Wir betrachten die Matrix $D=E' + B + B^2 + B^3 + \ldots$, die eine besondere Rolle bei der Bearbeitung absorbierender Markow-Ketten spielt.

1) D gibt an, welcher Mittelwert (Erwartungswert) sich für den Aufenthalt in den einzelnen nicht-absorbierenden Zuständen ergibt, wenn der Prozeß in einem nicht-absorbierenden Zustand beginnt.

2) $D \cdot \vec{1}$ liefert die Mittelwerte für die Anzahl der Schritte bis zur Absorption in Abhängigkeit von den nicht-absorbierenden Anfangszuständen.

3) $D \cdot A$ beinhaltet die einzelnen Wahrscheinlichkeiten, mit denen die absorbierenden Zustände, ausgehend von den nicht-absorbierenden Zuständen, erreicht werden.

4) Man kann zeigen: Für Matrizen B mit $\lim_{n\to\infty} B = O$ gilt $D=E' + B + B^2 + B^3 + \ldots = (E' - B)^{-1}$, siehe z.B. [21].

5) Es gilt

$$\lim_{n\to\infty} \bar{S}^n = \begin{bmatrix} E & O \\ (E-B)^{-1}A & O \end{bmatrix} = \bar{S}^{\infty},$$ Grenzmatrix bei absorbierenden Markow-Ketten.

Ein grob strukturierter Algorithmus für die Bearbeitung absorbierender Ketten könnte wie in Figur 14.7 dargestellt aussehen:

Feststellen, ob es sich um eine absorbierende Kette handelt
Ggf. Umordnen der Zustände (ZUSTAENDEUMORDNEN)
Berechnung von $(E'-B)^{-1}$, $(E'-B)^{-1} \cdot \vec{1}$ und $(E'-B)^{-1}A$

Die Prozedur ZUSTAENDEUMORDNEN könnte so arbeiten

Erzeugen der Permutationsmatrizen T_l und T_r in Abhängigkeit von den Nummern der absorbierenden Zustände.
Berechnung von $\bar{S} := T_l S T_r$
Ausgabe der umgeordneten Matrix $\bar{S}$

Figur 14.7

Abschließend betrachten wir eine dreidimensionale Irrfahrt. Bei der Problemlösung werden wir ein **Programm MATMARKOW** einsetzen, das hier aus Platzgründen nicht dokumentiert werden kann. Es handelt sich dabei um ein umfangreiches Programmsystem,das alle Arten von endlichen homogenen Markow-Ketten, wie sie in Kapitel 14 besprochen wurden, mit verschiedenen Methoden bearbeitet. Interessierte Leser können das Programm beim Autor anfordern (siehe Bemerkung S.268).

PROBLEMSTELLUNG 14.4: Eine Figur bewege sich auf einem Würfel längs der eingezeichneten Linien mit den dort notierten Wahrscheinlichkeiten (Figur 14.8).

a) Wo sollte die Figur starten, um möglichst lange eine Absorption zu vermeiden?

b) Wie oft kann man die Figur im Mittel in den nicht-absorbierenden Zuständen erwarten?

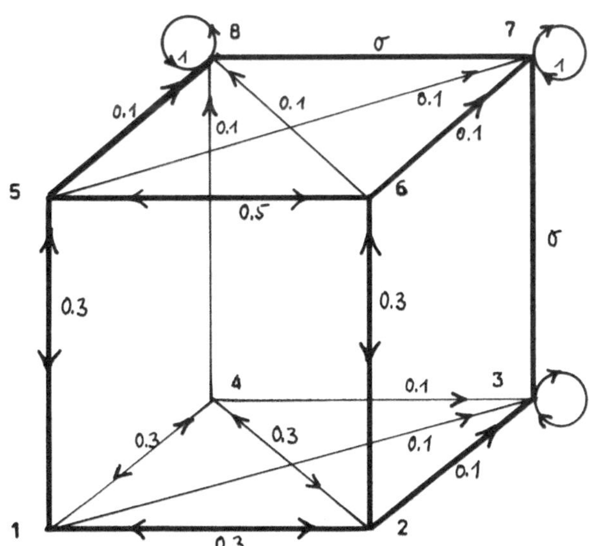

Figur 14.8: Dreidimensionale Irrfahrt

PROBLEMLÖSUNG: Aus Figur 14.8 läßt sich die Übergangsmatrix S ablesen:

	1	2	3	4	5	6	7	8
1	0	0.3	0.1	0.3	0.3	0	0	0
2	0.3	0	0.1	0.3	0	0.3	0	0
3	0	0	1	0	0	0	0	0
4	0.3	0.3	0.1	0.2	0	0	0	0.1
5	0.3	0	0	0	0	0.5	0.1	0.1
6	0	0.3	0	0	0.5	0.1	0.1	0
7	0	0	0	0	0	0	1	0
8	0	0	0	0	0	0	0	1

= S .

```
PASCAL PROGRAM MARKOW   STARTED
!!!!!!!!!!!!!!!!!!!!!!!!!!!!!!!!!!!!!!!!!!!!!
! M A R K O W  -  K E T T E N               !
!                                           !
! VERFASSER: LEHMANN, EBERHARD              !
!            1000 BERLIN 45                 !
!            GEITNERWEG 20C                 !
!                                           !
! VERSION  : 8. OKTOBER 1980                !
!                                           !
!!!!!!!!!!!!!!!!!!!!!!!!!!!!!!!!!!!!!!!!!!!!!
INFORMATION ODER START (I,S) ?
 I
!!!!!!!!!!!!!!!!!!!!!!!!!!!!!!!!!!!!!!!!!!!!!!!!!!!!!!!
ES WERDEN NUR ENDLICHE HOMOGENE MARKOW-
KETTEN, EGAL OB ABSORBIEREND ODER NICHT,
BEARBEITET! NACH EINGABE DER UEBERGANGS-
MATRIX (MIT KORREKTURMOEGLICHKEIT)
WIRD FESTGESTELLT, OB EINE ABSORBIERENDE
KETTE VORLIEGT. DANACH WERDEN DIE VER-
SCHIEDENEN PROGRAMMTEILE ANGEBOTEN.
************************************************************
WEITER (J,N) ?
 J
SIE KOENNEN NUN FOLGENDE INFORMATIONEN
ABRUFEN:
A: BEISPIELAUFGABE
B: MARKOW-KETTE, BEGRIFFE
C: LITERATUR ZU MARKOW-KETTEN
D: SIMULATION
E: POTENZEN DER UEBERGANGSMATRIX
F: WAHRSCHEINLICHKEITSVERTEILUNGEN
G: UMORDNEN VON ZUSTAENDEN
H: ABSORBIERENDE KETTE
J: FIXVEKTOR,STATIONARE VERTEILUNG
$: DAS PROGRAMM WIRD GESTARTET!
<: ENDE DES PROGRAMMS!
************************************************************
GEBEN SIE EIN ODER MEHRERE ZEICHEN -
GETRENNT DURCH LEERSTELLEN - EIN:
 D H $
************************************************************
************************************************************
S I M U L A T I O N
DAS VERHALTEN VON MARKOW-KETTEN WIRD M.H.EINES
(AUCH FREI WAEHLBAREN) KONGRUENZ-ZUFALLSGENE-
RATORS UNTERSUCHT.
AUSGEGEBEN WERDEN
-DER JEWEILIGE ZUSTAND (AUF WUNSCH)
-MATRIX DER ANZAHL DER UEBERGAENGE ZWISCHEN DEN
EINZELNEN ZUSTAENDEN, ABSOLUTE WERTE
-ABSOLUTE UND RELATIVE HAEUFIGKEIT FUER DAS
 EINTRETEN DER ZUSTAENDE
-DER ERWARTUNGSWERT
************************************************************
WEITER (J,N) ?
 J
```

MATMARKOW (Alg 34)

Falls Sie am Programm interessiert sind !

Literatur [16]

```
*****************************************************
A B S O R B I E R E N D E   K E T T E :
DIE UEBERGANGSMATRIX WIRD AUTOMATISCH SO UMGE-
ORDNET, DASS DIE ABSORBIERENDEN ZUSTAENDE AM
ANFANG STEHEN. DANN ERHAELT DIE NEUE UEBERGANGS-
MATRIX DIE FORM
    EINHEITSMATRIX (QUADRAT.)   NULLMATRIX

    MATRIX A DER UEBERGAENGE     MATRIX B DER
    NICHT ABSORB.-->ABSORB.      UEBERGAENGE
                                 NICHT ABSORB.-->
                                 NICHT ABSORB.
                                 (QUADRAT.)
DURCH BILDEN VON M=(E-B)INVERS WIRD BERECHNET,
WIE OFT SICH DER VORGANG VOR DER ABSORPTION
IM MITTEL IN DEN EINZELNEN ABSORBIERENDEN
ZUSTAENDEN BEFINDET. DIESE WERTE WERDEN
ANSCHLIESSEND SUMMIERT.
MIT (E-B)INVERS * A WERDEN DIE WAHRSCHEINLICH-
KEITEN BERECHNET FUER DIE ABSORPTION IN EINEM
BESTIMMTEN ZUSTAND BEI BEGINN IN EINEM NICHT
ABSORBIERENDEN ZUSTAND.
*****************************************************
WEITER (J,N) ?
 J
*****************************************************
*****************************************************
DIE KETTE IST ABSORBIEREND!
DIE ABSORBIERENDEN ZUSTAENDE SIND:
   3   7   8
FALLS DIE KETTE MEHR ALS EINEN ABSORBIE-
RENDEN ZUSTAND HAT, IST ES ZWECKMAESSIG,
DIE MATRIX SO  UMZUORDNEN,DASS DIE
ABSORBIERENDEN ZUSTAENDE AM ANFANG
STEHEN. ---IM ANSCHLUSS AN DIE KONTROLL-
AUSGABE DER MATRIX KOENNEN SIE AENDERN!
MIT DEM PROGRAMM NUMMER 5 KOENNEN SIE
DIE UMGEORDNETE MATRIX ERMITTELN!
IM PROGRAMM NUMMER 6 WIRD AUTOMATISCH
UMGEORDNET!
*****************************************************

WAS WOLLEN SIE ?
1: SIMULATION DER MARKOV-KETTE?
2: POTENZEN DER UEBERGANGSMATRIX IM ABSTAND A?
   ANFRAGE, OB MARKOWKETTE ERGODISCH!
3: WAHRSCHEINLICHKEITSVERTEILUNGEN BEI
   VORGEGEBENEM ANLAUFVEKTOR ?
4: STATIONAERE VERTEILUNG(FIXVEKTOR)?
5: MATRIX UMORDNEN ?
6: ABSORBIERENDE KETTE ?
7: PROGRAMMENDE ?
****************************************************
GEBEN SIE DIE ENTSPRECHENDE ZIFFER EIN!
 6
****************************************************
```

```
****************************************************
NEUE REIHENFOLGE DER ZUSTAENDE:
  3  7  8  1  2  4  5  6
****************************************************
DIE PERMUTATIONSMATRIZEN SIND:
VON LINKS                        VON RECHTS
  0  0  1  0  0  0  0  0         0  0  0  1  0  0  0  0
  0  0  0  0  0  0  1  0         0  0  0  0  1  0  0  0
  0  0  0  0  0  0  0  1         1  0  0  0  0  0  0  0
  1  0  0  0  0  0  0  0         0  0  0  0  0  1  0  0
  0  1  0  0  0  0  0  0         0  0  0  0  0  0  1  0
  0  0  0  1  0  0  0  0         0  0  0  0  0  0  0  1
  0  0  0  0  1  0  0  0         0  1  0  0  0  0  0  0
  0  0  0  0  0  1  0  0         0  0  1  0  0  0  0  0
****************************************************
MULTIPLIKATION VON LINKS   ERFOLGT
MULTIPLIKATION VON RECHTS ERFOLGT
****************************************************
DIE NEUE UEBERGANGSMATRIX IST MATRIXPN:
```

	3	7	8	1	2	4	5	6
3	1	0	0	0	0	0	0	0
7	0	1	0	0	0	0	0	0
8	0	0	1	0	0	0	0	0
1	0.1	0	0	0	0.3	0.3	0.3	0
2	0.1	0	0	0.3	0	0.3	0	0.3
4	0.1	0	0.1	0.3	0.3	0.2	0	0
5	0	0.1	0.1	0.3	0	0	0	0.5
6	0	0.1	0	0	0.3	0	0.5	0.1

$= \bar{S}$.

```
****************************************************
MATRIX, WIE OFT SICH DER VORGANG IM
MITTEL IN DEN EINZELNEN NICHT ABSORBIE-
RENDEN ZUSTAENDEN BEI START IN EINEM
NICHT ABSORBIERENDEN ZUSTAND BEFINDET:
             1         2         4         5         6
  1:      2.2072    1.4195    1.3600    1.2444    1.1645
  2:      1.4195    2.2480    1.3753    1.1084    1.3651
  4:      1.3600    1.3753    2.2757    0.8823    0.9486
  5:      1.2444    1.1084    0.8823    2.1573    1.5680
  6:      1.1645    1.3651    0.9486    1.5680    2.4372
****************************************************
BIS ZUR ABSORPTION IM MITTEL NOETIG:
BEGINN IN         NOETIGE SCHRITTE
  1:      7.3956
  2:      7.5163
  4:      6.8420
  5:      6.9604
  6:      7.4834
****************************************************
DIE MATRIX DER UEBERGAENGE
"NICHT ABSORBIEREND-->ABSORBIEREND" IST:
           3          7          8
 1:     0.4987     0.2409     0.2604
 2:     0.5043     0.2474     0.2484
 4:     0.5011     0.1831     0.3158
 5:     0.3235     0.3725     0.3040
 6:     0.3478     0.4005     0.2517
```

Die Figur sollte im Zustand 2 starten, um möglichst lange nicht absorbiert zu werden (Mittel 7.5163).

14.4 ZUSAMMENFASSUNG, ÜBUNGSAUFGABEN

Auf den Seiten 276,277 werden die wesentlichen Ergebnisse aus Kapitel 14 zusammengefaßt:

Tabelle 14.2: Übersicht über einige Klassifikationsmerkmale bei endlichen homogenen Markow-Ketten,

Figur 14.11 : Langfristiges Verhalten bei Markow-Ketten.

....

ÜBUNGSAUFGABEN

Ü 14.9) Erarbeiten Sie sich Tabelle 14.2 und Figur 14.11.

Ü 14.10) Spiele können oft als absorbierende Markow-Ketten interpretiert werden. Es wird nun das Würfelspiel "CRAP", das in [5] vorgestellt wird bearbeitet:"Das Crap-Spiel ist das schnellste und populärste amerikanische Würfelspiel."

Figur 14.9:Spielregeln

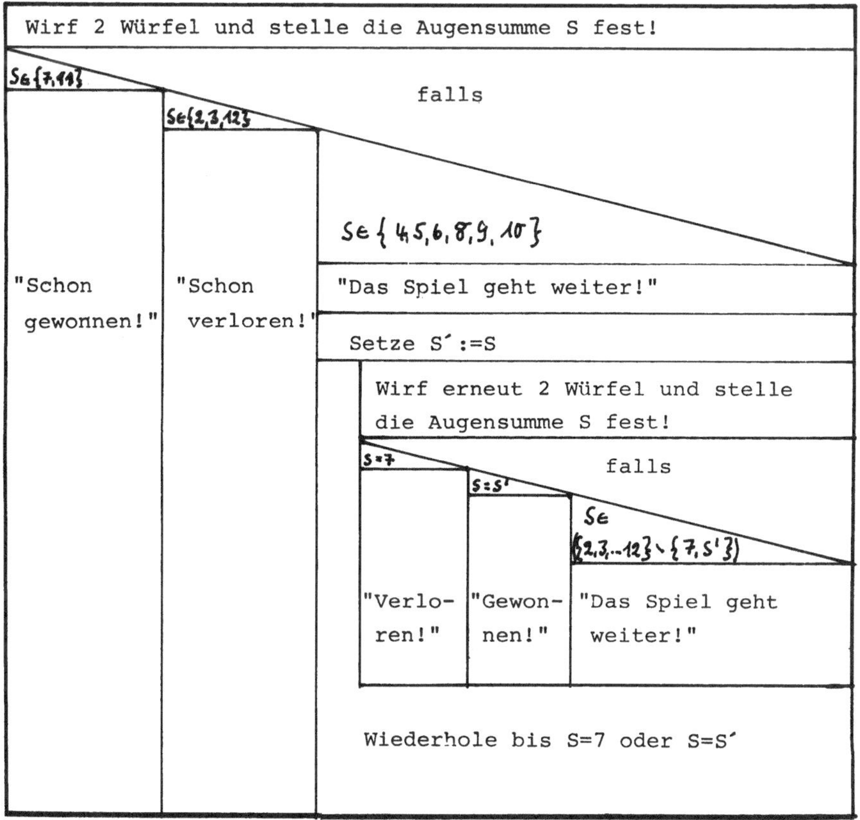

Aus der Wahrscheinlichkeitsverteilung für die Augensumme zweier Würfel ergibt sich die Festlegung des Zustandsraums mit 6 Zuständen:

Zufallsgröße S	2	3	4	5	6	7	8	9	10	11	12
Wahrscheinlichkeitsverteilung P(S=s)	$\frac{1}{36}$	$\frac{2}{36}$	$\frac{3}{36}$	$\frac{4}{36}$	$\frac{5}{36}$	$\frac{6}{36}$	$\frac{5}{36}$	$\frac{4}{36}$	$\frac{3}{36}$	$\frac{2}{36}$	$\frac{1}{36}$

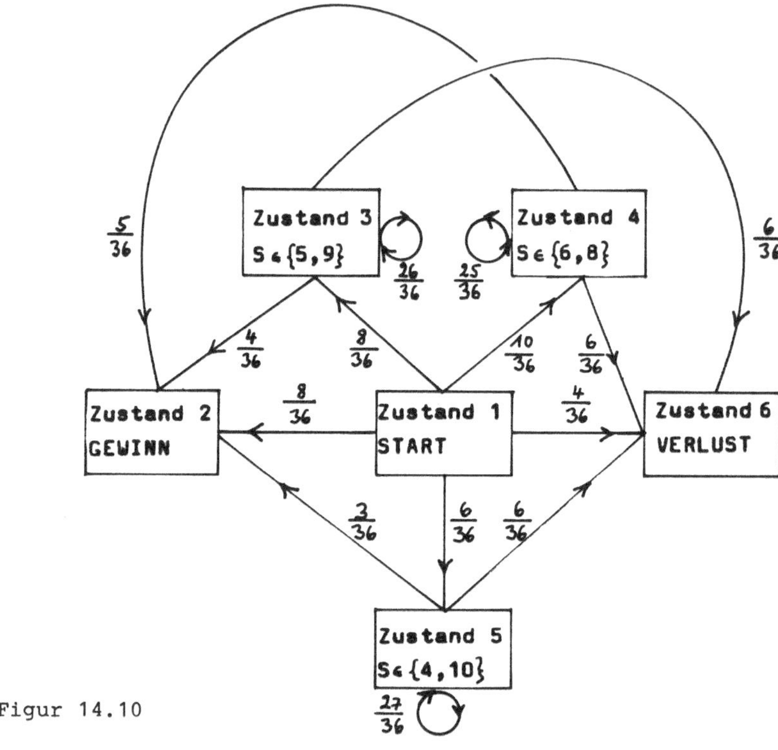

Figur 14.10

Für das Erscheinen einiger Augensummen, z.B. S=4 und S=10 sind die Wahrscheinlichkeiten gleich. Für den Spielverlauf sind diese Summen gleichberechtigt. Aus diesen Überlegungen ergibt sich der Zustandsgraph von Figur 14.10.

a) Notieren Sie die Übergangsmatrix T.

b) Wie groß sind die Wahrscheinlichkeiten für einen Gewinn (Verlust) im 1.,2.,...,5.Wurf? Start in Zustand 1. Bestätigen Sie: Gewinnwahrscheinlichkeit im 5.Wurf: 0.4218, Verlustwahrscheinlichkeit 0.4004.

c) Wie groß ist die Wahrscheinlichkeit eines Gewinns (Verlusts) beim Crap-Spiel? Sie müssen erhalten

	2,Gewinn	6,Verlust
1	0.492	0.507
3	0.4	0.6
4	0.45	0.54
5	0.3	0.6

Die Verlustwahrscheinlichkeiten sind bei allen Wegen zu den absorbierenden Zuständen langfristig größer als die Gewinnwahrscheinlichkeiten!

d) Wie lange muß im Mittel gespielt werden? Zeigen Sie: Bei Start in 1: 3.38 Schritte, in 3: 3.6 Schritte, in 4: 3.27 Schritte, in 5: 4 Schritte.

....

Ü 14.11) Ein Betrieb bestehe aus dem Inhaber I und zwei Angestellten II und III. Ein Auftrag, der vom Betrieb auszuführen ist, macht einen bestimmten Weg durch den Betrieb, der durch die Übergangsmatrix T angegeben wird. Die Zustände 1 und 2 bedeuten, daß der Auftrag ausgeführt wurde bzw. nicht ausgeführt werden kann.

$$
\begin{array}{c} \\ 1 \\ 2 \\ I \\ II \\ III \end{array}
\begin{array}{c} \begin{array}{ccccc} 1 & 2 & I & II & III \end{array} \\
\begin{bmatrix} 1 & 0 & 0 & 0 & 0 \\ 0 & 1 & 0 & 0 & 0 \\ 0.4 & 0.1 & 0 & 0.5 & 0 \\ 0.3 & 0.1 & 0.2 & 0 & 0.4 \\ 0.2 & 0.1 & 0.4 & 0.3 & 0 \end{bmatrix} \end{array} .
$$

Die Zeile I bedeutet z.B., daß der Inhaber 40% der Aufträge, die er entgegennimmt, selbst ausführt, 50% gibt er an II weiter, 10% sind nicht ausführbar.

a) Wie oft ist die Ketten im Mittel im Zustand I, wenn II der Ausgangszustand war?

b) An wen sollte man den Auftrag senden, wenn er möglichst schnell bearbeitet werden soll?

c) Bei welchem Firmenmitglied ist die Ausführung des Auftrags am sichersten?

d) Wie groß ist die Anzahl der Aufträge, die nach zwei Schritten zur Bearbeitung bei II liegen, wenn täglich 100 Aufträge eingehen, die so verteilt sind: 20 bei I, 50 bei II, 30 bei III?

e) Wie groß ist die mittlere Anzahl von Aufträgen, die sich im Zustand I,II,III befinden, wenn der gleiche Auftragsvektor wie in d) zugrundegelegt wird (mittlere Arbeitsverteilung)?

f) Wie groß ist die gesamte Arbeitsbelastung?

g) Wieviel Prozent der an einem Tag eingehenden Aufträge werden ausgeführt?

Ü 14.12) Schreiben Sie einen Algorithmus zu Figur 14.7.

Ü 14.13) Bestimmen Sie die Grenzverteilung zu Problemstellung 14.4, wenn die Irrfahrt in Zustand 4 beginnt.

Ü 14.14) In einem Betrieb treten im Produktionsablauf zwei Störungen A und B auf, so daß vier Zustände möglich sind:
E0: (A,B), E1: $(A,\bar{B})$, E2: $(\bar{A},B)$, E3: $(\bar{A},\bar{B})$. Die Übergangsmatrix sei

$$\begin{array}{c|cccc} & E0 & E1 & E2 & E3 \\ \hline E0 & 0.3 & 0.3 & 0.3 & 0.1 \\ E1 & 0.2 & 0.3 & 0.2 & 0.3 \\ E2 & 0.2 & 0.2 & 0.3 & 0.3 \\ E3 & 0.1 & 0.2 & 0.2 & 0.5 \end{array}.$$

a) Zu Anfang sei keine Störung vorhanden. Wie ist die Verteilung nach 2 (3,4,5) Perioden?

b) Wie groß ist im stationären Fall die Wahrscheinlichkeit für eine Störung der Art A?

Ü 14.15) Eine Instandsetzungsabteilung kontrolliert den Maschinenpark von 4 Maschinen gleichen Typs in gleichen Zeitabständen. In einer Periode zwischen zwei aufeinanderfolgenden Zeitpunkten können bis zu 2 Maschinen wieder betriebsfähig gemacht werden. Die reparierten Maschinen werden zum nächsten Kontrollzeitpunkt wieder in Betrieb genommen. Der Ausfall einer Maschine erfolgt unabhängig vom Ausfall der anderen und auch unabhängig vom Zeitpunkt der zuletzt vorgenommenen Reparatur. Für jede Maschine sei p=0.1 die Wahrscheinlichkeit dafür, daß sie während einer Periode ausfällt. - Zu Beginn seien 3 Maschinen betriebsfähig.
Mit welchen Wahrscheinlichkeiten sind langfristig 0,1,2,3,4 Maschinen betriebsfähig?
Bestätigen Sie zunächst die folgende Tabelle, aus der sich die Übergangsmatrix leicht ablesen läßt:

augenblicklicher Zustand	Anzahl der ausfallenden Maschinen	dadurch erreichter Zustand	Wahrscheinlichkeiten allgemein	Beispiel
E0	0	E2	1	1
E1	1	E2	p	0.1
	0	E3	q=1-p	0.9
E2	2	E2	pp	0.01
	1	E3	2pq	0.18
	0	E4	qq	0.81
E3	3	E1	ppp	0.001
	2	E2	3ppq	0.027
	1	E3	3pqq	0.243
	0	E4	qqq	0.729
E4	4	E0	pppp	0.0001
	3	E1	4pppq	0.0036
	2	E2	6ppqq	0.0486
	1	E3	4pqqq	0.2916
	0	E4	qqqq	0.6561

Ü 14.16) Umstapeln! Wir betrachten einen Stapel von drei Büchern A,B,C. Ihre Anordnung im Stapel wird durch eine Nummer festgelegt. Zum Beispiel bedeute B1,A2,C3, daß das Buch B oben liegt, gefolgt von Buch A und Buch C. Jede Anordnung der drei Bücher werde als ein Zustand bezeichnet. Der Stapel geht von einem Zustand in den folgenden über durch Herausgreifen eines Buches und Obenauflegen. Die Wahrscheinlichkeiten für das Nehmen der einzelnen Bücher sind für das oben liegende Buch $q_1=0.5$, für das Buch in der Mitte $q_2=0.3$, für das Buch unten $q_3=0.2$.

a) Bestimmen Sie die Übergangsmatrix S.

b) Wie groß ist die Wahrscheinlichkeit, daß die Ausgangslage B1,A2,C3 nach 4 Durchgängen wieder erreicht wird?

c) Berechnen Sie die Grenzverteilung.

d) Wie ändern sich die Ergebnisse, wenn Buch C stets wieder nach unten gelegt wird?

Ü) 14.17) Vier Punkte 1,2,3,4 liegen in dieser Reihenfolge auf einem Kreis. Ein in k befindliches Teilchen bleibe dort mit der Wahrscheinlichkeit 1-0.2k und wandere mit der Wahrscheinlichkeit 0.2k nach Punkt (k+1). k=1,2,3,4, für k=4 wird wieder k=1 gesetzt.

a) Wie heißt die zugehörige Übergangsmatrix?

b) Gibt es eine Grenzverteilung?

c) Mit denselben Bezeichnungen möge ein in Punkt 1 oder 3 befindliches Teilchen mit der gleichen Wahrscheinlichkeit nach 2 oder 4 gelangen und ebenso ein in 2 oder 4 befindliches Teilchen mit der gleichen Wahrscheinlichkeit nach 1 oder 3. Die Übergänge von geraden nach geraden und ungeraden nach ungeraden Zahlen in einem Schritt sollen unmöglich sein. Man berechne S^i und zeige, daß diese Folge nicht konvergiert, i=1,2,3,...

Ü 14.18) Wir betrachten ein Glücksspiel mit den Ergebnissen Gewinn (G) oder Verlust (V). Die Ergebnisse je zweier aufeinanderfolgender Spiele werden als die Zustände Z1(GG), Z2(GV), Z3(VG), Z4(VV) angesehen. Die Wahrscheinlichkeiten für das Eintreten der Zustände Z1 bis Z4 seien p_1 bis p_4 .

a) Bestimmen Sie die Übergangsmatrix. Zeigen Sie, daß die letzte Zeile $[0\ \ p\ \ 0\ \ 1-p]$ lautet.

b) Bestimmen Sie einen Näherungswert für p_1 bis p_4 aus dem folgenden Spielprotokoll:

VGGGVVGVGVGGGGVVVVVGGGVGGGVVGGVVVGGVVGGVVGVGVGVGGGGVVGV!

c) Berechnen Sie für das Beispiel und den allgemeinen Fall die stationäre Verteilung. Was fällt bezüglich der Wahrscheinlichkeiten w_2 und w_3 auf?

....

Zustandsgraphen	Eigenwerte r_i	Übergangs-matrizen S^n, Verteilungen $\vec{p}_n$	Grenzmatrix S^∞	Grenzverteilung $\vec{p}_\infty$	stationäre Verteilung $\vec{w}$
Markow-Kette z.B. irreduzibel und periodisch oder reduzibel siehe z.B. []	$r_i=1$ mehrfach, alle anderen $r_k \neq -1$	Näherungswerte für S^∞ bzw. $\vec{p}_\infty$ bilden	alle Grenzwahrscheinlichkeiten $\lim_{n\to\infty} p_{ij}^{(n)}$ existieren und damit auch $S^\infty = \lim_{n\to\infty} S^n$. Die Zeilenvektoren von S^∞ sind i.a. verschieden voneinander.	$\vec{p}_\infty = \lim_{n\to\infty} \vec{p}_n$ existiert, ist jedoch abhängig von der Anfangsverteilung	Das LGS $\vec{w}=\vec{w}S$ mit $\sum_{i=1}^{n} w_i=1$ hat unendlich viele Lösungen oder genau eine Lösung.
Markow-Kette irreduzibel und aperiodisch siehe z.B. []	$r_1=1$ ist einfacher Eigenwert, alle anderen $r_k \neq -1$	Mindestens eine Spalte irgendeiner Potenz S^n hat nur positive Elemente	Alle Grenzwahrscheinlichkeiten $\lim p_{ij}^{(n)}$ existieren und damit auch $S^\infty = \lim_{n\to\infty} S^n$. Die Zeilenvektoren von S^∞ sind alle gleich.	$\vec{p}_\infty = \lim_{n\to\infty} \vec{p}_n$ existiert und ist unabhängig von der Anfangsverteilung, also eindeutig. --- e r g o d i s c h e V e r t e i l u n g	Das LGS $\vec{w}=\vec{w}S$ mit $\sum_{i=1}^{n} w_i=1$ hat genau eine Lösung. --- nur für nicht-absorb. Ketten

Tabelle 14.2: Übersicht über einige Klassifikationsmerkmale bei endlichen homogenen Markow-Ketten

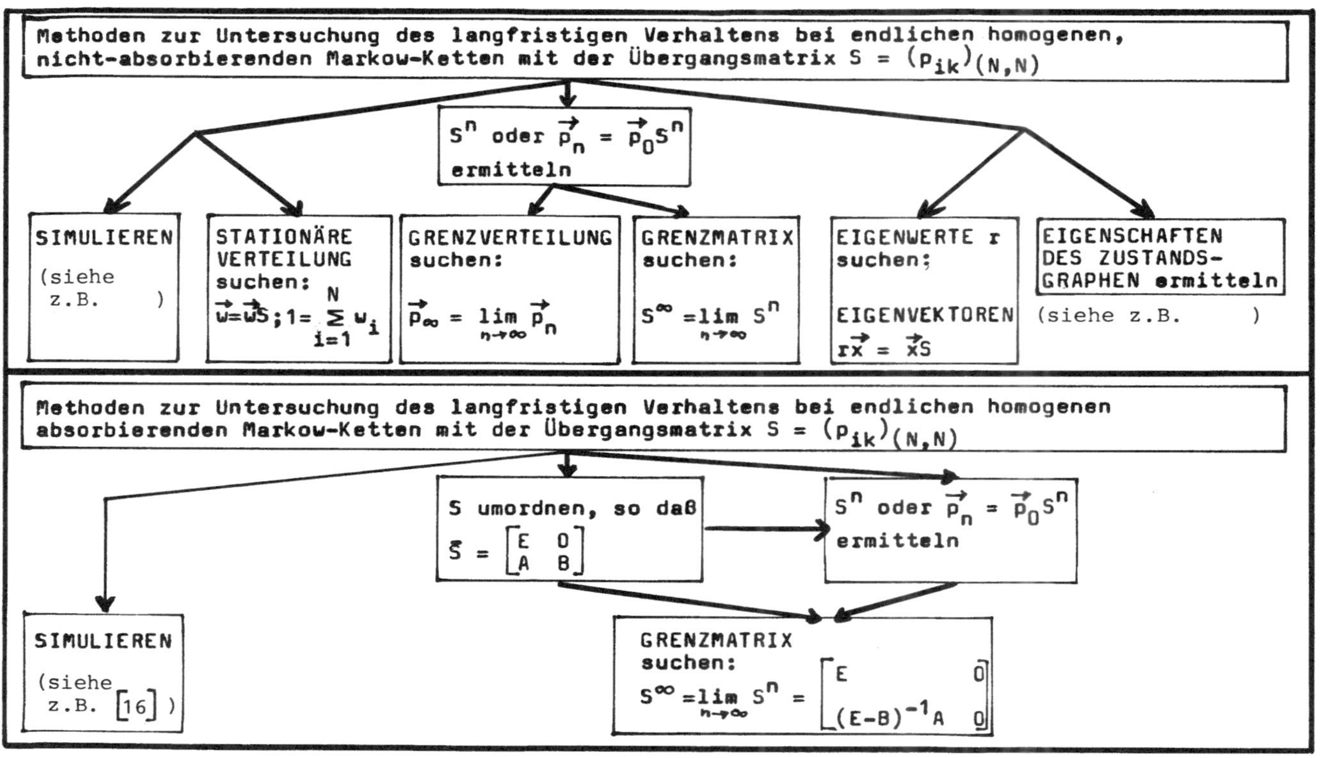

Figur 14.11: Langfristiges Verhalten bei Markow-Ketten

ANHANG: GRUNDBEGRIFFE AUS DER WAHRSCHEINLICHKEITSRECHNUNG

1) Ein Experiment, dessen Ausgang auch nach mehrfacher Wiederholung nicht eindeutig vorausgesagt werden kann, heißt Zufallsexperiment.
Beispiel: Augenzahl beim Werfen eines Würfels.
2) Jeder mögliche Ausgang eines Zufallsexperiments heißt Ergebnis (Ausfall).
Beispiel: Es wurde eine 4 gewürfelt.
3) Die Menge aller möglichen Ergebnisse eines Zufallsexperiments heißt Ergebnisraum (Stichprobenraum). Seien $\omega_1, \omega_2, \ldots \omega_m$ die möglichen Ergebnisse, dann ist $\Omega = \{\omega_1, \omega_2, \ldots \omega_m\}$ der zugehörige Ergebnisraum.
Beispiel: $\Omega = \{1,2,3,4,5,6\}$.
4) Jede Teilmenge E eines Ergebnisraums heißt Ereignis.
Beispiel: $E = \{2,3,5\}$, es wurde eine Primzahl geworfen, $E \subset \Omega$.
5) Tritt in einer Folge von n Versuchen ein Ereignis E genau H(E) mal ein (absolute Häufigkeit von E), so nennt man $h(E) := H(E)/n$ die relative Häufigkeit von E.
Beispiel: Es wurde 100 mal und davon 18 mal eine 5 geworfen. Dann gilt $h(E5) = 18/100 = 0.18$ (in 18% der Fälle).
Es gilt $0 \leq h(E) \leq 1$. Die Erfahrung zeigt, daß sich relative Häufigkeiten bei zunehmender Versuchsanzahl auf einen bestimmten Wert einpendeln, z.B. h(E5) auf 1/6. Man definiert daher:
6) P sei eine Funktion, die jedem Ereignis E eines Ergebnisraums eine Zahl P(E) zuordnet. P heißt Wahrscheinlichkeitsfunktion und P(E) Wahrscheinlichkeit von E genau dann, wenn gilt

(1) $0 \leq P(E) \leq 1$ für alle $E \subseteq \Omega$, (2) $P(\Omega) = 1$ (sicheres Ereignis),
(3) $P(\emptyset) = 0$ ($\emptyset$ unmögliches Ereignis),
(4) $P(E_1 \cup E_2) = P(E_1) + P(E_2) - P(E_1 \cap E_2)$ für $E_1, E_2 \subseteq \Omega$, (Additionsregel).

Beispiel: $\Omega = \{1,2,3,4,5,6\}$, E2: Werfen einer 5, $P(E2) = 1/6$, entsprechend $P(E1) = 1/6$, ... $P(F6) = 1/6$. $P(\Omega) = 1$, $P(\emptyset) = 0$.
Sei $A = \{2,3,5\}$ und $B = \{1,2\}$, dann gilt $P(A \cup B) = P(A) + P(B) - P(A \cap B) = 3/6 + 2/6 - 1/6 = 4/6$.
Für das Gegenereignis $\overline{E}$ von E gilt $P(\overline{E}) = 1 - P(E)$. E_1 und E_2 heißen unvereinbar, wenn $E_1 \cap E_2 = \emptyset$.
7) Mehrstufige Zufallsversuche können in Baumdiagrammen dargestellt werden. In Fallstudie 14, Problemstellung 14.1,werden

Bevölkerungsbewegungen betrachtet. Der Beginn des in Figur 14.1 dargestellten Prozesses kann mit Berücksichtigung des Anlaufvektors [0.4 0.6] in ein Baumdiagramm übertragen werden:

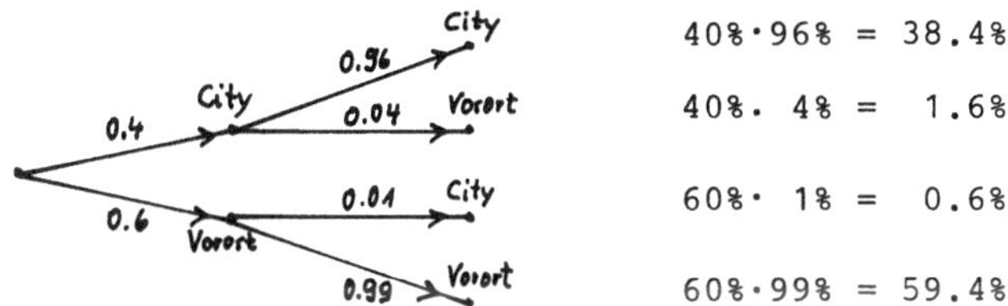

40%·96% = 38.4%

40%· 4% = 1.6%

60%· 1% = 0.6%

60%·99% = 59.4%

Deutet man die Wahrscheinlichkeiten als Prozentsätze, so ist klar:
P(City)P(Vorort/City)=0.4·0.04= 0.016,
P(Vorort)P(Vorort/Vorort)=0.6·0.99=0.594. $\Rightarrow$ Nach einer Periode leben im Vorort 0.61%
(vergleiche Figur 14.2).
Damit wird die Pfadregel verständlich:
Die Wahrscheinlichkeit eines Pfades im Baumdiagramm ist gleich dem Produkt aller Wahrscheinlichkeiten längs dieses Pfades.

$P(E_2/E_1)$ heißt bedingte Wahrscheinlichkeit von E_2 unter der Bedingung E_1.

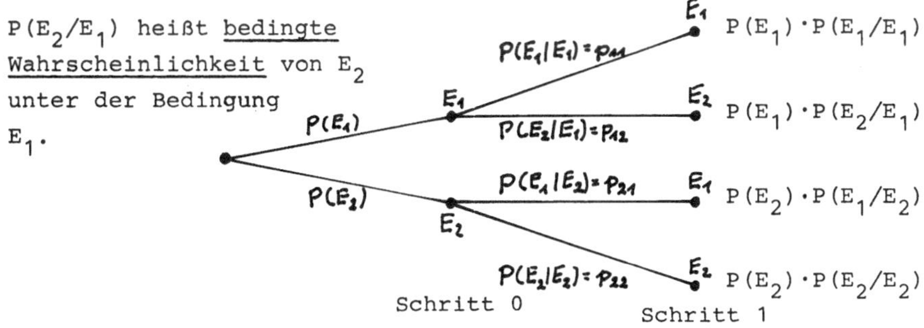

$P(E_1)\cdot P(E_1/E_1)$

$P(E_1)\cdot P(E_2/E_1)$

$P(E_2)\cdot P(E_1/E_2)$

$P(E_2)\cdot P(E_2/E_2)$

Offenbar gilt für die Wahrscheinlichkeit von E_2 nach dem 1.Schritt: $P(E_1)P(\underline{E_2}/E_1)+P(E_2)P(\underline{E_2}/E_2)$

8) Unter einer Zufallsgröße (Zufallsvariablen) eines Zufallsexperiments versteht man eine Funktion, die jedem Ergebnis ω_i eine Zahl $X(\omega_i)\in\mathbb{R}$ zuordnet. Aus den Werten $x_1, x_2, \ldots x_m$, die X annehmen kann, bildet man die Wertemenge W(X).

9) Eine Funktion p, die jeder Zahl $x_i \in W(X)$ die Wahrscheinlichkeit $p(x_i):=P(X=x_i)$ zuordnet, heißt Wahrscheinlichkeitsfunktion der Zufallsgröße X.

10) Man spricht von einem stochastischen Prozeß, wenn eine Folge von Zufallsexperimenten vorliegt.

LITERATURVERZEICHNIS

[1] Beck,U.: Populationsdynamik und Mathematikunterricht, in DdM (Didaktik der Mathematik), Bayerischer Schulbuch-Verlag, München 1975, Heft 3

[2] Biess,G.: Graphentheorie, Teubner Verlagsgesellschaft, Leipzig 1979

[3] Botsch,O.: Die Matrix, 2.Teil: Lineare Gleichungssysteme und Geometrische Abbildungen, Diesterweg, Frankfurt am Main 1974

[4] Dietrich,G.u.a.: Matrizen, VEB Fachbuchverlag, Leipzig 1970

[5] Engel,A.: Wahrscheinlichkeitsrechnung und Statistik, Band 2, Klett-Verlag, Stuttgart 1976

[6] Erbs,H.u.a.: Einführung in die Programmierung mit PASCAL, B.G.Teubner, Stuttgart 1982

[7] Fletcher,T.J.: Exemplarische Übungen zur modernen Mathematik, Herder-Verlag, Freiburg 1967

[8] Gastinel,N.: Lineare numerische Analysis, VEB Deutscher Verlag der Wissenschaften, Berlin 1972

[9] Kemeny,J.G.u.a.: Mathematik für die Wirtschaftspraxis, W.de Gruyter-Verlag, Berlin 1966

[10] Koch,G.u.a.: Mathematische Planungsverfahren, Hanser Verlag, München 1981

[11] Körth,H.u.a.: Lehrbuch der Mathematik für Wirtschaftswissenschaften, Westdeutscher Verlag, Opladen 1972

[12] Langrock,P.u.a.: Einführung in die Theorie der Markovschen Ketten und ihre Anwendungen,
Teubner Verlagsgesellschaft, Leipzig 1979

[13] Lehmann,E.: Endliche homogene Markoffsche Ketten, Bayerischer Schulbuch-Verlag, München 1973

[14] - : Matrizenrechnung, Bayerischer Schulbuch-Verlag, München 1975

[15] - : Ein Einstieg in die Matrizenrechnung, in DdM (Didaktik der Mathematik), Bayerischer Schulbuch-Verlag, München 1975, Heft 2

[16] - : Simulation von endlichen Markoff-Ketten, in DdM, 1978, Heft 3

[17] - : Darstellung einer Unterrichtseinheit Matrizen, Pädagogisches Zentrum Berlin, 1982

[18] Lehmann,E.: Markow-Ketten in der Sekundarstufe 1, in MNU (Der mathematische und naturwissenschaftliche Unterricht), Dümmlers Verlag, Bonn, 1981, Heft 8

[19] Stöppler,S.: Mathematik für Wirtschaftswissenschaftler, Lineare Algebra und ökonomische Anwendungen, Westdeutscher Verlag Opladen 1972

[20] Strang,G.: Linear Algebra and its Applications, Academic Press, New York 1980

[21] Zurmühl,R.: Matrizen und ihre technischen Anwendungen, Springer-Verlag, Berlin 1961

[22] Ade,H.u.a.: Numerische Mathematik, Klett-Verlag,Stuttgart 1975

::

SACHVERZEICHNIS

Teubner Bücher DATENVERARBEITUNG / INFORMATIK

Bauknecht/Zehnder: Grundzüge der Datenverarbeitung
Methoden und Konzepte für die Anwendungen
2. Aufl. 344 Seiten. DM 26,80

Brauch: Programmierung mit BASIC
2. Aufl. 200 Seiten. DM 14,80

Brauch: Programmierung mit FORTRAN
5. Aufl. 224 Seiten. DM 15,80

Claus: Einführung in die Informatik
254 Seiten. DM 28,-

Erbs/Stolz: Einführung in die Programmierung mit PASCAL
232 Seiten. DM 22,80

Haase/Stucky/Wegner: Datenverarbeitung heute
284 Seiten. DM 21,80

Heinrich/Stucky: Programmierung mit ALGOL 60
2. Aufl. 157 Seiten. DM 12,80

Kaletsch: Programmierung mit PL/I
160 Seiten. DM 12,80

Kießling/Lowes: Programmierung mit FORTRAN 77
184 Seiten. DM 13,80

Klingen/Liedtke: Programmieren mit ELAN
207 Seiten. DM 22,80

Kupka/Wilsing: Dialogsprachen
168 Seiten. DM 21,80

Lehmann: Lineare Algebra mit dem Computer
285 Seiten. DM 23,80

Löthe/Quehl: Systematisches Arbeiten mit BASIC
188 Seiten. DM 19,80

Maurer: Datenstrukturen und Programmierverfahren
222 Seiten. DM 26,80

Mehlhorn: Effiziente Algorithmen
240 Seiten. DM 26,80

Menzel: BASIC in 100 Beispielen
3. Aufl. 214 Seiten. DM 22,80

Menzel: BASIC in 100 Beispielen / Disketten-Version APPLESOFT
3. Aufl. 214 Seiten. Beilage: Diskette mit allen
BASIC-Programmen in APPLESOFT. DM 62,-

Fortsetzung auf der nächsten Seite